普通高等教育"十一五"国家级规划教材

高等学校计算机教材

PowerBuilder 实用教程

（第 5 版）

郑阿奇　主编

电子工业出版社

Publishing House of Electronics Industry

北京 · BEIJING

内 容 简 介

本书以 PowerBuilder 12.5 为平台，内容包含 PowerBuilder 实用教程、习题、上机操作指导和综合应用实习共四个部分。实用教程在介绍 PowerBuilder 开发环境的基础上，系统地介绍 PowerScript 语言、窗口及窗口控件、创建数据库、数据窗口及数据窗口控件、高级窗口控件、用户自定义事件、选单、自定义函数和结构、SQL 语句、游标、用户自定义对象、数据管道、PBL 库管理器等知识。教程实例更加系统，配套更加完备，前后既独立又有联系。章节有小综合，最后有一个大综合。习题主要用于训练基本概念。实验部分着重训练配套的基本内容和操作方法，实验内容既是一个应用题又是一个开发题。最后的大综合应用 PowerBuilder 解决一个小规模实际问题。

本书配备同步电子课件、每一章应用实例源文件、每一个实验实例源文件、综合应用实习源文件，需要的读者可在华信教育资源网上下载，网址是 www.hxedu.com.cn。

本书可作为大学本科和高职高专有关课程的教材或教学参考书，也可供 PowerBuilder 开发应用系统的用户学习和参考。

图书在版编目（CIP）数据

PowerBuilder 实用教程 / 郑阿奇主编. —5 版. —北京：电子工业出版社，2018.5

ISBN 978-7-121-34242-4

Ⅰ. ①P…　Ⅱ. ①郑…　Ⅲ. ①数据库系统－软件工具－高等学校－教材　Ⅳ. ①TP311.56

中国版本图书馆 CIP 数据核字（2018）第 106122 号

策划编辑：程超群

责任编辑：张　彬

印　　刷：北京虎彩文化传播有限公司

装　　订：北京虎彩文化传播有限公司

出版发行：电子工业出版社

　　　　　北京市海淀区万寿路 173 信箱　邮编　100036

开　　本：787×1092　1/16　印张：24.25　字数：620.8 千字

版　　次：2001 年 3 月第 1 版

　　　　　2018 年 5 月第 5 版

印　　次：2024 年 8 月第 7 次印刷

定　　价：59.00 元

凡所购买电子工业出版社图书有缺损问题，请向购买书店调换。若书店售缺，请与本社发行部联系，联系及邮购电话：(010) 88254888，88258888。

质量投诉请发邮件至 zlts@phei.com.cn，盗版侵权举报请发邮件至 dbqq@phei.com.cn。

本书咨询联系方式：(010) 88254577，ccq@phei.com.cn。

前　言

PowerBuilder 是最有代表性的数据库前端开发工具之一，它采用流行的图形化的界面和可视化的编程方法，通过引入独具特色的数据窗口对象，使开发人员能够可视化地完成对数据库的操作。为适应数据库设计与开发的需要，许多高等学校开设以讲授 PowerBuilder 为主要内容的数据库应用课程。

2001 年，编者结合数年来从事 PowerBuilder 教学和开发实践的经验，编写了《PowerBuilder 实用教程》（ISBN 7-5053-6545-2），比较全面、系统地介绍了 PowerBuilder 7.0 的主要功能和应用技术。本书出版后，得到高校教师、学生和广大读者的广泛认同，共印刷 7 次。2004 年，推出本书第 2 版（ISBN 7-5053-9667-6）。第 2 版以 PowerBuilder 9.0 为平台编写，共印刷 11 次。2008 年，以 PowerBuilder 10.0 为平台，推出第 3 版（ISBN 978-7-121-07952-8），共印刷 7 次。2013 年，推出本书第 4 版（ISBN 978-7-121-21080-8），以 PowerBuilder 12.5 为平台，目前仍在热销中。

本书第 5 版以 PowerBuilder 12.5 为平台，对第 4 版的内容进行修改完善。本书内容包含 PowerBuilder 实用教程、习题、上机操作指导和综合应用实习共四个部分。教程实例系统，配套完备，前后既独立又有联系。章节有小综合，最后有一个大综合。习题主要用于训练基本概念。实验部分着重训练配套的基本内容和操作方法，实验内容既是一个应用题又是一个开发题。最后的大综合应用 PowerBuilder 解决一个小规模实际问题。

本书不仅适合于教学，也适合于用 PowerBuilder 开发应用系统的用户学习和参考。读者只要阅读本书，结合上机操作，完成书中的习题、上机实验和综合应用实习，就能在较短的时间内基本掌握 PowerBuilder 及其应用技术。

本书由郑阿奇（南京师范大学）主编。参加本书编写的还有丁有和、曹弋、徐文胜、周何骏、孙德荣、樊晓青、郑进、刘建、刘忠、郑博琳等。还有其他一些同志参加了本书前几版的编写，在此一并表示感谢！

本书配备同步电子课件、每一章应用实例源文件、每一个实验实例源文件、综合应用实习源文件，需要的读者可在华信教育资源网上下载，网址是 www.hxedu.com.cn。

由于编者水平有限，不当之处在所难免，恳请读者批评指正。我们的 E-mail 地址是 easybooks@163.com。

编　者

目 录

第 1 部分　PowerBuilder 实用教程

第 1 章　PowerBuilder Classic 12.5 开发环境 ·· 1

　1.1　集成开发环境简介 ··· 1

　　1.1.1　PowerBuilder 的基本概念 ··· 1

　　1.1.2　主窗口 ··· 2

　1.2　简单应用程序实例 ··· 6

　　1.2.1　带窗口的简单应用程序 ·· 6

　　1.2.2　无窗口的简单应用程序 ·· 9

第 2 章　PowerScript 语言 ·· 11

　2.1　PowerScript 基础 ·· 11

　　2.1.1　注释 ··· 11

　　2.1.2　标识符 ··· 11

　　2.1.3　续行符 ··· 12

　　2.1.4　特殊字符 ·· 12

　　2.1.5　空值 ··· 13

　2.2　数据类型 ·· 13

　　2.2.1　标准数据类型 ··· 13

　　2.2.2　枚举类型 ·· 14

　2.3　变量声明及作用域 ··· 14

　　2.3.1　变量声明 ·· 14

　　2.3.2　数组的声明 ·· 15

　　2.3.3　变量作用域 ·· 15

　2.4　运算符及表达式 ·· 16

　　2.4.1　算术运算符 ·· 16

　　2.4.2　关系运算符 ·· 17

　　2.4.3　逻辑运算符 ·· 17

　　2.4.4　连接运算符 ·· 17

　　2.4.5　运算符的优先级 ·· 18

　2.5　PowerScript 语句 ··· 18

　　2.5.1　赋值语句 ·· 18

　　2.5.2　分支语句 ·· 18

　　2.5.3　循环语句 ·· 20

　　2.5.4　GOTO 语句 ·· 23

　2.6　常用的标准函数 ·· 24

　　2.6.1　MessageBox()函数 ·· 24

　　　2.6.2　Open()函数 ·· 25

　　　2.6.3　Close()函数 ··· 25

　　　2.6.4　Run()函数 ·· 25

　2.7　编辑代码 ··· 26

　2.8　应用程序编程实例 ··· 27

第3章　窗口 ··· 31

　3.1　创建新的窗口对象 ··· 31

　　　3.1.1　创建窗口对象的过程 ··· 31

　　　3.1.2　窗口的继承 ··· 31

　　　3.1.3　窗口画板 ··· 32

　　　3.1.4　预览窗口 ··· 33

　3.2　窗口属性 ··· 33

　　　3.2.1　窗口的类型和基本属性 ·· 34

　　　3.2.2　窗口的滚动属性 ·· 35

　　　3.2.3　应用程序窗口的工具栏 ·· 36

　　　3.2.4　窗口的其他属性页 ·· 37

　3.3　窗口函数 ··· 37

　　　3.3.1　系统窗口函数 ·· 37

　　　3.3.2　用户自定义窗口函数 ··· 39

　3.4　窗口事件 ··· 41

　3.5　窗口编程 ··· 43

第4章　窗口控件 ·· 46

　4.1　窗口控件的种类 ·· 46

　4.2　向窗口添加控件 ·· 48

　　　4.2.1　添加窗口控件 ·· 48

　　　4.2.2　选中窗口控件 ·· 49

　　　4.2.3　删除窗口控件 ·· 49

　　　4.2.4　复制窗口控件 ·· 49

　4.3　窗口控件的布局调整 ·· 50

　　　4.3.1　齐整性操作 ··· 50

　　　4.3.2　窗口控件的【Tab】键顺序 ··· 52

　4.4　窗口控件的通用属性 ·· 53

　4.5　常用的窗口控件 ·· 55

　　　4.5.1　选项卡 ··· 55

　　　4.5.2　命令按钮与图像按钮 ··· 58

　　　4.5.3　单选按钮、复选框与分组框 ··· 60

　　　4.5.4　静态文本与图片 ·· 62

　　　4.5.5　单行编辑框与多行编辑框 ·· 63

　　　4.5.6　编辑掩码控件 ·· 66

　4.6　常用的窗口控件编程实例 ·· 67

　　　4.6.1　创建窗口应用程序和基本窗口 ·· 68

4.6.2 通过窗口继承创建新窗口1 ·· 70

4.6.3 通过窗口继承创建新窗口2 ·· 75

4.6.4 通过窗口1进入窗口2 ·· 82

第5章 创建数据库 ·· 84

5.1 数据库概述 ··· 84

5.2 数据库画板 ··· 85

5.3 配置ASA数据库 ·· 86

5.4 配置ODBC数据源 ·· 87

5.5 配置DB Profile ··· 88

5.6 数据库的连接与断开 ·· 89

5.7 创建表 ·· 89

5.7.1 创建新表 ·· 89

5.7.2 定义表结构 ·· 90

5.7.3 删除表 ·· 91

5.7.4 创建主键、索引和外键 ·· 92

5.7.5 删除主键、索引和外键 ·· 94

5.7.6 定义列的扩展属性 ·· 95

5.8 数据的输入 ··· 95

5.8.1 利用图形界面输入数据 ·· 95

5.8.2 利用嵌入式SQL命令输入数据 ·· 96

5.9 视图 ··· 100

第6章 数据窗口 ·· 102

6.1 数据窗口初步 ·· 102

6.1.1 创建数据窗口对象 ··· 103

6.1.2 创建数据窗口控件 ··· 105

6.1.3 数据库操作编程 ··· 106

6.1.4 连接数据库编程实例 ··· 107

6.2 数据源 ··· 110

6.2.1 快速选择数据源 ··· 110

6.2.2 SQL选择数据源 ··· 110

6.2.3 查询数据源 ··· 115

6.2.4 外部数据源 ··· 116

6.2.5 存储过程数据源 ··· 117

6.3 数据窗口的显示风格 ·· 118

6.3.1 显示风格的种类和特点 ·· 119

6.3.2 各种风格的数据窗口的创建 ··· 120

6.4 数据窗口画板 ·· 127

6.4.1 数据窗口画板的组成 ··· 127

6.4.2 定制数据窗口画板 ··· 129

6.5 设计数据窗口对象 ·· 130

6.5.1 数据窗口对象中字段标签的属性 ··· 130

6.5.2 数据窗口对象中字段的属性 ·· 130

6.5.3 【Tab】键的跳转次序 ·· 134

6.5.4 查询结果中重复值的压缩 ·· 134

6.5.5 数据窗口对象的有效性检验 ·· 135

6.5.6 数据窗口对象的排序 ·· 135

6.5.7 数据窗口对象的过滤 ·· 135

6.5.8 数据窗口对象中数据的导出和导入 ·· 136

6.5.9 在数据窗口中使用条件位图 ·· 137

6.6 数据窗口对象编程实例 ·· 138

第7章 数据窗口控件 ·· 142

7.1 配置数据窗口控件 ··· 143

7.2 数据窗口控件属性 ··· 143

7.3 数据窗口控件事务对象 ·· 144

7.4 数据窗口控件的函数 ·· 147

7.5 数据窗口控件的事件 ·· 154

7.6 数据窗口编程 ··· 156

7.7 数据窗口编程实例 ··· 157

第8章 高级窗口控件 ·· 162

8.1 列表框类控件 ··· 162

8.1.1 列表框控件常用属性、事件和函数 ·· 163

8.1.2 列表框控件编程实例 ·· 165

8.2 列表视图控件与树状视图控件 ·· 167

8.2.1 列表视图控件 ·· 167

8.2.2 列表视图控件编程实例 ·· 170

8.2.3 树状视图控件 ·· 173

8.2.4 树状视图控件编程实例 ·· 176

8.3 统计图控件 ·· 178

8.3.1 统计图控件的结构 ·· 178

8.3.2 统计图控件的种类 ·· 178

8.3.3 统计图控件的属性 ·· 179

8.3.4 统计图控件的函数 ·· 182

8.3.5 统计图控件的编程 ·· 184

8.3.6 统计图控件编程实例 ·· 186

8.4 水平进度条控件与垂直进度条控件 ·· 187

8.4.1 水平进度条控件与垂直进度条控件介绍 ·· 187

8.4.2 水平进度条控件编程实例 ·· 188

8.5 水平跟踪条控件与垂直跟踪条控件 ·· 190

8.6 水平滚动条控件与垂直滚动条控件 ·· 191

8.6.1 水平滚动条控件与垂直滚动条控件介绍 ·· 191

8.6.2 水平滚动条控件与垂直滚动条控件编程实例 ·· 192

8.7 "RichText"编辑框控件 ·· 193

8.7.1 "RichText" 编辑框控件介绍 ·· 193

8.7.2 "RichText" 编辑框控件编程实例 ·· 195

8.8 静态文本超链接控件与图片超链接控件 ··· 196

8.9 OLE 控件 ··· 197

8.9.1 OLE 控件介绍 ·· 197

8.9.2 OLE 控件编程实例 ·· 198

第 9 章 用户自定义事件 ·· 201

9.1 定义用户事件 ·· 201

9.2 用户事件号 ·· 202

9.3 删除用户事件 ·· 205

9.4 触发用户事件 ·· 206

9.5 用户事件编程实例 ·· 207

第 10 章 选单 ·· 211

10.1 创建选单 ·· 211

10.1.1 选单术语 ·· 211

10.1.2 选单的设计原则 ·· 211

10.1.3 选单的种类 ·· 212

10.1.4 选单画板 ·· 212

10.1.5 创建选单对象 ·· 213

10.2 选单属性 ·· 215

10.3 选单事件 ·· 217

10.4 弹出式选单 ·· 217

10.5 选单的函数 ·· 218

10.6 选单与窗口的关联 ·· 219

10.7 选单编程实例 ·· 219

第 11 章 自定义函数和结构 ·· 222

11.1 自定义全局函数 ·· 222

11.1.1 创建自定义全局函数 ·· 222

11.1.2 修改自定义全局函数 ·· 223

11.1.3 删除自定义全局函数 ·· 224

11.2 自定义对象函数 ·· 224

11.2.1 创建自定义对象函数 ·· 224

11.2.2 修改自定义对象函数 ·· 225

11.2.3 删除自定义对象函数 ·· 225

11.3 外部函数 ·· 227

11.3.1 外部函数的定义 ·· 227

11.3.2 外部函数的调用 ·· 228

11.3.3 外部函数使用实例 ·· 228

11.4 结构 ··· 229

11.4.1 定义全局结构 ·· 229

11.4.2 定义对象层结构 ·· 230

11.4.3　使用结构···231

11.4.4　删除结构···231

第 12 章　SQL 语句···233

12.1　嵌入式 SQL 语句···233

12.1.1　Select 语句···233

12.1.2　Insert 语句···234

12.1.3　Update 语句···234

12.1.4　Delete 语句···235

12.2　动态 SQL 语句···235

12.2.1　类型一：固定操作表结构和记录·······································235

12.2.2　类型二：动态操作表结构和记录·······································236

12.2.3　类型三：固定查询···236

12.2.4　类型四：动态查询···237

第 13 章　游标···240

13.1　声明游标···240

13.2　打开游标···240

13.3　提取数据···241

13.4　关闭游标···241

13.5　使用条件子句···242

13.6　编程实例···242

第 14 章　用户自定义对象···244

14.1　可视用户对象···244

14.1.1　创建标准可视用户对象···244

14.1.2　使用可视用户对象···246

14.1.3　修改用户对象···247

14.1.4　创建定制可视用户对象···247

14.1.5　创建外部可视用户对象···248

14.2　类用户对象···249

14.2.1　创建标准类用户对象···249

14.2.2　使用类用户对象···249

14.2.3　创建定制类用户对象···250

14.3　用户对象使用编程实例···250

第 15 章　数据管道···255

15.1　创建数据管道···255

15.1.1　在数据库画板中创建数据管道···255

15.1.2　创建数据管道对象···258

15.1.3　打开和修改数据管道···258

15.1.4　删除数据管道···259

15.2　数据管道对象的属性、事件和函数···259

15.2.1　数据管道的属性···260

15.2.2　数据管道的事件···260

15.2.3 数据管道的函数 ··260

15.3 数据管道编程实例 ··262

第 16 章 PBL 库管理器 ··267

16.1 Library 库画板 ··267

16.1.1 "Library" 工作区 ··267

16.1.2 库画板工具栏 ··267

16.1.3 库画板选单 ··268

16.2 库画板应用 ··270

16.2.1 创建 PBL 文件 ··270

16.2.2 一个简单的 Web 程序 ··270

16.2.3 编辑对象 ··271

16.2.4 复制对象 ··271

16.2.5 移动对象 ··271

16.2.6 删除对象 ··271

16.3 可执行文件 ··272

16.3.1 应用程序的搜索路径 ··272

16.3.2 生成可执行文件 ··272

16.3.3 在 Windows 环境下运行 ··273

第 2 部分　习　　题

E.1 PowerBuilder Classic 12.5 开发环境 ··275

E.2 PowerScript 语言 ··275

E.3 窗口 ··275

E.4 窗口控件 ··276

E.5 创建数据库 ··277

E.6 数据窗口 ··278

E.7 数据窗口控件 ··278

E.8 高级窗口控件 ··279

E.9 用户自定义事件 ··280

E.10 选单 ··281

E.11 自定义函数和结构 ··281

E.12 SQL 语句 ··282

E.13 游标 ··282

E.14 用户自定义对象 ··282

E.15 数据管道 ··282

E.16 PBL 库管理器 ··283

第 3 部分　上机操作指导

T.1　PowerBuilder Classic 12.5 集成开发环境 ························· 284

T.2　PowerScript 语言与事件脚本 ································· 287

T.3　窗口与常用控件编程（一） ····························· 288

T.4　数据库的创建与连接 ································· 289

T.5　窗口与常用控件编程（二） ····························· 294

T.6　窗口与常用控件编程（三） ····························· 296

T.7　数据窗口的编程（一） ······························· 301

T.8　数据窗口的编程（二） ······························· 305

T.9　数据窗口的编程（三） ······························· 308

T.10　OLE 控件的编程 ································· 315

T.11　用户自定义事件 ································· 319

T.12　选单的使用 ···································· 322

T.13　游标的使用 ···································· 325

第 4 部分　综合应用实习

P.1　系统分析和设计 ································· 329

P.2　创建窗口及代码实现 ································· 330

P.3　系统测试 ···································· 354

P.4　软件部署 ···································· 354

P.5　如何访问 SQL Server 数据库 ····························· 356

附　　录

附录 A　PowerBuilder 应用程序的调试 ····························· 358

A.1　使用调试画板 ································· 358

A.1.1　进入调试画板 ································· 358

A.1.2　调试步骤 ································· 359

A.2　使用"PBDebug" ································· 363

A.2.1　生成不包含计时器值的文本跟踪文件".dbg" ····················· 363

A.2.2　生成包含计时器值的跟踪文件".pbp" ······················· 364

A.2.3　使用跟踪函数 ································· 366

附录 B　PowerBuilder 常用函数 ····························· 368

第1部分 PowerBuilder 实用教程

第 1 章 PowerBuilder Classic 12.5 开发环境

PowerBuilder 是著名的数据库应用开发工具生产厂商 Sybase Inc.的子公司 PowerSoft 推出的数据库应用开发工具，经历了多次升级换代。本书所使用的版本为 PowerBuilder Classic 12.5。

1.1 集成开发环境简介

启动 PowerBuilder Classic 12.5，进入 PowerBuilder Classic 12.5 集成开发环境 IDE，出现主窗口。PowerBuilder Classic 12.5 主窗口的外观如图 1.1 所示。

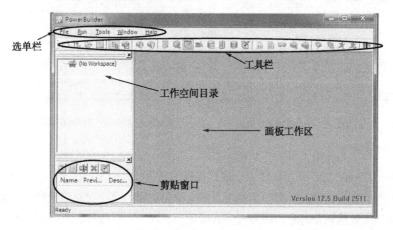

图 1.1 PowerBuilder Classic 12.5 主窗口

PowerBuilder Classic 12.5 主窗口主要由选单（又称为菜单）栏、工具栏、工作空间目录、画板工作区和剪贴窗口等区域组成。

1.1.1 PowerBuilder 的基本概念

1. 工作空间（Workspace）

PowerBuilder Classic 12.5 中的 Workspace 是增强的 IDE，通过它，用户可以将开发整个应用程序所需的各种资源进行有效的组织和管理。

2. 应用程序对象与系统对象

PowerBuilder Classic 12.5 中的每一个应用程序都必须拥有一个系统对象用于标识应用程序，并作为应用程序的入口，这个系统对象称为应用程序对象。用户在开发 PowerBuilder Classic 12.5 应用程序时，需要创建的第一个对象就是应用程序对象。用户执行某个已经定义的应用程序对象时，系统触发的第一个事件就是应用程序对象的"Open"事件。

在 PowerBuilder 中，窗口、选单、各种控件也都是系统对象，每一种系统对象实际上都是定义在 PowerBuilder 内部的一种数据类型。通常不必将这些对象当成数据类型来考虑，通过工具栏或选单定义它们即可，因为它们都是可视化的对象。但有时需要动态地处理窗口、选单、控件等系统对象，这时就需要定义系统对象数据类型。

使用 PowerBuilder Classic 12.5 中自带的对象浏览器（Browser）可以很方便地查看所有的 PowerBuilder 对象，方法如下。

在 PowerBuilder Classic 12.5 的工具栏上单击 📖 （Browser）按钮，打开对象浏览器对话框，如图 1.2 所示。

选中 System 页，可以查看所有的 PowerBuilder 系统对象（窗口、选单、各种控件）及其相关属性，如图 1.3 所示。

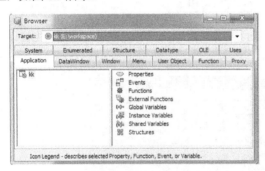
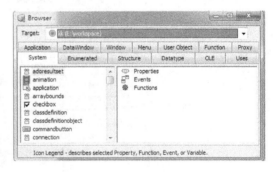

图 1.2　对象浏览器（Application 页）　　　　　图 1.3　对象浏览器（System 页）

3. 画板（Painter）

PowerBuilder Classic 12.5 开发环境由一系列集成的画板（Painter）组成。所谓画板，实际上就是完成一定功能的工具窗口。例如，窗口画板用于定义窗口对象；用户对象画板用于定义用户对象；数据窗口画板用于定义数据窗口对象；库画板完成应用库的增、删、改等。应用开发人员通过简单的鼠标操作就能设计、建立、测试客户机—服务器应用程序。

1.1.2　主窗口

1. 系统选单

主窗口中有一行系统选单栏和一行工具栏。工具栏上的图标与某一个选单条相对应，它们的含义见表 1.1。系统选单提供了 PowerBuilder Classic 12.5 IDE 中常用的命令。

2. 工具栏

主窗口中的工具栏如图 1.4 所示。工具栏中各个图标按钮与主选单中某一项相关联，具体含义表 1.1 中已有介绍。

表 1.1　工具栏上的图标对应的选单条及其含义

选单项	选单条	图标	含义
File	New...		打开"新建"对话框,新建各种对象
	Inherit...		通过继承方式创建新对象
	Open...		打开一个对象
	Run/Preview...		运行窗口或窗口数据对象
	Open Workspace...		打开一个工作空间
	Printer Setup...		设置打印机参数
	Recent Objects>		快速打开用户最近打开过的对象
	Recent Workspaces>		快速打开用户最近打开过的工作空间
	Recent Connections>		快速打开用户最近使用过的数据库连接对象
	Exit		退出 PowerBuilder 集成开发环境
Run	Incremental Build		对增加的工作空间编译连接
	Full Build		对全部工作空间编译连接
	Deploy		配置工作空间中的目标对象
	Debug		跟踪当前的应用
	Select and Debug		选择并跟踪
	Run		运行当前的应用
	Select and Run		选择并运行
	Skip Operation		越过操作
	Stop Operation		停止操作
	Next Error/Message		显示下一个错误/信息
	Previous Error/Message		显示前一个错误/信息
Tools	Toolbars...		打开"工具栏"对话框,进行工具条显示属性的设置
	Keyboard Shortcuts		快捷键的设置
	System Options...		打开"系统选项"对话框,进行系统功能的设置
	To Do List...		跟踪当前应用的开发过程,并可通过链接快速地到达指定的位置
	Browser...		查看系统对象和当前应用中各对象的信息,可以进行复制、导出或打印
	Library Painter...		打开应用库管理画板
	Database Profile...		定义数据库连接
	Application Server Profile...		定义一个特定数据库的连接参数
	Database Painter...		打开数据库管理画板
	File Editor...		在文件编辑器中编辑文本文件
Window	Tile Vertical		垂直铺放窗口
	Tile Horizontal		水平铺放窗口
	Layer		平铺当前窗口
	Cascade		层叠当前窗口
	Arrange Icons		排列主窗口的图标
	Close All		关闭所有活动窗口

续表

选 单 项	选 单 条	图 标	含 义
Window	System Tree		打开或关闭系统树状窗口
	Output		打开或关闭输出窗口
	Clip		打开或关闭剪贴板窗口
Help	Contents		打开帮助目录
	Sybase Web Site		访问 Sybase 公司网站
	Electronic Case Management		电子案例管理，连接 Sybase 的全球服务 Web 站点
	Sybase Online Books Site		访问 Sybase 公司在线帮助网站
	About PowerBuilder		PowerBuilder 版本信息

图 1.4　主窗口中的工具栏

在默认情况下，PowerBuilder 的工具栏显示在窗口顶部，也可以根据需要将它显示在其他位置，包括左部、右部、下部或浮动方式（在浮动方式下用户可以将画笔栏放置在窗口上的任何位置）。另外，还可以在图标上显示文字提示，设置方法如下。

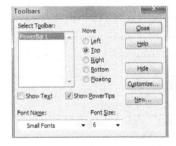

图 1.5　"Toolbars" 对话框

（1）从 "Tools" 选单项中选择 "Toolbars…"，这时弹出如图 1.5 所示的 "Toolbars" 对话框。

（2）在 "Move" 组框中选择工具栏的显示位置。其中，Left 表示左部；Right 表示右部；Top 表示上部；Bottom 表示下部；Floating 表示浮动。

（3）如果想在图标上显示指示该图标按钮作用的文字提示，则选中复选框 "Show Text"。

（4）如果想显示图标光标跟随提示（又称为 PowerTips），则选中复选框 "Show PowerTips"。

（5）下拉列表框 "Font Name" 和 "Font Size" 用于指定上述提示使用的字体名和文字大小。

（6）需要隐藏工具栏时，单击 "Hide" 按钮。

（7）设置了所需选项后，单击 "Close" 按钮关闭对话框。

除了直接使用系统默认设置的工具栏外，开发人员也可以根据自己的爱好定制工具栏，具体步骤如下。

（1）按前面介绍的方法打开如图 1.5 所示的 "Toolbars" 对话框。

（2）在 "Select Toolbar" 列表框中选择要定制的画笔栏 "PowerBar1"。

（3）单击 "Customize…" 按钮，打开 "Customize" 对话框，如图 1.6 所示。其中，"Selected palette" 图标列表中的图标是供选择的工具栏按钮图标；而下部的 "Current toolbar" 图标列表中是已经选择的工具栏图标；使用滚动条可以查看和选择列表中的图标。通过单击上面的单选按钮 "PowerBar" 和 "Custom" 可以选择不同的图标集。

（4）选中某一图标后使用拖曳的方法，即按住鼠标左键不放，拖曳鼠标指针，可以将图标从 "Selected palette" 列表框中拖曳到下部 "Current toolbar" 列表框中，在工具栏中添加一个图标按钮；也可以从 "Current toolbar" 列表中拖曳至上部 "Selected palette" 列表框中，去除某一图标按钮。

（5）单击 "OK" 按钮，关闭 "Customize" 对话框。

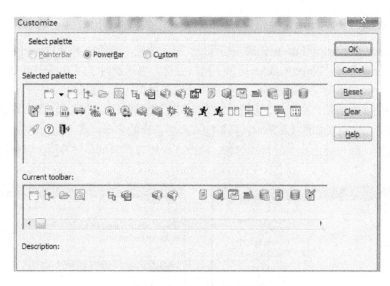

图 1.6　"Customize" 对话框

（6）单击 "Close" 按钮，关闭 "Toolbars" 对话框，即完成了定制工具栏。

3. 画板

PowerBuilder 的各种画板中有许多工具，工具中又包含一些小工具。画板、画板工具和小工具的有机组合构成了 PowerBuilder 强大而方便的应用开发环境。表 1.2 列出了 PowerBuilder 中的主要画板及其功能。

表 1.2　PowerBuilder 中的主要画板及其功能

画　　板	名　　称	功　　能
Application painter	应用程序对象画板	创建应用程序对象，定义应用程序的执行环境，并保存应用程序所有对象的库文件
Database painter	数据库画板	管理数据库，设置数据库的访问控制，维护数据并创建新表
DataWindow painter	数据窗口画板	创建数据窗口对象
Data pipeline painter	数据管道画板	创建数据管道对象，从一个数据源向另一个数据源传输数据
Function painter	函数画板	创建全局函数，提高代码的可重用性
Library painter	库管理画板	创建和管理 PowerBuilder 的应用库
Menu painter	选单画板	创建选单对象
Project painter	工程画板	创建可执行文件、动态库、组件和代理对象
Query painter	查询画板	以图形化方式定义 SQL Select 语句，并保存为 Query 对象，供数据窗口或数据管道使用
Structure painter	结构画板	创建全局结构
User Object painter	用户对象画板	创建用户对象，用于完成通用功能，以提高代码的可重用性
Window painter	窗口画板	创建窗口对象，定义交互式接口

4. 联机帮助

使用 PowerBuilder Classic 12.5 提供的系统帮助，对于快速、准确地掌握 PowerBuilder 的编程语言和使用方法是十分重要的。PowerBuilder 提供了网站链接，可以及时了解 PowerBuilder 的最新动态。最常用的是 PowerBuilder 系统内的帮助，只要按下【F1】键就可以随时调出。它有目录页和索引页。其中，目录页如图 1.7 所示，它以书目的形式帮助用户查找所需解决的技术问题，双击某一本书的图标，可以将其展开。索引页如图 1.8 所示，只要输入需要查询的字母，就可立刻定位到对应的索引项，单击"显示"按钮，即可调出有关的帮助信息。除此之外还有搜索页和书签页，以便用户更方便地使用帮助功能。

图 1.7 PowerBuilder 帮助的目录

图 1.8 PowerBuilder 帮助的索引

1.2 简单应用程序实例

1.2.1 带窗口的简单应用程序

图 1.9 计算圆面积的应用程序

本节通过 PowerBuilder 制作一个简单的应用程序，初步了解 PowerBuilder 编程的基本过程。

【例】创建应用程序，计算圆面积。应用程序的外观如图 1.9 所示。

首先在硬盘上创建一个目录"E:\workspace"，用于存放计算圆面积的应用。创建计算圆面积的应用程序的具体步骤如下。

1. 创建应用

创建应用有如下两个步骤。

（1）创建新的工作空间。单击"New"图标按钮，打开"New"对话框；选择"Workspace"页，单击"OK"按钮，弹出"New Workspace"对话框，选择保存在新建的目录"E:\workspace"中，输入文件名为"Ex1"。

（2）创建新的应用。单击"New"图标按钮，打开"New"对话框；选择"Target"页中的应用"Application"（如图 1.10 所示），单击"OK"按钮，弹出"Specify New Application and Library"对话框，选择保存到新建的目录"E:\workspace"中，输入应用名为"calarea"，如图 1.11 所示，单击完成按钮"Finish"，系统自动用上面输入的应用名称加上扩展名".pbl"和".pbt"，组成库名"calarea.pbl"及目标文件名"calarea.pbt"。

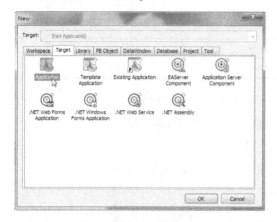

图 1.10　Application

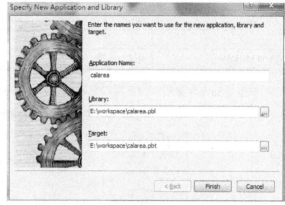

图 1.11　创建 calarea 应用

2. 创建窗口和设置窗口属性

创建窗口和设置窗口属性的步骤如下。

（1）创建窗口，设置窗口属性。单击"New"图标按钮，打开"New"对话框，如图 1.12 所示。选择"PB Object"页，双击"Window"图标，创建一个新窗口对象，进入窗口画板，单击中间区域下部的"layout"页。在窗口的属性（Properties）卡"General"页的"Title"栏中输入窗口标题"圆面积计算"，其余使用默认值。

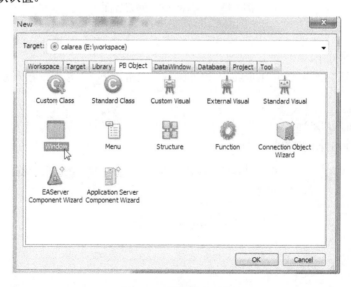

图 1.12　创建窗口对象

（2）在窗口上布置控件，设置控件属性（具体操作方法详见第 4.2.1 小节）。控件属性见表 1.3。

表1.3 控件属性

控 件 类 型	名称（Name）	属 性	值
StaticText	st_1	Text	R=
	st_2	Text	Area=
SingleLineEdit	sle_1	Text	
	sle_2	Text	
		Enabled	false
CommandButton	cb_1	Text	计算

单击"Save"按钮，指定窗口名称为"w_calarea"，系统界面如图1.13所示。

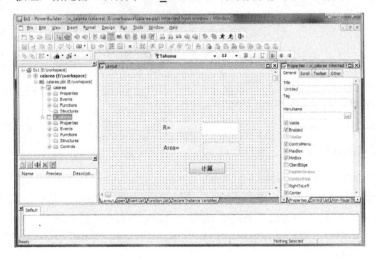

图1.13 "w_calarea"系统界面

3. 编写脚本

编写脚本的步骤如下。

（1）编写"计算"命令按钮"Clicked"事件脚本。双击"cb_1"按钮，输入如下脚本：

```
Decimal r
r =Dec(sle_1.text)
sle_2.text = String(3.14159*r*r)
```

"Clicked"事件的脚本如图1.14所示。

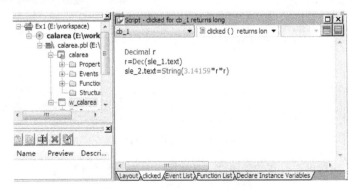

图1.14 "Clicked"事件的脚本

（2）编写"应用"的脚本。编写的 PowerBuilder 应用程序的入口是"应用"的"Open"事件（"Open"事件常被用于编写初始化窗口对象的脚本），所以，在"应用"的"Open"事件中需要写一句打开程序主窗口"w_calarea"的代码。在树状窗口中，双击"calarea"（"应用"），弹出应用画板。这时在事件下拉列表框中对应的是"Open"事件。在下面空白的脚本编辑区中编写"Open"事件的脚本：

```
Open(w_calarea)
```

如图 1.15 所示，保存并关闭应用画板。

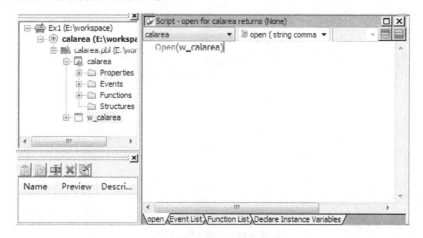

图 1.15 "Open"事件的脚本

4. 运行应用程序

单击"Run"图标，就可以运行计算圆面积的程序了。运行界面如图 1.16 所示。

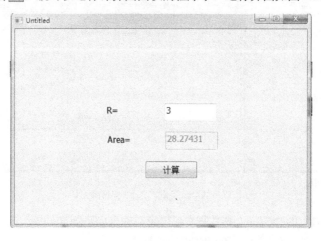

图 1.16 运行界面

1.2.2 无窗口的简单应用程序

对于某些应用程序来说，创建和定义窗口控件并不是必需的，此时可以通过定义应用程序本身的"Open"事件来触发并执行自身，具体的步骤如下。

（1）首先利用【例】中创建的目录 E:\workspace 存放应用程序所需的各种资源。然后，创建一个新的工作空间和新的应用程序（Application），创建应用的过程和【例】中创建应用的过程相同。

及目标文件名"text1.pbt"。创建完成后，在工作空间目录窗口可以看到如图1.17所示的树形目录。

（2）在工作空间目录窗口，双击应用程序图标"text1"（如图1.17所示）。打开应用程序text1的事件脚本编辑窗口。系统默认的事件为应用程序对象的"Open"事件，如图1.18所示。

图1.17　工作空间目录

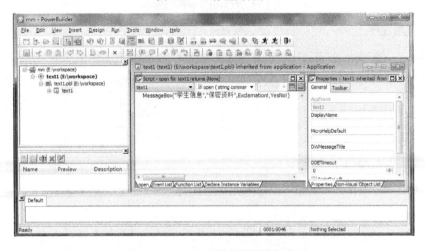

图1.18　"Open"事件的脚本编辑窗口

在应用程序"text1"的"Open"事件脚本编辑窗口输入如下脚本：

```
MessageBox("学生信息","保密资料",Exclamation!,YesNo!)
```

这里的MessageBox()函数将在2.6节"常用的标准函数"部分进行介绍。Exclamation!,YesNo!属性将在2.2.2小节"枚举类型"部分进行介绍。

（3）保存后，单击系统选单栏"Run"选单中的"Run text1"（或者直接按【Ctrl+R】组合键），就可以运行应用程序了。运行界面如图1.19所示。

图1.19　运行应用程序

第 2 章 PowerScript 语言

PowerBuilder 是事件驱动的应用程序，事件发生时所要处理的事情需要依靠事件处理程序来完成。PowerBuilder 提供的编程语言是 PowerScript。PowerScript 十分简单易学，与大多数高级编程语言（如 C 语言）非常相似。

本章介绍 PowerScript 语言的概念、语法及用法。

2.1 PowerScript 基础

2.1.1 注释

PowerScript 提供了如下两种加注释的方法，通过注释可以进一步提高程序的可读性。

（1）单行注释用 "//"。

从双斜杠开始到行尾均为注释。

（2）多行注释用 "/*   */"。

从/*开始到*/结束均为注释。

例如：

```
//这是一个计算器程序
Decimal add1                          //add1 表示中间结果
Char op                              //op 表示按下的运算符
/* flag=1 表示按下的数字是前面数字的一部分
flag=0 表示按下的数字是一个新的数字的开始 */
Int flag
```

PowerScript 在工具栏中提供了将所选文字加上/去除注释的两个图标 和 ，用起来非常方便。

2.1.2 标识符

标识符是程序中用来代表变量、标号、函数、窗口、选单、控件和对象等名称的符号。

标识符的命名规则如下。

（1）必须以字母或下划线开头。

（2）由字母、数字、下划线_、短横线-、$、# 、%组成。

（3）不能是 PowerScript 保留字。

（4）不区分大小写（但若用于 Web、UNIX 等环境时必须区分大小写）。

（5）最长 40 个字符。

例如：

下面是一组正确的标识符：

```
rv                  //返回值
f_add               //函数
Button#1            //按钮 1
_SpecialID          //以下划线开头
```

下面的标识符写法是错误的：

```
Total    book        //标识符中间不能有空格
THIS                 //误用保留字 THIS
abc>def              //标识符中间有非法字符
2x                   //以数字开头
```

注意，短横线与减号是同一个字符，而在默认方式下短横线可以用在标识符中。因此，表达式中使用减法运算符时，必须在减号的两边加上空格，否则可能产生语法甚至语义错误。不过可以修改"pb.ini"文件中的"Dashes In Identifiers"值，使短横线不能用于标识符中。

2.1.3　续行符

PowerScript 是一种自由格式的语言，PowerScript 编译器在编译脚本时完全忽略语句中的空格、缩进。因此，开发人员可以任意安排语句的位置，在一行中写几条语句也是可以的。多数情况下，每条语句占据一行。但有的时候会遇到语句超长的情况，为阅读方便可以将语句分成几行，这时就需要用到续行符&，将语句串起来。

如果行尾的字符恰好是&，则下一行自动是本行的继续行。

例如：

```
IF side1 = 5    AND &
    side2 = 6 THEN area = 5*7
//相当于  IF   side1 = 5    AND   side2 = 6 THEN area = 5*7
```

注意，不能在标识符或保留字的中间续行。

2.1.4　特殊字符

字符串中可以包括特殊的 ASCII 字符，它们不能使用常规的输入方法直接输入，需要使用其他字符来代替。常用的特殊字符见表 2.1。

表 2.1　常用的特殊字符

字　　符	功　　能
~n	换行
~r	回车
~t	制表符
~'	单引号'
~"	双引号"
~~	波浪号~
~000 到~255	十进制形式的 ASCII 所代表的字符
~h00 到~hFF	十六进制的 ASCII 所代表的字符
~o00 到~o377	八进制的 ASCII 所代表的字符。这里是字母 o，不是数字 0

【例 2.1】特殊字符的使用。

首先参照第 1.2.2 小节"无窗口的简单应用程序"部分创建工作空间和应用程序，然后在 PowerBuilder 应用程序的"Open"事件脚本编辑区编写脚本：

```
//显示一名学生的相关信息
MessageBox("学生信息","~n 姓名 ~t 性别 ~t 专业名"+&
    "~n 刘敏 ~t 男 ~t 计算机科学与技术")
```

运行后的结果如图 2.1 所示。

图 2.1　运行结果

2.1.5　空值

空值 Null 是 PowerBuilder 与数据库交换数据时使用的一种特殊值，代表数据未定义、不确定，它与空字符串、空字符、数值零及日期 00–00–00 的意义完全不同。

空值既不是零，也不是非零的任何数值。

变量被赋予空值的途径有如下两种方法。

（1）从数据库中读到空值。

（2）使用 SetNull() 函数赋值。

例如：

```
String person         //person=""
SetNull(person)       //person 值为 NULL
```

测试变量或表达式是否为空值时，使用 IsNull() 函数，而不是直接使用关系表达式。例如，假设 a 是一个变量，要测试它是否为空值，可以这样写：

```
IF   IsNull(a)     THEN…
```

2.2　数据类型

与其他语言类似，PowerBuilder 也有数据类型的概念，且数据类型十分丰富，包括标准数据类型、枚举类型和系统对象数据类型三大类，程序中通过数据类型限定变量的取值范围。本节介绍前两个类型。

2.2.1　标准数据类型

标准数据类型包括数值型、字符型、日期型和布尔型等一些最基本的数据类型。其名称、含义及示例见表 2.2。

表 2.2　标准数据类型的名称、含义及示例

数 据 类 型	含　义	示　例
Blob	二进制大对象，用于处理图像、大文本等	
Boolean	布尔型，只有两个可能的值：True 或 False	True
Character 或 Char	单个 ASCII 字符	"y"
String	字符串类型，用于存储任意的 ASCII 字符	"computer~r~nbook"
Date	日期，包括年（1000~3000）、月（01~12）、日（01~31）	2000-09-10
Time	时间，包括小时（00~23）、分（00~59）、秒（00~59）及秒的小数位（最多 6 位），范围从 00:00:00 到 23:59:59:999999	18:45:27
Datetime	日期及时间	2000-09-10 19:30:25
Decimal 或 Dec	带符号十进制数，最大 18 位精度	123.45
Double	带符号浮点数，15 位有效数字，范围为 2.2e–308~1.7e+308	3.52e19
Integer 或 Int	16 位带符号整数，范围为 –32 768~+32 767	–618
Long	32 位带符号整数，范围为 –2 147 483 648~+2 147 483 647	12 345 678
Real	带符号浮点数，精度为 6 位	3.14

续表

数 据 类 型	含 义	示 例
UnsignedInteger 或 UnsignedInt 或 UINT	16 位无符号整数，范围为 0～65 535	868
UnsignedLong 或 Ulong	32 位无符号整数，范围为 0～4 294 976 295	81 648

2.2.2　枚举类型

枚举类型是 PowerBuilder 定义的特殊常量，常用于对象或控件的属性、系统函数的参数等。但在 PowerScript 中，编程人员不能定义自己的枚举类型，而只能按系统要求使用。枚举类型实际上是一组值，每个值都以英文单词开始，以感叹号（!）结束，如 YesNo!、Exclamation!等。

【例 2.2】枚举类型的使用。

首先创建工作空间和应用程序，然后在 PowerBuilder 应用程序的 "Open" 事件脚本编辑区编写 "应用" 的脚本：

```
MessageBox("学生信息","保密资料",Exclamation!,YesNo!)
```

其运行后的结果如图 2.2 所示。

图 2.2　运行结果

2.3　变量声明及作用域

2.3.1　变量声明

在 PowerBuilder 中，除系统预定义的五个全局变量外（SQLCA、SQLDA、SQLSA、Error、Message），其他所有变量在使用之前，都要首先予以声明。

格式：

数据类型 变量名{=初值}

变量被声明后，若未指定初值，则系统将赋以默认值。对数值型变量而言，其默认值为零。对字符型变量而言，其默认值为空字符或空串（""）。

例如：

```
Integer  i                          //定义一个整型变量 i
Real   a,b,c                        //定义三个实型变量 a，b，c
String my_home                     //定义一个字符串变量 my_home
```

【例 2.3】计算平方根。

首先创建工作空间和应用程序，然后在 PowerBuilder 应用程序的命令按钮 "Clicked" 事件脚本编辑区编写 "计算平方根" 的脚本：

```
//不同类型变量之间的转换
Integer n
n=Integer(sle_1.text)
Real m
m=Sqrt(n)                          //Sqrt()为 PowerBuilder 自带的求平方根的系统函数
sle_2.text=String(m)
```

其运行后的结果如图 2.3 所示。

2.3.2　数组的声明

在 PowerBuilder 中，用户可以使用数组来表示一系列具有相同类型的变量，这些具有相同类型的变量共用一个变量名，使用下标访问数组中的每个变量。

格式：

图 2.3　计算平方根

数据类型　数组名[ ]{=初值}

例如：

Integer　person[30]	//声明整型数组 person，30 个元素，下标为 1～30
Integer　num[3 TO 10]	//下标从 3 变化到 10，共 8 个元素
Real　grade[10,10]	//声明一个二维数组，共 10×10 个元素
Char　student[2,3,4]	//声明一个三维数组，共 2×3×4 个元素

若在声明数组时，方括号内未填数字，则声明一个动态数组，运行时由系统分配数组元素的个数。在定义变量的同时，可以指定变量的初值。

例如：

Integer score=100	//定义整型变量 score，并赋初值 100
String city="南京", country	//定义变量 city 并赋初值"南京"
	//定义变量 country，其初值为空串（""）

2.3.3　变量作用域

在 PowerBuilder Classic 12.5 中，有四种不同范围的变量（Local、Instance、Global、Shared），常用的是前面三种。

在事件和函数中定义的变量都是 Local 变量，它的作用范围仅在所在的事件和函数内，在别的事件和函数中不起作用。

Instance 变量是一种特殊的变量，它的作用范围不仅包括该对象的全部事件及函数，而且包括该对象的所有控件的事件及函数，可以说是一种局部的"全局变量"。编程人员可以分别为 Application、Window 等对象定义 Instance 变量。如图 2.4 所示的是在 Window 下定义 Instance 变量的步骤，为 Application 等其他对象定义 Instance 变量的步骤与此类似。在 Window 下定义的 Instance 变量，其作用范围是所在的窗口及窗口内的各种控件的所有事件、函数等。查看并粘贴 Instance 变量的步骤如图 2.5 所示。

图 2.4　定义 Instance 变量的步骤

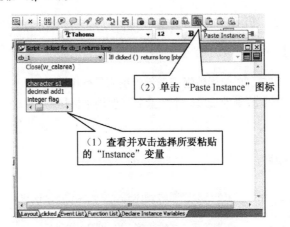

图 2.5　查看并粘贴 Instance 变量的步骤

定义 Global 变量与定义 Instance 变量的方法类似。不过，因为 Global 变量的作用域是整个应用程序，所以必须特别小心。一般来说，使用 Global 变量不是一个好习惯，它会降低程序的可靠性。

2.4　运算符及表达式

PowerBuilder 的运算符有四种，包括算术运算符、关系运算符、逻辑运算符和连接运算符。运算符有优先级和结合律。

2.4.1　算术运算符

算术运算符有五个，分别用于加、减、乘、除、乘方。其中，加号、减号还可用于表示正数、负数。各运算符的含义及示例见表 2.3。

表 2.3　算术运算符的含义及示例

运　算　符	含　义	示　　例
+	加	c=a+b
−	减	c=a－b
*	乘	c=a*b
/	除	c=a/b
^	乘方（幂）	c=a^b　c 等于 a 的 b 次方

在表达式中，乘方优先级高于乘、除；乘、除优先级高于加、减。同级运算遵循自左至右的原则。PowerScript 还提供了一组扩展的算术操作符（与 C 语言中使用的算术运算符相同）：

$$++ \quad -- \quad += \quad -= \quad /= \quad *= \quad ^=$$

例如：

a++等价于 a=a+1
a−−等价于 a=a−1
a+=b*c 等价于 a=a+b*c
a−=b+4 等价于 a=a−(b+4)
a*=c+d 等价于 a=a*(c+d)
a/=c+d 等价于 a=a/(c+d)
a^=c+d 等价于 a=a^(c+d)

2.4.2　关系运算符

关系运算符用于对相同类型的量进行大小比较运算，常用于条件语句和循环语句。各关系运算符的含义及示例见表2.4。

表 2.4　关系运算符的含义及示例

运 算 符	含 义	示 例
>	大于	IF a>b+3 THEN…
=	等于	IF p+q−w*t THEN…
<	小于	IF a<c THEN…
<>	不等于	IF a*b<>t+8 THEN…
>=	大于等于	IF a>=b THEN…
<=	小于等于	IF a<=b THEN…

关系运算符的结果是 True 或 False。关系运算符可以应用于字符串的比较。

例如：

```
"boat"="boat"              //结果是 True
"boAt"="boat"              //结果是 False
"book">="tank"             //结果是 False
```

2.4.3　逻辑运算符

逻辑运算符用于对布尔型的量进行运算，结果是 True 或 False。有三个逻辑运算符，其含义及示例见表2.5。

表 2.5　逻辑运算符的含义及示例

运 算 符	含 义	示 例
NOT	"非"运算	rb_1.checked=NOT rb_1.checked
AND	"与"运算	IF a>−10 AND a<=30 THEN…
OR	"或"运算	IF a>50 OR a<=20 THEN…

表 2.6 为逻辑运算的"真值表"。用它表示当 a 和 b 的值为不同组合时，各种逻辑运算所得到的值。

表 2.6　真值表

a	b	NOT a	NOT b	a AND b	a OR b
True	True	False	False	True	True
True	False	False	True	False	True
False	True	True	False	False	True
False	False	True	True	False	False

2.4.4　连接运算符

连接运算符只有一个，就是符号"+"，用于将两个 String 型或 Blob 型变量的内容连接在一起，形成新的字符串或 Blob 型数据。

例如：

s1="computer "+"book"　　　则 s1="computer book"
s2="book"+"computer"　　　则 s2="bookcomputer"

2.4.5　运算符的优先级

在表达式中，运算符按照优先级进行运算，共分为九级，括号优先级最高，同级运算自左至右。

1	()	括号
2	+，-，++，--	正号、负号、自增、自减
3	^	幂运算
4	*，/	乘、除
5	+，-	加、减及连接运算
6	=，>，<，>=，<=，<>	关系运算符
7	NOT	逻辑非
8	AND	逻辑与
9	OR	逻辑或

2.5　PowerScript 语句

PowerScript 语句用于控制程序的流程，主要有赋值语句、分支语句、循环语句等。语句的结构、功能和其他语言类似。

2.5.1　赋值语句

赋值语句用于为变量、对象属性赋值，这是应用程序中使用最频繁的语句。

格式：

variable_name= expression

其中，variable_name 代表变量名，expression 代表表达式。赋值语句的作用是将表达式的值赋给等号左边的变量。

例如：

area=3.14*r*r

又如：

Int s[ ]
s={1 3 5 6 8}

再如：

String s = ' You got a "job" '
String s = ' You got a ~'job ~"　　　　　　//同时使用多个单引号时需使用转义字符~

2.5.2　分支语句

1. IF 条件语句

条件语句分单行和多行两种格式。

格式 1：

IF condition　THEN… ELSE…

格式 2：

```
IF condition   THEN
     ⋮
ELSE
     ⋮
END IF
```

在条件语句中，ELSE 子句是可选项。

条件语句的执行过程是首先计算 condition（条件表达式）的值，如果为 True，则执行 THEN 后面的语句，否则执行 ELSE 后面的语句（如果有 ELSE 的话）。

例如：

```
（1）IF   a>3      AND   a<=15   THEN   c=8*a*a+10      //无 ELSE 子句
（2）IF   b>=0  THEN   t=3+b   ELSE   t=3 – b          //有 ELSE 子句
（3）IF   r>0      THEN
              area=3.14*r*r
              l=2*3.14*r
       ELSE
              area=0
       END   IF                                   //多行 IF 语句，以 END   IF 结束
```

2. CHOOSE 语句

CHOOSE...CASE 语句能够根据所测试的表达式的值的不同来执行不同的语句，而不像条件语句那样只有两种选择。

格式：

```
CHOOSE CASE test_expression
     CASE expression_list1
           Statements1
     CASE expression_list2
           Statements2
           ⋮
     CASE expression_listn
           Statementsn
     { CASE ELSE
           Statementsn+1}
END CHOOSE
```

其中，expression_list 形式如下。

● 单个值。

● 由逗号隔开的若干个值。

● 某一区间，如 1 to 8， 'b' to 'h'。

● IS 表达式，如 IS>30   //IS 是保留字，代表 test_expression 的值。

● 混合，如 2，4，7 to 15，IS>20。

执行 CHOOSE...CASE 语句时，PowerBuilder 将逐条查找 CASE，如果找到与测试值相匹配的判断表达式，则执行该 CASE 后的语句块，然后执行 END   CHOOSE 后的第一条语句。如果 CHOOSE...CASE 语句中包含 CASE ELSE 子句，则未找到任何匹配的 CASE 条件时，执行 CASE ELSE 子句中的语句块。

例如：

```
CHOOSE  CASE  score
CASE  IS >=90
        Grade="A"
CASE  80  TO  89
        Grade="B"
CASE  70  TO  79
        Grade="C"
CASE  60  TO  69
        Grade="D"
CASE  ELSE
        Grade="E"
END  CHOOSE
```

如图 2.6 所示的是 CHOOSE...CASE 语句的执行过程。

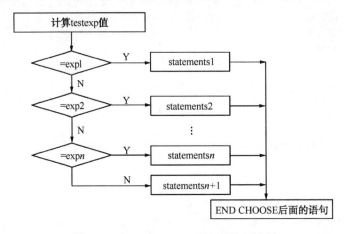

图 2.6　CHOOSE...CASE 语句的执行过程

2.5.3　循环语句

1. FOR 循环语句

FOR...NEXT 语句按照预先规定的次数重复执行一段代码。

格式：

```
FOR v= s  TO  e {STEP i }
    ⋮
NEXT
```

FOR...NEXT 语句的执行过程如图 2.7 所示。图中"超过"的含义是，当步长大于零时，表示"大于"；当步长小于零时，表示"小于"。若不指定步长，则步长为 1。步长是零时为死循环，步长由 STEP 指定。

【例 2.4】FOR...NEXT 语句的使用。

求 s，$s=1+3+5+7+...+99$。

首先创建工作空间和应用程序，然后在 PowerBuilder 应用程序的命令按钮"Clicked"事件脚本编辑区编写"计算"按钮的脚本：

```
Integer n
Int i
n=Integer(sle_1.text)        //初始化输入值 n 为窗口控件 sle_1 的 text 的属性值
```

```
FOR i=1 TO 99    STEP 2
     n=n+i
NEXT
sle_2.text=String(n)                //将运算结果显示在静态文本框 sle_2 中，因为 s 是整数，
                                    //所以要使用 String()函数将它转换为字符型
```

其运行后的结果如图 2.8 所示。

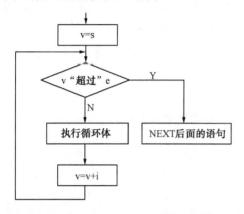

图 2.7　FOR...NEXT 语句的执行过程　　　　图 2.8　FOR...NEXT 语句的运行结果

2．DO...LOOP 循环

DO...LOOP 循环是重复执行一段代码，直到条件表达式为 True 或 False，它有四种格式。

格式 1：

```
DO UNTIL condition
     ⋮
LOOP
```

当条件为 False 时，执行循环体；当条件为 True 时，退出循环。其功能和执行过程如图 2.9 所示。

【例 2.5】DO UNTIL...LOOP 循环语句的使用。

求 s，$s＝1＋3＋5＋7＋…＋99$。

首先创建工作空间和应用程序，然后在 PowerBuilder 应用程序的命令按钮 "Clicked" 事件脚本编辑区编写 "计算" 按钮的脚本：

```
Integer n
Int i=1
n=Integer(sle_1.text)
DO UNTIL i>99
     n=n+i
     i=i+2
LOOP
sle_2.text=String(n)
```

格式 2：

```
DO WHILE condition
     ⋮
LOOP
```

当条件为 True 时，执行循环体；当条件为 False 时，退出循环。其功能和执行过程如图 2.10 所示。

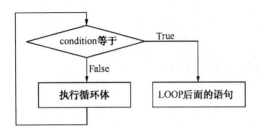 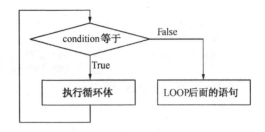

图 2.9　DO UNTIL...LOOP 语句的执行过程　　　图 2.10　DO WHILE...LOOP 语句的功能和执行过程

【例 2.6】DO WHILE...LOOP 循环语句的使用。

求 s，$s = 1+3+5+7+\cdots+99$。

首先创建工作空间和应用程序，然后在 PowerBuilder 应用程序的命令按钮"Clicked"事件脚本编辑区编写"计算"按钮的脚本：

```
Integer n
Int i
i=1
n=Integer(sle_1.text)
DO WHILE i<=99                              //注意这里是小于等于 99
     n=n+i
     i=i+2
LOOP
sle_2.text=String(n)
```

格式 3：

```
DO
    ⋮
LOOP UNTIL condition
```

创建工作空间和应用程序，首先执行循环体，然后判断条件。当条件为 False 时，执行循环体；当条件为 True 时，退出循环。格式 3 和格式 1 的区别是，格式 3 的循环体至少执行一次。其功能和执行过程如图 2.11 所示。

【例 2.7】DO...LOOP UNTIL 循环语句的使用。

求 s，$s = 1+3+5+7+\cdots+99$。

参照第 1.2.1 小节"带窗口的简单应用程序"的具体内容，首先创建工作空间和应用程序，然后在 PowerBuilder 应用程序的命令按钮"Clicked"事件脚本编辑区编写"计算"按钮的脚本：

```
Integer n
Int i
i=1
n=Integer(sle_1.text)
DO
     n=n+i
     i=i+2
LOOP UNTIL i>99
sle_2.text=String(n)
```

格式 4：

```
DO
    ⋮
LOOP WHILE condition
```

首先执行循环体，然后判断条件。当条件为 True 时，执行循环体；当条件为 False 时，退出循环。格式 4 和格式 2 的区别是，格式 4 的循环体至少执行一次。其功能和执行过程如图 2.12 所示。

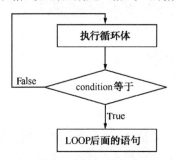

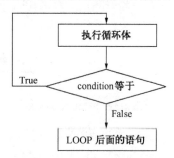

图 2.11　DO...LOOP UNTIL 语句功能和执行过程　　图 2.12　DO...LOOP WHILE 语句功能和执行过程

【例 2.8】DO...LOOP WHILE 循环语句的使用。

求 s，$s = 1+3+5+7+...+99$。

首先创建工作空间和应用程序，然后在 PowerBuilder 应用程序的命令按钮"Clicked"事件脚本编辑区编写"计算"按钮的脚本：

```
Integer n
Int i
i=1
n=Integer(sle_1.text)
DO
      n=n+i
      i=i+2
LOOP WHILE i<=99                        //注意这里是小于等于 99
sle_2.text=String(n)
```

3. CONTINUE 语句

格式：

```
CONTINUE
```

CONTINUE 语句只能用于 DO...LOOP 和 FOR...NEXT 语句中，遇到 CONTINUE 语句时，将不执行 CONTINUE 语句后面的语句，跳回到循环条件处继续执行。

4. EXIT 语句

格式：

```
EXIT
```

EXIT 语句只能用于 DO...LOOP 和 FOR...NEXT 语句中，遇到 EXIT 语句时，将结束循环，跳到 LOOP 或 NEXT 后面的语句去执行。

2.5.4　GOTO 语句

格式：

```
GOTO 语句标号
```

转到语句标号标志的位置继续执行。程序中应避免使用 GOTO 语句。

例如：

```
    i=1
BEGINLOOP:                                //语句标号
```

```
sum+=arr[i]                              //等价于语句 sum=sum+arr[i]
i+=1
IF i<=50 THEN   GOTO   BEGINLOOP         //转到 BEGINLOOP 标志的位置继续执行
  ⋮
```

2.6　常用的标准函数

2.6.1　MessageBox()函数

MessageBox()函数通常用于显示出错、警告、提示及其他重要信息，并且在程序开发阶段被程序员用来显示程序运行状态及中间结果。借助 MessageBox()函数可以在屏幕上显示一个窗口，用户在响应该窗口后，程序才能继续运行下去。

格式：

MessageBox(title,text [,icon [,button [,default]]])

其中，title 和 text 参数是必需的，其他大括号中的参数是可选项。

各参数的含义如下。

- title：String 类型，指定消息对话框的标题。
- text：指定消息对话框中显示的消息，该参数可以是数值数据类型、字符串或 boolean 值。
- icon：枚举类型，可选项，指定要在该对话框左侧显示的图标。值为 Information!（默认值）；StopSign!；Exclamation!；Question!；None!。
- button：枚举类型，可选项，指定显示在该对话框底部的按钮。值为 OK!（默认值）；OKCancel!；YesNo!；YesNoCancel!；RetryCancel!；AbortRetryIgnore!。
- default：数值型，可选项，指定作为默认按钮的按钮编号，按钮编号自左向右依次计数，默认值为1。如果该参数指定的编号超过了显示的按钮个数，则 MessageBox()函数将使用默认值返回。默认按钮是指获得焦点的按钮。

函数执行成功时返回用户选择的按钮编号（如 1、2、3 等），发生错误时则返回-1。如果任何参数的值都为 Null，则执行 MessageBox()函数后返回 Null。

【例 2.9】 MessageBox()函数的使用。

首先创建工作空间和应用程序，然后在工作空间窗口"w_1"的"Open"事件脚本编辑区编写"应用"的脚本：

```
Int ret
ret=MessageBox("这是一个例子", "是否要存盘?", Question!, YesNoCancel!, 3)
IF ret=1 THEN
     //Dw_1.update()
     MessageBox("这是一个例子","存盘成功!")
ELSE
     IF ret=2 THEN
           RETURN
     END IF
END IF
```

运行时的界面如图 2.13 所示。

图 2.13　MessageBox()函数运行示例

2.6.2　Open()函数

Open()函数用于打开一个 PowerBuilder 窗口。

格式：

Open(window_name)

打开窗口并触发窗口的"Open"事件。

2.6.3　Close()函数

Close()函数用于关闭一个 PowerBuilder 窗口。

格式：

Close(window_name)

首先触发窗口的"CloseQuery"事件，若"CloseQuery"事件的返回值不等于 1，则再触发"Close"事件，关闭窗口并释放窗口及窗口上的控件所占据的内存。若"CloseQuery"事件的返回值等于 1，则不会关闭窗口。因此，可以在窗口的"CloseQuery"事件中编写代码，询问用户是否要关闭窗口。

【例 2.10】Close()函数的使用。

在 DO…LOOP 循环语句使用示例的基础上再添加一个"关闭"按钮，如图 2.14 所示。

首先创建工作空间和应用程序，然后在 PowerBuilder 应用程序的命令按钮"Clicked"事件脚本编辑区编写"关闭"按钮的脚本：

```
Close(parent)                              //退出当前窗口
```

运行时的界面如图 2.15 所示。

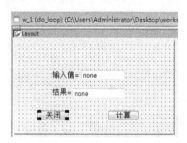

图 2.14　添加一个"关闭"按钮

图 2.15　Close()函数的使用示例

单击"关闭"按钮即可退出当前窗口。

2.6.4　Run()函数

Run()函数被用于在 PowerBuilder 中运行其他的 Windows 应用程序，如计算器、记事本及其他用户应用程序等。

格式：

Run(appl)或 Run(appl,state)

图 2.16　Run()函数的使用示例

其中，参数 appl 是一个字符串，指明要运行的应用程序名，若不含路径名，则默认为当前路径。参数 state 是枚举类型，用于指明开始运行时的窗口状态，有三个值可选，"Maximized！"用于最大化窗口；"Minimized！"用于最小化窗口；"Normal！"用于正常大小窗口（原始窗口），正常大小窗口为默认值。

【例 2.11】Run()函数的使用。

首先创建工作空间和应用程序，然后在 PowerBuilder 应用程序的"Open"事件脚本编辑区编写"应用"的脚本：

```
Run("C:\WINDOWS\system32\calc.exe", normal!)
```

运行时的界面如图 2.16 所示（Windows 7 操作系统）。

2.7　编辑代码

在 PowerBuilder 中编辑代码时，首先选定要编辑代码的对象，然后选定事件，再在 Script 窗口中编辑代码，如图 2.17 所示。或者使用鼠标右键单击要编辑代码的窗口或控件，将出现一个弹出式选单，如图 2.18 所示。选择"Script"，系统将打开"Script"窗口，并在窗口显示最后一次编辑的事件的代码。若所有事件都没有代码，则选择最常用的事件，供用户输入代码。用户可以选择需要的事件。

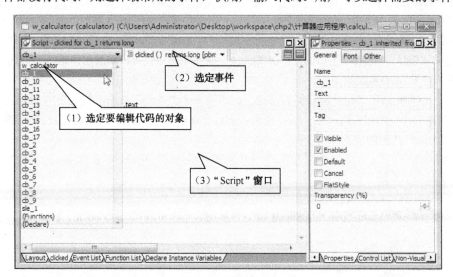

图 2.17　编辑代码

图 2.18　弹出式选单

2.8　应用程序编程实例

【例2.12】利用 PowerBuilder Classic 12.5 制作计算器应用程序。

自制计算器的外观如图 2.19 所示。

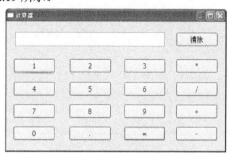

图 2.19　自制计算器外观

在 E 盘中创建一个目录"E:\workspace"，用于存放计算器应用程序。

1. 创建计算器应用

创建计算器应用的步骤如下。

（1）创建新的工作空间。单击"New"图标按钮，打开"New"对话框；选择"Workspace"页，单击"OK"按钮，弹出"New Workspace"对话框，选择保存到新建的目录"E:\workspace"，输入工作空间名为"Ex2"。

（2）创建新的应用。单击"New"图标按钮，打开"New"对话框；选择"Target"页中的"Application"，单击"OK"按钮，弹出"Specify New Application and Library"对话框，输入应用名为"calculator"，单击"Finish"按钮，系统自动用上面输入的应用名加上扩展名".pbl"和".pbt"，组成库名"calculator.pbl"及目标文件名"calculator.pbt"。

2. 创建计算器窗口和设置窗口属性

创建计算器窗口和设置窗口属性的具体方法如下。

（1）单击"New"图标按钮，打开"New"对话框；选择"PB Object"页，双击"Window"图标，创建一个新窗口对象并进入窗口画板。

（2）在窗口属性（Properties）卡"General"页的"Title"栏中输入窗口标题"计算器"，取消选中"MaxBox"和"Resizable"复选框，其余使用默认值；保存窗口对象，命名为"w_calculator"。

完成以上步骤后，可在工作空间目录看到如图 2.20 所示的树形结构。

3. 声明几个变量

在"Script"脚本区左上边的下拉列表框中选择"（Declare）"，然后在下面的脚本编辑区中编写代码：

```
Decimal add1
Char s1
Boolean flag
```

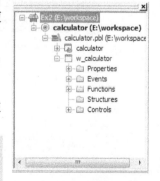

图 2.20　树形结构

其中，add1 保存中间结果；s1 保存按下的运算符；flag 是一个标志位，flag=false 表示按下的数字是前面数字的一部分，flag=true 表示按下的数字是一个新的数字的开始。

声明的变量如图 2.21 所示。

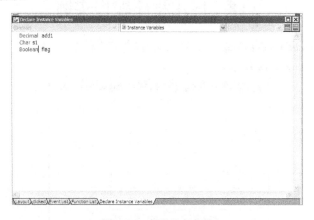

图 2.21　声明几个变量

4. 在窗口中布置显示数值的单行编辑框控件

首先单击选单"Insert | Control | SingleLineEdit"，然后在窗口上单击，就会出现一个单行编辑框，其名称为"sle_1"，删除"Text"栏中的"none"，选中"DisplayOnly"属性，在单行编辑框的边沿拖曳，调整其尺寸。

5. 在窗口中布置 10 个数字按钮和小数点按钮

首先制作数字"1"按钮，单击选单"Insert | Control | CommandButton"，然后在窗口上单击，就会出现一个命令按钮，其名称为"cb_1"，在"Text"栏中输入"1"，单击"Other"页，单击该页下部的"Pointer"下拉列表框的▼小三角，选择列出的"HyperLink!"手指形图标，在按钮的边沿拖曳，调整好尺寸，为按钮编写程序脚本。单击数字"1"按钮，单击鼠标右键，弹出子选单，单击"Script"选项（如图 2.22 所示），光标自动跳到脚本编辑区，可以看到默认的按钮事件为"Clicked"，输入如下代码（如图 2.23 所示）：

```
IF flag THEN
    sle_1.text=""
    flag=false
END IF
sle_1.text=sle_1.text+THIS.text
```

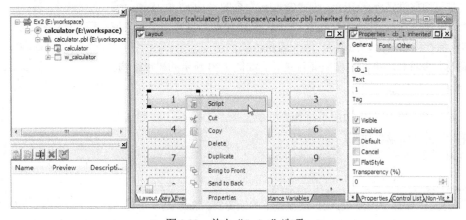

图 2.22　单击"Script"选项

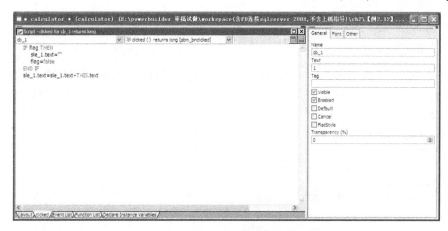

图 2.23 为按钮事件编写程序脚本

保存已完成的工作。由于 10 个数字按钮及小数点按钮的"Clicked"事件的脚本都一样,外观也仅有"Text"属性不同,所以可以使用控件完全复制的方法快速地创建其他按钮。具体操作是,首先单击数字"1"按钮,然后按【Ctrl+C】组合键复制到剪贴板,再按【Ctrl+V】组合键进行粘贴,这时两个按钮控件重叠在一起,使用鼠标将"cb_2"拖开,并将"cb_2"的"Text"改为"2",数字"2"按钮就制作完成了,包括脚本也被复制了。再使用粘贴的方法,与数字"2"按钮的制作方法一样,可以很快地制作出其他数字按钮和小数点按钮。

6. +、−、*、/ 运算符按钮的制作

首先制作"+"运算符按钮,它与数字按钮仅外观类似("Text"属性不同,其余属性相同),但脚本完全不同。编辑"+"按钮的"Clicked"事件脚本:

```
CHOOSE CASE s1
    CASE '*'
        sle_1.text=String(dec(sle_1.text)*add1)
    CASE '/'
        sle_1.text=String(add1/dec(sle_1.text))
    CASE '+'
        sle_1.text=String(dec(sle_1.text)+add1)
    CASE '−'
        sle_1.text=String(add1 − dec(sle_1.text))
END CHOOSE
Add1=dec(sle_1.text)
s1=THIS.text
flag=true
```

保存已完成的操作。由于四个运算符按钮的"Clicked"事件的脚本都一样,所以可以使用控件完全复制的方法创建其他运算符按钮。操作过程与数字按钮类似。

7. "清除"按钮的制作

使用外观复制的方法复制出一个按钮,将其"Text"栏中的内容改为"清除",在其"Clicked"事件中输入以下脚本:

```
sle_1.text=""
Add1=0
s1="
flag=true
```

保存已完成的工作。

8. "＝"按钮的制作

复制"+"按钮，将其"Text"栏中的内容改为"＝"，将按钮的"Default"属性选中，当按下【Enter】键时，系统自动执行"＝"按钮的"Clicked"事件的代码。修改原"Clicked"事件的最后三行脚本，"＝"键的完整脚本如下：

```
CHOOSE CASE s1
    CASE'*'
        sle_1.text=String(dec(sle_1.text)*add1)
    CASE'/'
        sle_1.text=String(add1/dec(sle_1.text))
    CASE'+'
        sle_1.text=String(dec(sle_1.text)+add1)
    CASE'-'
        sle_1.text=String(add1 - dec(sle_1.text))
END CHOOSE
flag=true
s1=' '
```

保存添加了控件的窗口对象，关闭窗口。

9. 编写"应用"的脚本

在树状窗口中，双击"应用"(calculator)，弹出应用画板。这时在事件下拉列表框中对应的是"Open"事件。在下面空白的脚本编辑区中编写"Open"事件的脚本：

```
Open(w_calculator)
```

10. 运行应用程序

保存并关闭应用画板，计算器已经制作完毕。单击"Run"图标按钮，就可以运行计算器应用程序了。

第**3**章 窗口

窗口是一种人机交互的界面，应用程序的主要操作都是在窗口上实现的。Windows 操作系统下的主要人机交互功能都是由窗口完成的。因此，读者对窗口的认识不会陌生。但是要设计好应用程序的窗口并不是一件轻而易举的事情。构思新颖、设计独到、条理清晰的应用软件的窗口往往会让人赏心悦目，回味无穷。由此可见，窗口设计实际上是一种艺术与编程技巧结合的产物。应用程序窗口的设计既要美观大方，又要简洁明了，使用方便，符合一般人的操作习惯，并具有限错、检错、容错的功能。本章主要介绍窗口设计的基本方法。

3.1 创建新的窗口对象

3.1.1 创建窗口对象的过程

PowerBuilder 已经提供了最基本的窗口框架，只要单击几下鼠标，就可以立即得到一个空白的窗口。具体步骤是，单击工具栏上的"New"图标按钮 ，弹出"New"属性页对话框，选择"PB Object"页，如图 3.1 所示，双击 Windows 图标或选中 Windows 图标后单击"OK"按钮，就创建了一个新的空白窗口。窗口对象命名时的默认前缀为"w_"。

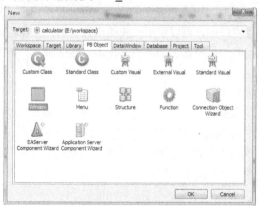

图 3.1 "PB Object"页

3.1.2 窗口的继承

面向对象编程的特点之一是对象的可继承性，PowerBuilder 的窗口也具有继承性。本书前面创建的空白窗口本身就是对 PowerBuilder 提供的最基本的窗口框架的继承。在此基础上设计出来的其他窗口，还可以被后续设计的窗口继承。

实现窗口继承的方法比较简单，只要单击"继承"按钮，就会弹出选择继承对象的对话框，首先选择对象类型（Object Type）为窗口（Windows），然后在上面列出的窗口对象列表单中选择要继承的祖先窗口，双击鼠标左键选中，或单击后再单击"OK"按钮确定，如图 3.2 所示。这时，与选中窗口具有相同外观的继承窗口就生成了。

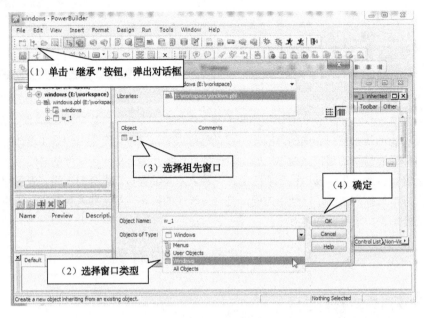

图 3.2　窗口继承的方法

窗口继承应用有以下两种情况，一种是需要创建若干个窗口，它们有一些共同之处，可以使用共同特性构建基本窗口，其余窗口都从基本窗口继承而来；另一种是有一个或多个窗口，它们都是在某一个窗口上添加一些控件和程序而得到的。这两种情况，都比较适合于应用窗口的继承。

使用窗口继承建立窗口对象时，祖先对象中的所有内容，包括窗口、控件、函数、事件及结构等全部被它的后代继承。在后代窗口中，可以引用祖先的函数、事件及结构，改变窗口的属性及窗口和控件的大小和位置，修改现有的控件及添加新的控件，编写新的脚本，声明新的变量、函数、事件及结构。

使用窗口继承，需要注意以下两点。

（1）后代窗口中所有继承来的控件，都不允许删除。遇到不需要的祖先控件，可以通过不选中该控件的可视性属性（Visible），使其在后代窗口中不可见的方法"消失"。

（2）祖先和后代窗口中的控件名称必须唯一，不能使用相同的控件名称。

3.1.3　窗口画板

窗口画板是由布局视图区、窗口属性区、函数列表区、脚本编辑区、结构列表区、结构定义区、控件列表区、事件列表区及非可视对象列表区等区域组成的。窗口各区域的用途见表 3.1 的说明。

表 3.1　窗口各区域的用途

区 域 名 称	区域英文名称	用　途
布局视图区	Layout	所见即所得的窗口设计区，可以改变窗口大小，在窗口中进行控件的添加、删除、修改、位置调整等操作
控件列表区	Control List	列表显示窗口中的所有可视控件，包括不可见的控件，即 Visible 属性设置为 False 的控件
非可视对象列表区	Non-Visual Object List	列表显示窗口中的所有非可视对象，非可视对象可由 Insert | Object 加入

续表

区 域 名 称	区域英文名称	用　　途
属性卡	Properties	当前编辑对象的属性,如窗口的属性或控件的属性
事件列表区	Event List	列表显示当前窗口及其控件的全部事件
函数列表区	Function List	列表显示当前窗口的全部函数,双击可以迅速打开相应的函数脚本
脚本编辑区	Script	编写事件、函数和全局变量的区域,左上角的下拉列表框用于选择对象、函数或声明,右上角的下拉列表框用于选择对象的具体事件、函数名称或具体变量类型
结构列表区	Structure List	列表显示当前窗口的全部结构
结构定义区	Structure	定义和修改结构

其中,布局视图区和窗口属性区是最常用的,一般要保持打开状态,其余区域可以根据需要打开和关闭。各区域的大小可以随意调节,在窗口画板中的位置也可以自行设置,方法是将光标移到标题栏处,按下鼠标左键将光标拖曳到适当的位置即可。区域的打开可以在"View"选单项下进行选择,如图 3.3 所示。关闭某个区域只要单击区域右上角的"X"标志即可,关闭整个窗口画板可以使用工具栏中的"Close"图标。当光标移动到每个子窗口的上边沿时,子窗口的标题栏就会弹出,通过单击标题栏左侧的"图钉"按钮,可以使标题栏始终保持展开状态。

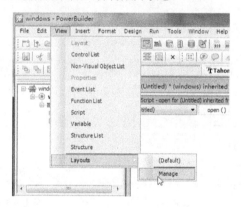

图 3.3　打开窗口对象画板的区域

新窗口产生后,可以根据需要对其属性进行设置,以满足不同应用的需要。

3.1.4　预览窗口

在窗口的设计过程中,可以随时预览设计窗口在实际运行时的外貌,方法是单击工具栏中的"Preview"图标,或单击选单标题"Design"下的"Preview"选单项,也可以直接使用【Ctrl+Shift+P】组合键。

3.2　窗口属性

窗口属性表共有四页,每一页的作用见表 3.2。其中,最重要的是基本特征属性页。下面分别介绍各属性页的具体内容。

表 3.2　窗口各属性表页的功能

窗口属性表页的名称	表页的英文名称	功　能
基本特征属性页	General	用于窗口名、特征、外貌、风格、选单等的设置
滚动条属性页	Scroll	用于窗口滚动条及其滚动速度的设置
工具栏属性页	Toolbar	用于工具栏的位置和几何尺寸的设置
其他属性页	Other	用于窗口大小和窗口内光标形状的设置

3.2.1　窗口的类型和基本属性

窗口的基本特征属性页如图 3.4 所示。

图 3.4　窗口的基本特征属性页

在窗口的基本特征属性页中，窗口标题栏用于设置窗口标题；窗口标记栏用于输入窗口标识；窗口选单名称用于配置窗口选单。PowerBuilder 的窗口本身没有选单，通过选择选单，可以方便地将所需要的选单挂接到窗口上，窗口与选单的组合具有很大的灵活性。选单在专门的选单画板中制作，具体制作过程参见第 10 章。窗口背景颜色和 MDI 子窗口颜色可以从下拉选单中提供的 24 种系统背景颜色中选择。窗口的初始状态有一般状态（normal！）、最大化状态（maximized！）和最小化状态（minimized！）三种。

窗口的基本特征属性页中有 13 个复选框，控制着 13 个布尔变量，其作用见表 3.3。

表 3.3　窗口特性的作用

特　性	英文名称	作　用
可视性	Visible	选中：运行时窗口可见
有效性	Enabled	选中：窗口有效，即可以接收和传送消息，不影响窗口的可视性

特　性	英文名称	作　用
标题栏	TitleBar	选中：窗口具有标题栏，只有类型为 child!、popup!、response! 的窗口可使用此特性
控制选单	ControlMenu	选中：窗口具有控制选单
最大化	MaxBox	选中：窗口具有最大化功能
最小化	MinBox	选中：窗口具有最小化功能
客户边界	ClientEdge	选中：窗口具有粗边框
调色板窗口	PaletteWindow	指定包含调色板窗口的外观，只有类型为 popup! 的窗口可使用
文本帮助	ContextHelp	指定帮助图标是否显示在标题栏上，只有类型为 response! 的窗口可使用
从右到左	RightToLeft	选中：窗口支持从右到左顺序的语言
居中	Center	选中：窗口居中显示
可调大小	Resizable	选中：窗口在运行时可调大小
边框	Border	选中：窗口具有边框，只有类型为 child!、popup! 的窗口可使用

窗口的类型是按照窗口具有不完全相同的外部和内部特征划分的。PowerBuilder 中窗口的类型有六种，默认为主窗口类型。每种窗口的类型和特点见表 3.4。

表 3.4　窗口的类型和特点

窗口名称	主窗口	弹出式窗口	子窗口	响应式窗口	多文档窗口	带微帮助的多文档窗口
窗口类型	main!	popup!	child!	response!	MDI!	MDIhelp!
标题栏	有	有	有	有	有	有
选单栏	可有	可有	无	无	必须有	必须有
最小化 最大化	可以	可以	可以	不可以	可以	可以
重新改变尺寸	可以	可以	可以	不可以	可以	可以
模式化	无	无	无	有	无	无
窗口移动范围	任何位置	任何位置	父窗口内	任何位置	任何位置	任何位置
独立性	完全独立	从父窗口中弹出	只能从主窗口或弹出式窗口打开	从父窗口中弹出	只有一个 MDI 框架，若干个表单窗口（使用 main! 类型创建，无命令按钮，使用 MDI 框架的选单）	
应用	任何场合均可使用	支持窗口	常用	消息、提示窗口	创建 Microsoft Word、Excel、PowerPoint 风格的应用程序	

说明：

（1）模式化是指在关闭当前响应窗口之前，不能切换到应用程序的其他窗口。

（2）多文档窗口与带微帮助的多文档窗口特性基本一致，只是后者增加了"MicroHelp"功能，即在 MDI 框架底部的状态行中，可以显示帮助信息。

3.2.2　窗口的滚动属性

窗口的滚动属性页如图 3.5 所示。

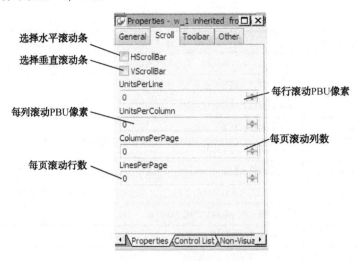

图 3.5 窗口的滚动属性页

滚动属性页中有两个复选框 HScrollBar 和 VScrollBar，决定窗口是否采用水平或垂直滚动条，其余四个带微调按钮的数字编辑框用于设置滚动速度。

需要说明的是，PowerBuilder 使用自己的屏幕尺寸度量方法 PBU，单位为 units，PBU 与屏幕像素之间通过系统提供的两个函数可以相互转换，UnitsToPixels(Units,type)实现 PBU 到屏幕像素的转换；PixelsToUnits(Pixels,type)实现屏幕像素到 PBU 的转换。函数中的 type 为转换的方向，取值为 XUnitsToPixels!（X 方向）或 YUnitsToPixels!（Y 方向）。采用 800 像素×600 像素小字显示模式时，PBU 计量的屏幕尺寸约为 3 660 units×2 400 units。当 UnitsPerLine 和 UnitsPerColumn 为默认值 0 时，单击滚动箭头滚动距离为窗口宽度的 1%；当 ColumnsPerPage 为 0 时，每次滚动 10 列；当 LinesPerPage 为 0 时，每次滚动 10 行。

3.2.3 应用程序窗口的工具栏

应用程序窗口的工具栏属性页如图 3.6 所示。

图 3.6 应用程序窗口的工具栏属性页

注意，这里所说的工具栏并非在 PowerBuilder 编程环境中系统提供的工具栏，而是指应用程序制作的、在应用程序中使用的工具栏。有关应用程序工具栏的制作参见第 10 章选单中有关工具栏制作的内容。

工具栏可视性 ToolbarVisible 复选框选中与否决定了是否显示工具栏。工具栏放置的位置有五种，见表 3.5。工具栏起点位置、宽度和高度决定了工具栏的几何尺寸，所有几何尺寸均采用 PBU 的单位 units。

表 3.5　窗口工具栏的放置位置

选择方式	alignattop!	alignatleft!	alignatright!	alignatbottom!	floating!
放置位置	沿窗口上边沿	沿窗口左边沿	沿窗口右边沿	沿窗口下边沿	在窗口中浮动

3.2.4　窗口的其他属性页

窗口的其他属性页如图 3.7 所示。它包含了两个功能，一个是调整窗口的位置和几何尺寸，另一个是选择窗口内的光标形状。调整窗口的几何尺寸，可在窗口画板的布局视图区中使用鼠标来实现，将鼠标移动到布局视图区中窗口的外边沿处，使鼠标指针变为双向箭头，然后单击鼠标左键并拖曳鼠标来改变窗口的大小。窗口尺寸改变较大时，一种方法是借助布局视图区的水平或垂直滚动条来完成；另一种方法是在本属性页中修改窗口的尺寸，所有尺寸均采用 PBU 的单位 units。

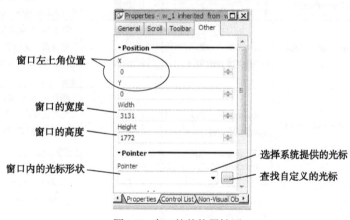

图 3.7　窗口的其他属性页

3.3　窗口函数

前面介绍的新窗口的创建及窗口属性的配置，提供了不需要编写任何程序代码就可得到所需窗口的便利，这正是可视化编程的一大特点。但是，要设计出真正实用和动态的应用程序，编写程序代码是必不可少的。在第 2 章中已经介绍了 PowerBuilder 编写程序的 PowerScript 语言及常用的标准函数，在这里将介绍 PowerBuilder 系统专门为窗口提供的一些函数及用户自定义函数。

3.3.1　系统窗口函数

PowerBuilder 提供了一组函数用于窗口操作，这组函数既包括系统函数（如 Open()、Close() 等），也包括窗口对象函数（如 Print()）。表 3.6 详细介绍了几个常用窗口函数及其使用方法。

表 3.6　常用窗口函数及其使用方法

类型	函数功能	语法格式	入口参数	返回值	例子
窗口的操作	打开窗口（无参数）	Open(windowvar {, parent})	windowvar：窗口变量名； parent：父窗口变量名	1：打开窗口成功 -1：出错	1. 打开名为 w_myw 的窗口： Open(w_myw) 2. 打开 cw_dat 类型的子窗口，其父窗口为 w_myw： child cw_dat　Open(cw_dat,w_myw) 3. 打开两个 w_myw 类型的窗口： w_myw　w_w1,w_w2 Open(w_w1) Open(w_w2)
	打开窗口（带参数）	OpenWithParm (windowvar, parameter {,parent })	parameter：传递的参数，见传递参数的具体要求（1）		OpenWithParm (w_employee, "James Newton")
	关闭窗口（无返回值）	Close(wndname)	wndname：窗口变量名	1：成功 -1：出错	关闭窗口 w_myw：Close(w_myw)
	关闭窗口（带返回值）	CloseWithReturn (wndname,rtnval)	wndname：窗口变量名； rtnval：要返回的值，见传递参数的具体要求（1）	1：成功 -1：出错	关闭响应窗口 w_myw，返回字符串： CloseWithReturn (Parent, sle_name.Text)
	显示窗口	objectname.Show ()	objectname：窗口、控件或其他对象的名称	1：成功 -1：出错	显示 w_myw 窗口：w_myw.Show() 它与设置窗口的 Visible 属性为 True 的结果是相同的，即等同于语句 w_myw.Visible=True
	隐藏窗口	objectname.Hide()	objectname：窗口、控件或其他对象的名称	1：成功 -1：出错	隐藏 w_myw 窗口：w_myw.Hide() 它与设置窗口的 Visible 属性为 False 的结果是相同的，即等同于语句 w_myw.Visible=False
	移动窗口	objectname.Move (x,y)	objectname：窗口、控件或其他对象的名称； (x,y)：移动目标点位置 PBU	1：成功 -1：出错	将窗口 w_myw 移动到(80,120)处： w_myw.Move(80,120)
	改变窗口大小	objectname.Resize (width,height)	objectname：窗口、控件或其他对象的名称； width：新的宽度； height：新的高度	1：成功 -1：出错	将窗口 w_myw 的尺寸放大一倍： w_myw.Resize(w_myw.Width*2, w_myw.Height*2)
MDI 窗口	打开表单窗口	OpenSheet (sheetrefvar {,windowtype }, mdiframe {, position {,arrangeopen }})	sheetrefvar：MDI 窗口外的任何窗口类型的变量； windowtype：要打开窗口的类型； mdiframe：MDI 框架窗口名称； position：要打开表单在选单中的编号； arrangeopen：要打开表单出现的格式，取值为 Cascaded!，Layer!或 Original!	1：成功 -1：出错	在 MDI 框架窗口 MDI_User 中打开表单窗口 child_1，保持表单窗口原有尺寸，并将打开表单名称加到选单条第 2 项： OpenSheet(child_1,MDI_User,2,Original!)

续表

类型	函数功能	语法格式	入口参数	返回值	例　子
MDI 窗口	返回当前活动表单窗口	mdiframewindow.GetActiveSheet()	mdiframewindow：MDI 框架窗口	成功返回 window 对象	取当前活动表单窗口： window activesheet activesheet=w_frame.GetActiveSheet()

	返回第一个表单窗口	mdiframewindow.GetFirstSheet()		IsValid() 函数判断返回窗口是否有效	对所有打开的表单进行循环处理：
					window wSheet
					wSheet=ParentWindow.GetFirstSheet()If IsValid(wSheet)
					Then　wSheet=ParentWindow.GetNextSheet (wSheet)
					bValid = IsValid(wSheet)
					If bValid Then
					//有关处理
					End If

	返回下一个表单窗口	mdiframewindow.GetNextSheet(sheet)			
	在状态行中显示字符串	windowname. SetMicroHelp(string)	windowname：带微帮助的 MDI 框架窗口名称；string：要显示的字符串	1：成功 -1：出错	在带微帮助的 MDI 框架窗口 W_New 的状态行中显示字符串"测试正在进行" W_New.SetMicroHelp（"测试正在进行"）
触发事件	触发事件（只触发）	objectname.TriggerEvent(event {, word, long })	objectname：对象名称；event：要触发的事件；word 和 long：传递的事件参数，见传递参数的具体要求（2）	True：成功 False：失败	触发父窗口中用户自定义的事件 cb_exit_request： 　Parent.TriggerEvent("cb_exit_request")
	触发事件（放入事件队列）	objectname. PostEvent(event, { word, long })			将控制按钮 cb_OK 的"Clicked"事件放入事件队列中： cb_OK.PostEvent(Clicked!)

传递参数的具体要求如下。

（1）传递参数只能是字符串、数值或 PowerBuilder 对象。

（2）传递参数存储在 Message 对象的相应属性中，即字符串在 Message.StringParm 中，数值在 Message.DoubleParm 中，PowerBuilder 对象在 Message.PowerObjectParm 中。

（3）若要返回多个值，则应创建存放传递参数的用户自定义结构，访问 Message 对象的 PowerObjectParm 属性。

（4）若传递事件参数为 word 或 long 数据类型，则传递参数存储在 Message 对象的相应属性中，即 WordParm 和 LongParm 中。如果 Long 参数值为字符串，则可在被触发的事件中使用 String 函数，并用 address 关键字指定参数的格式。例如：

```
String　s_myparm
s_myparm=String(Message.LongParm,"address")
```

3.3.2　用户自定义窗口函数

在事件脚本编程过程中，编程人员可以自定义一些窗口函数。使用自定义函数的优点是程序简洁明了、易于维护，并且代码可实现共享，移植方便。下面介绍在 PowerBuilder 中，定义和使用用户自定义函数的步骤。

1. 进入函数定义区

如果函数定义区没有打开，则可以用下列两种方法之一将其打开。

（1）单击"Insert"选单标题下的"Function"选单项，如图 3.8 所示。

（2）单击脚本子窗口左上侧下拉列表框的小三角，选择弹出列表选项中的"（Functions）"项，如

图 3.9 所示。

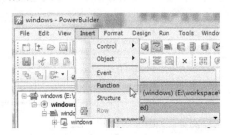

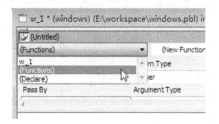

图 3.8　进入函数定义区方法一　　　　　　　　图 3.9　进入函数定义区方法二

2. 函数定义区

弹出的函数定义区如图 3.10 所示。在"Access"中选择函数返回值的访问控制范围，有关变量的作用域参见第 2 章的说明。在"Return Type"栏中选择函数返回值的数据类型。在"Function Name"栏中输入函数名称。定义函数的入口参数，入口参数可以没有，也可以有多个。在"Pass By"下拉列表框中选择入口参数的传递方式，见表 3.7。在"Argument Type"下拉列表框中选择入口参数的数据类型，在"Argument Name"栏中输入入口参数的名称。

函数返回值的　　　　　函数返回值的　　　　　　　　函数名称
访问控制范围　　　　　数据类型

图 3.10　用户自定义函数子窗口

表 3.7　入口参数的传递方式

传 递 方 式	名　　称	说　　明
value	值传递	传递给函数的参数是原变量的一个备份，因此在函数内对参数进行的修改不会影响原变量
reference	地址传递	将原变量的指针传递给函数，因此在函数内对参数的修改也就是修改了原变量
read-only	只读传递	原变量的值为只读，即不可将修改的量传递给函数

3. 编写函数代码

在函数定义区下部的脚本区编写函数代码，完成函数的定义。

4. 函数的使用

函数的使用有静态调用和动态调用两种方式，前者是系统默认的函数调用方式，应用最多。所谓静态调用，就是系统在编译代码时就对函数进行彻底编译，对返回值及入口参数进行检查和匹配，出现问题就立即报告错误。

例如，在窗口 w_1 中定义了一个整型数的加法运算函数 Integer AddFunc(Integer add1,Integer add2)，则静态调用的方法如下：

```
Integer   value = w_1.AddFunc(123,456)
```

动态调用的函数在程序执行的时候才会去查找和调用相应的函数，在程序编译时可以没有该函数。其优点是程序的开发具有极大的灵活性，缺点是降低了应用程序执行的速度，缺少了调试编译中的错误检查功能。

动态调用的方法是在函数名称前加上"Dynamic"。动态调用的方法示例：

```
Integer value = w_1.Dynamic   AddFunc(123,456)
```

3.4　窗口事件

PowerBuilder 程序设计的一个显著特点是客户程序和函数大都是由事件触发的，编程人员需要在某一事件发生的时候进行相关的处理。窗口也具有许多事件，了解这些事件发生的时机对于程序设计是十分有益的。表 3.8 列出了窗口的主要事件。

表 3.8　窗口的主要事件概览

窗口事件	事件参数	事件发生时机	说　明
Activate	无	在激活（Active）窗口前发生	该事件发生后，窗口中第一个跳转次序号最小的对象首先得到焦点。如果窗口中没有这样的对象，则窗口本身得到焦点
Clicked	Unsigned Long flags Integer xpos Integer ypos	用户单击窗口中的空白区域时发生，窗口的空白区域指窗口内未被有效控件占据的区域，即窗口中无有效控件的地方	参数 flags 指明用户按了鼠标的哪个键，以及按键时用户是否按住了【Alt】或【Ctrl】键；参数 xpos 指明单击时鼠标指针离窗口左边缘的距离；参数 ypos 指明单击时鼠标指针离窗口上边缘的距离
Close	无	无窗口被关闭时发生	触发该事件后，没有办法能够阻止窗口的关闭操作
CloseQuery	无	在开始关闭窗口时发生该事件，该事件返回一个 0 或 1 的返回值	执行该事件的事件处理程序后，系统检查返回值，如果返回值为 1，则窗口不被关闭，通常情况下紧随其后发生的 Close 事件不被产生；如果返回值为 0，则窗口被关闭。利用该事件的这种特性，程序能够根据当前状态提醒用户保存数据，询问用户是否真要关闭窗口。窗口被关闭时，同时关闭任何与之相关的子窗口和弹出窗口
Deactivate	无	窗口变为不活动时发生	例如，用户切换到其他窗口
DoubleClicked	Unsigned Long flags Integer xpos Integer ypos	当双击窗口客户区中任何未被有效控件占用的部分时发生	各参数的含义与 Clicked 事件相同
DragLeave	DragObject source	当可拖放对象离开窗口客户区时发生	参数 source 是一个引用，指明被拖曳的是哪个对象
DragWithin	DragObject source	当可拖放对象在窗口客户区中被拖曳时发生	参数 source 是一个引用，指明被拖曳的是哪个对象
HotLinkAlarm	无	在动态数据交换（DDE）服务器应用发送了新的（修改后的）数据，且客户 DDE 应用程序已经接收到数据时发生	
Key	Key（枚举型键码）ULong keyflags	当用户在键盘上按下一个键且插入点不在编辑区域（如单行编辑框、超文本框等）时发生	参数 key 是一个枚举型数据，指示用户按下了哪个键，如 KeyA!或 KeyF1!等（其他值可从对象浏览器中查到）；参数 keyflags 指明用户按键时是否同时按住了【Alt】、【/】或【Ctrl】键

窗 口 事 件	事 件 参 数	事件发生时机	说　明
MouseDown	Unsigned Long flags Integer xpos Integer ypos	当用户在窗口客户区中任何未被有效控件占用的部分单击鼠标左键时发生	各参数的含义与 Clicked 事件相同，flags 的值总为 1
MouseMove	Unsigned Long flags Integer xpos Integer ypos	当鼠标在窗口内移动时发生	各参数的含义与 Clicked 事件相同
MouseUp	Unsigned Long flags Integer xpos Integer ypos	当用户在窗口客户区中任何未被有效控件占用的部分放开鼠标左键时发生	各参数的含义与 Clicked 事件相同
Open	无	在窗口打开之后、显示之前发生，此时系统已经构造好了窗口的所有属性及其上的所有控件	下述函数触发窗口的 Open 事件：Open、OpenWithParm、OpenSheet、OpenSheetWithParm
RButtonDown	Unsigned Long flags Integer xpos Integer ypos	当用户在窗口客户区中任何未被有效控件占用的部分按下鼠标右键时发生	各参数的含义与 Clicked 事件相同
RemoteExec	无	当一个 DDE 客户应用程序发送了一条命令时发生	
RemoteHotLink Start	无	当一个 DDE 客户应用程序要开始一个热连接（Hotlink）时发生	
RemoteHotLink Stop	无	当一个 DDE 客户应用程序要结束一热连接时发生	
RemoteRequest	无	当一个 DDE 客户应用程序请求数据时发生	
RemoteSend	无	当一个 DDE 客户应用程序已经发送了数据时发生	
Resize	ULong sizetype Integer newwidth Integer newheight	当窗口大小发生变化时发生，窗口被打开时也发生此事件	参数 sizetype 指明改变窗口大小的类型（最小化、最大化、恢复等）；newwidth 指明窗口的新宽度；newheight 指明窗口的新高度
SystemKey	Key（枚举型键码）ULong keyflags	当插入点不在编辑框中且用户按下【Alt】键或【Alt+其他】组合键时发生	各参数的含义与 Key 事件类似
Timer	无	在调用 Timer 函数启动定时器、设定时间后发生	
ToolbarMoved	无	当 MDI 窗口中的工具栏被移动时发生	

窗口对象中最常用的事件是 Open、Close、CloseQuery、Key、Timer、DragDrop、Resize 等。下面将结合编程实例，简单地介绍一下窗口的常用事件。

当第一次打开窗口时，在窗口显示之前系统触发"Open"（打开）事件，在"Open"事件发生时，系统已经创建了窗口及窗口中的控件，因此，在这个事件的处理程序中，能够引用这些对象，修改它们的属性等，例如，在"Open"事件中可以将某个按钮暂时隐藏起来。窗口被打开后，窗口类型（Window Type）属性不能再被更改，例如，主窗口类型的窗口只能作为主窗口使用，而不能在事件处理程序中将它更改为响应窗口或弹出窗口。

编写窗口的事件处理程序的步骤如下。

（1）打开该窗口。

（2）如果脚本编辑区没有打开，则可使用鼠标右键单击视图编辑区中设计的窗口（不要单击窗口上的任何控件，该步操作的目的是选中窗口，单击鼠标右键打开弹出式选单），选择弹出式选单中的"Script"选单项，即可打开脚本编辑区。

（3）首先在"选择事件"列表框中选择要编程的事件，如 Open()，然后根据应用需要编写特定的程序。一般来说，在窗口"Open"事件中，要安排窗口中控件和数据窗口的初始化程序。有关编程方法将在窗口控件中介绍。

3.5 窗口编程

前面已经介绍了窗口的许多事件，如 Open、Clicked 等，一般来说，脚本的编写都在各种事件的响应处进行，少量情况例外，例如，自定义函数的脚本就在函数定义处编写。

脚本采用 PowerScript 语言编写，脚本中可以使用各种窗口函数、系统函数、自定义函数和 API 函数，也可以直接对窗口对象的属性赋值，从而改变它们的外观或行为，还可以测试属性的值，从而获取窗口对象的信息。

例如，在第 2.8 节"应用程序编程实例"中，要在计算器应用程序窗口的"Key"事件中设计一种捕捉用户的按键，并根据按键的类型进行不同的处理，可以在窗口的"Key"事件脚本编辑区编写如下代码（如图 3.11 所示）：

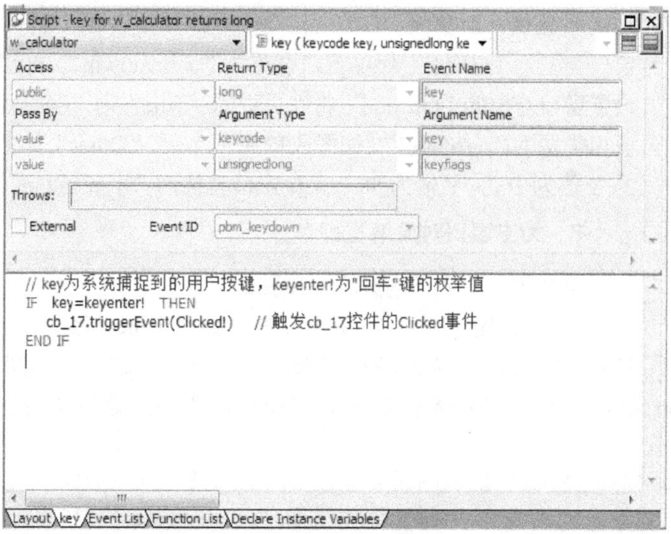

图 3.11 "Key"事件

```
//key 为系统捕捉到的用户按键，keyenter!为回车键的枚举值
IF    key=keyenter!    THEN
```

```
        cb_17.triggerEvent(Clicked!)              //触发 cb_17 控件的 Clicked 事件
    END IF
```

一般情况下，窗口的"Open"事件是对窗口及窗口中的控件进行初始化的地方，编写脚本的机会最多。例如，下面的代码对窗口中的数据窗口建立事务对象，并将检索数据放入数据窗口中，同时，对窗口中的各种控件进行初始化，采用了对控件属性直接赋值和使用控件函数的方法。在此只是说明窗口事件中的编程方法，至于函数的具体含义将在后续有关章节中详细讲解。

```
//数据窗口的初始化
dw_1.SetTransObject(SQLCA)              //为数据窗口"dw_1"建立事务对象
dw_1.Retrieve()                        //将检索数据放入数据窗口"dw_1"中
//对控件的属性编程
sle_1.enabled=FALSE
sle_2.enabled=TRUE
rb_1.checked=TRUE
ddlb_1.text="一系"
//使用控件的函数编程
ddlb_1.AddItem("一系")
ddlb_1.AddItem("二系")
ddlb_1.AddItem("三系")
```

【例】设计一个窗口应用程序，运行程序时打开主窗口，在主窗口中单击鼠标右键后，每隔 5s 弹出一个消息对话框，再次单击鼠标右键则停止弹出消息对话框；在主窗口中单击鼠标左键弹出一个响应式子窗口。

图 3.12　选择窗口类型

该应用程序的具体实现步骤如下。

1. 建立工作空间和应用

建立一个新的工作空间和应用（创建方法参见第 1.2 节"简单应用程序实例"部分）。

2. 建立一个主窗口对象

设置窗口对象的"General"属性页中的"Title"为"应用程序主窗口"，窗口类型为"main!"，保存窗口名称为"w_mainwin"。再创建一个响应式窗口，设置窗口对象的"General"属性页中的"Title"为"响应鼠标左键窗口"，选择窗口类型为"response!"（如图 3.12 所示），在"Other"属性页中设置"Position"的 X 值为 100，Y 值为 80，保存窗口名称为"w_respwin"。

3. 为主窗口对象编写脚本

为主窗口对象编写脚本的步骤如下。

（1）首先声明一个窗口布尔变量"TimerFlag"用于控制定时器的启停，方法是在脚本区左上角的对象下拉列表框中选中"（Declare）"，在中间的事件下拉列表框中选择"Instance Variables"，然后在脚本区输入如下变量声明并对该变量进行初始化（如图 3.13 所示）：

```
Boolean TimerFlag=False
```

（2）在脚本区左上角的对象下拉列表框中选择"w_mainwin"，在事件下拉列表框中选择"mousedown"事件，输入打开窗口的脚本：

```
Open(w_respwin)
```

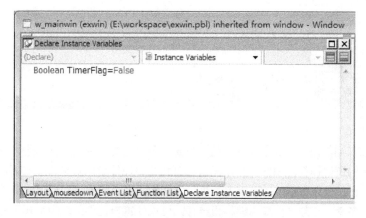

图 3.13　变量声明与初始化

（3）选择"w_mainwin"的"rbuttondown"事件，输入脚本：

```
IF TimerFlag = FALSE    THEN
    Timer(5)
    TimerFlag = TRUE
ELSE
    Timer(0)
    TimerFlag=FALSE
END IF
```

（4）选择"w_mainwin"的"timer"事件，输入显示"消息框"脚本：

```
MessageBox("消息框","计时时间到")
```

4. 打开主窗口脚本

在应用程序入口编写打开主窗口的脚本，其方法是在系统树状结构区双击应用，在弹出的应用的
"Open"事件脚本编辑区编写如下代码：

```
Open(w_mainwin)
```

5. 运行应用程序

保存并运行应用程序。在应用程序主窗口中按下鼠标左键，弹出一个响应式窗口。单击鼠标右键
后，每隔 5s 弹出一个"计时时间到"消息框，再单击一下鼠标右键，定时结束，不再弹出消息框。

第 *4* 章 窗口控件

一个空白的窗口当然没有多大的实用价值，在窗口中放置的文字、按钮、图片、列表框及表格等，都是 PowerBuilder 的窗口控件。由此可见，窗口只有和窗口控件结合起来才能发挥作用。窗口是容纳窗口控件的容器，窗口控件在窗口的基础上，进一步实现了窗口的价值。通过本章的学习，可以看到窗口控件更加灵活多变，它与事件脚本编程相结合，可以使窗口控件的表现形式千变万化。掌握好窗口控件的编程对于设计友好、实用的用户界面是至关重要的。

窗口控件与窗口一样，也是一种 PowerBuilder 对象。窗口控件与其他对象一样，也有属性、函数和事件，通过对窗口控件属性的设置，可以更改窗口控件的外观；通过对事件响应脚本的编写，可以得到所需要的窗口控件的功能。

窗口控件的数量比较多，每次 PowerBuilder 系统升级，都会增加一些新的控件。本章首先对所有窗口控件进行系统介绍，然后介绍一些常用的窗口控件，其余控件将在后续章节中陆续介绍。

4.1 窗口控件的种类

按照窗口控件的功能特点，将窗口控件分为七类，包括按钮类、显示类、输入类、进度条类、对象类、分组类和装饰类。各种控件的名称、主要用途及对窗口控件对象起名的默认前缀见表 4.1。

表 4.1 窗口控件一览表

类别	名 称	英 文 名 称	主 要 用 途	默认前缀
按钮类	命令按钮	CommandButton	最常用的按键式按钮，用于各种功能、行为的控制	cb_
	图片按钮	PictureButton	按钮表面为图片，其余同命令按钮	pb_
	静态文本超链接	StaticHyperLink	实现超链接	shl_
	图片超链接	PictureHyperLink	表面为图片，实现超链接	phl_
	复选框	CheckBox	选择是或非	cbx_
	单选按钮	RadioButon	在一组条件中选择其一	rb_
显示类	静态文本	StaticText	添加静态文字	st_
	图片	Picture	显示图像文件	P_
	统计图	Graph	计算和显示各类统计图	G_
	下拉列表框	DropDownListBox	显示和选择下拉列表选项	ddlb_
	下拉图片列表框	DropDownPictureListBox	选项前有一个图标，其余同下拉列表框	ddplb_
	列表框	ListBox	显示和选择列表选项	lb_
	列表视图	ListView	利用多种方式显示和选择选项	lv_
	图片列表框	PictureListBox	选项前有一个图标，其余同列表框	plb_
	树状视图	TreeView	以树状方式显示数据	tv_

续表

类别	名　　称	英 文 名 称	主 要 用 途	默认前缀
输入类	单行编辑框	SingleLineEdit	输入单行文本	sle_
	编辑掩码控件	EditMask	输入格式数据	em_
	多行编辑框	MultiLineEdit	输入多行文本	mle_
	RichText 编辑框	RichTextEdit	用于文字处理	rte_
进度条类	垂直滚动条	VScrollBar	调整垂直位置和数值	vsb_
	水平进度条	HProgressBar	水平显示程序或操作的进度	hpb_
	垂直进度条	VProgressBar	垂直显示程序或操作的进度	vpb_
	水平跟踪条	HTrackBar	水平刻度显示，类似滚动条	htb_
	垂直跟踪条	VTrackBar	垂直刻度显示，类似滚动条	vtb_
对象类	数据窗口控件	DataWindow	显示数据窗口	dw_
	OLE 控件	OLEControl	调用对象连接与嵌入	ole_
	用户对象	UserObject	调用自定义对象	uo_
分组类	分组框	GroupBox	将一组控件放在一起	gb_
	选项卡	Tab	显示多页信息和选项	tab_
装饰类	直线	Line	画直线	ln_
	椭圆	Oval	画椭圆	oval_
	矩形	Rectangle	画矩形	r_
	圆角矩形	RoundRectangle	画圆角矩形	rr_

系统的默认前缀也是可以更改的，方法是打开窗口对象后，单击"Design"选单栏下的"Options…"选单项，打开"Options"对话框，在"Prefixes 1"和"Prefixes 2"属性页中找到需要修改的控件，直接修改编辑框中的前缀，单击"OK"按钮退出即可，如图 4.1 所示。

图 4.1　系统默认控件前缀的修改

4.2　向窗口添加控件

4.2.1　添加窗口控件

打开窗口后，有两种方法向窗口添加控件，一种是通过选单中"Insert"选单栏下的"Control"项，打开窗口控件列表框，选择需要的控件，然后在窗口中放置该控件的地方单击鼠标左键，被选中的窗口控件就会在该处出现，如图 4.2 所示。另一种是通过图标按钮方式，单击带向下小三角的窗口控件组合图标，弹出窗口控件图标对话框，单击需要选择的控件图标，然后在窗口中放置该控件的地方单击鼠标左键，被选中的窗口控件就会在该处出现，如图 4.3 所示。

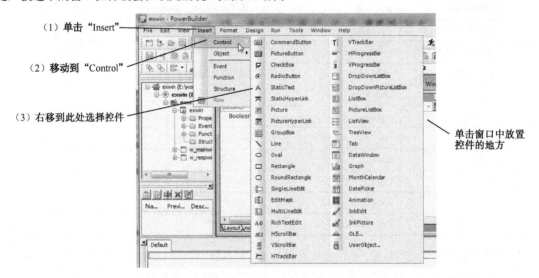

图 4.2　通过选单添加控件

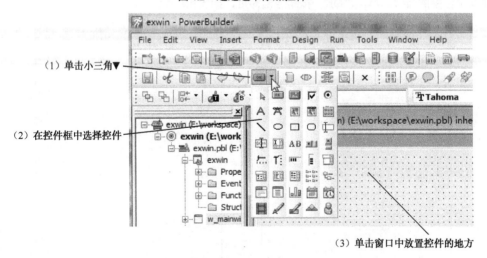

图 4.3　通过图标按钮向窗口添加控件

4.2.2　选中窗口控件

选中窗口控件的方法如下。

（1）使用鼠标在窗口中单击需要选择的控件。当需要同时选择多个控件时，可以在布局视图区的窗口中按下鼠标左键然后拖曳鼠标拉出一个矩形，松开左键后，在拖出矩形中的所有控件都被选中。当需要选择的控件比较分散时，可以首先按下键盘上的【Ctrl】键，然后依次单击所需选择的控件。

（2）在控件列表区中选择。如果控件列表区没有打开，可以使用选单项"View | Control List"将其打开。在控件列表区中列出了当前窗口中的全部控件，单击某个控件列表项时，窗口中相应的控件即被选中。当需要同时选择多个控件时，可以首先按下键盘上的【Ctrl】键，然后陆续单击所需选择的控件列表。无论控件是否在屏幕可见范围内，以及控件是否可见（控件"Visible"属性为False时，该控件在布局视图区中看不见），都可以用此法来选择。

（3）快速全部选中。首先使布局视图区中的窗口为当前活动窗口（使用鼠标在布局视图区窗口中任意位置单击即可），然后单击选单栏"Edit"下的"SelectAll"，则窗口中的所有控件全部选中；或者按【Ctrl+A】组合键，也可以将窗口中的控件全部选中。

4.2.3　删除窗口控件

删除窗口控件的方法也有两种，一种是首先选中需要删除的控件，可以是一个或多个控件，然后单击选单"Edit"栏下的"Delete"选单项，所选窗口控件即可被删除，如图4.4所示；另一种方法是首先选中需要删除的控件，然后按下键盘上的删除键。

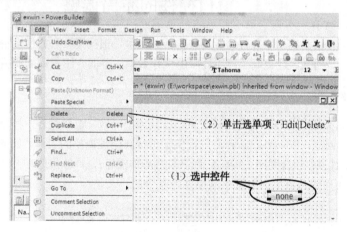

图 4.4　删除控件

4.2.4　复制窗口控件

复制窗口控件的方法可以分为以下两类。

（1）外观复制。它只复制控件的外观和属性，而控件所带的事件脚本则不复制，其实现方法为首先选中需要复制的控件，可以是一个或多个控件，然后按下【Ctrl+T】组合键。

（2）完全复制。它将控件的外观、属性及所有事件的脚本全部复制出来，其实现方法是首先选中需要复制的控件，可以是一个或多个控件，然后进行复制。

完全复制的方法有以下三种。

① 用【Ctrl+C】组合键复制到剪贴板中，再按【Ctrl+V】组合键粘贴出来。复制出来的新控件与被

复制的控件重叠在同一位置，使用鼠标将其拖开，并根据需要对新控件进行修改。

② 使用系统选单项"Edit | Copy"将控件复制到剪贴板中，再通过选单项"Edit | Paste Controls"将剪贴板中的控件粘贴到窗口中。只有将控件复制到剪贴板后，"Edit"选单栏下的"Paste Controls"选单项才会出现。

③ 使用工具栏中的复制和粘贴图标，如图 4.5 所示。

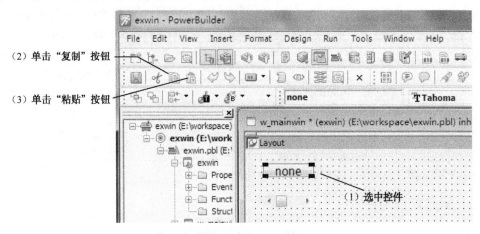

图 4.5　通过工具栏复制图标控件

4.3　窗口控件的布局调整

PowerBuilder 提供了对窗口中控件进行调整的工具，可以根据需要，方便地将窗口布局调整得整齐美观，方便易用，从而大大地提高了应用程序的设计效率。下面介绍具体的调整工具和使用方法。

4.3.1　齐整性操作

如果通过使用鼠标拖曳的办法调整控件位置，使其大小一致，位置整齐，将是非常困难和耗时的工作。为了解决这个问题，PowerBuilder 专门提供了进行齐整性调整的工具。比较常用的方法是利用系统工具栏中的齐整性操作组合图标（共有 11 种齐整性操作图标），具体作用如图 4.6 所示。需要说明的是，各种齐整性操作均是以第一个选中的控件为基准的。

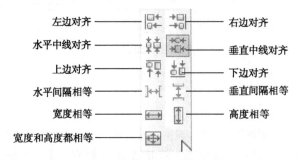

图 4.6　齐整性操作组合图标

具体操作步骤是，首先选中需要进行齐整性操作的控件，第一个选中的必须是作为基准的控件，然后单击工具栏中齐整性操作的小三角▼，弹出齐整性操作图标按钮选单，单击需要进行的齐整性操作图标按钮即可，如图 4.7 所示。

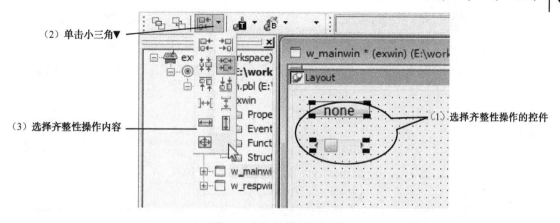

（2）单击小三角▼

（3）选择齐整性操作内容

（1）选择齐整性操作的控件

图 4.7　窗口控件齐整性操作

也可以通过选单操作进行齐整性调整。在"Format"选单栏下，有三个带下级子选单的选单项，其中，"Align"弹出控件位置对齐的选单；"Space"弹出调整控件间隔的选单；"Size"弹出调整控件大小的选单。选单中各项的意义及作用见表 4.2。

表 4.2　选单中的齐整性命令表

选单项	意　义	子选单选项	作　用
Align	位置对齐	Left	左边对齐
		Right	右边对齐
		Horizontal Center	水平中线对齐
		Top	上边对齐
		Vertical Center	垂直中线对齐
		Bottom	底边对齐
Space	间隔相等	Horizontal	水平间隔相等
		Vertical	垂直间隔相等
Size	尺寸相等	Width	宽度相等
		Height	高度相等
		Both	宽度和高度都相等

通过选单命令进行窗口控件齐整性操作的过程与通过图标按钮类似，以第 2 章的计算器应用程序为例，图 4.8 显示了通过选单命令进行窗口控件位置对齐的操作。

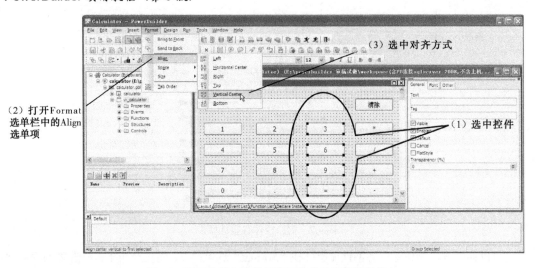

图 4.8 通过选单命令进行窗口控件的齐整性操作

4.3.2 窗口控件的【Tab】键顺序

当按下【Tab】键时，窗口中具有操作性的控件会按照一定的顺序改变焦点。合理的顺序对于加快数据输入、方便操作是十分重要的。PowerBuilder 会自动根据操作性控件的位置设定顺序，其原则是 Y 值优先，即从上到下的顺序，Y 值相同时，再比较 X 值，左侧顺序优先。自动提供的顺序不一定能满足实际的需要，而且布局调整后，自动顺序一般还会改变，这时可以进行手动调整。

首先打开"Format"选单栏，单击"Tab Order"选单项，这时，每个控件的【Tab】键顺序号都以红色数字标注在控件的右上角。静态文本类的非操作性控件顺序号为 0，表示得不到活动焦点。其余控件顺序号从 10 开始，以 10 为单位递增。选中某个控件，即可对其顺序号进行修改。按照要求的顺序修改顺序号，修改完成后，再次单击"Format"选单栏中的"Tab Order"选单项，就完成了【Tab】键顺序的设置。操作过程如图 4.9 所示。

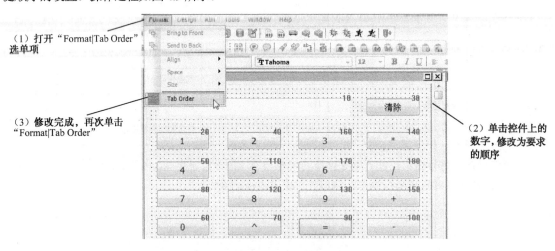

图 4.9 【Tab】键顺序的设置过程

需要说明的是，在输入顺序号时，应处于英文状态，若处在中文输入状态，则会造成无法修改顺序号的错误。

4.4　窗口控件的通用属性

在 PowerBuilder 中，几乎所有的控件都可以看成对象 Control 的子类。因此，Control 所具有的属性也就是大多数控件的公共属性。下面首先介绍窗口控件的通用属性。

1. 标题

大多数控件都有一个文本标题，用于向用户提示控件的功用，如按钮、单选按钮和复选框都有标题。系统默认时，控件的标题自动设置为"None"。开发人员只需首先选中控件，然后在标题栏中输入所需的标题。输入完毕，将焦点离开标题栏，即可在窗口视图区看见编辑控件的标题。除了可以修改标题的文字提示以外，还可以修改字体、字形及可能的对齐方式等。以修改命令按钮控件文本标题为例，图 4.10 中示例了设置标题按钮为"清除"；图 4.11 中示例了选择标题字体为"宋体"，文字大小为 12 号。需要指定对齐方式时可通过单击实现。

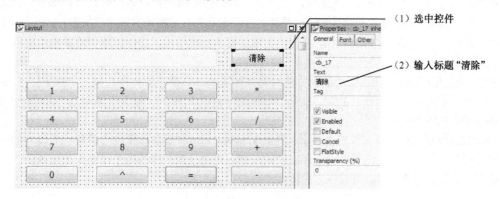

图 4.10　输入控件的标题文本

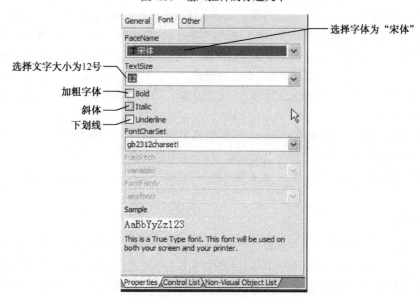

图 4.11　字体与字大小设置

2. 可视属性

在控件属性对话框的"General"标签页中，一般都有"Visible"复选框，它决定了该控件的可视性。默认时，"Visible"复选框都被选中，该控件显示在窗口中。如果希望某个控件初始时不显示，则不选中"Visible"复选框即可，在窗口视图区就看不见该控件。如果想恢复该控件的可视性或修改它的其他属性，则应首先单击控件列表区中该控件的对象名称，这时当前属性表为该控件的属性，即可对其进行修改，选中"Visible"复选框后，该控件立刻在窗口视图区中显示出来。

窗口控件的可视性可以在代码中灵活控制，方法是设置控件对象的"Visible"属性为 True（可见）或 False（不可见）。例如，要显示被隐藏的命令按钮"cb_1"，程序代码如下：

```
cb_1.Visible=TRUE
```

3. 可用属性

与"Visible"属性一样，"Enabled"属性也是每个控件都具有的属性。在控件属性对话框的"General"标签页中，可以找到"Enabled"复选框，它决定了该控件的可用性。默认时，"Enabled"复选框都被选中。当"Enabled"复选框被选中时，该控件处于活动状态，它能够响应用户的操作。若"Enabled"复选框不被选中，则该控件处于不活动状态，其事件都不会被触发，控件标题和轮廓变为灰色，控件只可见而不可用。

窗口控件的可用性在代码中的控制方法与可视性类似，只要设置控件对象的"Enabled"属性为 True（可用）或 False（不可用）即可。例如，要使命令按钮"cb_1""变灰"不可用，程序代码如下：

```
cb_1. Enabled = FALSE
```

可用性与可视性都可以使控件不可用，但是 Visible=False 时控件在窗口中消失，而 Enabled=False 时，控件变灰，仍然可见。使用中请注意它们的差别。可用性控制经常用于选单、按钮等控件，当它们无意义或需要禁止使用时，可以使它们暂时"变灰"。

4. 快捷键

所谓快捷键是这样的组合键，如用户按住【Alt】键后再按快捷键，就能将输入焦点移动到定义该快捷键的控件上。对命令按钮、复选框、单选按钮这类有标题的控件，定义快捷键的方法很简单，只要在定义标题时，在标题前加上"&"字符和快捷键字符即可，PowerBuilder 会将该字符显示成带下划线的方式。例如，要为命令按钮"确定"加上快捷键"A"，只要将其标题修改为"&A 确定"即可。对没有标题的控件，如单行编辑框、多行编辑框、列表框、下拉列表框等，定义快捷键的方法如下。

（1）选中该控件。

（2）在属性表"General"页的"Accelerator"编辑框中输入作为快捷键的字符，例如，要使【Alt+N】组合键成为单行编辑框的快捷键，则在"Accelerator"编辑框中输入字符"N"。

（3）选中对其说明的静态文本框，在文本前面加上"&"字符和快捷键字符，用于对快捷键进行提示。

5. 标签属性

"Tag"属性是一段和控件相关的字符串，它本身并没有什么特定的用途，主要取决于用户如何使用它。例如，代码 w_main.SetMicroHelp(This.Tag)的用途是将状态栏指定为当前控件的"Tag"值。"Tag"属性是一段与控件没有任何联系的文字说明，可以用于注解、说明和标记等。例如，可以用于状态栏上对当前控件的说明文字。

6. 边界和边界类型属性

"Border"属性是一个布尔类型的值，它决定了控件是否有边界。只有当"Border"属性被设为 True

时，"BorderStyle"属性才会有效。"BorderStyle"属性是对控件各种边框形式进行规定的属性，它是一个枚举类型。

4.5　常用的窗口控件

窗口控件除了具有前面介绍的通用属性外，还有一些与具体的控件类型有关的特殊属性，以及事件和函数。下面结合各种控件的编程对窗口控件进行进一步介绍。

4.5.1　选项卡

通过选项卡"Tab"可以方便地使用多个选项页，Windows 系统中的系统属性就是采用由四个选项页组成的选项卡方式表达的，它的外观如图 4.12 所示。单击所需选项页的标签，就立即切换到相应的选项页。

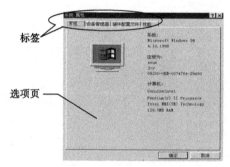

图 4.12　典型的选项卡

选项卡命名时的默认前缀为"tab_"。

1. 创建选项卡"Tab"的步骤

创建选项卡"Tab"的步骤如下。

（1）生成选项页，步骤如图 4.13 所示。

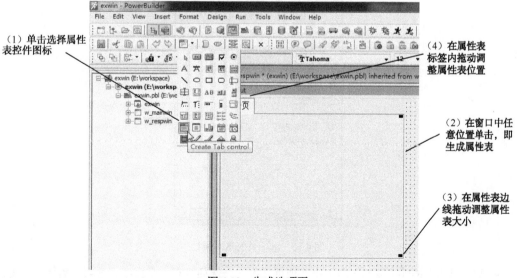

图 4.13　生成选项页

（2）修改选项卡和选项页的属性，注意，当单击标签时出现的是选项卡的属性，而单击选项页时出现的是选项页的属性。

选项卡的基本属性如图 4.14 所示，选项页列表中将所有选项页的名称和标签上的标题顺序排列出来了。

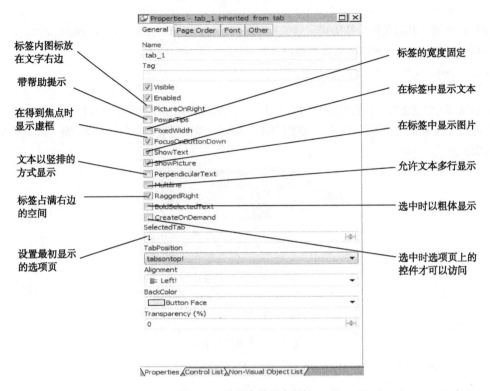

图 4.14　选项卡的基本属性

在选项页内任意一点单击时出现选项页的基本属性，如图 4.15 所示。

图 4.15　选项页的基本属性

选项卡"Tab"控件可以包含若干个选项页，每一个选项页有一个标签。选项页类似一个窗口，它可以包含许多控件。前面已经在窗口中放入一个"Tab"控件，可以看出"Tab"控件上有一个名为"none"的标签，在选项页上单击鼠标，就选中了该选项页，在"TabPage"页的"TabText"栏中，将"none"改为"第一页"，在窗口任意位置单击后可以看到标签上的值已经变成了"第一页"。在"第一页"标签上单击鼠标右键，选择弹出式选单中的"Insert TabPage"选单项，如图 4.16 所示，系统就自动在"第一页"标签的右边添加了一个标签为"none"的新选项页，采用与前面类似的方法可以将新添加的标签的名字改为"第二页"。采用类似的方法，可以制作出所需数量选项页的选项卡。可以像设计对话框一样，在每个选项页中放入各种控件。

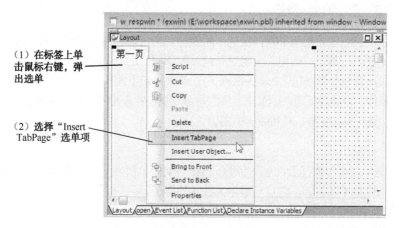

图 4.16　创建新的选项页

2. 选项卡 "Tab" 的常用属性

选项卡"Tab"的常用属性有以下两种。

（1）SelectedTab：获得或指定所选择标签的索引。返回 integer 值。

例如，要获得当前选的是哪一个标签页（可见的那个选项页），程序如下：

```
Int select
select=tab_1.SelectedTab
```

同样，要选中第 3 个标签页，可以用命令 tab_1.SelectedTab=3 来实现。

（2）TabPosition：指定标签显示在"Tab"控件的什么地方，值如下：

tabsontop!	顶部显示
tabsonbottom!	底部显示
tabsonleft!	左边显示
tabsonright!	右边显示
tabsontopandbottom!	先顶部后底部显示
tabsonbottomandtop!	先底部后顶部显示
tabsonleftandright!	先左边后右边显示
tabsonrightandleft!	先右边后左边显示

例如，当窗口打开时，"Tab"控件的标签显示在左边，同时选中第 2 个标签页，可以在窗口的"Open"事件中输入如下代码：

```
tab_1.TabPosition=TabsOnLeft!
Tab_1.SelectedTab=2
```

3. 选项卡 "Tab" 常用函数

下面是选择指定的标签页的函数。

格式：

SelectTab(Int index)

例如，若要选中第 2 个标签页，则可以使用 tab_1.SelectTab(2)实现，等价于 tab_1.SelectedTab=2。

4. 选项卡"Tab"常用事件

SelectionChanged：选择了新的标签页后触发。

通常用于初始化新选择的标签页，如设置某些选项、为数据窗口提取数据等。

4.5.2　命令按钮与图像按钮

PowerBuilder 中的按钮是用途非常广泛的一种控件，当用户单击按钮时，将会触发有关的操作。例如，在消息对话框中，单击"确定"按钮后关闭该对话框。PowerBuilder 提供了两种按钮：命令按钮（CommandButton）与图像按钮（PictureButton）。命令按钮不加任何修饰，它是标准的 Windows 按钮，带有一个指示按钮功能的标题；图像按钮用法与命令按钮完全相同，只是增加了图形外观，它除了具备文本标题外，还可以指定显示在按钮上的图像。

1. 命令按钮

命令按钮总是以三维形象显示，它没有"Border"（边框）属性，也不能修改按钮标题的字符颜色和背景颜色。当用户单击按钮时，它自动显示为按下的样子。

命令按钮命名时的默认前缀为"cb_"。

命令按钮的属性表有三页。

（1）"General"属性页如图 4.17 所示，它用于定义命令按钮的一般属性，包括名称、标题、是否显示、是否可用等，选中"Default"复选框时，该按钮成为当前窗口的默认按钮，程序运行时，用户按下【Enter】键将触发默认按钮的"Clicked"事件，默认按钮有个浓重的黑色轮廓；选中"Cancel"复选框时，该按钮成为当前窗口的取消按钮，用户按下【Esc】键将触发默认按钮的"Clicked"事件。

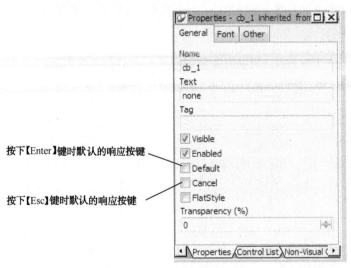

图 4.17　按钮控件的基本属性页

（2）"Font"属性页用于定义命令按钮标题的显示字体。

（3）"Other"属性页用于定义命令按钮的放置位置、宽度和高度，当鼠标指针位于该命令按钮上时鼠标指针的形状，以及当拖曳该命令按钮时鼠标指针的形状。

2. 命令按钮的常用属性

Text：获得或指定显示在该控件上的文本（命令按钮标题）。

3. 命令按钮的常用事件

命令按钮有十几个事件，其中最常用、最重要的事件是"Clicked"事件，它是在按钮被单击时触发的。在"Clicked"事件的事件处理程序中编写按钮被按下时要执行的代码。

例如，有两个窗口"w_1"和"w_2"，在"w_1"上有一个命令按钮"cb_1"，开始"cb_1"的标题为"Open"。单击"cb_1"将打开"w_2"，这时"cb_1"的标题将变为"Close"。再次单击"cb_1"将关闭"w_2"，同时"cb_1"的标题又变为"Open"，如此循环。若直接关闭，则"w_2"和"cb_1"的标题也将变为"Open"。

在"cb_1"的"Clicked"事件中编写如下代码：

```
IF This.Text="Open"   THEN          //若标题为"Open"则打开"w_2"，同时将标题改为"Close"
    Open (w_2)
    THIS.Text="Close"
ELSE                                //若标题为"Close"则关闭"w_2"，同时将标题改为"Open"
    Close (w_2)
    THIS.Text="Open"
END IF
```

在"w_2"的"Close"事件中编写如下代码：

```
w_1.cb_1.Text="Open"                //将"cb_1"的标题改为"Open"
```

4. 图像按钮

图像按钮（PictureButton）的功能与命令按钮类似，区别在于可以在该按钮上显示 BMP、GIF、JPG、JPEG、RLE 或 WMF 格式的图像，而且能够以不同图像表示按钮处于允许和不允许两种状态。当希望使用一幅贴切的画面而不仅是文字表示一个按钮时，应该选用图像按钮。

图像按钮命名时的默认前缀为"pb_"。

5. 为图像按钮指定图片

为图像按钮指定图片的步骤如下。

（1）将图像按钮放置到窗口上并选中。

（2）选择属性表中的"General"选项页。

（3）在"PictureName"编辑框中输入该按钮被允许时所显示图像的文件名。如果记不清要用哪个文件，则单击"…"按钮，搜索出带路径的完整文件名。在"Disabled Name"编辑框中输入该按钮被禁止时所显示图像的图像文件名。

（4）需要对图片大小进行调整时，可以将鼠标放在图片按钮边沿，当鼠标形状变为双向箭头时，可以拖曳鼠标，改变图片控件大小。如果要使用原图尺寸，则可以选中"Original Size"复选框，这时，图像按本身的大小显示。

6. 图像按钮的常用属性

Text：获得或指定显示在该控件上的文本（图像按钮标题）。

PictureName：获得或指定图像按钮上显示的图片文件名。

例如：

```
pb_1.PictureName="c:\yhx\person.gif"
```

7．图像按钮的常用事件

图像按钮最常用、最重要的事件是"Clicked"事件，它是在按钮被单击时触发的。在"Clicked"事件的事件处理程序中编写按钮被单击时要执行的代码。

4.5.3　单选按钮、复选框与分组框

单选按钮（RadioButton）、复选框（CheckBox）是为了方便用户做出选择而设计的。分组框（GroupBox）有两个用途，一是装饰界面，二是对单选按钮分组。它们的外观如图 4.18 所示。

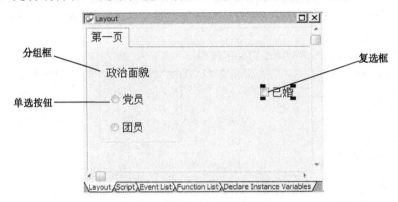

图 4.18　单选按钮、复选框和分组框

单选按钮命名时的默认前缀为"rb_"，复选框命名时的默认前缀为"cbx_"，分组框命名时的默认前缀为"gb_"。

单选按钮用于表示一组互斥的选项，在同一组单选按钮中，用户只能从中选择一个。单选按钮带有一个圆形图案，当被选中时，该图案中心出现一个黑点，未被选中时，该图案中心为空白。可以将多个单选按钮放在一个窗口中（这时窗口中的所有单选按钮成为一组）；也可以用分组框将单选按钮分为不同的组，同组中的单选按钮联手协作，当选中其中一个时，其余单选按钮自动解除选中状态。单选按钮的基本属性页如图 4.19 所示。

几个特殊属性包括，"Automatic"指定单击该单选按钮时，是系统自动将其置为选中状态（显示一个圆点）还是通过开发人员编与事件处理程序而将其置为选中状态（手工方式）。选中"Automatic"复选框时系统自动处理，否则需要在单选按钮的"Clicked"事件中编写相应的事件处理程序。需要说明的是，当单选按钮处于分组框中时，"Automatic"属性被忽略，系统自动调整选中单选按钮的选中状态。

单选按钮的常用事件是"Clicked"，它在用户单击单选按钮时触发。

复选框经常用于表示"是/否"或"真/假"两种状态，也可以表示为三态，如"有""无""不明"。复选框通常被成组使用，但它们是相互独立的，同一组中可有多个复选框被选中。复选框被选中时，方框内出现一个对号（√）；未被选中时，方框内为空白。复选框的基本属性页如图 4.20 所示，它与单选按钮相似，增加了三态属性的两个复选框 ThreeState 和 ThirdState。选中前者表示需要使用三种状态，选中后者将当前状态指定为第 3 种状态。

单选按钮、复选框的分组通过分组框实现。因此，在通常看到的界面中，分组框与单选按钮、复选框经常成组配合使用。使用分组框，可以修饰界面，使其条理更加清晰。对于单选按钮，还有一个重要的作用就是分组，这样，在一个窗口中就可以有几组单选按钮了。分组框的分组作用只对单选按钮有效，对其他控件，分组框只起到装饰效果。

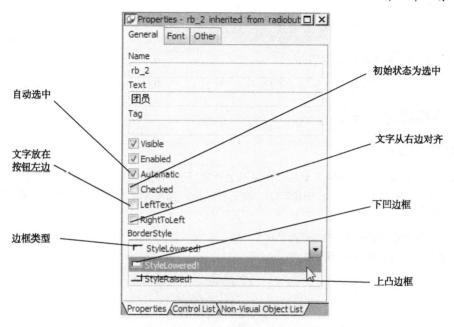

图 4.19 单选按钮的基本属性页

图 4.20 复选框的基本属性页

1. 单选按钮、复选框的常用属性

"Checked"属性是单选按钮、复选框最常用的属性，通过它来判断其是否被选择，值为 True 和 False。例如：

```
IF  rb_1.checked THEN          //如果 rb_1 被选择，那么……
    ⋮
ELSE
```

　　⋮

END　IF

2. 单选按钮、复选框的常用事件

单选按钮、复选框最常用、最重要的事件是"Clicked"事件，它是在被单击时触发的。

4.5.4　静态文本与图片

1. 静态文本控件

静态文本（Static Text）控件主要用于在窗口上布置文字和符号，进行提示、说明等，例如，设置窗口内部的标题、对其他控件的辅助说明等。在运行期间，用户不能在其中进行编辑，但可以通过脚本对其进行修改。

静态文本控件命名时的默认前缀为"st_"。

静态文本的属性如图 4.21 所示。

当"Enabled"属性为假时，文本变灰

得到焦点时显示矩形框

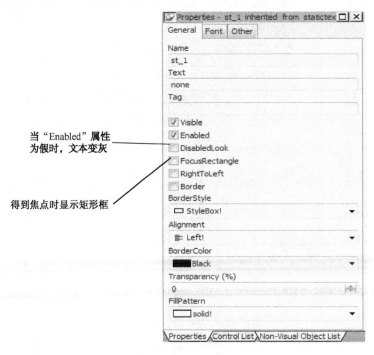

图 4.21　静态文本的属性

2. 静态文本控件的常用属性

静态文本控件最常用的属性是"Text"，用它可以获得或改变静态文本控件中的文本。

3. 静态文本控件的常用事件

静态文本控件的常用事件是"Clicked"事件，但一般来说，静态文本控件的事件里不需要编写脚本。不过由于命令按钮的外观、文字颜色、背景色等都不能改变，难以满足多方面的要求。而静态文本控件的外观、文字颜色、背景色等都能改变。所以，可以经常使用静态文本控件代替命令按钮，这时，就需要为"Clicked"事件编写代码了。

4. 图片控件

图片（Picture）控件也是一种静态控件，它用来在窗口上布置一幅画美化窗口，以及进行形象说明等。

图片控件命名时的默认前缀为"p_"。

图片控件的属性如图 4.22 所示。图片文件名称可以直接在"PictureName"编辑栏中输入，也可以单击其右侧的"…"按钮在文件窗口中选择。可以直接使用的图片类型有 Bitmap（.bmp）、JPEG（.jpg 或.jpeg）、RunLengthEncode（.rle）和 WindowsMetafile（.wmf）。

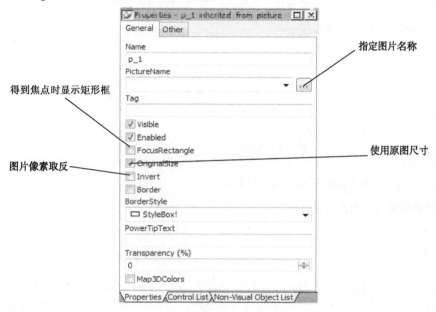

图 4.22　图片控件的属性

5. 图片控件的常用属性

PictureName：获得或指定图片控件上显示的图片文件名。例如：

p_1.PictureName="c:\yhx\person.gif"

6. 图片控件的常用事件

图片控件的常用事件是"Clicked"事件，但一般来说，图片控件的事件里不需要编写代码。有时可以用图片控件代替命令按钮和图像按钮，这时，就需要为"Clicked"事件编写代码了。

4.5.5　单行编辑框与多行编辑框

1. 单行编辑框控件

单行编辑框（SingleLineEdit）控件用于输入、编辑和显示一行文本，通常用于处理较少的数据，比如让用户输入密码等。

单行编辑框控件命名时的默认前缀为"sle_"。

2. 单行编辑框控件的常用属性

单行编辑框控件的常用属性有以下四个。

（1）Text：获得或指定该控件中的文本。

（2）Password：指定该单行编辑框是否用于保密字输入。有效取值有两个：True——用于保密字输入，此时，用户输入的所有字符均被"*"屏蔽，星号个数就是用户输入的字符个数，一般用于输入口令或密码；False ——不用于保密字输入，此时，按用户的输入显示文字。

（3）Limit：设定该控件中能够输入的最多字符个数，其值的范围为 0～32 767，其中，"0"表示没有个数限制。

例如，若要限定单行编辑框最多输入 8 个字符，则在程序中设定"sle_1.Limit=8"即可。

（4）Displayonly：指定该控件是否处于只读方式，处于只读方式时，用户不能修改该控件中的文本。有效取值有两个：True——只读方式；False——用户可以修改数据。

3．单行编辑框控件的常用事件

单行编辑框控件的常用事件有如下两个。

（1）Modified：在用户修改了单行文本框中的内容，并且移走焦点时触发。常用此事件进行用户输入内容的有效性检查。例如，在一个输入日期的单行文本框"sle_date"的"Modified"事件中加入有效性检查脚本：

```
IF NOT  IsDate ( sle_date.text)  THEN
    MessageBox("错误","非法日期，请重新输入")
END IF
```

（2）GetFocus：在单行编辑框得到焦点时触发。

4．单行编辑框控件的常用函数

选择文本：

```
SelectText
```

格式：

```
SelectText(Int start,Int length)
```

将单行编辑框中从 start 位置起共 length 个字符选中，即高亮度显示。如果长度 length 为 0，则将插入点移到 start 处。

例如，若要使单行编辑框在获得焦点时自动选中全部文本，则可以在其"GetFocus"事件中输入如下代码：

```
THIS.SelectText(1,len(THIS.Text))
```

5．多行编辑框控件

多行编辑框可以用于输入较长的文本，如简介和备注等。其属性与单行文本框的属性类似，但多了几个特有的属性。

（1）关于滚动条的属性，用于在多行文本框中放置水平和垂直滚动条。

（2）"IgnoreDefaultButton"属性，主要用来解决在多行文本框中使用【Enter】键与【Enter】键关联某个按钮响应事件的冲突。选中时，系统将忽略按钮的响应事件，仅作为多行文本框内的回车换行处理。

（3）"TabStop"属性，用于设置【Tab】键移动的字符数，默认时为 8，即按下【Tab】键时自动每隔 8 个字符停顿一下，如果设置"TabStop"值为"6"，则按下【Tab】键时自动每隔 6 个字符停顿一下。

多行编辑框控件命名时的默认前缀为"mle_"。

6．多行编辑框控件的常用属性

多行编辑框控件的常用属性有以下三个。

（1）Text：获得或指定该控件中的文本。

（2）Limit：设定该控件中能够输入的最多字符个数，其值的范围为 0～32 767，其中，"0"表示没有个数限制。

例如，若要限定多行编辑框最多输入 300 个字符，则在程序中设定"mle_1.Limit=300"即可。

（3）Displayonly：指定该控件是否处于只读方式，处于只读方式时，用户不能修改该控件中的文本。有效取值有两个：True——只读方式；False——用户可以修改数据。

7. 多行编辑框控件的常用事件

多行编辑框控件的常用事件有以下三个。

（1）Modified：在用户修改了多行编辑框中的内容，并且移走焦点时触发。

（2）GetFocus：在多行编辑框得到焦点时触发。

（3）Rbuttondown：当用户用鼠标右键单击该控件时触发，返回值为"0"时，继续处理；返回值为"1"时，不再继续。

对于多行编辑框而言，单击鼠标右键时，系统会自动弹出一个选单，包括撤销、剪切、复制、粘贴、删除、全选等功能。但在某些时候，用户希望提供专用的功能选单，而且屏蔽掉系统提供的撤销、剪切、复制、粘贴、删除、全选等功能，如某些电子阅读软件，这时就应该在"Rbuttondown"事件中编写如下代码：

```
menu_edit    me                      //定义选单变量 me
me=CREATE    menu_edit
me.m_3.PopMenu (xpos,ypos)           //显示选单
RETURN 1                              //不再显示系统提供的弹出式选单
```

8. 多行编辑框控件的常用函数

多行编辑框控件的常用函数有以下六个。

（1）返回多行编辑框中的数据行数。

格式：

```
LineCount()
```

返回值为 integer

（2）返回插入点的位置。

格式：

```
Position()
```

返回值为 long

（3）使用指定串替换当前选定的文本。

格式：

```
ReplaceText(str)
```

> 👀**注意：**
> 如果没有选定的文本，则将 str 置于插入点所在的位置。

（4）选择文本。

格式：

```
SelectText(int start, int length)
```

将多行编辑框中从 start 位置起共 length 个字符选中，即高亮度显示。如果长度 length 为 0，则将插入点移到 start 处。

（5）获得当前选定的文本。

格式：

SelectedText()

返回值为当前选定的文本，即高亮度显示的文本。

（6）获得插入点所在行的文本。

格式：

TextLine()

返回值为插入点所在行的文本。

4.5.6　编辑掩码控件

编辑掩码控件"EditMask"是一个智能的文本输入框，它只能输入设定格式的数据，这一点类似于定义数据库中表的字段编辑风格。用户只能输入指定格式的数据，使输入规范化，避免输入错误，同时可以提示输入数据的格式。

编辑掩码控件命名时的默认前缀为"em_"。

编辑掩码控件有一个"Mask"属性页，如图 4.23 所示。可以选择系统提供的掩码类型，方法是首先选择掩码数据类型，单击"MaskDataType"栏旁边的向下小三角，可以见到六种类型，包括 datemask!（日期类型）、datetimemask!（日期时间类型）、decimalmask!（小数类型）、numericmask!（数值类型）、stringmask!（字符串类型）和 timemask!（时间类型）。选择其中之一，单击"Mask"栏右边的向右小三角，弹出系统提供的选定掩码数据类型的具体掩码，选择所需要的掩码格式。用户也可以直接在掩码输入栏中输入掩码。表 4.3 列出了掩码格式中使用的一些代码。

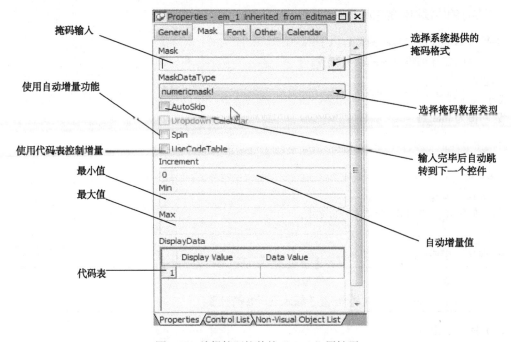

图 4.23　编辑掩码控件的"Mask"属性页

表 4.3　掩码格式中使用的代码

类　型	代　码	含　义	实　例
日期	dd	日	yy/mm/dd（年年/月月/日日）、yyyy/mm/dd（年年年年/月月/日日）、yy-mm-dd（年年-月月-日日）、mm/dd/yy（月月/日日/年年）、mm/dd（月月/日日）
	mm	月	
	yy	年（2 位）	
	yyyy	年（4 位）	
时间	hh	时	hh:mm（时时:分分）、hh:mm:ss（时时:分分:秒秒）、yyyy/mm/dd hh:mm:ss（年年年年/月月/日日 时时:分分:秒秒）
	mm	分	
	ss	秒	
数字	#	数字	####（4 位数字）、(###)#######-####（电话号码）
	[currency(7)]	货币符号（人民币）	[currency(7)]（人民币币值，如￥123.50）
	.	小数点	###,###.00
字符串	!	大写	!!!!（四个大写字母，用小写输入时显示的也是大写）
	^	小写	^^^（三个小写字母，用大写输入时显示的也是小写）
	#	数字	###-##-##（如 123-45-67）
	a	字符或数字	a–a#####（如 A–D12345 或 A–712345）
	x	任意字符	xxx（三个任意字符，如+A!或 –8%）

4.6　常用的窗口控件编程实例

下面通过一个创建窗口控件编程实例来练习窗口控件的一些基本操作，主要包括一个窗口应用程序"w_widget"和在这个窗口应用程序中定义的三个窗口对象。

具体的步骤是，在建立工作空间"chptfour"和对应的应用"win_widget"后，首先创建一个名为"w_widget"的简单窗口对象作为基本窗口；然后，在基本窗口"w_widget"的基础之上通过继承的方式分别派生出两个完成不同功能的窗口对象"w1"与"w2"，其中"w1"窗口用于完成登录系统功能，而"w2"窗口用于系统信息的编辑功能，以及对访问系统的用户进行问卷调查的功能；最后，利用Open()函数实现通过"w1"窗口调用"w2"窗口的功能。

创建好的基本窗口"w_widget"如图 4.24 所示，窗口中包含一个命令按钮控件"关闭"。单击该按钮可以关闭当前窗口。

创建好的窗口"w1"如图 4.25 所示，窗口中包含一个新建的命令按钮控件"Login"，一个从基本窗口继承过来的命令按钮控件"关闭"，两个静态文本控件和两个单行编辑框控件。通过在该窗口输入用户名和用户密码，单击"Login"按钮登录系统。登录成功，显示如图 4.26 所示。

图 4.24　基本窗口"w_widget"

图 4.25　窗口"w1"

创建好的窗口"w2"如图 4.27 所示。图 4.27 所示的窗口中包含四个新建的命令按钮控件，一个从基本窗口继承过来的命令按钮控件"关闭"，两个单行编辑框控件。

图 4.26　窗口"w1"完成的功能　　　　　　图 4.27　窗口"w2"

4.6.1　创建窗口应用程序和基本窗口

1. 创建应用

（1）创建新的工作空间。单击"New"图标按钮，打开"New"对话框；选择"Workspace"页，单击"OK"按钮，弹出"New Workspace"对话框，选择存储目录为"F:\workspace"，输入文件名为"chptfour"。

（2）创建新的应用。单击"New"图标按钮，打开"New"对话框；选择"Target"页中的"Application"，单击"OK"按钮，弹出"Specify New Application and Library"对话框，输入应用名为"win_widget"，系统自动用上面输入的应用名称加上扩展名"pbl"和"pbt"，组成库名"win_widget.pbl"及目标文件名"win_widget.pbt"，单击"Finish"按钮。

2. 创建应用程序窗口（w_widget）

（1）单击"New"图标按钮，打开"New"对话框；选择"PB Object"页，双击"Window"图标，创建一个新窗口对象并进入窗口画板。

（2）在窗口属性（Properties）卡"General"页的"Title"栏中输入窗口标题"常用的窗口控件编程实例"，取消"Maxbox"属性，其他窗口属性使用系统默认值。最后，保存窗口对象，起名为"w_widget"。

完成以上步骤后，可在工作空间目录看到如图 4.28 所示的树形结构。

（3）调整当前窗口"w_widget"的大小，方法是在"Other"属性页中的"Position"子栏目，设置 Width=1390，Height=608。设置完成后单击"Save"图标按钮，保存当前环境到工作空间资源文件。

3. 在窗口中创建命令按钮

（1）通过选单中"Insert"选单栏下的"Control"项，打开窗口控件列表框，选择"CommandButton"控件（具体步骤可参考图 4.2），然后在窗口中放置该控件的地方单击鼠标左键，被选中的窗口控件就会在该处出现。对于此命令按钮，系统默认的名称为"cb_1"。

（2）设置"CommandButton"属性。

"General"属性页按照图 4.29 所示设置。

图 4.28　树形结构

图 4.29　"General"属性页

"Font"属性页按照图 4.30 所示设置。
"Other"属性页按照图 4.31 所示设置。

图 4.30　"Font"属性页

图 4.31　"Other"属性页

（3）编辑"CommandButton"的"Clicked"事件。

在"Clickcd"事件的事件处理程序中编写"cb_1"按钮被按下时所要执行的脚本代码：

```
Close ( PARENT)          // PARENT 指当前控件所在的窗口
```

完成后，单击"Save"图标按钮 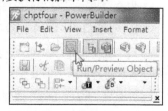，保存当前环境到工作空间资源文件。

（4）运行/预览窗口对象（单击系统工具栏中的"Run/Preview Object"图标，如图 4.32 所示）。

（5）单击"关闭"按钮，退出当前窗口。

图 4.32　运行/预览窗口对象

4.6.2　通过窗口继承创建新窗口 1

1. 在"w_widget"窗口的基础上创建新窗口"w1"

（1）窗口继承的方法请参考第 3.1.2 节"窗口的继承"的有关内容。新建继承窗口。注意：在继承前要首先将父窗口关闭！

（2）设置"继承窗口"的属性。

窗口"w1"的"General"属性页按照图 4.33 所示设置。

窗口"w1"的"Other"属性页按照图 4.34 所示设置。

图 4.33　"General"属性页　　　　　图 4.34　"Other"属性页

其他属性页的属性使用系统默认的设置。修改"w_widget::cb_1"（这里::表示继承关系）的"Other"属性页，设置坐标位置为 X=1238，Y=638，Width=339，Height=100。

保存继承窗口为"w1"（如图 4.35 所示）。

2. 在窗口"w1"中创建并设置静态文本控件（StaticText）"st_1"

（1）通过选单中"Insert"选单栏下的"Control"项，打开窗口控件列表框，选择"StaticText"控件（具体步骤可参考图 4.2），在窗口中放置该控件的地方单击鼠标，被选中的窗口控件就会在该处出现。对于此"Static Text"控件，系统默认的名称为"st_1"。

（2）按住鼠标左键拖曳，以调整"StaticText"控件的大小，如图 4.36 所示。

（3）设置"StaticText"控件"st_1"属性。

图 4.35　保存新窗口 "w1"　　　　图 4.36　调整 "Static Text" 控件

"General" 属性页按照图 4.37 所示设置。

"Font" 属性页按照图 4.38 所示设置。

"Other" 属性页设置坐标位置为：X=110，Y=316，Width=457，Height=76。

（4）复制 "StaticText" 控件 "st_1"。

首先，选中需要复制的控件 "st_1"，按【Ctrl+C】组合键复制到剪贴板中，再按【Ctrl+V】组合键粘贴到窗口上。复制出来的新控件与被复制的控件重叠在同一位置，新的控件名称为 "st_2"。用鼠标将其拖开，并根据需要对新控件进行修改。

（5）设置 "Static Text" 控件 "st_2" 属性。

"General" 属性页中的 "Text" 属性值改为 "用户密码"。

"Font" 属性页采用与 "StaticText" 控件 "st_1" 相同的设置。

"Other" 属性页按照图 4.39 所示设置。

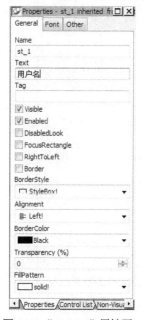

图 4.37　"General" 属性页　　　图 4.38　"Font" 属性页　　　图 4.39　"Other" 属性页

完成后，单击"Save"图标按钮 🖫，保存当前环境到工作空间资源文件。

3. 在窗口"w1"中创建并设置单行编辑框控件（SingleLineEdit）"sle_1"

（1）通过选单中"Insert"选单栏下的"Control"项，打开窗口控件列表框，选择单行编辑框控件（SingleLineEdit）（具体步骤可参考图 4.2），在窗口中放置该控件的地方单击鼠标，被选中的窗口控件就会在该处出现。对于此单行编辑框控件（SingleLineEdit），系统默认的名称为"sle_1"。

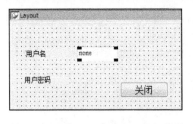

图 4.40　调整"SingleLineEdit"控件

（2）按住鼠标左键拖曳，以调整"SingleLineEdit"控件的大小，如图 4.40 所示。

（3）设置"SingleLineEdit"控件"sle_1"属性。

"General"属性页中的"Text"属性值改为"请输入！"，其他采用默认属性。

"Font"属性页中的 TextSize=9，其他采用默认属性。

"Other"属性页中的 X=334，Y=308，Width=480，Height=92，其他采用默认属性。

（4）复制"SingleLineEdit"控件"sle_1"。

首先，选中需要复制的控件"sle_1"，按【Ctrl+C】组合键复制到剪贴板中，再按【Ctrl+V】组合键粘贴到窗口中。复制出来的新控件与被复制的控件重叠在同一位置，新的控件名称为"sle_2"。用鼠标将其拖开，并根据需要对新控件进行修改。

（5）设置"SingleLineEdit"控件"sle_2"属性。

"General"属性页按照图 4.41 所示设置。

"Font"属性页采用与"SingleLineEdit"控件"sle_1"相同的设置。

"Other"属性页按照图 4.42 所示设置。

图 4.41　"General"属性页

图 4.42　"Other"属性页

完成后，单击"Save"图标按钮 🖫，保存当前环境到工作空间资源文件。

4. 在窗口"w1"中创建并设置命令按钮控件"cb_2"

（1）通过选单中"Insert"选单栏下的"Control"项，打开窗口控件列表框，选择"CommandButton"控件（具体步骤可参考图 4.2），在窗口中放置该控件的地方单击鼠标，被选中的窗口控件就会在该处出现。对于此命令按钮，系统默认的名称为"cb_2"。

（2）设置"CommandButton"属性。

"General"属性页中的"Text"属性值改为"Login"，其他采用默认属性。

"Font"属性页中的 TextSize=9，其他采用默认属性。

"Other"属性页中的 X=859，Y=304，Width=343，Height=104，其他采用默认属性。

（3）编辑"CommandButton"的"Clicked"事件。

在"Clicked"事件的事件处理程序中编写"cb_2"按钮被按下时所要执行的脚本代码：

```
/* 登录界面判定程序 */
//定义局部变量，userid 是用户输入的用户名，userpsw 是用户输入的密码
String    userid
String    userpsw
//定义局部变量，uid 是系统用户名，upsw 是系统密码
String    uid
String    upsd
uid    = "管理员"
upsd   = String(123)
//获取
userid   = Trim(sle_1.text)
userpsw = Trim(sle_2.text)
IF userid= uid   AND   userpsw =   upsd    THEN
     MessageBox("恭喜!","密码正确，已批准登录系统!")
ELSE
     MessageBox("Error! ","用户名或密码错误!登录界面将立即关闭。",Stopsign!)
     Close(PARENT)
END IF
```

完成后，单击"Save"图标按钮，保存当前环境到工作空间资源文件。

（4）运行/预览窗口对象（单击系统工具栏中的"Run/Preview Object"图标，如图 4.32 所示）。

（5）运行效果如图 4.43 所示，输入用户名"管理员"和用户密码"123"。单击"Login"按钮，出现如图 4.44 所示的登录界面。

（6）单击"关闭"按钮，退出当前窗口。

图 4.43　运行效果

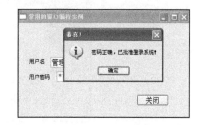

图 4.44　登录界面

5. 在窗口"w 1"中创建并设置图片（Picture）控件"p_1"

（1）通过选单中"Insert"选单栏下的"Control"项，打开窗口控件列表框，选择"Picture"控件（具体步骤可参考图 4.2），在窗口中放置该控件的地方单击鼠标，被选中的窗口控件就会在该处出现。

对于此命令按钮，系统默认的名称为"p_1"。

（2）设置"Picture"的属性。

"General"属性页按照图 4.45 所示设置。

"Other"属性页按照图 4.46 所示设置。

图 4.45 "General"属性页　　　　　　图 4.46 "Other"属性页

完成后，单击"Save"图标按钮，保存当前环境到工作空间资源文件。

（3）运行/预览窗口对象（单击系统工具栏中的"Run/Preview Object"图标，如图 4.32 所示）。

（4）运行效果如图 4.47 所示。

图 4.47 运行效果

（5）单击"关闭"按钮，退出当前窗口。

4.6.3 通过窗口继承创建新窗口 2

1. 在"w_widget"窗口的基础之上创建一个新窗口"w2"

（1）窗口继承的方法请参考第 3.1.2 节"窗口的继承"的有关内容。新建继承窗口。

（2）设置"继承窗口"的属性。

窗口"w2"的"General"属性页按照图 4.48 所示设置。

窗口"w2"的"Other"属性页按照图 4.49 所示设置。

其他属性页的属性使用系统默认的设置。修改窗口"w2"的"w_widget::cb_1"的"Other"属性页，设置坐标位置为 X=1456，Y=32，Width=326，Height=108；Pointer= HyperLink!。

保存继承窗口为"w2"，如图 4.50 所示。

图 4.48 "General"属性页　　　　图 4.49 "Other"属性页　　　　图 4.50 保存继承窗口"w2"

2. 在窗口"w2"中创建并设置选项卡"Tab"控件"tab_1"

（1）通过选单中"Insert"选单栏下的"Control"项，打开窗口控件列表框，选择"Tab"控件（具体步骤可参考图 4.2），在窗口中放置该控件的地方单击鼠标，被选中的窗口控件就会在该处出现。对于此命令按钮，系统默认的名称为"tab_1"。

（2）设置"tab_1"的属性。

"General"属性页按照图4.51所示设置。

"Font"属性页按照图4.52所示设置。

图4.51 "General"属性页   图4.52 "Font"属性页

其他属性页保持原有设置。

（3）设置"tabpage_1"属性。

修改"Tabpage"属性页中的"TabText"属性值，如图4.53所示，其他属性页保持不变。

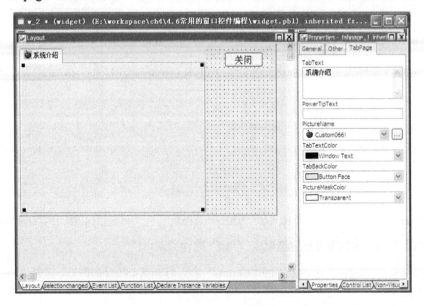

图4.53 "TabText"属性值

（4）完成后，单击"Save"图标按钮 ，保存当前环境到工作空间资源文件。

3. 在窗口"w2"中"tab_1"的基础上插入并设置选项卡控件"tabpage_2"

（1）在"tab_1"的标题处单击鼠标右键，出现一个快捷选单。从这个快捷选单中选择"Insert TabPage"，如图 4.54 所示。

（2）设置"tabpage_2"属性。

修改"TabPage"属性页中的"TabText"属性值，如图 4.55 所示，其他属性页保持原有设置不变。

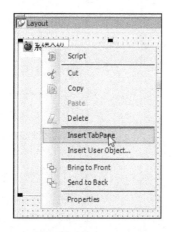

图 4.54　插入"tab_2"　　　　　　　　　图 4.55　"TabPage"属性页

（3）完成后，单击"Save"图标按钮，保存当前环境到工作空间资源文件。

4. 在窗口"w2"的"tab_1"中创建并设置多行编辑框（MultiLineEdit）控件"mle_1"

（1）通过选单中"Insert"选单栏下的"Control"项，打开窗口控件列表框，选择多行编辑框控件（MultiLineEdit）（具体步骤可参考图 4.2），在窗口中放置该控件的地方单击鼠标，被选中的窗口控件就会在该处出现。对于此命令按钮，系统默认的名称为"mle_1"。

（2）设置"mle_1"的属性。

"General"属性页按照图 4.56 所示设置。

"Font"属性页按照图 4.57 所示设置。

"Other"属性页按照图 4.58 所示设置。

（3）完成后，单击"Save"图标按钮，保存当前环境到工作空间资源文件。

（4）运行/预览窗口对象（单击系统工具栏中的"Run/Preview Object"图标，如图 4.32 所示）。在多行文本编辑框中输入如下文本。

"最初的 PowerBuilder 是由一家位于波士顿的名为 Cullinet 的数据库公司开发出来的，在 1985 年的时候，这个工具的基本原型在 Cullinet 公司内部问世。但是由于 Cullinet 被 CA（Computer Associates）公司恶意并购，导致在之后的三年中 PowerBuilder 被束之高阁。

1988 年，也就是 PowerBuilder 原型完成三年之后，PowerSoft 公司拿到了它的源码。当时的 PowerSoft 公司主要为 VAX 平台开发商业应用程序，但是 PowerSoft 公司很有远见地看到基于 PC 平台的应用开发在不久以后将充满无限的商机。于是 PowerSoft 开始四处寻找具有领先水平的 GUI 开发工具。不久，他们把目光投向了已经被尘封三年之久的 PowerBuilder，并花了极少的钱向 CA 公司购买了在 CA 公司眼中没有前途的 PowerBuilder 原型的源代码。之后，PowerSoft 把这个产品命名为 'PowerBuilder' 并开始完善和增强它的功能。"

图 4.56 "General" 属性页

图 4.57 "Font" 属性页

图 4.58 "Other" 属性页

（5）运行效果如图 4.59 所示。

（6）单击"关闭"按钮，退出当前窗口。

5. 为多行编辑框"mle_1"添加查找、替换的功能（类似于写字板）

添加查找、替换功能的界面如图 4.60 所示。

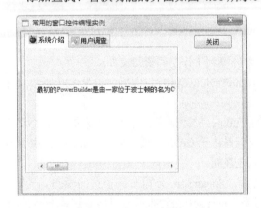

图 4.59 运行效果

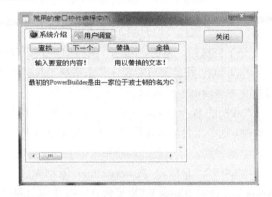

图 4.60 添加查找、替换的功能

在图 4.60 中，窗口"w2"的"tab_1"上有四个命令按钮，分别为"cb_search""cb_search_next""cb_replace"和"cb_replaceall"，用于实现查找、查找下一个、替换、全换的功能。其中，"cb_search_next""cb_replace"两个按钮的"Enabled"属性的初始值为 False。有两个单行编辑框控件"sle_1"和"sle_2"，

分别表示要查找的内容和用于替换的文本。以上六个控件的添加，请各位读者运用前面所介绍的例子来创建命令按钮和单行编辑框。这里就不再一一赘述了。

下面定义各个控件完成各自功能所需要的脚本。

（1）在窗口"w2"的"tab_1"中定义"Instance"变量：

```
Long p                                    //p 表示查找到的结果的位置
Int l                                     //1表示要查找的文本的长度
String str                                // str 表示要查找的文本
```

（2）在"查找"按钮"cb_search"的"Clicked"事件中输入如下代码：

```
str=sle_1.text
l=Len (str)
p=Pos (mle_1.text,str)
IF p>0    THEN
    mle_1.selecttext (p,l)
    mle_1.setfocus ()
    cb_search_next.enabled= TRUE
    cb_replace.enabled= TRUE
ELSE
    cb_search_next.enabled=FALSE
    cb_replace.enabled=FALSE
    MessageBox ("提示信息","没找到!")
END IF
```

（3）在"下一个"按钮"cb_search_next"的"Clicked"事件中输入如下代码：

```
p=Pos (mle_1.text,str,p+1)
IF p>0 THEN
    mle_1.selecttext(p,l)
    mle_1.setfocus( )
    cb_replace.enabled= TRUE
ELSE
    cb_replace.enabled=FALSE
    cb_search_next.enabled=FALSE
    MessageBox("完成","已到文章末尾!")
END IF
```

（4）在"替换"按钮"cb_replace"的"Clicked"事件中输入如下代码：

```
String s2
s2=sle_2.text
IF p>0 THEN
    mle_1.text=Replace(mle_1.text,p,l,s2)     //用 sle_2 的内容替换
END IF
```

（5）在"全换"按钮"cb_replaceall"的"Clicked"事件中输入如下代码：

```
String s2
s2=sle_2.text
str=sle_1.text
l=Len(str)
p=Pos(mle_1.text,str)
IF p>0 THEN
    mle_1.text=Replace(mle_1.text,p,l,s2)
END IF
DO WHILE    p>0
    p=Pos(mle_1.text,str,p+1)
```

```
        IF p>0 THEN
                mle_1.text=replace(mle_1.text,p,l,s2)
        END IF
LOOP
MessageBox("完成","已到文章末尾!")
```

6. 在窗口"w2"的"tabpage_2"中创建并设置单选按钮（RadioButton）、复选框（CheckBox）控件"rb_1"和"cbx_1"

（1）通过选单中"Insert"选单栏下的"Control"项，打开窗口控件列表框，选择"RadioButton"，在窗口中放置该控件的地方单击鼠标，被选中的窗口控件就会在该处出现。对于此命令按钮，系统默认的名称为"rb_1"。"CheckBox"控件的创建方法与之相同。对于"CheckBox"控件，系统默认的名称为"cbx_1"。

（2）使用复制"rb_1"的方式创建"rb_2"。

（3）设置"rb_1"的属性。

"General"属性页中"rb_1"的 Text=男性，其他属性使用系统默认值。

"Font"属性页属性使用系统默认值。

"Other"属性页设置坐标位置为X=91，Y=264，Width=343，Height=76，Pointer= HyperLink!。

（4）设置"rb_2"的属性。

"General"属性页中"rb_2"的 Text=女性，其他属性使用系统默认值。

"Font"属性页属性使用系统默认值。

"Other"属性页设置坐标位置为X=91，Y=392，Width=343，Height=76，Pointer= HyperLink!。

（5）设置"cbx_1"的属性。

"General"属性页中"cbx_1"的 Text=是否使用正版软件，其他属性使用系统默认值。

"Font"属性页使用系统默认值。

"Other"属性页设置坐标位置为X=91，Y=524，Width=507，Height=76，Pointer= HyperLink!。

（6）完成后，单击"Save"图标按钮，保存当前环境到工作空间资源文件。

7. 在窗口"w2"的"tabpage_2"中创建并设置图像按钮（PictureButton）控件"pb_1"和命令按钮"cb_2"

（1）通过选单中"Insert"选单栏下的"Control"项，打开窗口控件列表框，选择"PictureButton"，在窗口中放置该控件的地方单击鼠标，被选中的窗口控件就会在该处出现。对于此命令按钮，系统默认的名称为"pb_1"。"CommandButton"控件的创建方法与之相同。对于"CommandButton"控件，系统默认的名称为"cb_2"。

（2）设置"cb_2"的属性。

"General"属性页中"cb_2"的 Text=投票，其他属性使用系统默认值。

"Font"属性页使用系统默认值。

"Other"属性页设置坐标位置为X=86，Y=636，Width=339，Height=106，Pointer= HyperLink!。

（3）设置"pb_1"的属性。

"General"属性页按照图4.61所示设置。

"Other"属性页按照图4.62所示设置。

（4）编辑"CommandButton"的"Clicked"事件。

在"tabpage_2"的"Script"脚本区左上边的下拉列表框中选择"（Declare)"，然后在下面的脚本编辑区中编写代码：

图 4.61 "General"属性页   图 4.62 "Other"属性页

```
Integer male=0
Integer female=0
Integer man=0
Integer woman=0
```

在"cb_2"按钮"Clicked"事件的事件处理程序中编写"cb_2"按钮被按下时所要执行的脚本代码：

```
IF  rb_1.checked =TRUE   AND     rb_2.checked =TRUE      THEN
    MessageBox("系统提示","错误的操作!",Exclamation!)
    HALT
END IF
IF  rb_1.checked =FALSE AND     rb_2.checked =FALSE      THEN
    MessageBox("系统提示","没有作出选择!",Exclamation!)
    HALT
END IF
IF   rb_1.checked =TRUE   THEN
     IF cbx_1.checked = TRUE   THEN
         male=male+1
         rb_1.checked =FALSE
         rb_1.tag=String(male)
         MessageBox("投票结果","使用正版软件的男生的次数为:"+rb_1.tag)
     ELSE
         man=man+1
         rb_1.checked =FALSE
         rb_1.tag=String(man)
         MessageBox("投票结果","使用 D 版软件的男生的次数为:"+rb_1.tag)
     END IF
ELSE
     IF   rb_2.checked =TRUE   THEN
```

```
        IF cbx_1.checked = TRUE    THEN
            female=female+1
            rb_2.checked =FALSE
            rb_2.tag=String(female)
            MessageBox("投票结果","使用正版软件的女生的次数为:"+rb_2.tag)
        ELSE
            woman=woman+1
            rb_2.checked =FALSE
            rb_2.tag=String(woman)
            MessageBox("投票结果","使用 D 版软件的女生的次数为:"+rb_2.tag)
        END IF
    END IF
END IF
```

（5）完成后，单击"Save"图标按钮 ，保存当前环境到工作空间资源文件。

（6）运行/预览窗口对象（单击系统工具栏中的"Run/Preview Object"图标，如图 4.32 所示）。

（7）运行效果如图 4.63 所示。

图 4.63　运行效果

（8）单击"关闭"按钮，退出当前窗口。

4.6.4　通过窗口 1 进入窗口 2

修改窗口"w1"中的"cb_2"按钮在"Clicked"事件的事件处理程序中的脚本代码：

```
/* 登录界面判定程序 */
//定义局部变量，userid 是用户输入的用户名，userpsw 是用户输入的密码
String    userid
String    userpsw
//定义局部变量，uid 是系统用户名，upsw 是系统密码
String    uid
String    upsd
uid   = "管理员"
upsd  = String(123)
//获取
userid  = Trim(sle_1.text)
userpsw = Trim(sle_2.text)
IF userid= uid   AND   userpsw =   upsd   THEN
    MessageBox("恭喜!","密码正确，已批准登录系统!")
    Open(w2)
ELSE
```

```
    MessageBox("Error! ","用户名或密码错误!登录界面将立即关闭。",Stopsign!)
    Close(PARENT)
END IF
```

最后，在"win_widget"的"Open"事件中编写代码：

```
Open(w1)
```

即可运行整个程序。

第5章 创建数据库

PowerBuilder 最主要的特色之一是方便有效地访问和管理数据库。在 PowerBuilder 应用程序访问数据库之前，必须首先与数据库建立联系，也就是连接到数据库上。

PowerBuilder 与数据库的连接建立在驱动程序之上。PowerBuilder 支持 ODBC 接口，使得 PowerBuilder 几乎可以访问所有的数据库。对诸如 Oracle、Sybase、MS SQL Server 之类的大型数据库管理系统，PowerBuilder 还提供了旨在提高数据库访问效率的专用数据库接口。

当开发环境连接到数据库上之后，在 PowerBuilder 中使用数据库管理器既可以创建、修改、删除、定义表的属性、主键、索引、外部键，也可以创建视图、增加/删除记录、加载与卸出数据库中的数据。

与数据库管理系统提供的普通前端工具不同，在创建和修改数据库表时，PowerBuilder 不仅建立了表的结构，而且生成了描述表特征的扩展属性，并将这些扩展属性保存到数据库中，数据窗口对象将把扩展属性作为默认的设置值来表现数据。PowerBuilder 生成的扩展属性包括数据的显示格式、编辑风格、有效性规则，以及创建数据窗口时使用的默认标题、标签等。通过建立表的扩展属性，不仅可以减少重复劳动，加快应用程序的开发进度，而且能够保持应用程序界面的一致性，即使对运用动态数据窗口的情况也是如此。

5.1 数据库概述

PowerBuilder 12.5 提供了 ASA 数据库（Adaptive Server Anywhere 12），ASA 几乎具备现代数据库的一切特征。因此，在 ASA 上开发的应用程序，无须修改即可连接其他的数据库，仅需改变数据源的名称即可。此举极大地方便和提高了应用程序的开发效率。

1. 在 PowerBuilder 开发环境中需注意区分的概念

（1）物理数据库。这是一个磁盘文件，表格及数据等全部信息都在这个文件中。其类型可以是".dbf"文件、文本文件、SQL Server 数据库、Oracle 数据库、ASA 数据库等。

（2）日志文件。这也是一个磁盘文件，一般以"log"为扩展名，用于记载相关数据库的环境及其操作。删除相应的".log"文件，一般不会影响数据库。

（3）ODBC 数据源。这是为连接物理数据库而提供的一种标准接口。ODBC 数据源指明了数据库的基本属性，如物理数据库的位置、数据库驱动程序（哪一种数据库）、用户名和口令等。通过 ODBC 数据源，编程人员可以不必关心物理数据库。一个物理数据库可以定义若干个 ODBC 数据源。图 5.1 清晰地描述了有关 ODBC 接口与各数据库之间的关系。

（4）DB Profile。这是在 PowerBuilder 开发环境中操作数据库所需要的，它指明了使用哪一个数据源。在用户的应用程序中不需要 DB Profile。

2. 在 PowerBuilder 开发过程中，数据库的操作步骤

（1）创建物理数据库，如 ASA 等。

（2）定义 ODBC 数据源。

（3）定义 DB Profile（仅是开发环境需要，运行时不需要）。

（4）连接数据库。

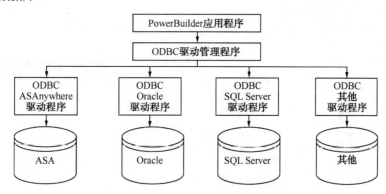

图 5.1 ODBC 接口与各数据库之间的关系

对于在本机创建的 ASA 数据库，系统将自动定义数据源和 DB Profile。而当在其他机器上创建的 ASA 数据库或其他类型的数据库复制到本机时，则必须定义 ODBC 数据源和 DB Profile。连接成功后，就可以创建和管理表及数据等。

5.2 数据库画板

数据库画板，即 Database 画板是专门用来管理数据库的，包括创建和删除 ASA 数据库，连接数据库，定义 ODBC 数据源，创建和管理表及数据，等等。

从选单或工具栏进入"Database"画板，如图 5.2 所示。

图 5.2 打开"Database"画板

进入"Database"画板后的界面如图 5.3 所示。若要在"Database"主窗口内打开更多的子窗口，则可以通过主选单"View"打开，如图 5.4 所示。

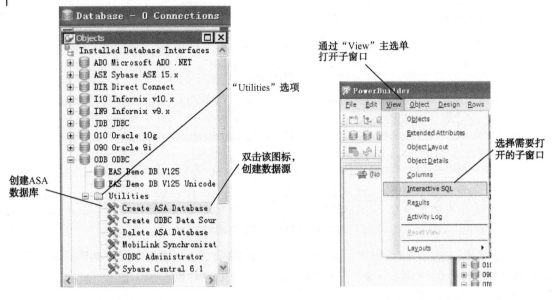

图 5.3 "Database" 画板　　　　　图 5.4 打开子窗口

5.3 配置 ASA 数据库

1. 创建 ASA 数据库

在进入 "Database" 画板后，打开 "Objects" 子窗口，如图 5.3 所示，在这个子窗口中，列出了所有可以连接的数据库接口。用鼠标双击 "ODB ODBC" 项下 "Utilities" 中的 "Create ASA Database" 项，如图 5.3 所示。出现标题为 "Create Adaptive Server Anywhere Database" 的窗口后，在 "Database Name" 项中输入数据库名。可以通过 "Browse" 按钮确定数据库的存放地点。数据库用户 "User ID" 项默认为 "DBA"，口令 "Password" 项默认为 sql。如果不使用默认值，则必须牢牢记住口令。数据库文件名为 "E:\workspace\ch5\XSCJ.db"，数据库日志名为 "XSCJ.log"。其他项使用系统默认值，不必再填。填好后，单击 "OK" 按钮，如图 5.5 所示。

创建好的 ASA 数据库 "Xscj" 可以在 "Objects" 子窗口的树形目录里看到，如图 5.6 所示。

图 5.5　创建 ASA 数据库

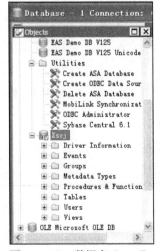

图 5.6　ASA 数据库 "Xscj"

2. 删除 ASA 数据库

在如图 5.3 所示窗口中,使用鼠标双击"Delete ASA Database",将会出现一个窗口,询问要删除的 ASA 数据库的名称(包括路径)。删除数据库时应特别慎重。

5.4 配置 ODBC 数据源

1. 创建 ODBC 数据源

有了物理数据库,接下来定义 ODBC 数据源。PowerBuilder 仅通过数据源来连接数据库,而无论物理数据库是什么。既可以通过 Windows 控制面板里的 ODBC 数据源来创建,也可以在 PowerBuilder 数据库画板的"Objects"子窗口中,使用鼠标双击"ODBC"项下"Utilities"项的"ODBC Administrator"项,如图 5.3 所示,将出现标题为"ODBC 数据源管理器"对话框,如图 5.7 所示。

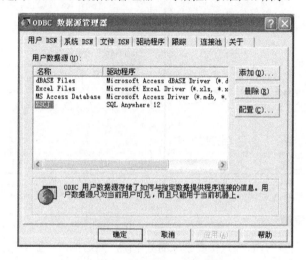

图 5.7 创建 ODBC 数据源

在如图 5.7 所示对话框中,选择"用户 DSN",在该对话框中查看已有的数据源,若要修改已有的数据源,则可以单击"配置"按钮进行修改。单击"添加"按钮,创建新数据源,将出现标题为"创建新数据源"的对话框,如图 5.8 所示。

图 5.8 创建新数据源

在如图 5.8 所示对话框中，选择合适的驱动程序。这里选择 SQL Anywhere 12，单击"完成"按钮，将出现标题为"SQL Anywhere 的 ODBC 配置"对话框，如图 5.9 所示。

在如图 5.9 所示对话框中，选择"ODBC"选项卡，在"数据源名"栏中输入新的数据源名称，这里为"XSCJ"。选择"登录"，在"用户 ID"项中输入 DBA，在"口令"中输入 sql。在"数据库文件"栏中选择物理数据库，可以用"浏览"按钮确定，如图 5.10 所示。完成后，回到如图 5.9 所示的"ODBC"选项页，单击"测试连接"按钮，查看数据源是否可以连接。若测试结果为可以连接，则单击"确定"按钮，完成数据源的创建过程。

图 5.9　配置 ASA 数据源　　　　　　图 5.10　配置 ASA 数据源口令

2. 删除 ODBC 数据源

在如图 5.7 所示对话框中，首先选择要删除的数据源，然后单击"删除"按钮，系统会再次询问是否删除，选择"Yes"将删除指定的数据源。删除数据源不会影响物理数据库。

5.5　配置 DB Profile

1. 创建 DB Profile

在 PowerBuilder 开发环境中操作数据库，需要创建和配置"DB Profile"，它指明了使用哪一个数据源。在用户的应用程序中不需要创建和配置 DB Profile。

在进入"Database"画板后，打开"Objects"子窗口。选择"ODB ODBC"项，单击鼠标右键，选择"New Profile…"，如图 5.11 所示，将出现标题为"Database Profile Setup-ODBC"的对话框，如图 5.12 所示。

在如图 5.12 所示的对话框中，选择"Connection"，在"Profile Name"项中输入 DB Profile 名，这里为 Xscj；在"Data Source"项中选择 ODBC 数据源，这里为"XSCJ"；如果不输入"User ID"和"Password"，则每次连接数据库时，都会要求输入。

2. 删除 DB Profile

在如图 5.13 所示的对话框中，使用鼠标右键单击要删除的 DB Profile，选择"Delete"，系统会再次询问是否删除，选择"Yes"将删除指定的 DB Profile。删除 DB Profile 不会影响物理数据库。

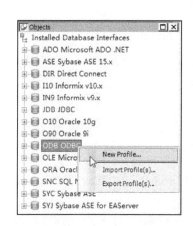

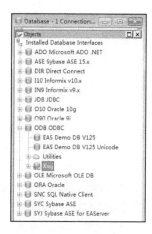

图 5.11　创建 DB Profile　　　　　图 5.12　配置 DB Profile　　　　　图 5.13　连接数据库

5.6　数据库的连接与断开

1. 连接数据库

在成功创建 DB Profile 后，就可以连接数据库了。在"Database"画板的"Objects"子窗口中选择
ODBC 项，该项中列出了所有可以连接数据库的 DB Profile。选择要连接的 DB Profile，这里为"Xscj"，
如图 5.13 所示，单击鼠标右键，从弹出的快捷菜单中选择"Connect"连接数据库。若连接成功，会在相
应的 DB Profile 前面的图标上打上"√"标记，该数据库变为当前工作数据库。这时就可以在该数据库中
创建表，检索数据等。若连接不成功，一般是已被同一数据库的另一个 DB Profile 连接，这时应首先断开
其他数据库连接，然后再连接即可。但同一时刻，可以连接多个不同的物理数据库。

2. 断开连接的数据库

在如图 5.13 所示对话框中，相应的 DB Profile 前面的图标上打上"√"标记的为当前正在连接的
数据库。若要断开连接，则在该项上单击鼠标右键，选择"Disconnect"，即可断开连接。这时候就可
以连接其他数据库了。

5.7　创建表

数据库连接成功后，就可以进行创建、修改和删除表（Table），创建和删除索引（Index），创建、
修改和删除主键和外部键（Key），查看与编辑数据等操作。

5.7.1　创建新表

在"Database"画板的"Objects"子窗口中，选择"ODB ODBC"项，可以看到当前连接数据库
的图标前有个"+"号，单击它，其中有一项"Tables"，再单击"Tables"前面的"+"号，里面列出
了该数据库的所有表。使用鼠标右键单击"Tables"项，出现一个快捷选单，选择"New Table…"创
建新表，如图 5.14 所示。这时将打开表结构定义窗口。

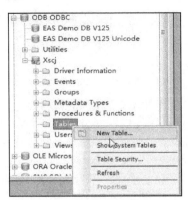

图 5.14 创建新表

还可以借助选单创建表、插入新列，选择"Object"主选单的"Insert"子选单里的"Table"和"Column"来创建新表和新的列，如图 5.15 所示，"Delete"子选单删除当前表。

从主选单"View"中选择"Columns"将打开表定义子窗口，使用鼠标右键单击该子窗口的空白区域，从弹出的快捷选单中选择"New Table…"也可以创建新表，如图 5.16 所示。

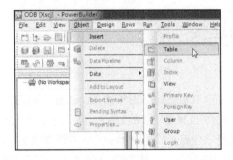

图 5.15 借助主选单"Object"创建新表

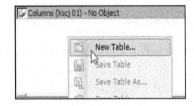

图 5.16 借助"Columns"窗口也可以创建新表

5.7.2 定义表结构

在表结构定义窗口中（如图 5.17 所示），输入列名（Column Name）、列的类型（Data Type）、列的宽度（Width）、小数位（Dec（仅实数才有））、是否为空值（Null）、默认值（Default（一般情况下设为 None））。按【Enter】键或【↓】键增加新列。也可以使用鼠标右键单击列名前的箭头来插入、删除列。

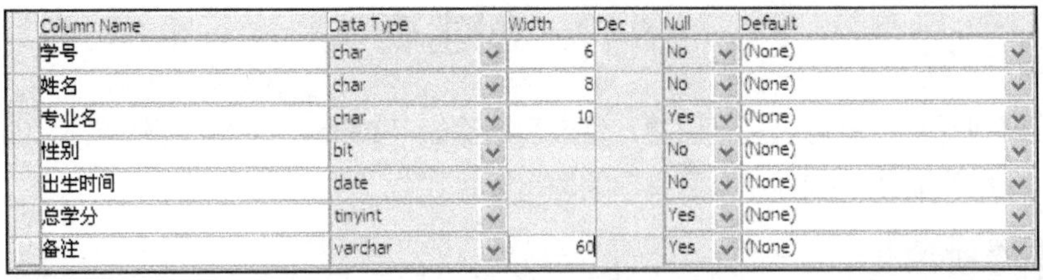

Column Name	Data Type	Width	Dec	Null	Default
学号	char	6		No	(None)
姓名	char	8		No	(None)
专业名	char	10		Yes	(None)
性别	bit			No	(None)
出生时间	date			No	(None)
总学分	tinyint			Yes	(None)
备注	varchar	60		Yes	(None)

图 5.17 定义表结构

列名可以用汉字。只有必须输入数据的列，其"Null"值才设为"No"，其他列应尽量将"Null"值设为"Yes"。

列名、类型、宽度等在表添加数据后，就不能轻易改变，因此表的定义要慎重（当然以后也可以用其他方法修改）。

为了后面介绍数据库操作的需要，这里创建三个基本表，分别是学生表（XS）、课程表（KC）、学生成绩表（XS_CJ）。这三个表的列属性分别见表 5.1、表 5.2 和表 5.3。

表 5.1 学生表（表名 XS）结构

列 名	数据类型	长 度	是否允许为空值	默认值	说 明
学号	定长字符型（char）	6	×	无	主键
姓名	定长字符型（char）	8	×	无	
专业名	定长字符型（char）	10	√	无	
性别	位型（bit）	默认	×	无	男 1，女 0
出生时间	日期时间类型（date）	默认	×	无	
总学分	整数型（tinyint）	默认	√	无	
备注	文本型（varchar）	60	√	无	

表 5.2 课程表（表名 KC）结构

列 名	数据类型	长 度	是否允许为空值	默认值	说 明
课程号	定长字符型（char）	3	×	无	主键
课程名	定长字符型（char）	16	×	无	
开课学期	整数型（tinyint）	默认	×	无	
学时	整数型（tinyint）	默认	×	无	
学分	整数型（tinyint）	默认	√	无	

表 5.3 学生成绩表（表名 XS_CJ）结构

列 名	数据类型	长 度	是否允许为空值	默认值	说 明
学号	定长字符型（char）	6	×	无	主键
课程号	定长字符型（char）	3	×	无	主键
成绩	整数型（tinyint）	默认	√	无	
学分	整数型（tinyint）	默认	√	无	

对于学生表（XS），列定义完后，关闭表定义窗口时，会询问用户是否保存，选"Yes"保存，会出现标题为"Create New Table"的窗口，在"Table Name"项中输入表名"XS"，单击"OK"按钮即可创建一个新表。新创建的表可能看不到，在如图 5.14 所示的弹出式选单中，选择"Refresh"即可。另一种方法是首先断开（Disconnect）当前数据库，然后再连接（Connect）。

课程表（KC）、学生成绩表（XS_CJ）也按相同的方法创建并保存。

5.7.3 删除表

选择要删除的表，单击鼠标右键，出现一个快捷选单，选择"Drop Table"，如图 5.18 所示。这时将出现一个标题为"PowerBuilder"的窗口，询问是否要删除选定的表。若表中已有数据，应慎重处理，因为删除后数据就不能恢复了。

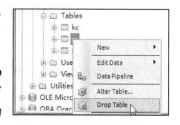

图 5.18 删除表

还可以借助选单删除当前表，选择"Object"主选单中的"Delete"子选单删除当前表，如图 5.15 所示。

5.7.4 创建主键、索引和外键

1. 设置主键

表结构定义好后，还不能向表中添加数据。PowerBuilder 规定，只有为表设置了主键或唯一索引后，才能在数据库画板中向表中添加数据。

主键是表中唯一标识一个记录的列或列的组合，即表中任意两行的主键值都不能相同。能够作为主键的列，其"Null"值必须为"No"。一个表只能有一个主键。主键设置后，就不能再改变。

选择要设置主键的表，单击鼠标右键，出现一个选单，选择"New"的子选单"Primary Key"，如图 5.19 所示。这时将出现图 5.20 所示的窗口，它列出了该表的所有列，在要设置为主键的列前打上"√"号。如果在"Null"值为"Yes"的列打上"√"号，将会出现一个标题为"PowerBuilder"的错误提示窗口，如图 5.21 所示，该错误信息的意思是该列不能为"Null"。

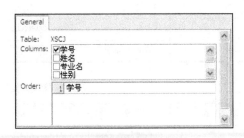

图 5.19　设置主键"Primary Key"　　　　　　图 5.20　设置主键列

选好要设置为主键的列后，关闭如图 5.20 所示的窗口，将弹出标题为"Primary Key"的对话框，询问是否保存，单击"Yes"按钮，将完成主键设置。

还可以用其他方法设置主键。用鼠标单击要设置主键的表前的"+"号，再使用鼠标右键单击"Primary Key"，从弹出的快捷选单中选择"NewPrimary Key…"，如图 5.22 所示，将创建主键。

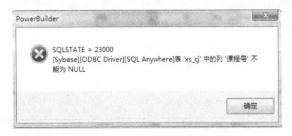

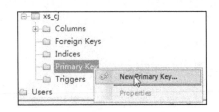

图 5.21　主键设置失败　　　　　　　　　　图 5.22　创建主键的另一种方法

2. 设置索引

索引是在数据库中实现表中数据逻辑排序的方法。建立索引的列可以是一个列，也可以是多个列的组合。有了索引后，表中原本无序的数据，就可以按照所设定的顺序输出。索引可以是重复索引，即允许数据重复；也可以是唯一索引，即不允许数据重复。

设置索引的方法类似于设置主键，在如图 5.19 所示窗口中选择"New"的子选单"Index"建立索引，将出现如图 5.23 所示窗口。在要设置为索引的列前打上"√"号；在"Index"项里输入索引名，索引名一般用表名加列名命名，以确保在数据库中的唯一性；选择"Unique"表示是唯一索引，即不允许数据重复；选择"Ascending"表示索引按升序排列。最后关闭该"General"所在的子窗口，就创建了一个索引。与主键不同，可以为一个表创建多个索引，并且作为索引列的"Null"值也可以为"Yes"。

还可以用其他方法创建索引。用鼠标单击要创建索引的表前的"+"号，再用鼠标右键单击"Indices"，从弹出的快捷选单中选择"New Index…"，如图 5.24 所示，将创建新的索引。

图 5.23　设置索引列

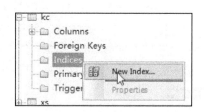

图 5.24　创建索引的另一种方法

3. 创建外键

外键是那些与其他表的主键相对应的列，它被用来连接多个表，反映表之间的一种隶属关系，保证数据的一致性。一个表可以有多个外键。例如，"XS"表中的主键学号与"XS_CJ"表中的主键学号应该是一致的，因此，有必要在"XS"表与"XS_CJ"表之间定义一个外键。同理，在"XS_CJ"表与"KC"表之间也应该定义一个外键用来保证两个表中课程号列属性数据的一致性。

表建好后，定义外键的步骤如下。

（1）选择要设置外键的表"XS_CJ"，单击鼠标右键，出现一个快捷选单，选择"New"的子选单"Foreign Key"，如图 5.25 所示。

（2）这时将出现如图 5.26 所示窗口，选择"General"页。在"Foreign Key"项中输入外键名"fk_1"；在要作为外键的列前打上"√"号。

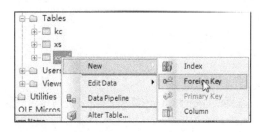

图 5.25　创建外键

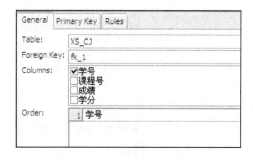

图 5.26　定义外键——选择列

（3）再选择"Primary Key"页，如图 5.27 所示。"Table"项里列出了所有的表（包括系统表），选择将要作为表"XS_CJ"外键的表"XS"，选择后，在"Columns"项中列出表"XS"的所有列，列前打"√"号的是主键。

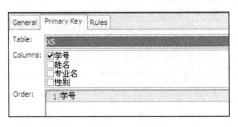

图 5.27　定义外键——选择 Primary Key

（4）再选择"Rules"页，如图 5.28 所示，选择删除规则。一般不需要选择，使用系统默认值即可。关闭外键定义子窗口，系统会询问是否保存，选择"Yes"，就成功地创建了外键。

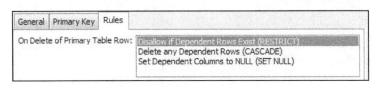

图 5.28　定义外键——选择删除规则

4. 外键视图

定义外键后，可以使用视图的方式来展示表之间的关系。

用鼠标右键单击"fk_class"，选择"Open Referenced Table"，结果如图 5.29 所示。

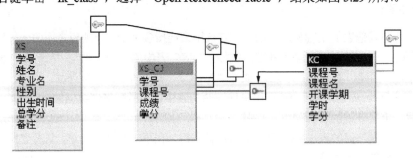

图 5.29　外键视图

5. 主键视图

用鼠标右键单击"Primary Key"，选择"Open Dependent Tables"，将显示类似于图 5.29 所示的画面。可以将每个表的主键视图都打开。

5.7.5　删除主键、索引和外键

1. 删除主键

用鼠标右键单击"Primary Key"，如图 5.30 所示，选择"Drop Primary Key"，将会询问是否删除，选择"Yes"将删除主键。

2. 删除索引

用鼠标右键单击要删除的索引, 如图 5.31 所示, 选择"Drop Index", 将会询问是否删除, 选择"Yes"将删除选定的索引。

3. 删除外键

用鼠标右键单击要删除的外键, 如图 5.32 所示, 选择"Drop Foreign Key", 将会询问是否删除, 选择"Yes"将删除选定的外键。

图 5.30 删除主键

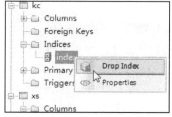

图 5.31 删除索引

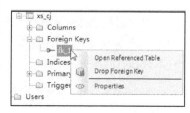

图 5.32 删除外键

5.7.6 定义列的扩展属性

列的扩展属性用来为列增加注释(Comment)、题头(Headers)、显示格式(Display)、有效性规则(Validation Rule)、编辑风格(Edit Style)。可以不定义列的扩展属性, 而采用默认值。

用鼠标右键单击相应的列, 从弹出的快捷选单中选择"Properties", 如图 5.33 所示, 这时将会出现属性窗口, 如图 5.34 所示。可分别设置相应属性。

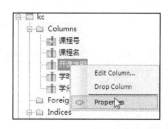

图 5.33 定义列的扩展属性

图 5.34 设置列的扩展属性

5.8 数据的输入

5.8.1 利用图形界面输入数据

在表的定义完成后, 可以向表中输入数据, 也可以查看和修改数据。PowerBuilder 提供了三种输入数据的方式: 网格格式(Grid)、表格格式(Tabular)和自由格式(Freeform)。

用鼠标右键单击要输入数据的表, 将弹出如图 5.35 所示的快捷选单, 选择"Edit Data"子选单, 会列出三种输入方式: "Grid""Tabular"和"Freeform", 选择其中一种输入方式。这里选择"Grid"格式, 这是最常用的格式。

格式选好后, 将出现如图 5.36 所示的界面。如果表中有数据, 将会列出所有的数据。很明显, 如图 5.36 所示的界面中没有数据。在如图 5.36 所示的界面中, 如果没有为表定义列的扩展属性, 则题头将用列名代替。

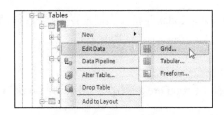

图 5.35　选择输入数据的格式

图 5.36　编辑数据

可以从工具栏选择合适的命令来处理数据，如图 5.37 所示。

也可以在如图 5.36 所示界面中的任意位置，单击鼠标右键，将弹出一个快捷选单，如图 5.38 所示，选择相应的命令。

图 5.37　数据编辑工具栏

图 5.38　数据编辑选单

最后保存数据，选择工具栏中的"Save Changes"图标按钮或关闭数据输入子窗口。

5.8.2　利用嵌入式 SQL 命令输入数据

下面介绍 PowerBuilder 12.5 如何利用嵌入式 SQL 命令来操作 ASA 数据库"XSCJ"，以完成数据输入的功能。这里用到的 T-SQL 语句将在第 12 章"SQL 语句"中详细介绍。

1. 初始化学生表（XS），样本数据见表 5.4

表 5.4　学生表（XS）样本数据

学　　号	姓　　名	专 业 名	性　　别	出 生 时 间	总 学 分	备　　注
081101	王林	计算机	1	1990-2-10	50	
081102	程明	计算机	1	1991-2-1	50	
081103	王燕	计算机	0	1989-10-6	50	
081104	韦严平	计算机	1	1990-8-26	50	
081106	李方方	计算机	1	1990-11-20	50	
081107	李明	计算机	1	1990-5-1	54	提前修完"数据结构"，并获学分
081108	林一帆	计算机	1	1989-8-5	52	已提前修完一门课
081109	张强民	计算机	1	1989-8-11	50	
081110	张蔚	计算机	0	1991-7-22	50	三好生
081111	赵琳	计算机	0	1990-3-18	50	
081113	严红	计算机	0	1989-8-11	48	有一门课不及格，待补考

续表

学　号	姓　名	专业 名	性　别	出 生 时 间	总 学 分	备　注
081201	王敏	通信工程	1	1989-6-10	42	
081202	王林	通信工程	1	1989-1-29	40	有一门课不及格，待补考
081203	王玉民	通信工程	1	1990-3-26	42	
081204	马琳琳	通信工程	0	1989-2-10	42	
081206	李计	通信工程	1	1989-9-20	42	
081210	李红庆	通信工程	1	1989-5-1	44	已提前修完一门课，并获得学分
081216	孙祥欣	通信工程	1	1989-3-9	42	
081218	孙研	通信工程	1	1990-10-9	42	
081220	吴薇华	通信工程	0	1990-3-18	42	
081221	刘燕敏	通信工程	0	1989-11-12	42	
081241	罗林琳	通信工程	0	1990-1-30	50	转专业学习

从主选单"View"中选择"Interactive SQL"（如图 5.39 所示）将打开 SQL 命令编辑窗口，在该窗口中输入如下 Interactive SQL 命令：

```
INSERT INTO XS
    VALUES('081101','王林','计算机',1,'1990-02-10',50, NULL);
INSERT INTO XS
    VALUES('081102','程明','计算机',1,'1991-02-01',50, NULL);
INSERT INTO XS
    VALUES('081103','王燕','计算机',0,'1989-10-06',50, NULL);
/* 根据表 5.4 中所提供的样本数据，依照上面的方法逐行输入，直至所有数据全部输入表中*/
```

输入完 Interactive SQL 命令之后单击鼠标右键，出现如图 5.40 所示的快捷选单，在这个选单中选择"Execute…"选项来执行 SQL 命令或在工具栏中单击"Execute"图标按钮执行。

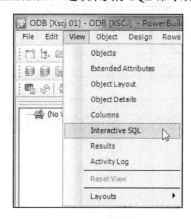

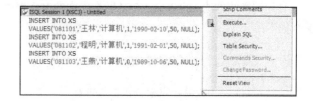

图 5.39　选择"Interactive SQL"　　　　　图 5.40　执行所选区域的 SQL 命令

执行完 SQL 命令之后，可以再次从主选单"View"中选择"Interactive SQL"打开另一个 SQL 命令编辑窗口。在这个 SQL 命令编辑窗口中输入如下 Interactive SQL 命令：

```
SELECT  *  FROM  XS;
```

使用"Execute…"选项执行后结果如图 5.41 所示。

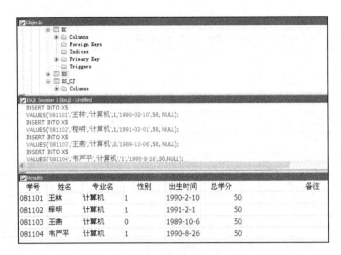

图 5.41 执行结果

2. 初始化课程表（KC），样本数据见表 5.5

表 5.5 课程表（KC）样本数据

课 程 号	课 程 名	开 课 学 期	学 时	学 分
101	计算机基础	1	80	5
102	程序设计与语言	2	68	4
206	离散数学	4	68	4
208	数据结构	5	68	4
209	操作系统	6	68	4
210	计算机原理	5	85	5
212	数据库原理	7	68	4
301	计算机网络	7	51	3
302	软件工程	7	51	3

使用同样的方法，可以向 XSCJ 数据库中的 KC 表中输入初始数据。输入数据的 Interactive SQL 命令如下：

```
INSERT INTO KC
    VALUES('101','计算机基础',1,80,5);
INSERT INTO KC
    VALUES('102','程序设计与语言',2,68,4);
INSERT INTO KC
    VALUES('206','离散数学',4,68,4);
INSERT INTO KC
    VALUES('208','数据结构',5,68,4);
/*根据表 5.5 所提供的样本数据，依照上面的方法逐行输入，直至所有数据全部输入表中*/
```

使用 "Execute…" 选项执行之后，即完成了 KC 表的数据输入工作。

3. 初始化学生成绩表（XS_CJ），样本数据见表 5.6

表 5.6　学生成绩表（XS_CJ）样本数据

学号	课程号	成绩	学号	课程号	成绩	学号	课程号	成绩
081101	101	80	081107	101	78	081111	206	76
081101	102	78	081107	102	80	081113	101	63
081101	206	76	081107	206	68	081113	102	79
081103	101	62	081108	101	85	081113	206	60
081103	102	70	081108	102	64	081201	101	80
081103	206	81	081108	206	87	081202	101	65
081104	101	90	081109	101	66	081203	101	87
081104	102	84	081109	102	83	081204	101	91
081104	206	65	081109	206	70	081210	101	76
081102	102	78	081110	101	95	081216	101	81
081102	206	78	081110	102	90	081218	101	70
081106	101	65	081110	206	89	081220	101	82
081106	102	71	081111	101	91	081221	101	76
081106	206	80	081111	102	70	081241	101	90

使用同样的方法可以向 XSCJ 数据库中的 XS_CJ 表中输入初始数据。输入数据的 Interactive SQL 命令如下：

```
INSERT INTO XS_CJ
    VALUES('081101',101,80,NULL);
INSERT INTO XS_CJ
    VALUES('081101',102,78,NULL);
INSERT INTO XS_CJ
    VALUES('081101',206,76,NULL);
/*根据表 5.6 所提供的样本数据，依照上面的方法逐行输入，直至所有数据全部输入表中*/
```

使用 "Execute…" 选单项执行之后，即完成了表 5.6 的数据输入工作。但是 XS_CJ 表中学分属性列的值仍然没有具体的数值。因此，通过输入并执行下面的 Interactive SQL 命令完成学分属性列的数据输入任务。

```
UPDATE XS_CJ
    SET 学分 =
    CASE
        WHEN 课程号='101' THEN 5
        WHEN 课程号='210' THEN 5
        WHEN 课程号='301' THEN 3
        WHEN 课程号='302' THEN 3
        WHEN 课程号='206' THEN 4
        WHEN 课程号='208' THEN 4
        WHEN 课程号='209' THEN 4
        WHEN 课程号='212' THEN 4
        WHEN 课程号='102' THEN 4
    END
    :
```

执行完 SQL 语句后，保存并关闭 SQL 命令编辑窗口。

5.9 视图

视图是一种特殊的虚拟表，可以像表一样被访问和使用。但视图并不是真正的表，它没有自己的数据，在数据库中并不存在视图的物理结构，它的数据来自一个或多个数据库中的表和视图。视图在数据库中是作为查询（Query，查询本质上是 SQL Select 语句）来保存的，当引用一个视图时，数据库管理系统就执行对应的查询，将查询结果作为视图来用。使用视图的好处在于隐藏数据库中表的真正结构，只向用户提供需要的并且有访问权限的字段，这样既方便了用户，同时也可以保证数据库中表的安全性。

视图一旦建好，就不能修改。如果对当前的视图不满意，唯一的办法就是删除它，然后重建一个新的视图。

在数据窗口中，视图和表的用法几乎一样，唯一的差别就是在视图中只能检索和删除记录，不能增加和修改数据。

1. 创建视图

打开数据库画板，连接要创建视图的数据库并展开，用鼠标右键单击"Views"，出现弹出式选单，如图 5.42 所示。

在如图 5.42 所示选单中选择"New View"，将出现标题为"Select Tables"的对话框，如图 5.43 所示，选择要作为视图数据源的表或视图，打开视图画板工作区，如图 5.44 所示。这里选择 kc 表和 xs_cj 表。

图 5.42　创建视图

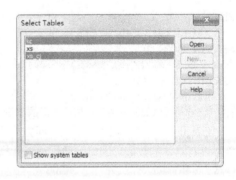

图 5.43　选择视图数据源

在如图 5.44 所示的视图画板工作区中，选择要在视图中显示的列，并可以在图 5.45 底部的"Where"选项卡中设置检索条件。

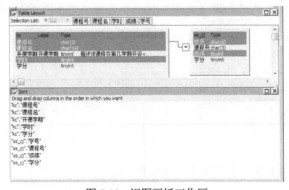

图 5.44　视图画板工作区

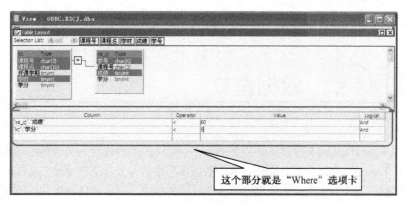

图 5.45　设置检索条件

最后保存视图。视图的命名一般以"v_"为前缀，这里将刚才创建的视图命名为"v_1"。

创建视图也可从选单"Object|Insert|View"开始。

2．删除视图

在数据库画板工作区，选择要删除的视图，单击鼠标右键，出现一个快捷选单，选择"Drop View"，如图 5.46 所示。这时将出现一个标题为"PowerBuilder"的窗口，询问是否要删除选定的视图。选择"Yes"，则删除该选定视图。

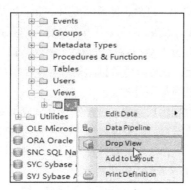

图 5.46　删除视图

第**6**章 数据窗口

数据窗口是 PowerBuilder 的一大特色，是 PowerBuilder 提供给开发人员快速建立应用程序的强有力的工具，也是 PowerBuilder 与其他面向对象的数据库应用前端开发工具的最主要区别。它以自动化的用户—数据库接口为开发人员最大限度地节省了时间和精力，但这种自动化并不限制开发人员的主观能动性，开发者能够以独具特色的方式灵活运用数据窗口。PowerBuilder 是一个客户机—服务器计算模式的客户端开发工具，访问与操纵数据库是 PowerBuilder 的特长。除了嵌入式 SQL 语句能够操纵数据库外，本章讨论的数据窗口对象以及第 7 章讲述的数据窗口控件也能够以更方便、更直观、更简捷的方式操纵数据库，并将数据以多种方式展现在用户面前。

PowerBuilder 作为一种数据库前端开发工具，操作的核心是数据库中的数据。而数据窗口是一个对象，它包含了对数据库中的数据进行特定操作的信息。只要定义好一个数据窗口对象，以后就可以在多个应用程序中使用这个数据窗口对象。总之，可以将数据窗口看成封装了对数据库中的数据操作的对象，它极大地方便了应用程序对数据库的使用。

数据窗口不仅能够图形化地增加、删除、修改、更新、查询数据库中的数据，而且可以指定数据的输入格式、输出格式及数据的显示风格。同时，开发人员还可以在数据窗口对象中增加多种对象（包括按钮、静态文本框、图片等）。建立好数据窗口对象后，将其与第 7 章"数据窗口控件"中介绍的数据窗口控件相关联，放置到窗口上，就可以将数据库信息呈现在用户面前。

使用数据窗口对象的一般方法有如下几种。

（1）使用数据窗口画笔创建数据窗口对象，并把它保存到应用库中。创建数据窗口对象时一般包括下述内容：定义数据源；选择数据窗口的表现风格；设置数据窗口对象及该对象内其他对象的属性等。例如，显示格式，编辑风格，跳转次序，有效性规则，排序与检索条件等。

（2）在窗口或用户对象中建立一个数据窗口控件。

（3）通过数据窗口控件的属性设置或编写代码将数据窗口控件与数据窗口对象联系起来，使其成为一个整体。

（4）在窗口画笔或用户对象画笔中编写代码以操作数据窗口控件以及放置在该控件中的数据窗口对象。例如，使用数据窗口控件的对象函数 Retrieve() 提取数据，使用 Update() 函数更新数据库中的数据等。

6.1 数据窗口初步

数据窗口包括数据窗口对象和数据窗口控件。

数据窗口对象主要用于展示数据并允许用户增/删/改数据，数据窗口控件则将数据窗口对象放置到窗口中并呈现在用户面前。数据窗口对象是与数据库中的表关联的，实际上是 SQL 语句的视图化形式。而数据窗口控件是与数据窗口对象关联的，数据窗口对象必须通过数据窗口控件才能使用。

数据窗口对象命名时的默认前缀为"d_"，保存时必须由程序员命名；而数据窗口控件命名时的默认前缀为"dw_"，保存时不必由程序员命名。

6.1.1　创建数据窗口对象

PowerBuilder 提供了创建数据窗口对象的向导，利用它可以方便、快捷地创建出数据窗口对象，具体使用步骤如下。

（1）首先连接所要的数据库，然后单击工具栏中的"New"按钮，弹出"New"对话框，选择"DataWindow"选项页，如图 6.1 所示。

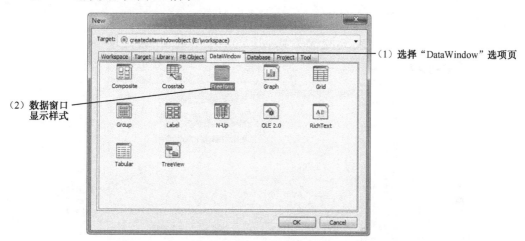

图 6.1　选择数据窗口样式

（2）"DataWindow"选项页中列出了 12 种数据窗口的样式，每种样式代表了一种独特的显示风格，将在第 6.3 节"数据窗口的显示风格"中介绍。例如，选择"Freeform"显示样式，单击"OK"按钮，弹出选择数据源对话框。

（3）选择数据源对话框如图 6.2 所示。PowerBuilder 提供了五种类型的数据源，分别是"Quick Select""SQL Select""Query""External"和"Stored Procedure"。有关数据源的内容将在随后的第 6.2 节"数据源"中介绍。在该对话框底部有一个"Retrieve on Preview"复选框，如果在预览数据窗口时不需要检索出数据，则可以不选中它。例如，选择"Quick Select"类型的数据源，选中预览时检索数据的复选框，单击"Next"按钮，弹出"Quick Select"对话框。

图 6.2　选择数据源类型

（4）"Quick Select"对话框主要完成对数据库中的表以及表中要显示字段的选择，如图 6.3 所示。

图中左边的"Tables"列表框中列出了当前连接的数据库中所有的表名，单击某一个表名时，会在右边的"Columns"列表框中列出该表的全部字段。确定了数据表后，就可以在"Columns"列表框中选择需要在数据窗口中显示的字段。单击某个字段名时，该字段就会变为蓝色显示，同时在"Quick Select"对话框底部的描述框中加入该字段。如果需要取消某个已选中的字段，只需再次单击该字段即可。如果需要显示所有字段，只需单击右边的"Add All"按钮。完成字段选择后，单击"OK"按钮，弹出"Select Color and Border Settings"对话框。

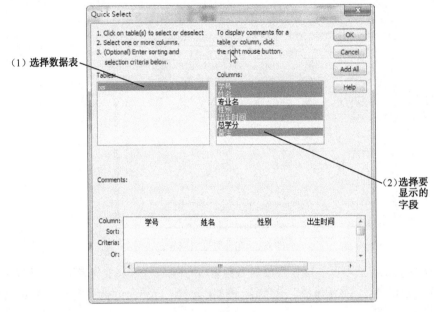

图 6.3　设置显示字段

（5）在"Select Color and Border Settings"对话框中，对数据窗口的背景颜色、字段标签的颜色和边框类型以及字段的颜色和边框类型进行设置，如图6.4所示。单击"Next"按钮，弹出"Ready to Create Freeform DataWindow"对话框。

（6）"Ready to Create Freeform DataWindow"对话框显示了关于新建数据窗口对象属性的列表，供编程人员检查、确定，如果有问题，随时可以返回上一步操作重新选择和设置数据窗口对象的属性，如图6.5所示。单击"Finish"按钮，创建数据窗口对象的工作即告初步完成，转入数据窗口画板，如图6.6所示。

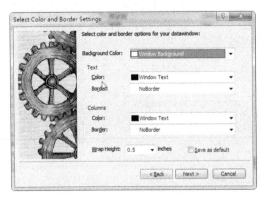

图 6.4　设置数据窗口背景和文字颜色　　　　图 6.5　新建数据窗口对象属性的列表

图 6.6　新创建的数据窗口对象

（7）在数据窗口画板中，可以对数据窗口对象进一步设计修改。例如，可以随意拖曳字段，改变字段的位置和大小，改变文字的大小、类型和颜色，改变背景的颜色，改变字段边框的显示效果，改变字段名称的文本等。

（8）单击工具栏中的"Save"按钮，这时会弹出"Save DataWindow"对话框，如图 6.7 所示。在第一行编辑框中为新建的数据窗口对象命名，在 Comments 注释区中可以编写一小段对新建的数据窗口对象的说明文本。单击"OK"按钮，保存该数据窗口对象。

图 6.7　保存数据窗口对象

构造数据窗口对象时，首先要考虑数据和显示风格两方面的内容。本章下面几节将分别予以介绍。

6.1.2　创建数据窗口控件

数据窗口控件是应用程序展示数据窗口对象的唯一途径，数据窗口控件与数据窗口对象的结合构成了应用程序访问和操作数据库数据的主要手段。

创建数据窗口控件与创建命令按钮、单选按钮、多行编辑框相似，首先打开或创建一个窗口，然后在控件工具箱中选择"Create DataWindow Control"，具体步骤参见本书第 7 章。

数据窗口控件创建后，在其属性窗口中指定 DataObject，即数据窗口对象（也可以在程序里指定）。数据窗口控件命名时的默认前缀为"dw_"。

6.1.3　数据库操作编程

有了数据窗口对象和数据窗口控件并将两者关联后，还需要编写少量代码才能对数据库进行处理。

在第 2 章曾经提到 PowerBuilder 有五个全局变量，其中一个是 SQLCA（SQL Communications Area 的缩写），是一种事务对象。PowerBuilder 用 SQLCA 来定义连接数据库需要的一些信息。SQLCA 有很多属性，将在本书第 7 章中进行详细介绍，这里仅介绍三个最基本的属性：DBMS、Dbparm、SQLCode。

（1）DBMS：数据库管理系统名称，如 Sybase、Oracle 或 ODBC，通常使用 ODBC，其他的需要专用的驱动程序。

（2）Dbparm：数据库连接参数，具体格式见后文中的程序。

（3）SQLCode：数据库操作的返回码，其中，0 表示成功，-1 表示失败；100 表示没有检索到数据。

1. 连接数据库

下面这段代码一般放在应用对象 ApplicationObject 或窗口的"Open"事件中，用于直接连接数据库。

```
SQLCA.DBMS= "ODBC"
SQLCA.dbparm ="Connectstring='DSN=XSCJ; UID=dba; PWD=sql' "
//这里的 XSCJ 为 ODBC 数据源名
Connect ;
//注意这里有一个分号
IF SQLCA.SQLCode <> 0 THEN
     MessageBox ("连接失败", "不能连接数据库")
     RETURN
END IF
```

2. 数据窗口控件分配事务对象

为每个数据窗口控件分配事务对象，格式为 SetTransObject(SQLCA)。例如：

```
dw_class.SetTransObject(SQLCA)
dw_stu.SetTransObject(SQLCA)
```

这段代码一般放在窗口的"Open"事件中，但每当改变数据窗口控件中的数据窗口对象时，都必须重新执行该语句。

3. 数据窗口控件函数

系统可以通过数据窗口控件函数对数据库进行处理。数据窗口控件提供了大量函数来方便用户使用数据库，在本书第 7 章中将进行详细介绍。这里先简单介绍几个最常用的函数。

（1）Retrieve()：检索数据，即将数据库表中的数据在数据窗口控件中显示出来，返回值为 long 型，表示检索到数据记录数。

（2）update()：更新表数据，即将数据窗口控件中的数据保存到数据库中去。

（3）InsertRow(r)：在第 r 行插入一个空行，r = 0 表示在末尾插入。返回值为空行的行号。

（4）DeleteRow(r)：删除第 r 行。

6.1.4　连接数据库编程实例

在参照第 4.6.2 节的基础之上，重新建立一个用户口令登录窗口，在用户输入用户名和密码之后，登录到第 5 章中已经创建的 ASA 数据库 XSCJ。窗口外观如图 6.8 所示。

图 6.8　用户口令登录窗口

具体实现步骤如下。

1. 建立一个新的工作空间和应用

（1）创建新的工作空间。单击"New"图标按钮，打开"New"对话框；选择"Workspace"页，单击"OK"按钮，弹出"New Workspace"对话框，选择存储目录为"F:\workspace"，输入工作空间名为"chptsix"。

（2）创建新的应用。单击"New"图标按钮，打开"New"对话框；选择"Target"页中的"Application"，单击"OK"按钮，弹出"Specify New Application and Library"对话框，选择到新建的目录"F:\workspace"，输入应用名为"datawindows"，单击"Finish"按钮，系统自动用上面输入的应用名称加上扩展名"pbl"和"pbt"，组成库名"datawindows.pbl"及目标文件名"datawindows.pbt"。

2. 创建登录窗口对象

（1）单击"New"图标按钮，打开"New"对话框；选择"PB Object"页，双击"Window"图标，创建一个新窗口对象并进入窗口画板。

（2）在窗口属性（Properties）卡"General"页的"Title"栏中输入窗口标题"欢迎进入学生成绩管理系统"，窗口类型为响应式窗口"response!"，用鼠标拖曳窗口区域至合适的大小。其他窗口属性使用系统默认值。最后，保存窗口对象，起名为"w_load"。

（3）在窗口"w_load"中添加相应的控件。在窗口中放置三个静态文本，分别为"标题"（st_1）、"用户名"（st_2）和"口令"（st_3）。

"标题"（st_1）中，Text=欢迎进入学生成绩管理系统；FaceName=宋体；TextSize=22；Bold 前面的选框打钩；BackColor = Inactive Title Bar Text；TextColor=Link Hover；其他属性保持默认值。

"用户名"（st_2）中，Text=用户名；FaceName=宋体；TextSize=12；Bold 前面的选框打钩；其他属性保持默认值。

"口令"（st_3）中，Text=登录密码；FaceName=宋体；TextSize=12；Bold 前面的选框打钩；其他属性保持默认值。

调整窗口中三个静态文本控件的位置与大小，使之美观、大方。设置完成后保存上述设置。

接下来在窗口中放置背景图片，控件名为"p_1"，作为窗体的背景。将其大小改变为与窗口一致，并在图片上单击鼠标右键，在弹出的快捷选单中选择"Send to Back"，将其置于底层。

此外，窗口中还有两个用于输入用户名和口令的单行文本编辑框"sle_userid"和"sle_password"。

"sle_userid"中，Text=请输入用户名！；FaceName=宋体；TextSize=10；Bold 前面的选框打钩；其他属性保持默认值。

"sle_password"中，Text=请输入密码！；FaceName=宋体；TextSize=10；Bold 前面的选框打钩；选中 sle_password 属性中的"Password"复选框，使在其中的输入以星号出现；其他属性保持默认值。

再布置两个命令按钮"cb_ok"和"cb_cancel"。

"cb_ok"中，Text=确定；FaceName=宋体；TextSize=10；Bold 前面的选框打钩；选中 cb_ok 的"Default"复选框；其他属性保持默认值。

"cb_cancel"中，Text=取消；FaceName=宋体；TextSize=10；Bold 前面的选框打钩；选中 cb_cancel 的"Cancel"复选框；其他属性保持默认值。

3. 创建主窗口对象

设置窗口对象"General"属性页中的"Title"为学生成绩管理系统控制窗口，选择窗口类型为 main!，在窗口中加入一个静态文本："此窗口正在建设中..."，再放置一个按钮"退出"，其"Click"事件的脚本如下：

```
Close(PARENT)
```

保存窗口名为"w_main"。

4. 新建连接数据库的窗口函数

在"w_load"窗口中新建一个用于连接数据库的窗口函数"wf_connect"（自定义函数的操作见第 3.3.2 小节），如图 6.9 所示。函数脚本如下：

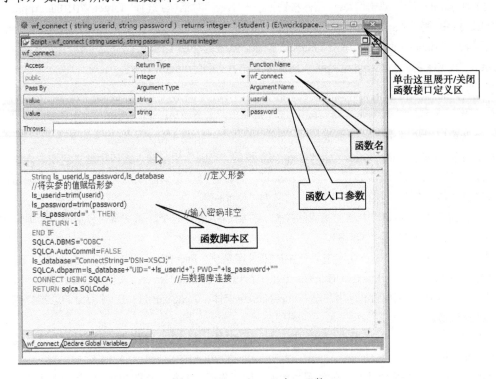

图 6.9 "wf_connect"窗口函数

```
String ls_userid,ls_password,ls_database                    //定义形参
//将实参的值赋给形参
ls_userid=trim(userid)
ls_password=trim(password)
IF ls_password="    " THEN                                  //输入密码非空
    RETURN -1
END IF
SQLCA.DBMS="ODBC"
SQLCA.AutoCommit=FALSE
ls_database="ConnectString='DSN=XSCJ;"
SQLCA.dbparm=ls_database+"UID="+ls_userid+"; PWD="+ls_password+"'"
CONNECT USING SQLCA;                                        //与数据库连接
RETURN sqlca.SQLCode
```

上面的函数有两个参数,但系统默认是添加一个参数,若要增加参数个数,则操作步骤是,在函数子窗口单击鼠标右键,在弹出的快捷选单中选择"Insert Parameter"选项。

(1)"确定"按钮的脚本如下:

```
SetPointer(hourglass!)
IF PARENT.wf_connect(sle_userid.text,sle_password.text)=-1 THEN
    MessageBox("连接数据库错误!","连接失败"+sqlca.sqlerrtext)
    HALT
ELSE
    Close(PARENT)
    Open(w_main)
END IF
```

(2)"取消"按钮的脚本如下:

```
HALT 或 Close(PARENT)
```

(3)在系统树状窗口"system tree"中,双击"应用"(datawindows),在"Open"事件中编写脚本如下:

```
Open(w_load)
```

5. 保存并运行程序

保存脚本编辑环境之后,首先单击工具栏中的█图标启动数据库,然后使用"运行/预览"窗口对象(单击系统工具栏中的"Run/Preview Object"图标,如图4.32所示)执行窗口对象"w_load"。在出现的登录界面中输入用户名"dba"和登录密码"sql"。单击"确定"按钮,则出现如图6.10所示界面,单击"退出"按钮,退出当前窗口。

图 6.10　运行结果

6.2　数据源

数据源就是数据窗口对象的数据来源，定义数据源决定了数据窗口对象获取数据的方式，即数据窗口对象从什么地方得到数据，如何得到数据以及怎样得到数据。在第 6.1.1 节"建立数据窗口对象"的步骤（3）中已经介绍了 PowerBuilder 提供的五种数据源，下面进行具体说明。

6.2.1　快速选择数据源

快速选择数据源（Quick Select）是最简单也是最常用的一种数据源形式。它能够创建简单的 SQL Select 语句，主要用于从一个表或由外键连接的多个表中选择数据列，但不能生成计算列。

Quick Select 数据源定义出一条简单的 Select 语句，这条语句中可以指定选择的列、查询条件，以及排序方式，但不支持分组（Group）、计算列（Computed）、提取参数（Having）等复杂的 SQL Select 功能。

定义 Quick Select 数据源的基本步骤在第 6.1.1 节"建立数据窗口对象"的步骤（4）中已经介绍。需要进一步说明的是，在"Quick Select"对话框底部的描述框中显示的就是当前设计的数据窗口，如图 6.11 所示。

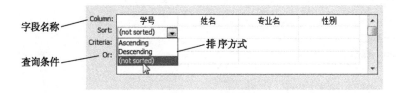

图 6.11　"Quick Select"对话框底部的描述框

"Column"行列出了选中各列的标题。

"Sort"行用于指定按哪些列排序以及排序方式。如果希望查询结果按某列排序，则单击该列下的"Sort"行，然后从下拉列表框中选择所需的排序方式，其中，"Ascending"为升序，"Descending"为降序，"（not sorted）"为不排序。通过拖曳操作可以改变各列的位置。

"Criteria"行及其下面的行用于指定查询条件。查询条件中能够使用任何 SQL 关系操作符，包括=、>、>=、<、<=、<>、LIKE、IN 等。如果只输入了一个值而未指定操作符，系统就假定操作符为=（等于）。另外，可以使用逻辑操作符 AND、OR 来连接表达式。如果输入了多个表达式而没有逻辑运算符，系统就使用下述规则添加上逻辑运算符：同行使用"与"操作符"AND"；不同行使用"或"运算符"OR"。

6.2.2　SQL 选择数据源

SQL 选择数据源（SQL Select）是一种功能全面的数据源。"SQL 选择"以可视化的方式建立 SQL Select 语句，SQL Select 语句的所有细节均能通过该界面创建，主要用于从一个或多个表中建立复杂的 SQL Select 语句，当然也能生成各种各样的计算列。SQL Select 数据源能够从多个表中选择列，指定查询条件，对数据排序，分组，增加计算列，定义提取参数等，下面对 SQL 选择数据源的实现过程进行介绍。

1. 定义 SQL Select 数据源的步骤

定义 SQL Select 数据源的步骤如下。

（1）在第 6.1.1 节"建立数据窗口对象"的步骤（3）的选择数据源对话框中选择"SQL Select"数据源后，单击"Next"按钮，系统显示如图 6.12 所示的"Select Tables"对话框。

（2）在"Select Tables"对话框中通过单击选择数据窗口中要使用的一个或多个表，选择之后单击"Open"按钮，进入 SQL 画笔工作区。

（3）SQL 画笔工作区以图形方式显示所选表，当打开了多个表且表之间存在外键时，SQL 画笔自动建立外键之间的连接，如图 6.13 所示。

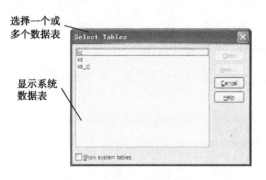

图 6.12　"Select Tables"对话框　　　　　　图 6.13　以图形方式打开的数据表

（4）在列出的表中选择所需要的列，选定的列被加亮，同时也出现在"Selection List"后面，其次序就是各列出现在 Select 语句中的次序，通过拖曳操作能够改变这一排列次序，如图 6.14 所示。

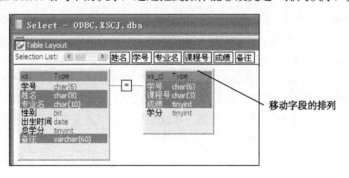

图 6.14　选择显示字段

（5）完成列的选择并指定各种条件后（即使遗漏了某部分也没关系，因为在以后能够重新进入该状态并做相应修改），单击画笔工具栏中的"SQL"图标，系统进入数据窗口画笔工作区。定义检索条件在 SQL 画笔工作区下方的"Where"选项页中。

（6）在 SQL 画笔工作区的下部有一组标签，如图 6.15 所示，这是该画笔的检索条件定义区，用于定义 Select 语句的各种子句（后文介绍定义方法）。

图 6.15　"Where"选项页

2．定义 SQL Select 数据源的检索条件

单击"Where"标签，系统显示如图 6.15 所示的"Where"选项页，随后可以进行下述操作。

（1）单击"Column"下的第一个空白行，"Column"右边出现黑色小三角，单击小三角，系统显示一个列名下拉列表框。也可以直接在"Column"行的右侧单击，直接展开显示列名的下拉列表框，从下拉列表框中选择一个列名，如图 6.16 所示。

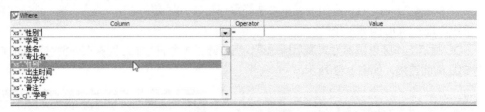

图 6.16 选择"Where"子句中的字段名

（2）单击"Operator"下的第一行，系统显示一个运算符下拉列表框，从中选择所需的运算符，如图 6.17 所示。

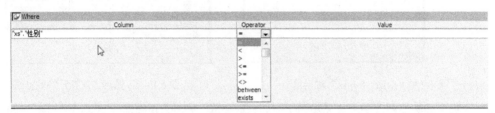

图 6.17 "Where"子句中的运算符

（3）单击"Value"下的第一行，输入一个表达式，表达式由列名、数据库管理系统支持的函数、开发人员定义的检索参数（见后文检索参数的定义方法）、常量数值或子查询组成。

更常用的方法是在"Value"行内单击鼠标右键，系统显示如图 6.18 所示的弹出式选单，选择"Columns…"字段、"Functions…"函数、"Arguments…"变量、"Value…"数值等选项后，系统打开相应的对话框，通过单击选择合适的选项后，单击"Paste"按钮，所选项被粘贴到该单元。选择"Select…"查询选项后，系统打开另一个 SQL 画笔工作区。在这个工作区中定义子查询，就可以把子查询的返回值作为条件表达式的一部分，从而构造出更复杂的条件。

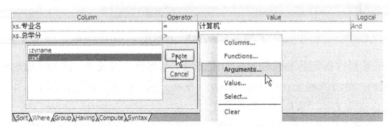

图 6.18 在"Value"栏右击选单项

（4）需要多个条件时，单击"Logical"下的第一行，根据需要选择"And/Or"逻辑运算符后，在下一行继续重复上面介绍的步骤。例如，可以定义查询条件：

("XS"."专业名"="计算机") AND ("XS"."总学分">"50")

3. 定义检索参数

在定义检索条件时，如果条件中的值在运行时才能确定，则需要使用检索参数。例如，需要按照学生的姓名检索学生的情况，则学生的姓名就是检索参数，它只有在应用程序运行时，由用户输入后才能确定。检索参数是在"Where"子句中使用的参数，其定义方法如下。

（1）从"Design"选单中选择"Retrieval Arguments…"选项，系统弹出如图 6.19 所示的"Specify Retrieval Arguments"对话框。

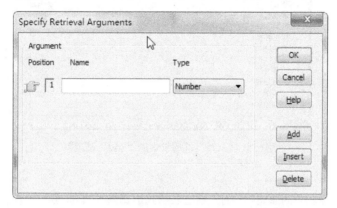

图 6.19　"Specify Retrieval Arguments"对话框

（2）在"Name"列输入参数名称。

（3）在"Type"列选择参数类型，如 String。

（4）需要添加多个参数时，单击"Add"按钮，然后输入参数名称并指定参数类型。

（5）需要在当前参数前插入一个参数时，单击"Insert"按钮，然后输入参数名称并指定参数类型。

（6）需要删除某个参数时，通过单击该参数的名称选择该参数后单击"Delete"按钮。

（7）单击"OK"按钮关闭对话框。定义了检索参数后，就可以使用检索参数构造"Value"列上的表达式了。在表达式中使用检索参数时，需要在参数前放上一个冒号（:）（如:ParaName），以告诉 PowerBuilder 这是一个检索参数，而不是列名。在条件中使用参数后，应用程序就能够根据运行情况动态地检索数据了。

在"Syntax"页可以看到经过上述定义后的 SQL 语句：

```
SELECT "xs"."姓名",
       "xs_cj"."学号",
       "xs"."专业名",
       "xs_cj"."课程号",
       "xs_cj"."成绩",
       "xs"."备注"
FROM "xs", "xs_cj"
WHERE ( "xs_cj"."学号" = "xs"."学号" ) and
      ( ( "xs"."专业名" = '计算机' ) AND
      ( "xs"."总学分" > 50 ) AND
      ( "xs"."姓名" = :ParaName ) )
```

4. 指定排序方式

当希望检索出的数据按某些列进行排序时，应该定义排序方式，步骤如下。

（1）单击"SQL"选项卡中的"Sort"标签，系统显示如图 6.20 所示的选项页。

（2）将希望进行排序的列用鼠标从左边的列表框中拖曳到右边的列表框中，将按该列升序排序。如果想按该列降序排序，则通过单击使"Ascending"复选框成为未选中状态。

（3）选择其他要排序的列。例如，指定按 XS 表中的学号列进行升序排序，它对应于 Select 语句中的子句：

```
ORDER BY "XS". "学号" ASC
```

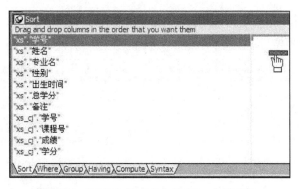

图 6.20 "SQL"选项卡中的"Sort"选项页

5. 定义计算列

计算列不是数据库表中的原始列，而是通过表达式运算得到的列。例如，假设表中有"学习时间"和"工作时间"两个数值型列，则"学习时间"+"工作时间"形成的列就是一个计算列。定义计算列的步骤如下。

（1）单击 SQL 工具栏中的"Compute"标签，系统显示"Compute"选项页。

（2）在第一行中输入组成计算列的表达式。构造表达式时，也可以使用工具，方法是，在该行单击鼠标右键，系统显示如图 6.21 所示的弹出式选单，选择"Columns…""Functions…"和"Arguments…"选项后，系统打开相应的对话框，通过单击选择合适的选项后，单击"Paste"按钮，所选项被粘贴到插入点位置。

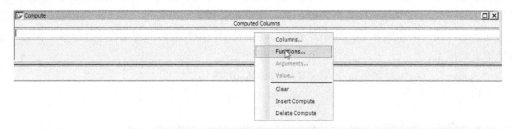

图 6.21 "Compute"选项页和弹出式选单

（3）当需要多个计算列时，则通过单击将插入点移动到下一行，按上述方法构造组成计算列的表达式。

6. 定义分组

在 SQL Select 数据源中，开发人员可根据应用程序的需要定义分组，方法如下。

（1）单击 SQL 工具栏中的"Group"标签，系统显示如图 6.22 所示的选项页。

图 6.22 "Group"选项页

（2）选择分组所依据的第一列，用鼠标将它拖曳到右边的列表框中。

（3）如有必要，可选择分组所依据的其他列。

7. 定义 Having 子句

定义了分组条件后，开发人员还可以定义"Having"子句，以对分组进行过滤，只检索那些满足条件的分组。定义"Having"子句的步骤如下。

（1）单击 SQL 工具栏中的"Having"标签，系统显示如图 6.23 所示的选项页。

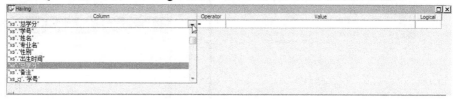

图 6.23　"Having"选项页

（2）定义"Having"子句的条件表达式，方法与定义"Where"条件相同。

8. 显示当前定义条件下的 SELECT 语句

在定义 SQL Select 数据源的过程中，随时都可以查看当前定义条件下的 SELECT 语句，方法是，单击 SQL 工具栏中的"Syntax"标签，相应的 SELECT 语句显示在该选项页中。在这个选项页中，虽然不能直接编辑、修改 SELECT 语句，但可以通过拖曳操作选中部分或全部语句后，按【Ctrl+C】组合键将其复制到系统剪贴板上。之后，可以按【Ctrl+V】组合键将剪贴板的内容粘贴到任何需要的地方，如粘贴到代码编辑器中。

9. 直接输入 SELECT 语句

如果十分熟悉 SQL 语句，或以图形方式构造的 SELECT 语句不能满足应用程序的需要，则可以直接输入或编辑 SELECT 语句，完成 SQL Select 数据源的定义，方法如下。

（1）从数据源画板中的"Design"选单中选择"Convert to Syntax"选单项，系统打开一个文本编辑窗口，如图 6.24 所示。

（2）输入或编辑 SELECT 语句。

（3）编写完 SELECT 语句后，单击"Design | Convert to Graphics"，就返回到图形方式（如果 SQL Select 语句中包含了某些数据库专有函数，则可能无法转换到图形方式），或单击"Data Source"图标进入数据窗口画板。

图 6.24　SELECT 语句编辑子窗口

6.2.3　查询数据源

查询数据源（Query）是将以前创建的 Query 对象作为数据窗口的数据来源。查询数据源选取 Query 对象作为数据源，Query 对象实际上就是保存在应用库中的 SELECT 语句，使用时，可以对 Query 对象提供的 SQL 语句进行修改。定义 Query 对象的目的是在多个数据窗口中重复使用相同或相近的 SELECT 语句而避免反复定义。与定义 SQL 选择数据源相似，Query 对象中可以定义检索参数，指定排序方式和分组方式，定义检索条件等。

1. 创建 Query 对象

在定义 Query 数据源之前，首先需要使用 Query 画笔创建 Query 对象，步骤如下。

（1）单击工具栏中的"New"图标按钮，打开"New"对话框，选择"Database"选项页，如图 6.25 所示。

（2）双击"Query"图标，进入 Query 画板，并弹出"Select Tables"对话框，如图 6.26 所示。

图 6.25 "New"对话框中的"Database"选项页　　　图 6.26 Query 画板中的"Select Tables"对话框

（3）选择要使用的表后单击"Open"按钮，进入 Query 画板工作区。

（4）定义所需的 SELECT 语句，与定义 SQL Select 数据源的方法相似。

（5）单击工具栏中的"Close"图标，弹出询问是否需要保存的对话框，保存后关闭 Query 画板。

2. 定义 Query 数据源

有了 Query 对象后，定义 Query 数据源的方法就很简单了。

（1）单击工具栏中的"New"图标按钮，选择"DataWindow"选项页，选择数据窗口风格后，单击"OK"按钮进入选择数据源对话框。

（2）在选择数据源对话框中，选择 Query 数据源后，单击"OK"按钮，系统显示如图 6.27 所示的"Select Query"对话框。

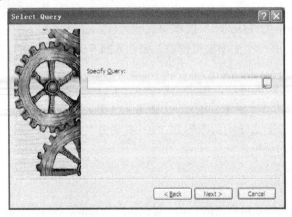

图 6.27 "Select Query"对话框

（3）单击"Specify Query"栏右边的"…"按钮，选择所需的 Query 对象。

（4）单击"Next"按钮进入边框设置对话框及属性小结对话框，按"确定"按钮后进入数据窗口画板工作区。

6.2.4 外部数据源

外部数据源（External）用于使数据窗口访问数据库之外的数据，如文本文件、用户输入、INI 文件或其他非 DBMS 数据库来源的数据，同时，在用户界面能够充分发挥数据窗口的长处，避免复杂编程。External 数据源从外部文件（如文本文件）中提取数据，它是数据窗口唯一不需要连接数据库的数据源，其数据由应用程序生成或由用户输入。定义外部数据源的数据窗口时，必须定义它的每一列及其数据类型。

定义 External 数据源的步骤如下。

（1）单击工具栏中的"New"图标按钮，选择"DataWindow"选项页，选择数据窗口风格后，单击"Next"按钮进入选择数据源对话框。

（2）在选择数据源对话框中，选择 External 数据源后，单击"Next"按钮，系统显示如图 6.28 所示的"Define Result Set"对话框。

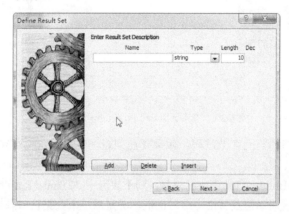

图 6.28 "Define Result Set"对话框

（3）指定数据窗口中所需的列以及相应的类型和长度。

（4）使用按钮"Add""Insert""Delete"分别增加、插入、删除数据列。

（5）单击"Next"按钮进入边框设置对话框以及属性小结对话框，确定后进入数据窗口画板工作区。

上述操作过程只是定义了 External 数据源的数据类型，并没有定义操作的数据。实际编程时，对这种数据源的数据窗口，还需要在程序代码中使用 Import 簇函数（如 ImportFile、ImportString 等）向数据窗口中装入数据，或使用数据窗口控件的对象函数操作数据。例如，对应用程序中的数据，可以直接使用 SetItem()函数；对于从文件中读取的数据，可以使用 File 簇函数或 Import 簇函数。需要注意的是，External 数据源不能用于 Crosstab 显示样式的数据窗口对象。

6.2.5　存储过程数据源

存储过程（Stored Procedure）直接利用保存在数据库中的存储过程作为数据源，这个数据源只有在当前连接的数据库支持存储过程时才有效，否则系统会自动隐藏该选项。Stored Procedure 数据源就是将存储过程作为数据源。存储过程是一组保存在数据库中的、经过预先编译和优化的、执行数据库操作的 SQL 语句。与其他 SQL 语句相比，存储过程的执行效率更高（省掉了每次执行时的编译与优化时间）。在数据窗口的五种数据源中，存储过程与使用的具体数据库有关，只有在该数据库支持存储过程时，数据源中才会有这个选项。使用存储过程有两个好处，一是减少网络通信量；二是提高查询速度。使用存储过程时数据库管理系统避免了重复的语法分析与优化。

定义 Stored Procedure 数据源的步骤如下。

（1）单击工具栏中的"New"图标按钮，选择"DataWindow"选项页，选择数据窗口风格后，单击"Next"按钮进入选择数据源对话框。

（2）在选择数据源对话框中，选择"Stored Procedure"数据源后，单击"Next"按钮，系统显示如图 6.29 所示的"Select Stored Procedure"对话框。

图 6.29 "Select Stored Procedure"对话框

（3）在列表框中选择所需的存储过程。如果要在列表框中显示系统存储过程，则选中"System Procedure"复选框。

（4）如果要使 PowerBuilder 自动生成结果集，则不要选中"Manual Result Set"复选框，然后单击"Next"按钮进入边框设置对话框及属性小结对话框，确定后进入数据窗口画板工作区。

（5）如果要自己定义结果集，则选中"Manual Result Set"复选框，然后单击"Next"按钮，系统显示如图 6.30 所示的"Define Stored Procedure Result Set"对话框。

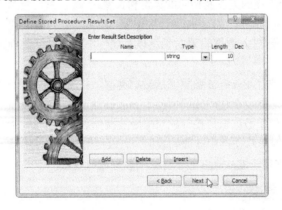

图 6.30 "Define Stored Procedure Result Set"对话框

（6）定义列及其类型、宽度。定义完所有列后，单击"Next"按钮进入边框设置对话框及属性小结对话框，确定后进入数据窗口画板工作区。

6.3 数据窗口的显示风格

数据窗口的魅力之一就在于它能够以多种多样的显示风格展示、表现数据，过去需要大量编程才能完成的显示任务在数据窗口中也许只需要简单的选择。

6.3.1　显示风格的种类和特点

　　显示风格决定了数据窗口以何种方式展示、表现数据。PowerBuilder 的数据窗口提供了 11 种显示风格，每种风格都有其独特的外观，并且上述风格只是定义了数据窗口的基本显示样式，通过设置数据窗口对象及它所包含的其他对象的属性，就能够构造出风格各异的显示界面。另外，在数据窗口对象内部，还能够校验、过滤、排列其中的数据，并随时查看设计效果。数据窗口对象格式的显示风格、特点及用途归纳列入表 6.1 中。

表 6.1　数据窗口对象的显示风格、特点及用途

格　式	风　格	特　点	用　途
Grid	表格风格	数据的行与列之间通过网格线分隔，所有的字段标签都在第一行显示，数据都位于字段标签下的网格中。其显示风格与 Excel 电子表格的风格相似。运行时用户通过拖曳操作既能改变列的宽度，也能调整列的左右位置。但是，在设计数据窗口对象时，不能移动列及列标题的左右次序，这一点有别于列表风格和自由风格，是显示数据容量最大的一种样式	既可用于数据输入，又可作为报表输出
Freeform	自由风格	显示样式十分灵活，是所有显示样式中最自由的一种格式。默认状态为所有字段以垂直方式排列在数据窗口中，它允许用户随意移动和放置标题标签（字段名）和字段列。在数据窗口画板里，能够根据需要灵活地安排字段、标签，以及其他对象的位置。一般情况下，自由格式的数据窗口一屏显示一条记录	常用于数据的输入界面
Graph	统计图风格	以统计图的形式表现数据。在这里，数据不是通过行、列一个个孤立地显示出来，而是以图形的方式呈现在用户面前，是显示数据最直观的方式。该风格的数据窗口提供了多种统计图，包括面积图（Area）、条形图（Bar）、列形图（Column）、线形图（Line）、饼图（Pie）、散点图（Scatter）、堆积图（Stacked）以及上述图形的三维形式	用于需要用图形表现数据的场合，如指标图、统计图、性能图等
Label	标签风格	以标签形式显示每行数据，在 "Specify Label Specifications" 对话框中定义标签的各项参数。在这个对话框中，系统列出了许多预定义的通用邮件标签，可以从中选择一个。如果其中没有合适的格式，则完全能够进行手工调整，以满足特定的需求	用于制作各种标签
Group	分组风格	提供了一种对数据进行分组的简便途径，数据被分成一个个组，组中可以带有统计数据。实际上，它是带有分组特性的列表风格。当选择了此风格且定义了数据集后，系统将弹出 "Group Report" 对话框，在这个对话框中指定按哪些列进行分组	用于需要分组显示数据的场合，如月报表、各种分类数据表等
Crosstab	交叉列表风格	支持按行和/或按列进行数据分析，该风格的数据窗口对数据进行加工处理后以汇总形式展现出来。当选择了此风格并定义了数据集后，系统将弹出 "Crosstab Definition" 对话框，在这个对话框中分配交叉列表中的行、列及行列交叉点的数据值，通过双击分配后的行、列或值可以编辑相应的表达式	需要进行数据分析的场合，如工资报表、生产情况报表等
N-Up	分栏风格	能够在一行中显示多条记录。如果选择了这种风格，在定义数据源之后，系统显示 "Specify Rows inDetail" 对话框，在这个对话框中指定一行显示几条记录（分成几栏）	适用于需要显示的记录量大，但每条记录显示字段较少的场合，如人员或物品编码表等

续表

格　式	风　格	特　点	用　途
Composite	复合风格	没有自己的数据源，它通过特殊方式将其他数据窗口对象组合起来，从而创建形式更复杂的数据窗口。利用已有的数据窗口对象，外观上组合起来显示，内部并没有任何联系	用于需要综合显示众多信息的场合，如企业的综合情况表等
RichText	RichText 风格	不需要其他字处理软件，就能够处理文本数据，并与数据库中的数据紧密集成。它可以利用 Windows 系统的字体、字号、颜色等属性以丰富多彩的形式显示与编辑文本，并且能够将数据库中的数据插入文本文档中	用于定制或打印具有通用格式的商业公文或信函
OLE	OLE 风格	既能够显示非数据库数据（如 Word 文档），也能够显示数据库中的 BLOB（二进制数据大对象）列。将从数据源得到的数据与 OLE 服务器结合在一起	用于使用 OLE 与数据库中的数据相关联的场合

6.3.2　各种风格的数据窗口的创建

数据窗口对象的总体创建过程都是一致的，但是，在选择了不同风格的数据窗口之后，需要对该风格的数据窗口进行一些定义，其中 Grid 格式、Tabular 格式和 Freeform 格式与前面介绍的步骤基本一致，下面介绍在创建其他格式数据窗口对象时出现的一些特殊定义。

1. Graph 格式

理解 PowerBuilder 的图形表达方式对于设计图形风格的数据窗口对象是很重要的。PowerBuilder 图形表示的方法是，将数据组织成三种元素，包括系列（Series）、类（Categories）和值（Values）。其中，系列（Series）是一组数据点的集合，每个系列都有不同的颜色、图案和符号；类（Categories）是数据的主体分割，代表独立的变量；值（Values）就是依赖于变量的数据点的值。

选择了图形风格后会弹出定义各坐标轴内容的对话框，如图 6.31 所示。单击"Next"按钮，弹出如图 6.32 所示的对话框，输入标题并选择图形类型。单击"Next"按钮显示选择属性的小结对话框，单击"Finish"按钮完成图形风格数据窗口对象的初步设计，进入数据窗口画板。在数据窗口画板中，可以对已经创建的数据窗口对象进行修改，具体内容将在后面介绍。

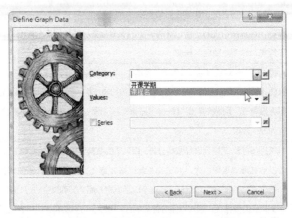

图 6.31　定义 Graph 坐标轴对话框

2. Label 格式

在数据窗口对象创建向导中选择了 Label 格式后，会弹出选择预定义标签对话框，如图 6.33 所示。PowerBuilder 在下拉列表框中提供了很多种尺寸。选择后单击"Next"按钮，弹出标签设置对话框，如图 6.34 所示。对标签的大小、布局及排列方式进行进一步设计。

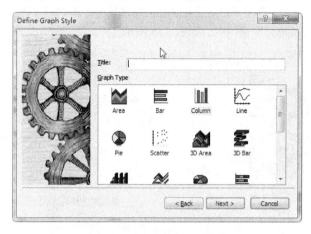

图 6.32　输入标题并选择图形类型对话框

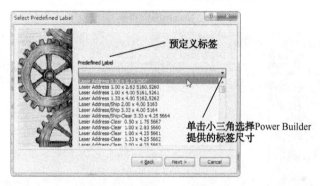

图 6.33　选择预定义标签对话框

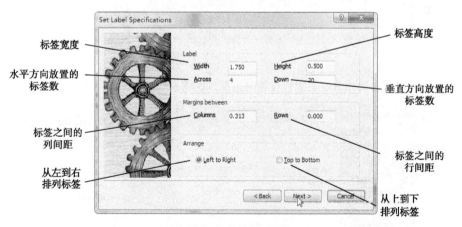

图 6.34　标签设置对话框

单击"Next"按钮，弹出标签页属性设置对话框，用于设置页边距，以及决定标签纸是连续页还是单页，如图 6.35 所示。

3. Group 格式

Group 格式分组显示数据，使数据条理清晰。例如，按班级分组显示学生数据，就可以很快地找到某个学生的数据。

选择了 Group 格式后，会弹出分组定义对话框，将决定分组条件的字段从左边"Source Data"的窗口中拖曳到右边的"Columns"窗口中，如图 6.36 所示。

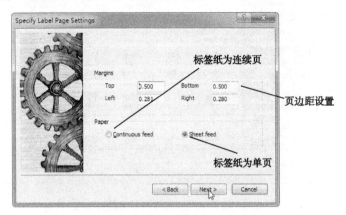

图 6.35　标签页属性设置对话框

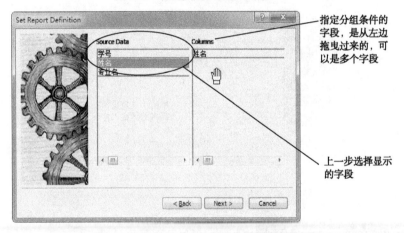

图 6.36　分组定义对话框

单击"Next"按钮，弹出分组页属性设置对话框，如图 6.37 所示。

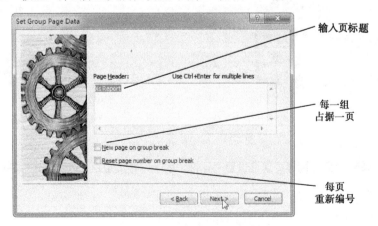

图 6.37　分组页属性设置对话框

4. Crosstab 格式

交叉列表实际上就是常用的二维数据表，如表 6.2 反映的是每季度三种商品销售量的基本情况表。还可以加上对每行、每列以及全部数据的统计分析，PowerBuilder 的交叉列表可以很方便地实现这些功能。理解了二维表的定义再去设置交叉列表的参数就不难了。从表 6.2 可见，季度下的数据是列，所以定义交叉列表的列为"季度"（quarter），商品右边的数据是行，所以定义交叉列表的行为"商品"（product），另外，需要统计总的数量，所以交叉列表的值（value）为数量（numbers）的总和，即 sum(numbers for crosstab)。如果需要其他计算结果，可以双击列、行或值，弹出修改计算表达式对话框，如图 6.38 所示，可以利用 PowerBuilder 提供的函数（Functions()）、逻辑运算符修改计算表达式，或者选择其他字段。

表 6.2　季度商品销售情况（单位：台）

	一季度	二季度	三季度	四季度
电视机	112	123	154	167
影碟机	278	298	313	325
录音机	592	497	411	367

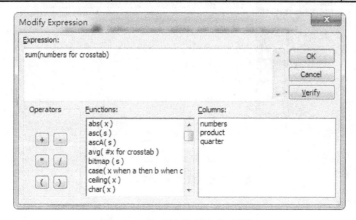

图 6.38　修改计算表达式对话框

创建完毕后进入数据窗口对象画板，进一步调整和设置数据窗口对象的属性。如果需要重新定义行、列和数值，可以选择选单"Design | Crosstab…"。

5. N_Up 格式

N_Up 格式以多列的形式显示数据。选择了 N_Up 格式后，需要指定显示的列数，在创建向导中会弹出分栏数目输入对话框，如图 6.39 所示。输入分栏数即可。

6. Composite 格式

Composite 格式组合已经有的数据窗口对象，因此，在创建向导中会弹出选择数据窗口对象对话框，如图 6.40 所示。在数据窗口对象列表中选择一个或多个数据窗口对象，即可创建出组合式数据窗口对象。Composite 格式数据窗口的特点如下。

（1）不需要创建新的数据源。

（2）选择的数据窗口对象在组合样式中不能被修改。

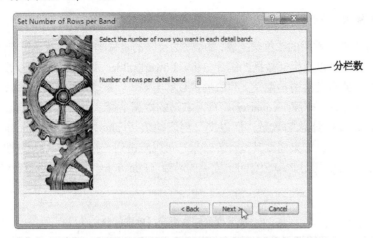

图 6.39　分栏数目输入对话框

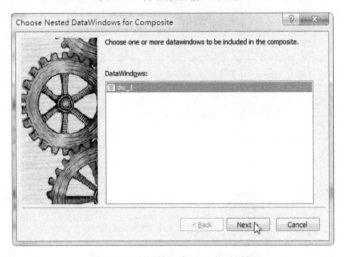

图 6.40　选择数据窗口对象对话框

7. RichText 格式

选择了 RichText 格式后，会弹出 "Specify RichText Settings" 对话框，如图 6.41 所示。在其中可完成对 RichText 环境的设置。例如，是否需要系统提供工具栏（Tool）、状态栏（Status）、标尺（Ruler）、题头和页脚（Header/Footer）和弹出式选单（Pop-up Menu）等，以及只读属性（Display Only）和背景颜色（Background Color）的设置。

单击 "Next" 按钮弹出 "Ready to Create RichText DataWindow" 对话框，在列表框中小结了新建 RichText 数据窗口的特性。单击 "Finish" 按钮，进入数据窗口画板，可以进一步对 RichText 数据窗口的属性进行详细的修改和设置。在数据窗口画板中，单击鼠标右键，选择 "Properties…"，会弹出 "Rich Text Object" 对话框，如图 6.42 所示，可以对 RichText 对象的属性进行修改和设置。

8. OLE 2.0 格式

OLE 2.0 格式能够将从数据源获得的数据与 OLE 服务器结合起来。

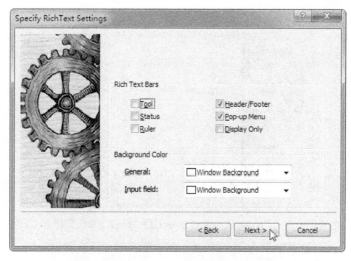

图 6.41　"Specify RichText Settings"对话框

图 6.42　"Rich Text Object"对话框

　　选择了 OLE 2.0 格式后，会弹出"Choose Data Source for OLE DataWindow"对话框，如图 6.43 所示，进行数据源的设置。设置完数据源后，弹出"Specify OLE data"对话框，如图 6.44 所示，用途是确定用户在 OLE 数据窗口对象中使用的目标字段和用以分组的字段，从左边的"Source Data"列表框中将有关字段拖动到目标数据框"TargetData"中；如果需要指定分组，则将分组字段拖动到分组数据框"Group by"中。单击"Next"按钮弹出"Ready to Create OLE2 DataWindow"信息对话框。单击"Finish"按钮，弹出"Insert Object"对话框，如图 6.45 所示。该对话框有三个选项页，分别用来指定不同类型的 OLE 对象。其中，"Create New"页中有一个在 Windows 操作系统中注册过的服务器应用程序的列表框，选择其中一项，用来创建一个新的 OLE 对象；"Create From File"页用来指定一个已经存在的文件，创建 OLE 对象；"Insert Control"页通过插入一个 OLE 控件创建 OLE 对象。

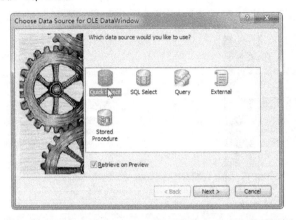

图 6.43　"Choose Data Source for OLE DataWindow" 对话框

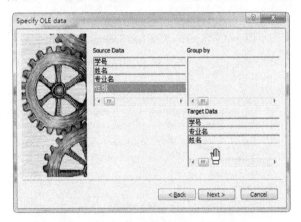

图 6.44　"Specify OLE data" 对话框

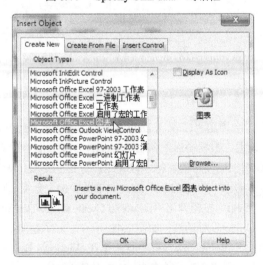

图 6.45　"Insert Object" 对话框

在数据窗口画板中，通过对属性的编辑，可以对 OLE 数据窗口对象的名称、链接或嵌入方式、显示方式、激活方式及链接激活方式等进行设置。

6.4　数据窗口画板

在定义了数据源、选择了显示风格并根据需要提供了其他信息后，就进入了数据窗口画板，下面将介绍数据窗口画板的组成及用途。

6.4.1　数据窗口画板的组成

数据窗口画板的外观如图 6.46 所示，每个人实际见到的数据窗口画板与此并不一定相同，因为可以选择打开和关闭各个子窗口，位置也可以调整。数据窗口画板有六个子窗口，各个了窗口的名称和用途见表 6.3。

图 6.46　数据窗口画板的外观

表 6.3　数据窗口画板的子窗口名称和用途

子窗口的名称	子窗口的用途
Design	用于调整和设计数据窗口的布局，并通过控件属性的调整来设置数据窗口外观
Preview	用于观察数据窗口在运行时的显示效果
Properties	用于设置数据窗口对象或数据窗口对象中被选中的控件的属性
Control List	显示数据窗口对象上的所有控件对象的列表，选中列表中的某个控件对象，可以在 Design 子窗口中定位到该控件对象
Data	显示数据窗口对象中检索到的数据，可以通过拖动字段标题调整字段顺序
Column Specification	显示在数据源中选择的字段的列表，可以添加、修改或删除字段的初始值，也可以指定字段的检验规则及检验提示信息，还可以通过拖曳字段来添加在数据源中定义的字段

在数据窗口画板中，比较重要的是 Design 子窗口和 Properties 子窗口，下面分别对这两个子窗口进行进一步介绍。

1．Design 子窗口

Design 子窗口内有六个区域，各个区域的名称和用途见表 6.4。

表 6.4　Design 子窗口内的区域和用途

区　域	位　置	用　途
页眉区	在 Header 带的上面，一般在 Design 子窗口的最上部	显示字段标签或报表标题，也可以添加修饰性对象，如文本对象、位图对象等
组标题区	在 Header 带和 Header Group 带之间，只有 Group 样式或创建了组之后才会出现组标题区	主要用于分组报表，使报表的条理清晰，如在报表中添加组标识符，创建计算列，显示分组的汇总信息等
细节区	在 Header 带和 Detail 带之间	用于显示检索数据的结果集，可以对字段的位置、尺寸进行调整
组结尾区	在 Detail 带和 Trailer Group 带之间，与组标题区对应	用于显示一个分组结束时关于该分组的统计计算和汇总信息
汇总区	在 Trailer Group 带或 Detail 带和 Summary 带之间，出现在所有检索出的数据的最后	用于显示所有数据的汇总信息，如计算显示记录的总数，显示满足一定条件的某字段的汇总值或备注信息
页脚区	在 Summary 带和 Footer 带之间，一般在 Design 子窗口的最下部	用于显示页码、总页数或脚注等信息

2. Properties 子窗口

数据窗口对象的属性选项页共有九个。其中，"HTML Table"页和"Web Generation"页用于生成数据窗口的 HTML 窗体，需要时可以参考有关书籍。这里重点介绍"General"等主要的三个选项页。

数据窗口对象的"General"选项页如图 6.47 所示，用于指定数据窗口对象使用的计量单位、内部定时器的时间间隔、背景颜色和是否生成 HTML 窗体。其中，数据窗口对象使用的计量单位有四种选择，见表 6.5。通常，可以使用默认的选择 PowerBuilder(0)，即使用单位 PBU，优点是用它设计出的应用程序在不同的监视器（EGA、VGA、SVGA 等）和不同的平台上运行时外观保持一致。

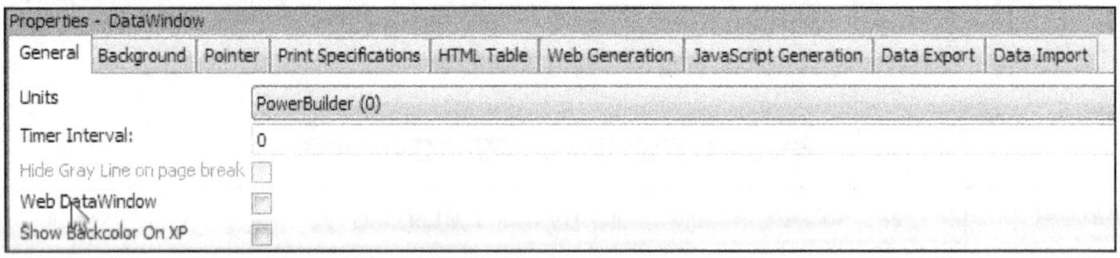

图 6.47　数据窗口对象的"General"选项页

表 6.5　数据窗口对象使用的计量单位

Units 属性	计　量　单　位
PowerBuilder(0)	PowerBuilder 的单位 PBU
Pixels(1)	像素单位
1/1000 Inch(2)	千分之一英寸
1/1000 Centimeter(3)	千分之一厘米

数据窗口对象的"Pointer"选项页如图 6.48 所示，该页用于指定光标在数据窗口内时的图形，单击"Pointer"下拉列表框右边的▼按钮，可以选择系统提供的光标图形，也可以单击旁边的"…"按钮，选择其他光标图形。

数据窗口对象的"Print Specifications"选项页如图 6.49 所示，该页用于设置数据窗口对象的打印参数，各参数的含义见表 6.6。

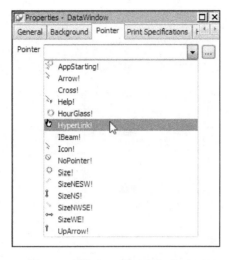

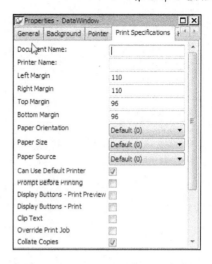

图 6.48 数据窗口的 "Pointer" 选项页 　　　图 6.49 "Print Specifications" 选项页

表 6.6 数据窗口对象的打印参数及含义

打 印 参 数	含 义
Document Name	打印数据窗口对象时在打印队列中显示的文档名称
Left Margin、Right Margin、Top Margin、Bottom Margin	分别为打印时在左边、右边、上边和下边留出的空隙长度
Paper Orientation	选择打印方向
Paper Size	指定打印纸的大小
Paper Source	指定打印时的送纸方式
Prompt Before Printing	在打印输出前是否显示打印设置对话框
Display Buttons–Print Preview	在预览时显示数据窗口对象上的按钮对象
Display Buttons–Print	打印数据窗口对象上的按钮对象
Newspaper Columns Across	指定每页打印的列数
Newspaper Columns Width	指定每列的宽度

6.4.2 定制数据窗口画板

　　数据窗口画板的显示属性可以由用户设置，方法是选择选单"Design | Options"，打开"DataWindow Options"对话框，如图 6.50 所示，图中标出了"General"选项页的设置参数；在"Generation"选项页中可以选择数据窗口对象的显示风格（Presentation Style）和为数据窗口对象设置文本、字段、背景等部分的颜色和边框，如图 6.51 所示；在"Prefixes"选项页中可以为数据窗口对象上的控件对象指定名称前缀。

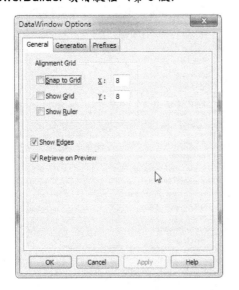 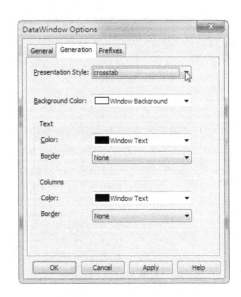

图 6.50　"DataWindow Options"对话框　　　　图 6.51　"Generation"选项页

6.5　设计数据窗口对象

进入了数据窗口画板的同时，也构造了默认的数据窗口对象，为了使设计的数据窗口对象更加美观、适用，往往还需要进行适当的调整，以满足特定的要求，如改变字体，调整数据列位置及宽度，限定输入的范围，设定数据的表达方式等。可以利用 PowerBuilder 为数据窗口对象提供的选单和工具栏图标实现上述调整，还可以对数据窗口对象中的字段和字段标签的属性进行设置。本节将进一步介绍数据窗口对象中字段标签和字段的属性，以及调整数据窗口对象的方法。

6.5.1　数据窗口对象中字段标签的属性

数据窗口对象中字段标签的属性有六个选项页，各页的用途见表 6.7。

表 6.7　数据窗口对象中字段标签属性的选项页的用途

选项页名称	用　　途
General	指定字段标签的名称、文本、边框类型、对齐方式、可视性等
Pointer	设置光标落在此字段标签内时的形状
HTML	设置 HTML 的链接
Position	设置字段标签的位置、大小等属性
Font	指定文字的类型、尺寸、修饰、颜色、背景颜色、使用的字符集等
Other	用于设置列对象的其他属性

最常用的是"General"页，一般要在"Text"栏中将数据库表中的英文字母字段名改为中文字段名。字体和背景的颜色可以在选中需要设置颜色的字段标签后，在工具栏中的"Foreground Color"和"Background Color"组合式下拉图标按钮栏中选择。

6.5.2　数据窗口对象中字段的属性

数据窗口对象中字段的属性有八个选项页，各页的用途见表 6.8。

表 6.8　数据窗口对象中字段属性的选项页的用途

选项页名称	用　　途
General	指定字段的名称、边框类型、对齐方式、可视性等
Pointer	指定光标落在此字段内时的形状
HTML	设置 HTML 的链接
Position	设置字段的位置、大小等属性
Edit	设置字段的编辑和显示风格
Format	设置显示的格式
Font	指定文字的类型、尺寸、修饰、颜色、背景颜色、使用的字符集等
Other	用于设置列对象的其他属性

图 6.52 所示为"General"选项页，通常要在该页中选择字段边框的类型，将默认的"NoBorder"（无边框）改为其他任意有边框的类型。

图 6.53 所示为"Format"选项页，在"Format"栏中，默认的选项为"[general]"，这时 PowerBuilder 将根据所选择的字段类型，使用通用、合适的数据表达格式。

图 6.52　"General"选项页　　　　　　图 6.53　"Format"选项页

图 6.54 所示为"Edit"选项页，该页中的核心内容是"Style Type"（编辑样式），PowerBuilder 提供了六种编辑样式，分别为"Edit""CheckBox""DropDownDW""DropDownListBox""EditMask"和"RadioButtons"。

在图 6.54 的"Style Type"下拉列表框中选择不同的编辑样式，有不同形式的"Edit"页，默认的编辑样式为"Edit"。表 6.9 为"Edit"编辑样式的主要属性。

表 6.9　"Edit"编辑样式的主要属性

属　　性	说　　明
Style Name 下拉列表框	选择用户在数据库画板中定义的编辑样式
Style Type 下拉列表框	选择编辑样式类型
Format	在脚本中得到的数据格式，定义方法同"Format"选项页中介绍的方法
Case 下拉列表框	指定输入的字符串字母的大小写
Limit	限制用户输入的字符个数，0 为不限制

续表

属　　性	说　　明
Accelerator	指定加速键
AutoSelection	是否具有热点选择的功能
Password	使输入的字符串以"*"号显示，用于口令的输入
Display Only	指定字段为只读
Empty String is NULL	指定空字符串是否为 Null
Required	要求用户输入合法的值后才能移出当前字段
Auto Horizontal Scroll、Auto Vertical Scroll	自动水平滚动，自动垂直滚动
Horizontal Scroll Bar、Vertical Scroll Bar	使用水平滚动条，使用垂直滚动条
Use Code Table	使用代码表，选中后在下面会出现等待定义的代码表
Validate	强制要求用户输入与代码表中对应的数据，该复选框在选中"Use Code Table"后出现

　　使用代码表（Code Table），可以使数据以更加直观的形式表现出来，也便于数据库的管理和维护。例如，在学生基本情况表中，以"0"代表非党员、团员，"1"代表团员，"2"代表党员，如果在应用程序界面上，仍然以"0""1"和"2"显示出来则不好理解，使用代码表可以方便地实现代码转换。

　　选中"CheckBox"编辑样式时的"Edit"选项页如图 6.55 所示，"CheckBox"编辑样式适合于简单的两值选择数据，如"婚否"字段，就可以选择"CheckBox"编辑样式。"CheckBox"编辑样式的主要属性见表 6.10。

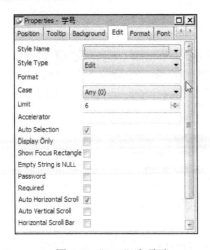

图 6.54　"Edit"选项页

图 6.55　"CheckBox"编辑样式的主要属性

表 6.10　"CheckBox"编辑样式的主要属性

属　　性	说　　明
3-D Look	使用三维外观
3 States	支持三态，选中后在选项页底部出现"Other State"栏，用于定义第三种状态
Left Text	指定文本标签显示在复选框的左边
Scale	自动调整复选框的大小，使其与文本标签的大小相称
Text	显示在复选框旁边的说明文本

续表

属　　性	说　　明
Data Value for On	当复选框被选中时，数据库中该字段的数据值
Data Value for Off	当复选框未被选中时，数据库中该字段的数据值
Other State	当复选框为第三种状态时，数据库中该字段的数据值

选中"DropDownDW"编辑样式时的"Edit"选项页如图 6.56 所示，在"DropDownDW"编辑样式中，字段以下拉列表框的方式显示，表 6.11 为"DropDownDW"编辑样式的主要属性。

表 6.11　"DropDownDW"编辑样式的主要属性

属　　性	说　　明
Allow Editing	允许用户编辑下拉列表框的编辑框
Empty String is NULL	指定空字符串是否为 Null
Required	要求用户输入合法的值后才能移出当前字段
Always Show List	一直显示列表框中的列表项
Always Show Arrow	一直显示下拉箭头
Horizontal Scroll Bar、Vertical Scroll Bar	使用水平滚动条，使用垂直滚动条
Lines in DropDown	在下拉列表框中显示的项数
Width of DropDown(%)	指定列表框的宽度，以百分数表示
DataWindow	选择数据窗口对象，单击右边的"…"按钮弹出选择对话框
Display Column 下拉列表框	选择选中的数据窗口对象中的字段作为显示的内容
Data Column 下拉列表框	选择选中的数据窗口对象中与当前数据窗口对象相匹配的字段

选中"DropDownListBox"编辑样式时的"Edit"选项页如图 6.57 所示，"DropDownListBox"编辑样式与上面介绍的"DropDownDW"编辑样式十分相似，都是以下拉列表框的方式显示，区别是"DropDownListBox"通过属性中的代码表添加下拉列表框的数据，而"DropDownDW"则是通过数据库读取的。因此，"DropDownListBox"适合于下拉列表框的数据量不大且相对固定的场合。"DropDownListBox"编辑样式选项页的底部有代码表。

图 6.56　"DropDownDW"编辑样式的主要属性

图 6.57　"DropDownListBox"编辑样式的主要属性

选中"EditMask"编辑样式时的"Edit"选项页如图 6.58 所示，它用于以一定的格式强制显示数据和输入数据，减轻用户的数据录入负担。

选中"RadioButtons"编辑样式时的"Edit"选项页如图 6.59 所示，它用于选择项不多且固定的字段，达到既直观，又减轻用户的数据录入负担的效果。

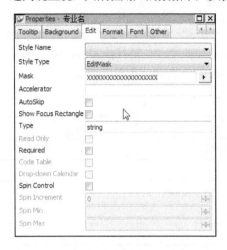

图 6.58 "EditMask"编辑样式的主要属性 　　　图 6.59 "RadioButtons"编辑样式的主要属性

6.5.3 【Tab】键的跳转次序

数据窗口中字段的【Tab】键顺序，可以在数据窗口画板中，单击工具栏中的"Tab Order"图标按钮进行设置，也可以通过选单"Format|Tab Order"进入【Tab】键顺序设置状态，如图 6.60 所示。这时每个字段右上角有一个红色的数字，可以修改或调整【Tab】键顺序。注意，如果设置某字段的顺序为"0"，则该字段将无法被【Tab】键访问。

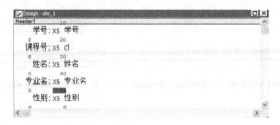

图 6.60　设置数据窗口中字段的【Tab】键顺序

6.5.4　查询结果中重复值的压缩

在默认情况下，SELECT 语句根据条件检索出所有数据，这些数据中有可能存在重复值。尽管检索结果都是正确无误的，但看起来觉得有点别扭。

如果希望去除检索结果中的重复值，则从数据窗口画板的"Rows"选单中选择"Suppression Repeating Values…"选单项，弹出"Specify Repeating Value Suppression List"对话框，如图 6.61 所示。从左边的"Source Data"列表框中选择要压缩的字段，将其拖曳到右边的"Suppression List"列表框中。允许选择一个或多个压缩字段，单击"OK"按钮即设置完毕。

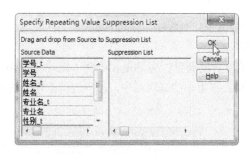

图 6.61　选择压缩显示的字段

6.5.5　数据窗口对象的有效性检验

除了在数据库画板中定义有效性检验规则外，在数据窗口对象画板中，也可以对有效性规则进行设置和修改。方法是选择"View|Column Specifications"选单项，出现"Column Specification"子窗口，如图 6.62 所示。在"Validation Expression"栏中输入有效性检验规则，也可以在该栏中单击鼠标右键，选择弹出式选单中的"Expression"选单项，弹出"Modify Expression"对话框，用图形方式设置有效性检验规则。在"Validation Message"栏中输入错误提示信息。

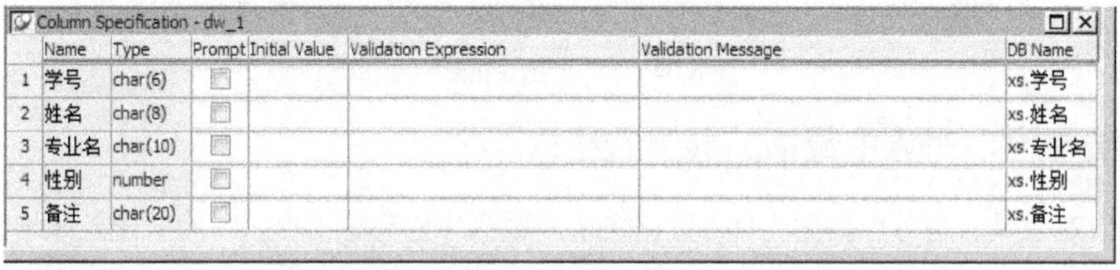

	Name	Type	Prompt	Initial Value	Validation Expression	Validation Message	DB Name
1	学号	char(6)	☐				xs.学号
2	姓名	char(8)	☐				xs.姓名
3	专业名	char(10)	☐				xs.专业名
4	性别	number	☐				xs.性别
5	备注	char(20)	☐				xs.备注

图 6.62　"Column Specification"子窗口

6.5.6　数据窗口对象的排序

选择"Rows | Sort…"选单项，弹出"Specify Sort Columns"对话框，如图 6.63 所示。"Source Data"栏中列出了数据窗口中的所有字段，选择作为排序条件的字段，将其拖曳到右边的"Columns"栏中，再设置"Ascending"，指定升序或降序。设置好后，单击"OK"按钮即可。

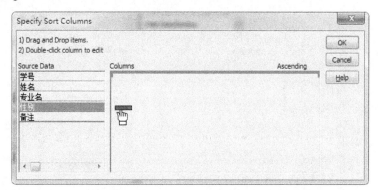

图 6.63　"Specify Sort Columns"对话框

6.5.7　数据窗口对象的过滤

在创建数据窗口过程中定义数据源时，通过"WHERE""HAVING"子句及检索参数可以达到过滤数据库中的数据的目的。在数据窗口画板中，还可以进一步进行过滤，并可以通过改变过滤条件，实现灵活多变的数据窗口对象。

在数据窗口对象画板中设置过滤条件的方法是，选择"Rows | Filter…"选单项，弹出"Specify Filter"对话框，如图 6.64 所示。在上面的编辑框中，输入过滤条件表达式。设置好后，单击"OK"按钮即可。

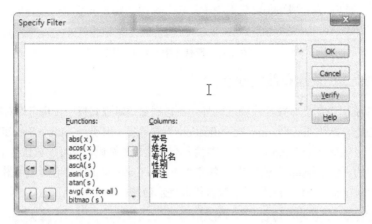

图 6.64 "Specify Filter"对话框

6.5.8 数据窗口对象中数据的导出和导入

数据窗口对象具有与外部数据文件、数据表格或数据库进行数据交换（数据导入和导出）的能力，这对于数据库系统是非常有用的一个特性。例如，将数据窗口的数据用 HTML 格式导出，就可以将数据发送到 Web 浏览器。

向数据窗口对象导入数据的方法是，在数据窗口画板中，单击"Preview"预览子窗口，选择"Rows | Import…"选单项，弹出"Select Import File"对话框，如图 6.65 所示。在文件类型中选择导入数据的文件类型（以制表符分割的"Text"文件和"Dbase"文件），指定文件后，单击"打开"按钮，如果数据正确，就被导入数据窗口对象中，单击工具栏中的"Save Changes"图标按钮，就将数据保存到数据库中了。

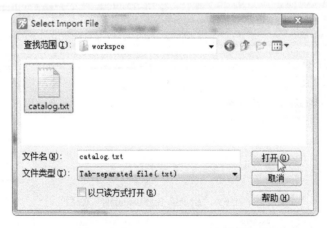

图 6.65 "Select Import File"对话框

PowerBuilder 支持大多数文件类型的导出，具体类型有 CSV、Dbase、DIF、Excel、HTML Table、

Powersoft Report、SQL、SYLK、Text、WKS、WK1 和 Windows Metafile 等。从数据窗口对象导出数据的方法是，在数据窗口画板中，选择"File | Save Rows As…"选单项，弹出"另存为"对话框，在"保存类型"下拉列表框中选择需要保存的类型，在"文件名"栏中输入保存的文件名，单击"保存"按钮即可。也可以通过函数 SaveAs()用程序的方式实现数据窗口对象中数据的导出。

6.5.9　在数据窗口中使用条件位图

数据窗口中的字段除了使用数据及"CheckBox""DropDownDW"和"DropDown ListBox"等编辑样式外，还可以使用条件位图。具体实现方法如下。

（1）在数据窗口对象画板中，单击工具栏中的控件组合图标下拉列表框，选择其中的"Picture"控件。

（2）首先在需要使用条件位图的字段上（"Detail"栏中）单击，弹出"Select Image"对话框，在"文件类型"下拉列表框中选择图形文件类型（可以是".bmp"".gif"".jpg"".rle"".wmf"等类型的图片），再选择图片名称，然后单击"打开"按钮，该图片就出现在数据窗口对象的字段栏中了。也可以在图片控件的属性卡中的"File Name"栏中指定图片文件名称。

（3）调整图片的大小，使其覆盖掉要取代的字段。

（4）在选中图片控件的情况下，单击属性卡"General"选项页中"Visible"复选框右边的表达式图标按钮，弹出"Visible"表达式对话框。

（5）在"Visible"表达式对话框的"Expression"编辑框中输入使用图片的条件表达式。例如，"if(doctor=0,1,0)"，表示字段 doctor 的值为 0 时，显示图片，为 1 时不显示。单击"OK"按钮完成设置。

使用条件位图的方法示意如图 6.66 所示。

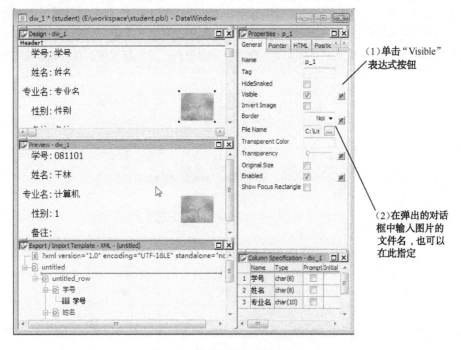

图 6.66　使用条件位图的方法

6.6 数据窗口对象编程实例

【例】设计三个简单的数据窗口对象。

作为本章的练习，在 PowerBuilder12.5 环境中，在前面第 6.1.4 节"连接数据库编程实例"所创建的 Workspace 的基础之上设计三个简单的数据窗口对象。目前，还不能在程序运行时见到它们，等学完第 7 章就可以令数据窗口对象在应用程序的窗口中出现了。

具体实现步骤如下。

1. 在工作空间 chptsix 的基础之上创建一个数据窗口对象"d_1"

数据窗口对象"d_1"界面如图 6.67 所示，主要用于从"XS_CJ"表及"KC"表中按学号和课程号检索学生的各项信息。

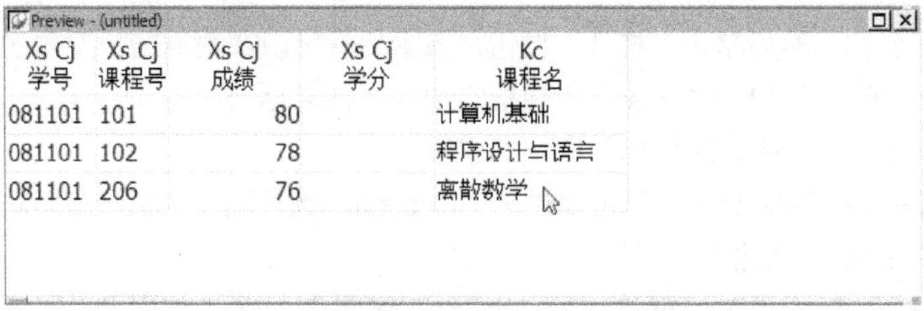

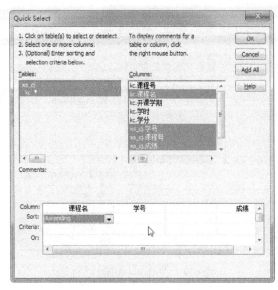

图 6.67 检索学生的各项信息

新建第一个数据窗口对象，方法见本章相关内容。选择数据窗口的显示风格为列表方式 Grid，数据窗口对象的数据源为"快速选择数据源"（Quick Select）。选择"XSCJ"数据库中的"XS_CJ"表与"KC"表（在进行这个操作之前，必须首先定义"XS_CJ"表的外键，否则无法同时选择这两个表）。选择"XS_CJ"表中的所有字段，并在"KC"表中选择"课程名"字段，如图 6.68 所示。在数据窗口编辑画板中调整各字段的宽度、文字大小、前景色和背景色、显示样式等，保存数据窗口对象，名称为"d_1"。

图 6.68 选择字段

2. 在工作空间 chptsix 的基础之上创建一个数据窗口对象 "d_2"

数据窗口对象 "d_2" 界面如图 6.69 所示,主要用于从 "XS" 表中按学号检索学生的各项信息。

图 6.69 数据窗口对象 "d_2"

新建一个数据窗口对象。选择数据窗口的显示风格为列表方式 Tabular,数据窗口对象的数据源为 "快速选择数据源"(Quick Select)。选择 "XSCJ" 数据库中的 "XS" 表,选择表中所有字段,在数据窗口编辑画板中调整各字段的宽度、文字大小、前景色和背景色、显示样式等。

将数据窗口对象编辑画板的 "Summary" 区拉开,在工具栏中单击控件图标旁的小三角▼,选择按钮控件,然后在 "Summary" 区单击,即可设置一个按钮,如图 6.70 所示。

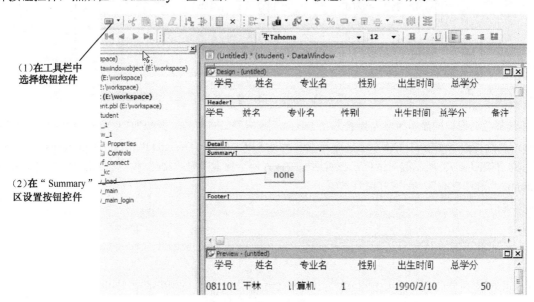

图 6.70 在数据窗口对象中放置按钮

选中按钮控件,在 "General" 属性页中清除 "Text" 中的默认文本 "none",在 "Action" 下拉列表框中选择需要的功能,这里选择在后面加入一条新记录 "AppendRow(11)",选中下面的 "Action Default Picture" 复选框,即使用系统提供的功能按钮。如果不选中该项,则下面有一栏可以选择自己准备的按钮图片。

按同样的方法,再布置三个按钮:更新 "Update(13)"、删除 "DeleteRow(10)" 和取消 "Cancel(3)",

编辑后的数据窗口对象画板如图 6.71 所示。保存数据窗口对象，名称为"d_2"。

图 6.71　放置了四个功能按钮的数据窗口对象画板

3. 在工作空间 chptsix 的基础之上创建一个数据窗口对象"d_3"

数据窗口对象"d_3"是一个带检索参数的数据窗口对象，界面如图 6.72 所示，主要用于从"XS"表中按学号检索条件符合性别为男、出生日期为 1990 年 3 月 1 日以前的学生信息。

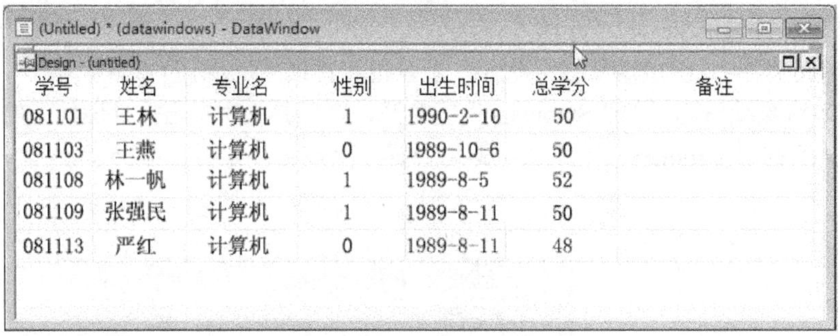

图 6.72　数据窗口对象"d_3"

选择数据窗口的显示风格为列表方式 Tabular，数据窗口对象的数据源为"SQL 选择数据源"（SQL Select），选择数据库中的"XS"表，选择表中所有字段，单击"Design | Retrieval Arguments…"选单项，弹出如图 6.73 所示的对话框，在对话框中插入两个检索变量"sex"和"birthday"，类型分别是"Number"和"Date"，单击"OK"按钮。

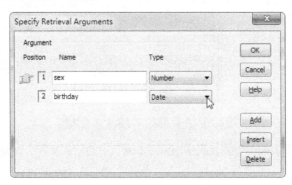

图 6.73　设置检索变量对话框

在下面的 SQL 语句画板中，选择"Where"页，单击"Column"字段下空白行的右端，出现▼符号，单击小三角，下拉列表框显示所有字段名，选择"XS.性别"；以同样的方法在"Operator"字段下选择"="；在"Value"字段空白处单击鼠标右键，选择弹出式选单中的"Arguments…"选单项，弹出已设置的两个检索参数的对话框，选择":sex"；在"Logical"字段选择"And"，即"与"关系。在下一行按同样的方法输入"XS.出生时间<=:birthday"的语句。最后完成的 SQL 语句的"Where"子句结构如图 6.74 所示。

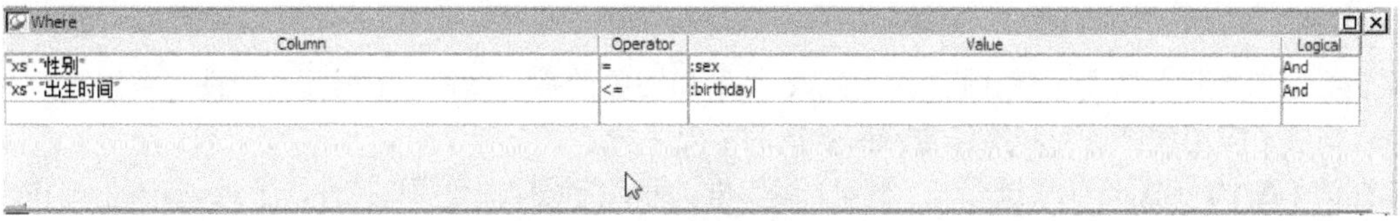

图 6.74 设置 SQL 语句画板

在进入数据窗口对象画板时，会弹出如图 6.75 所示的对话框，要求输入检索参数的值，随后，"Preview"预览窗口中将列出满足检索参数要求的表中的记录。

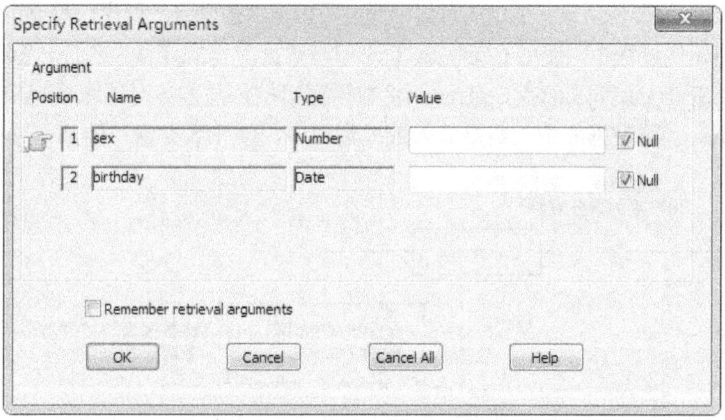

图 6.75 输入检索条件对话框

在数据窗口编辑画板中调整各字段的宽度、文字大小、前景色和背景色、显示样式等，保存数据窗口对象，名称为"d_3"。

第7章 数据窗口控件

数据窗口控件是应用程序在窗口中展示数据窗口对象的唯一途径。数据窗口控件与数据窗口对象的结合构成了应用程序访问和操作数据库数据的主要手段。

在第4章中，已经介绍了选项卡、按钮、编辑框、编辑掩码控件等窗口控件，在 PowerBuilder 中，还有一个重要的控件，就是数据窗口控件。数据窗口是表现数据信息的最常用、最直接、最完整的控件，它是 PowerBuilder 的核心专利技术。在第6章中，已经介绍了创建数据窗口对象的方法，可通过数据窗口对象将数据表以各种各样的形式表现出来。新创建的数据窗口对象是作为一个对象存放的，因此，它可以被多个应用程序采用，也可以在一个应用程序中被使用多次。数据窗口对象在应用程序中的使用，是通过数据窗口控件实现的，在需要使用数据窗口的时候，通过数据窗口控件将数据窗口对象布置在窗口中。

在应用程序初始化过程中，使用 CONNECT 语句与数据库建立连接，在打开窗口时，使用数据窗口控件的对象函数 SetTransObject()或 SetTrans()将数据窗口控件与事务对象联系起来，使用数据窗口控件的对象函数 Retrieve()将数据库中的数据装入数据窗口中。创建数据窗口的基本过程如图 7.1 所示。

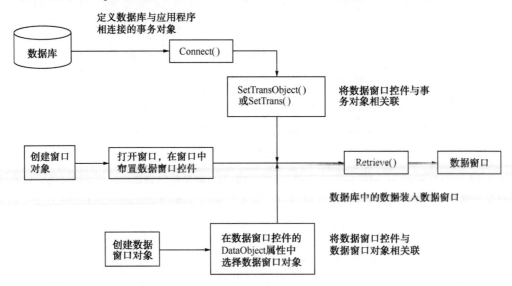

图 7.1　数据窗口的创建过程

需要注意的是数据窗口对象与数据窗口控件的区别。数据窗口对象是用数据窗口画笔定义的对象，它以多种风格表现和操作数据库中的数据，并且以独立对象的形式保存在 PowerBuilder 应用库中。而数据窗口控件是粘贴到窗口上的一个对象，它在窗口画笔中定义，并且不能作为独立对象保存到应用库中。数据窗口控件是连接数据窗口对象与窗口对象的桥梁。

本章将介绍数据窗口控件的使用方法、属性、事件、函数和编程方法。

7.1 配置数据窗口控件

在窗口中布置数据窗口控件的方法与第 4 章中布置其他控件的方法相同，如图 7.2 所示。

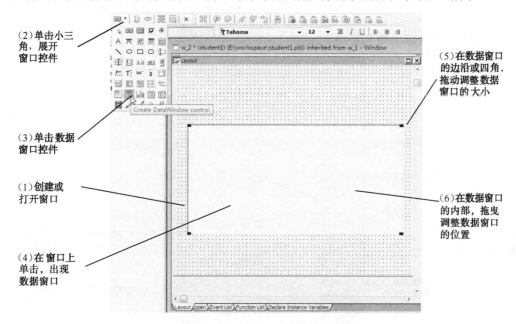

（2）单击小三角，展开窗口控件

（3）单击数据窗口控件

（1）创建或打开窗口

（4）在窗口上单击，出现数据窗口

（5）在数据窗口的边沿或四角，拖动调整数据窗口的大小

（6）在数据窗口的内部，拖曳调整数据窗口的位置

图 7.2　在窗口中布置数据窗口控件

单击数据窗口控件属性卡"General"页中"DataObject"栏右边的"…"按钮，弹出数据窗口对象选择对话框，选择一个数据窗口对象，就完成了数据窗口控件与数据窗口对象的关联。

除了在数据窗口控件的属性对话框中直接设置数据窗口控件所关联的数据窗口对象外，在应用程序中，也可以动态地关联数据窗口对象，这样，一个数据窗口控件就能够在不同的时刻动态显示不同的数据窗口对象。数据窗口控件与数据窗口对象的关联是通过给数据窗口控件的"DataObject"属性赋值实现的。"DataObject"属性的数据类型为字符串（String）。程序中通过为"DataObject"属性赋以不同的值而使数据窗口控件关联不同的数据窗口对象，这个值就是数据窗口对象的名称。例如，将数据窗口控件"dw_1"关联的数据窗口对象换成名为"d_another"的数据窗口对象，只要在程序中使用下述语句就可以了：

```
dw_1.DataObject ="d_another"
```

数据窗口对象"d_another"必须已经定义并保存在应用程序库中。当在应用程序中修改了"DataObject"属性后，还需要依次重新执行数据窗口控件的对象函数 SetTransObject()和 Retrieve()，只有这两个函数执行之后，新的数据窗口对象才能在数据窗口控件中显示出来。

7.2 数据窗口控件属性

与粘贴到窗口中的其他控件类似，数据窗口控件也有一组属性，通过设置这组属性，可以决定数据窗口控件的外观和行为。例如，数据窗口控件是否带有标题栏，是否带有水平和垂直滚动条，若带有标题栏，则标题栏上是否带有最小化、最大化和关闭按钮，是否带有控制选单，以及运行时是否允许用户改变数据窗口的大小等。数据窗口对象的常用属性既可以通过数据窗口控件的对象函数访问，也可以使用属性表达式在应用程序中设置或调整，应用程序几乎可以操纵数据窗口的所有属性。

当选中窗口中的一个数据窗口控件时，属性卡中就显示该数据窗口控件的属性，如图 7.3 所示。

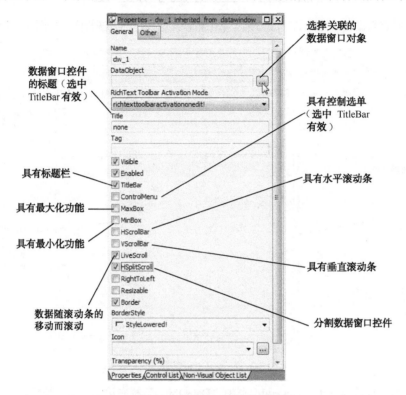

图 7.3　数据窗口控件的属性卡

7.3　数据窗口控件事务对象

事务对象（Transaction Object）是一个不可见的对象，它包含了与数据库连接的相关属性参数。在数据窗口的实现过程中，与数据库中数据的连接是依靠定义事务对象的参数完成的。事务对象具有15 个属性，见表 7.1。

使用数据窗口画笔定义数据窗口对象时，如果选择了从数据库中提取数据的数据源，则在数据窗口控件能够检索数据之前，还必须为数据窗口控件分配事务对象。当然，该事务对象必须已经与数据库建立了连接。

表 7.1　事务对象属性表

属　　性	类　　型	说　　明
AutoCommit	Boolean	自动提交指示符，确定数据库操作后是否自动提交
Database	String	连接的数据库名
DBMS	String	数据库管理系统名称，如 Sybase、Oracle 或 ODBC
DBParm	String	数据库连接参数
DBPass	String	连接数据库的口令
Lock	String	数据库的隔离层级别

续表

属　　性	类　　型	说　　明
LogID	String	登录到服务器的用户 ID
LogPass	String	登录到服务器的用户口令
ServerName	String	数据库服务器名称
UserID	String	连接到数据库的用户名
SQLCode	Long	数据库操作的返回代码，0 表示成功，-1 表示失败，100 表示没有检索到数据
SQLDBCode	Long	返回数据库系统定义的错误代码
SQLErrText	String	返回数据库系统定义的错误信息
SQLNRows	Long	返回受操作影响的数据行数
SQLReturnData	String	返回数据库特定信息

应用程序与数据库的连接通过事务对象来完成，在建立连接前需要首先给事务对象的相关属性赋值，然后通过嵌入式 SQL 语句 CONNECT 建立连接。不同的数据库管理系统使用的事务对象属性也不尽相同，常用数据库的连接参数请参阅第 5 章中的连接数据库内容。如果应用程序只访问一个数据库，则使用 PowerBuilder 的默认事务对象 SQLCA 也就可以了。SQLCA 是全局对象，在应用程序的任何地方都可以访问。下面是使用 SQLCA 与 ODBC 数据源建立连接的简单示例：

```
SQLCA.DBMS="ODBC"                           //设置事务对象属性
SQLCA.DBParm="ConnectString='DSN=XSCJ；UID=dba；PWD=sql'"
CONNECT USING SQLCA；                        //与数据库连接
IF   SQLCA.SQLCode<0 THEN                    //检查连接是否成功
    MessageBox("连接失败",SQLCA.SQLErrText,Exclamation!)
END IF
```

上面的示例中直接将连接参数写在程序中了，这种方式在应用程序需要访问其他数据库时就要修改代码，因此可以利用 PowerBuilder 的初始化文件 "**PB.INI**"，下面是较通用的代码：

```
Environment env                             //保存环境信息
String startupfile                          //保存初始化文件名
IF(GetEnvironment(env)<> 1)THEN             //获取环境信息
    MessageBox("系统出错", "得不到环境信息。~n 终止应用……")
    HALT                                     //终止应用程序的执行
END IF
CHOOSE CASE   env.OSType                     //根据当前使用的操作系统选择初始化文件
    CASE Windows!, WindowsNT!
        startupfile="pb.ini"
    CASE Sol2!, AIX!, OSF1!, HPUX!
        startupfile=".pb.ini"
    CASE Macintosh!
        startupfile = "PowerBuilder Preferences"
    CASE ELSE
        MessageBox("系统出错", "未知的操作系统。~n 终止应用……")
        HALT
END CHOOSE
/* 根据当前 PB.INI 的设置值设置 SQLCA 属性*/
SQLCA.DBMS=ProfileString(startupfile, "database", "dbms","")
SQLCA.database= ProfileString(startupfile, "database","database","")
```

```
SQLCA.userid= ProfileString(startupfile, "database", "userid","")
SQLCA.dbpass= ProfileString(startupfile, "database", "dbpass","")
SQLCA.logid= ProfileString(startupfile, "database", "logid","")
SQLCA.logpass= ProfileString(startupfile, "database","logpassword", "")
SQLCA.servername=ProfileString(startupfile, "database","servername", "")
SQLCA.dbparm=ProfileString(startupfile, "database", "dbparm","")
CONNECT USING   SQLCA;                    //与数据库连接
IF   SQLCA.SQLCode<0   THEN              //检查连接是否成功
    MessageBox("连接失败",SQLCA.SQLErrText,Exclamation!)
END IF
```

需要时，应用程序也可以创建新的事务对象，以适应同时连接到多个数据库管理系统的要求。

创建新的事务对象的方法是，首先说明一个类型为"Transaction"的事务对象变量，然后使用 CREATE 语句创建事务对象实例。下面的语句创建了一个名为"DBTrans"的事务对象实例：

```
Transaction DBTrans = CREATE transaction
```

创建了对象实例后，像前面介绍的 SQLCA 那样为事务对象属性赋值，然后使用 CONNECT 语句建立与数据库的连接。使用 CREATE 语句创建的事务对象不再使用时，应该使用 DESTROY 语句删除该对象，以节省系统资源。某个数据库连接不再使用时，应该及时地使用 DISCONNECT 语句断开与数据库的连接。数据库连接是数据库服务器的宝贵资源。为数据窗口控件分配事务对象在使用数据窗口控件检索数据前，必须通知数据窗口使用哪个事务对象来操作数据库（实际上也就是告诉数据窗口从哪个数据库中检索数据）。在指定了事务对象并与数据库连接之后，若要使数据窗口控件能够访问数据库，还必须为数据窗口控件指定事务对象，使数据窗口控件明确究竟使用哪一个事务对象同数据库进行交互。PowerBuilder 提供了两个函数 SetTransObject()和 SetTrans()，可以选择其中一个。

1. SetTransObject()函数

调用格式：

```
dwcontrol.SetTransObject(transaction)
```

其中，dwcontrol 为数据窗口控件的名称；transaction 为默认的或用户定义的事务对象。

返回值：1 表示成功，-1 表示失败。

SetTransObject()函数是一个常用的函数，它为数据库维持了一个开放性的连接，不需要反复连接和断开数据库，可以对数据窗口的更新进行提交或滚回操作。只有在用户改变数据窗口对象或者用户断开与数据库的连接后，才需要再次调用 SetTransObject()函数。SetTransObject()函数的特点是，在使用之前要求首先建立事务对象与数据库的连接，然后一直保持这一连接，直到代码执行 DISCONNECT 语句后才断开与数据库的连接。因此，它在检索和更新数据时所花的时间只是检索和更新所需的时间，效率上明显高于 SetTrans()函数。

例如，在完成了数据库的连接之后，如果在某个窗口中有一个数据窗口控件"dw_1"，可以在窗口打开的"Open"事件中添加如下代码：

```
dw_1.SetTransObject(SQLCA)
```

此后，就可以使用其他函数访问数据库了。

2. SetTrans()函数

调用格式：

```
dwcontrol.SetTrans(transaction)
```

参数及返回值与 SetTransObject()函数相同。不同点是 SetTrans()函数使用内部事务对象，用户不必首先进行数据库的连接，而是每进行一次数据库操作，都会自动产生一个数据库的连接，并在操作结束时自动断开与数据库的连接。既不需要应用程序使用 CONNECT 语句建立事务对象与数据库的连接，也不需要使用 DISCONNECT 语句断开与数据库的连接，PowerBuilder 会自动完成这些任务。每当操作数据库时，PowerBuilder 都会完成连接、操作、断开数据库这一系列步骤。建立连接，断开连接的操作会大大降低应用程序的执行效率。对绝大多数数据库管理系统来说，CONNECT、DISCONNECT操作是一件极为耗时的工作。如果应用程序对数据库操作频繁，SetTrans()函数需要花费的资源比较多，效率比较低。通常应用在远端使用应用程序或者对数据库操作较少的场合。例如，用户群比较大，而数据库管理系统支持的用户数较少，这时使用 SetTrans()函数可以增加用户连接成功的机会。

7.4 数据窗口控件函数

数据窗口控件提供了丰富的对象函数，这些函数在增强数据窗口功能的同时，也方便了应用程序的开发，加快了开发进度。数据窗口控件的对象函数有一百多个，包括操作数据窗口的方法等。表 7.2 对其中使用频度较高的一些函数进行了说明。

表 7.2 数据窗口控件常用函数

函数格式	功　能	参　数	说　明
dwcontrol.Insert Row(row)	插入行	row：指定插入行的插入位置，等于 0 时表示在最后一行后面插入一行。成功时返回插入行的行号，失败时返回-1	函数在数据窗口的主缓冲区中插入一个空行。例如，在数据窗口 dw_1 中插入第 10 行，语句为 dw_1.InsertRow(10)
dwcontrol.DeleteRow(row)	删除行	row：要删除行的行号，row 等于 0 时删除当前行。成功时返回 1，失败时返回-1	在数据窗口的主缓冲区（显示在用户面前的数据）中删除一行。例如，删除数据窗口控件 dw_1 中的第 10 行，语句为 dw_1.DeleteRow(10)
dwcontrol.Retrieve({arg,arg…})	用指定的事务对象将数据库的数据检索到数据窗口控件中显示	arg：在数据窗口对象中定义的检索参数。成功时返回检索出的数据行数，失败时返回-1	常用的用法是 dw_1.Retrieve()；如果数据窗口对象定义的检索参数为学号，则对某个学号检索的语句为 dw_1.Retrieve (2020123)
dwcontrol.Update({accept{,reset flag}})	物理地将数据窗口中的数据保存到数据库中	accept：为 True 时（默认值），在执行之前调用 AcceptText()函数；resetflag 为 True 时（默认值），数据窗口更新后自动重置更新标志。成功时返回 1，失败时返回-1	常用方法是 dw_1.Update()。不调用 AcceptText() 函数的语句为 dw_1.Update (False,True)
dwcontrol.SetSort(format)	设置排序标准	format：排序标准的字符串，格式为字段名或字段号加排序方法代码（A：升序，D：降序）。成功时返回 1，失败时返回-1	例如，字段 name 按升序，字段 age 按降序，语句为 dw_1.SetSort("name A，age D") 又如，1 号字段按升序，2 号字段按降序，语句为 dw_1.SetSort("#1 A,#2 D")
dwcontrol. Sort()	按照当前数据窗口的排序标准进行排序	成功时返回 1，失败时返回-1	例如，dw_1.Sort()

函 数 格 式	功 能	参 数	说 明
dwcontrol.SetFilter(format)	设置数据窗口的过滤条件	format：过滤条件的字符串，可以使用字段名或字段号定义条件。成功时返回 1，失败时返回-1	例如， dw_1.SetFilter("age>25 and age<45") 又如， dw_1. SetFilter("#3>25 and #3<45") 取消过滤条件： dw_1.SetFilter(" ")
dwcontrol. Filter()	对数据窗口进行过滤	成功时返回 1，失败时返回-1	例如，dw_1.Filter()
dwcontrol. Reset()	清除数据窗口控件中的所有数据	成功时返回 1，失败时返回-1	例如，dw_1.Reset()
dwcontrol.Scroll(number)	滚动指定的行数	number：滚动的行数，正值为向下滚动，负值为向上滚动。成功时返回控件第一行显示的数据行号，失败时返回-1	例如，向上滚动 10 行，语句为 dw_1.Scroll(-10)
dwcontrol.ScrollToRow(row)	滚动到指定的行	row：指定的行号。成功时返回 1，失败时返回-1	例如，滚动到第 5 行，语句为 dw_1. ScrollToRow(5)
dwcontrol.ScrollPriorPage()	滚动到上一页		例如，dw_1. ScrollPriorPage()
dwcontrol.ScrollNextRow()	滚动到下一行		例如，dw_1.ScrollNextRow()
dwcontrol.ScrollPriorRow()	滚动到上一行		例如，dw_1. ScrollPriorRow()
dwcontrol.GetRow()	获得数据窗口中当前行的行号	返回当前行的行号。没有当前行时返回 0，失败时返回-1	获得但并不高亮显示当前行，例如， li_row=dw_1. GetRow()
dwcontrol.GetColumn()	获得数据窗口中当前列的列号	返回当前列的列号。没有当前列时返回 0，失败时返回-1	例如，li_col =dw_1. GetColumn()
dwcontrol.SelectRow(row,select)	高亮显示选择的行	row：选择的行号；select：为 True 时选择并高亮显示选择的行。成功时返回 1，失败时返回-1	例如，高亮显示 li_row 行，语句为 dw_1. SelectRow(li_row,True)
dwcontrol.SetRow(row)	设置数据窗口控件的当前行	row：指定的行号。成功时返回 1，失败时返回-1	例如，设置当前行为第 5 行，语句为 dw_1.SetRow(5)
dwcontrol.SetColumn(column)	设置数据窗口控件的当前列	column：指定的列号或列名。成功时返回 1，失败时返回-1	例如，设置当前列为第 5 列，语句为 dw_1. SetColumn(5) 又如，设置当前列为 age 列，语句为 dw_1. SetColumn("age")
dwcontrol.SetRow FocusIndicator(focusindicator{, xlocation{, ylocation } })		focusindicator：指定的用于指示当前行的可视化标志。xlocation、ylocation：图标相对于所在行左上角的坐标。成功时返回 1，失败时返回-1	例如，设置"手形"图标，语句为 dw_1.SetRowFocusIndicator(Hand!) 又如，设置图片控件 p_arrow 作为指示图标，语句为 dw_1.SetRowFocusIndicator(p_arrow)

函 数 格 式	功 能	参 数	说 明
dwcontrol.RowCount()	获得数据窗口数据的总行数	返回数据窗口数据的总行数。无数据行时返回 0，失败时返回-1	例如，ll_count = dw_1.RowCount()
dwcontrol.ModifiedCount()	获得数据窗口中被修改但未更新的数据行数(不包括新插入的行)	返回数据窗口中被修改但未更新的数据行数（不包括新插入的行）。无数据行时返回 0，失败时返回-1	例如， ll_modicount = dw_1.ModifiedCount()
dwcontrol.DeletedCount()	获得数据窗口中做了删除标记（未做 Update 操作）的数据行数	返回数据窗口中做了删除标记（未做 Update 操作）的数据行数。无数据行时返回 0，失败时返回-1	例如， ll_delcount = dw_1. DeletedCount() IF(delcount != 0){ dw_1.Update(); }
dwcontrol.FilteredCount()	获得被过滤掉的数据行数	返回被过滤掉的数据行数。无数据行时返回 0，失败时返回-1	例如，ll_filtcount =dw_1.FilteredCount()
dwcontrol.AcceptText()	将数据窗口编辑控件中的数据传送到数据窗口控件中	成功时返回 1，失败时返回-1	例如，按键的 "Clicked" 事件中： dw_1. AcceptText()
dwcontrol.GetText()	获得编辑控件中的文本	返回编辑控件中的文本	例如，ls_name = dw_1.GetText()
dwcontrol.SetText(text)	设置编辑控件中的文本	成功时返回 1，失败时返回-1	例如，将 "王文" 放入当前编辑字段中，语句为 dw_1.SetText("王文")
dwcontrol.GetItemDate (row,column{,dwbuffer, originalvalue })	获取指定字段的日期型变量	row：指定数据行的行号；column：指定的数据列；dwbuffer：指定读取数据的缓冲区；originalvalue：为 True 时返回原始缓冲区中的值；为 False 时返回当前的值	例如，取数据窗口 dw_1 第 3 行 first_day 字段的日期型变量，语句为 ld_date= dw_1.GetItemDate(3, "first_day")
dwcontrol.GetItemDateTime (row, column{, dwbuffer,originalvalue })	获取指定字段的日期时间型变量		例如，取数据窗口 dw_1 第 2 行 start_dt 字段的日期时间型变量，语句为 ldt_datetime= dw_1.GetItemDateTime(2, "start_dt")
dwcontrol.GetItem Time (row, column{, dwbuffer,originalvalue })	获取指定字段的时间型变量		例如，取数据窗口 dw_1 第 4 行 start 字段的日期时间型变量，语句为 lt_time= dw_1.GetItemTime(4, "start")
dwcontrol.GetItem String (row, column{, dwbuffer,originalvalue })	获取指定字段的字符串型变量		例如，取数据窗口 dw_1 第 4 行 name 字段的字符串型变量，语句为 ls_name= dw_1.GetItemString(4, " name")

续表

函 数 格 式	功　能	参　数	说　明
dwcontrol. GetItemNumber (row, column{, dwbuffer,originalvalue })	获取指定字段的数值型变量	row：指定数据行的行号；column：指定的数据列；	例如，取数据窗口 dw_1 第 4 行 age 字段的数值型变量，语句为 li_age= dw_1.GetItemNumber(4, "age")
dwcontrol. GetItemDecimal (row, column{, dwbuffer,originalvalue })	获取指定字段的小数型变量	dwbuffer：指定读取数据的缓冲区；originalvalue：为 True 时返回原始缓冲区中的值；为 False 时返回当前的值	例如，取数据窗口 dw_1 第 4 行 salary 字段的小数型变量，语句为 decimal ldec_salary ldec_salary=dw_1.GetItemDecimal(4," salary")
dwprimary.ShareData(dwsecondary)	主/从数据窗口控件数据共享，保持同步更新	dwprimary：主数据窗口控件；dwsecondary：从数据窗口控件。成功时返回 1，失败时返回-1	例如，数据窗口 dw_1 与 dw_2 数据共享，语句为 CONNECT USING SQLCA；dw_1.SetTransObject(SQLCA) dw_1.Retrieve() dw_1.ShareData(dw_2)
dwcontrol.ShareDataOff()	关闭数据窗口之间的共享关系	成功时返回 1，失败时返回-1	例如，关闭数据窗口 dw_2 的数据共享关系，语句为 dw_2.ShareDataOff()
dwcontrol.Print({canceldialog })	打印数据窗口	canceldialog：为 True 时（默认）显示非模态的取消打印对话框。成功时返回 1，失败时返回-1	例如，打印数据窗口 dw_1，语句为 dw_1.Print()
dwcontrol.PrintCancel()	取消数据窗口的打印	成功时返回 1，失败时返回-1	例如，取消打印数据窗口 dw_1，语句为 dw_1. PrintCancel()
dwcontrol.GetItemStatus (row, colum,dwbuffer)	获取指定字段的状态	row：指定数据行的行号；column：指定的数据列；dwbuffer：指定读取数据的缓冲区，默认为主缓冲区。返回一个 dwItemStatus 枚举量	例如，取数据窗口 dw_1 第 5 行 work 字段在 Filter 缓冲区的状态，语句为 dwItemStatus l_status l_status=dw_1.GetItemStatus (5, "work", Filter!)
dwcontrol.SetItemStatus (row,column,dwbuffer,status)	设置指定字段的状态	row：指定数据行的行号；column：指定的数据列；dwbuffer：指定读取数据的缓冲区；status：dwItemStatus 枚举量	例如，设置 dw_1 第 5 行 party 字段在主缓冲区的状态为 NotModified，语句为 dw_history.SetItemStatus (5, "Salary",Primary!, NotModified!)
dwcontrol.SetItem (row,column,value)	为指定的字段赋值	row：指定的行；column：指定的列，可为列号或列名；value：赋值的内容，须与字段匹配	例如，设置数据窗口 dw_1 第 3 行 startdate 字段为 2000-9-9，语句为 dw_1.SetItem(3," startdate ", 2000-9-9)

续表

函 数 格 式	功　能	参　数	说　明
dwcontrol.GetValidate(column)	获得当前某字段的有效性检验规则	column：定义检验规则的字段（序号或字段名）。返回指定字段的有效性检验规则	例如，取数据窗口 dw_1 第 5 字段的有效性检验规则，语句为 ls_rule=dw_1.GetValidate(5)
dwcontrol.SetValidate(column,rule)	为指定字段设置有效性检验规则	column：指定的字段（序号或字段名）；rule：新的有效性检验规则。成功时返回 1，失败时返回-1	例如，string ls_rule ls_rule= "Long(GetText())> 15 000" dw_1.SetValidate(5,ls_rule)

数据窗口函数编程注意事项如下。

1. 窗口函数触发数据窗口事件

窗口函数可以触发某些数据窗口事件，如果在这些数据窗口事件中调用能够触发该事件的数据窗口函数，就会造成死循环。例如，AcceptText()函数将触发“ItemChanged”和“ItemError”事件。因此，在“ItemChanged”和“ItemError”事件中要避免使用 AcceptText()函数。

2. 数据处理机制

准确理解数据窗口函数的数据处理过程，就必须对 PowerBuilder 的数据处理机制有所了解。数据窗口在处理数据时很有特色，它在客户机的本地内存中开辟了四个缓冲区，即主缓冲区、删除缓冲区、过滤缓冲区、原始缓冲区。从数据库中检索到数据后，数据窗口根据不同情况把数据放置到不同的缓冲区。四个缓冲区各司其职，协作完成数据的增、删、改，最后将结果提交给数据库管理系统。除了在数据窗口画笔中可以定义数据窗口对象外，PowerBuilder 还提供了根据 SQL SELECT 语句和指定的属性动态创建数据窗口的能力。这样，应用程序就能够构造得更加灵活，以适应千变万化的用户需求。

当使用数据窗口控件的 Retrieve()函数从数据库中提取数据后，数据被存入了数据窗口的主缓冲区中，程序对数据窗口中数据的操作均在缓冲区中完成。用户在向数据窗口中输入数据时，并没有直接将数据输入数据窗口的主缓冲区中，而是将数据输入悬浮在数据窗口当前单元上面的编辑控件中。当用户移动了输入焦点或代码中使用 AcceptText()函数操作之后，系统验证输入数据的有效性。通过有效性验证的数据才被放置到数据窗口控件的主缓冲区中。

当插入数据时，插入的数据也存放在主缓冲区。当删除数据行时，无论是使用 DeleteRow()函数直接删除一行，还是使用 RowsMove()函数在缓冲区之间移动数据行，被删除的数据行都从主缓冲区移动到删除缓冲区。当使用数据窗口控件的对象函数 Update()将数据窗口的修改发送到数据库管理系统后，被成功删除的记录均从删除缓冲区中清除。在保存数据时，删除缓冲区用于生成 DELETE 语句。过滤缓冲区用于保存那些满足数据源定义（满足 SELECT 语句中的条件）而不满足过滤条件的行。原始缓冲区保存数据窗口从数据库中检索出的原始数据。可以通过将 GetItem 簇函数（包括 GetItemString()、GetItemDecimal()、GetItemDate()等）的入口参数“originalvalue”设置为 True 来访问原始缓冲区中的数据。

数据窗口缓冲区之间的相互关系如图 7.4 所示。

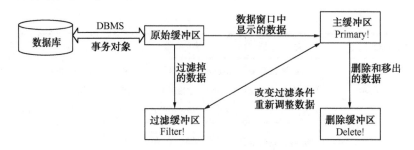

图 7.4　缓冲区之间的相互关系

主缓冲区的记录行数可以通过数据窗口控件的对象函数 RowCount()得到，删除缓冲区的记录行数可以通过数据窗口控件的对象函数 DeletedCount()得到，过滤缓冲区的记录行数可以通过数据窗口控件的对象函数 FilterCount()得到。利用数据窗口控件的对象函数 SetFilter()，可以动态改变过滤条件，再使用数据窗口控件的对象函数 Filter()更新主缓冲和过滤缓冲区中的数据。数据窗口控件只显示主缓冲区中的数据。用户的所有操作（查看数据、修改数据等）也都是针对主缓冲区进行的。

编辑状态标志（Edit Status Flag）在数据窗口控件的主缓冲区、过滤缓冲区和删除缓冲区中，每一行和每一行中的每个列（每个数据项）都有一个编辑状态标志。这个标志指示了相应行是否是新增加的行，以及相应列的数据是否被修改。在数据库中保存数据时，数据窗口利用这个标志值来决定产生什么类型的 SQL 语句。编辑状态标志是一个 dwItemStatus 枚举类型的量，其意义及对数据操作的影响见表 7.3。

表 7.3　编辑状态标志枚举量的意义及对数据操作的影响

编辑状态标志	意　义	对数据操作的影响
NotModified!	从数据库中检索出数据后，相应行或列的值没有被修改（保持了原始值）	在保存数据时该行不需要被保存。在保存数据时该列就不会出现在 DELETE、UPDATE、INSERT 语句中
DataModified!	有该标志的列或有该标志的行中的某个/某些列的数据被修改	在保存数据时，该行需要被保存，有该标志的列将成为 UPDATE 语句的一部分。若有该标志的行位于删除缓冲区，保存数据时数据窗口将产生 DELETE 语句
New!	该标志只应用于行，它表示有该标志的行是检索数据后新插入数据窗口中的行，并且该行的任何列都还没有输入任何数据	在保存数据时，有该标志的行不产生 INSERT 语句，而且，如果有该标志的行位于删除缓冲区中，则也不产生 DELETE 语句
NewModified!	该标志只应用于行，它表示有该标志的行是检索数据后新插入数据窗口中的行，而且用户已经修改了该行某些列或全部列的值。如果某些列定义了默认值，则新插入一行后，该行也具有 NewModified!标志	在保存数据时，有 NewModified!标志的行将产生 INSERT 语句。INSERT 语句中将包含所有标志为 DataModified!的列。如果有 NewModified!标志的行位于删除缓冲区中，则保存数据时不产生 DELETE 语句

需要获得某行/某列的编辑状态标志的方法是使用数据窗口控件的 GetItemStatus()对象函数。修改行或列的编辑状态标志的数据窗口控件对象函数是 SetItemStatus()。

3.　访问的缓冲区

"dwBuffer"用来指定数据窗口控件函数访问的缓冲区。"dwBuffer"使用枚举数据类型，其取值和指定的缓冲区见表 7.4。

表 7.4　dwBuffer 枚举数据类型的取值和指定的缓冲区

dwBuffer 枚举值	Primary!	Delete!	Filter!
指定的缓冲区	主缓冲区	删除缓冲区	过滤缓冲区

4. 数据窗口的打印

数据窗口的打印函数 Print()是一种自动化程度很高的实现数据窗口打印的方法，但是一次只能打印一个数据窗口。另一种打印方法是使用通用的打印函数，具体分为三个步骤。

（1）建立并打开一个打印作业，函数格式如下：

```
PrintOpen({jobname})
```

其中，参数 jobname 指定打印作业的名称，该名称将显示在打印作业管理器中。该函数返回一个长整型的作业号 jobnumber。

（2）实施打印作业，函数格式如下：

```
PrintDataWindow(jobnumber,dwcontrol)
```

其中，jobnumber 为第（1）步打开一个打印作业时返回的作业号，dwcontrol 为数据窗口控件的名称。

（3）关闭打印作业，以释放所占用的资源。函数格式如下：

```
PrintClose(jobnumber)
```

其中，jobnumber 为第（1）步打开一个打印作业时返回的作业号。

若中途要取消打印作业，则可使用函数 PrintCancel(jobnumber)。

例如，在"打印"按钮的"Clicked"事件中编写如下代码，完成两个数据窗口 dw_1 和 dw_2 的打印：

```
Long    ll_jobnum
ll_jobnum=PrintOpen("打印两个数据窗口")
PrintDataWindow(ll_jobnum,dw_1)
PrintDataWindow(ll_jobnum,dw_2)
PrintClose(ll_jobnum)
```

为了使打印更加自由，PowerBuilder 还提供了打印特定对象和改变打印机参数的一些函数，如 PrintBitmap()、PrintLine()、PrintOval()、PrintRect()、PrintRoundRect()、PrintDefineFont()、PrintSetFont()、PrintSetup()、PrintSetSpacing()、PrintWidth()、PrintX()等。

5. 数据窗口控件的编辑控件

使用数据窗口控件时，需要理解的重要概念之一是编辑控件。编辑控件并不是放置在窗口中的编辑框。当数据窗口中的列可以编辑时，系统自动创建一个编辑控件"漂浮"在得到输入焦点的可编辑项上，这个编辑控件没有边框，从外观上只能看到插入指针在闪动。当用户按【Tab】键或通过单击鼠标改变输入焦点时，编辑控件随之移动到得到焦点的项上。同时，编辑控件根据该项的设置及相应列的编辑风格调整自己的大小和显示。因此，用户实际上是在编辑控件中输入、编辑、修改数据。编辑控件是一个文本型控件，在它里面输入的所有数据都被当成字符串保存。列的编辑风格控制着数据的显示和操作方式，而显示格式则控制着编辑控件不再有效时（也就是输入焦点离开该列时）数据的显示方式。当用户按【Tab】键或通过单击鼠标改变输入焦点时，数据窗口通过适当的有效性检查接收编辑控件中的数据，并将其置入数据窗口的主缓冲区中。有时候，程序需要在编辑控件中的数据被放到主缓冲区之前获取用户在编辑控件中输入的值，此时可以使用数据窗口控件的对象函数 GetText()。通常，GetText()函数在数据窗口控件的 ItemChanged 和 ItemError 事件的处理程序中调用。有时候需要在代码中设置编辑控件的值。例如，用户输入了某个选择项的一部分时，程序自动填充整个选项。此时可以使用数据窗口控件的对象函数 SetText() 达到目的。注意，GetText()、SetText() 函数访问"漂浮"在数据窗口中的编辑控件，而 GetItem 簇函数访问已经放置到数据窗口缓冲区中的数据。

7.5 数据窗口控件的事件

数据窗口的强大功能不仅表现在数据窗口对象有丰富的显示风格和灵活的数据源，而且表现在数据窗口控件的众多事件上。例如，在数据窗口中的单击，对数据的提取和更新，打印报表的开始、中间和结束，都有相应的事件发生。在这些事件中，通过编写事件处理程序进一步控制程序的行为，如是否允许用户移走输入焦点，是否打印一页后自动跳页，检索和更新数据库出错时如何处理等。透彻地理解数据窗口的事件有助于编程人员精细地控制数据窗口的行为。数据窗口控件有 30 多个预定义事件，当需要控制它的行为、响应用户操作及处理各种错误时，就可以通过对事件的编程来实现。对数据窗口控件来说，除了用户操作能够触发事件外，某些函数在执行过程中也将触发事件。编程过程中，应根据实际需要选择恰当的事件，对其编写程序。事件参数是事件触发时系统提供的信息，而事件返回值则是编程者在事件编程结束处返回（return）的控制后续进程的代码。只有充分理解事件的这些特性才能根据需要灵活地控制程序。表 7.5 列出了数据窗口控件的常用事件、发生时机及说明。

表 7.5 数据窗口控件的事件概览

事 件	事 件 参 数	返 回 值	事件发生时机	说 明
Clicked	xpos,ypos：单击点的位置坐标（相对数据窗口控件工作区左上角）；row：单击行的行号；dwo：单击数据窗口控件上的对象	0：继续随后的处理过程；1：终止处理过程	单击事件，当用户用鼠标单击某个不可编辑字段或在数据窗口的字段间单击时	
Constructor		0：继续	构造事件，在窗口的"Open"事件前发生	
Destructor		0：继续	紧接着窗口的"Close"事件发生	
DBError	sqldbcode：包含由数据库厂商提供的特定出错代码，如果厂商未提供出错代码，则 sqldbcode 取下列值之一。 -1：因为事务对象中未正确提供某些值而不能连接到数据库；-2：不能连接到数据库；-3：pdate 或 Retrieve 中指定的键值与现有行不匹配；-4：向数据库中写 Blob 型数据时失败	0：（默认值）显示保存在事务对象的 SQLErrText 属性中的出错信息；1：不显示出错信息	由于调用数据窗口控件函数 Retrieve() 或 Update() 而导致某种数据库错误时触发	
DoubleClicked	同 Clicked	0：继续	当用户双击某个不可编辑字段或在数据窗口控件的工作区中双击时发生	在触发此事件前，首先触发"Clicked"事件
DragDrop	source：被拖动的控件；row：获得焦点的数据行号；dwo：获得焦点的对象	0：继续	当把拖动着的对象放到数据窗口控件中时发生	

事 件	事 件 参 数	返 回 值	事件发生时机	说　明
Updateend	rowsinserted: 更新操作中新插入数据库的行数; rowsupdated: 更新操作中被更新的行数; rowsdeleted: 更新操作中被删除的行数		当数据窗口更新了数据库后发生	
UpdateStart		0: (默认值) 继续更新过程; 1: 不执行更新	调用 Update()函数后、修改数据库数据前发生	
ButtonClicked	row: 单击所在的数据行号; dwo: 单击所在的对象; actionreturncode: 执行按钮的返回代码	0: 继续	当数据窗口中按钮对象的 SuppressEventProcessing 属性设置为 "No" 时, 用户单击该按钮时触发。该事件在系统处理完按钮的默认动作后触发	
DragEnter	source: 被拖动的控件	0: 继续	当一个被拖动对象进入数据窗口控件中时发生	
DragLeave	source: 被拖动的控件	0: 继续	当一个被拖动对象离开数据窗口控件时发生	
DragWithin	source: 被拖动的控件; row: 获得焦点的数据行号; dwo: 获得焦点的对象	0: 继续	在数据窗口中拖动某一对象时发生	
EditChanged	row: 被改写的行号; dwo: 被改写的列对象	0: 继续	当用户在某个可编辑字段上输入内容时, 每按一下按键就触发一次	
Error	errornumber: 错误编号; errortext: 错误消息文本; errorwindowmenu: 引起错误的窗口或选单名; errorobject: 引起错误的对象; errorscript: 引起错误的脚本; errorline: 发生错误的行号; action: 执行完 Error 事件后的工作; returnvalue: action 选项的返回值		当发现数据窗口对象的数据或属性表达式有错时发生	
GetFocus		0: 继续	当焦点切换到数据窗口控件时发生	
ItemFocus-Changed	row: 获得焦点的数据行号; dwo: 获得焦点的字段对象		当焦点从一个可编辑字段切换到另一个字段时发生, 包括第一次显示数据窗口	
RowFocus-Changed	currentrow: 新数据行的行号		当前行发生变化时发生	
LoseFocus		0: 继续	当数据窗口控件本身失去焦点时发生	
PrintEnd	Pagesprinted: 打印的页数	0: 继续	数据窗口打印结束后发生	
PrintPage	pagenumber: 要打印的页号; copy: 复制数	0: 不跳页; 1: 跳页	在数据窗口中的每页已经被格式化并准备打印之前发生	

续表

事 件	事件参数	返回值	事件发生时机	说　明
PrintStart	pagesmax：打印的页数	0：继续	在数据窗口或 DataStore 开始打印之前发生	
RetrieveEnd	Rowcount：检索的行数	0：继续	当数据窗口检索完数据后发生	用于清除检索事件中打开的任务
RetrieveRow	row：要检索的行号	0：（默认值）继续检索； 1：停止检索	每检索一条记录并送到数据窗口后发生	检索数据量很大时使用该事件会影响检索速度，可以用于检查检索数据的超出
RetrieveStart		0：（默认值）继续检索； 1：不执行检索； 2：从数据库中检索数据前不复位数据及缓冲区	在为数据窗口检索数据前发生	可以进行数据检索前的准备工作，例如，打开检索进度显示条，使用户确认是否开始检索，以及控制检索条件等
SQLPreview	request：要求访问数据库的函数类型； sqltype：发送到 DBMS 的 SQL 语句的类型；sqlsyntax：SQL 语句的文本；buffer：与数据库有关的包含数据行的缓冲区；row：将要被操作的数据行	0：继续执行； 1：停止执行； 2：跳过当前请求，执行下一个请求	在调用 Retrieve()、Update() 或 ReselectRow()函数后，SQL 语句被发送到 DBMS 前发生	

当检索结果中有大量数据时，不要对"RetrieveRow"事件编程，即便在该事件的事件处理程序中写上一行注释，也会显著地降低系统提取数据的速度。"RetrieveRow"事件编程一般用在检索的数据量不大或对速度没有要求的场合。通过对"RetrieveRow"事件编程，用户有机会在检索结束前终止进一步的检索操作。

7.6　数据窗口编程

数据窗口控件与其他控件（如单选按钮、复选框、单行/多行编辑框、各种列表框等）一样，是附属于窗口的一个对象，它像一座桥梁，将窗口和数据窗口对象联系起来。通过数据窗口控件，程序能够显示、修改和控制数据窗口对象，并且响应用户的操作。数据窗口控件功能十分强大，具有众多的事件、属性和函数，通过数据窗口控件发挥数据窗口对象的功能。数据窗口控件是运用数据窗口对象的一条有效途径（另一条途径是在数据存储中使用数据窗口对象）。

通常，使用数据窗口的基本过程如下。

（1）创建数据窗口对象。数据窗口对象的创建方法已经在第 6 章中进行了介绍。

（2）在数据窗口对象中布置数据窗口控件，并将数据窗口控件的 DataObject 属性与数据窗口对象关联。具体方法见本章第 1 节"配置数据窗口控件"中的介绍。

（3）为数据窗口对象分配事务对象，将数据从数据库检索到数据窗口中。例如，假设在应用程序开始时已经完成了与数据库的连接，窗口中的数据窗口控件"dw_1"关联着一个使用 Quick Select 方式创建的数据窗口对象，则可以在窗口的"Open"事件中使用如下代码：

```
dw_1.SetTransObject(SQLCA)
dw_1.Retrieve()
```

上面第 2 行程序也可以放在其他地方。

如果数据窗口对象的数据源方式为 SQL Select，则上面第 2 行程序就需要改为带参数的检索。例如，检索参数为 name，则检索程序如下：

```
dw_1.Retrieve(ls_name)
```

ls_name 为与检索参数 name 的数据类型相同的变量。

（4）必要时，编写使用的对象和控件的事件脚本。在编写脚本时，可以使用数据窗口控件的函数。

7.7 数据窗口编程实例

【例】利用第 6 章创建的数据库、工作空间和数据窗口对象，完成数据窗口的显示功能。

具体步骤如下。

1. 编辑 "w_main" 窗口对象

（1）首先打开第 6 章建立的工作空间和应用 "chptsix"。

（2）打开窗口 "w_main"，将窗口 "w_main" 中的静态文本控件 "st_1" 的 "Text" 属性设置为 "欢迎进入数据库系统主窗口！"。

在窗口 "w_main" 中放置两个命令按钮，分别为 "cb_2" 和 "cb_3"。其中，命令按钮 "cb_2" 中 Text=学生成绩查询；FaceName=宋体；TextSize=12；Bold 前面的选框打钩；其他属性保持默认。其 "Click" 事件的脚本如下：

```
Open (w_1)
```

命令按钮 "cb_3" 中 Text=学生信息查询；FaceName=宋体；TextSize=12；Bold 前面的选框打钩；其他属性保持默认。

接下来，在窗口中放置背景图片，控件名为 "p_1"，作为窗体的背景。将其大小改变为与窗口一致，并在图片上单击鼠标右键，选择弹出式选单中的 "Send to Back" 选单项，将其置于底层。

调整窗口及两个命令按钮的位置与大小，使之美观、大方。设置完成后保存上述设置。保存后的窗口界面如图 7.5 所示。

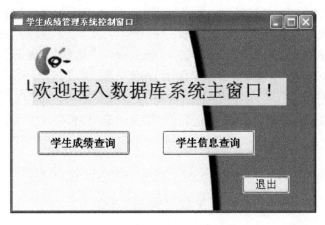

图 7.5 数据库系统主窗口

2. 创建数据窗口 "d_1"

在工作空间 "chptsix" 的基础之上创建一个数据窗口对象 "d_1"。

新建一个数据窗口对象 "d_1"，主要用于从 "XS_CJ" 表、"KC" 表及 "XS" 表中按学号和课程号检索学生的课程与成绩信息。选择数据窗口的显示风格为列表方式 Grid，数据窗口对象的数据源为"SQL 选择数据源"（SQL Select），选择数据库中的"XS"表、"XS_CJ"表、"KC"表。参照图 7.6 选择各表中的字段。

图 7.6　选择字段

单击选单"Design | Retrieval Arguments…"，弹出如图 7.7 所示的对话框，在对话框中插入两个检索变量"sno"和"kechno"，类型都是"String"，单击"OK"按钮。

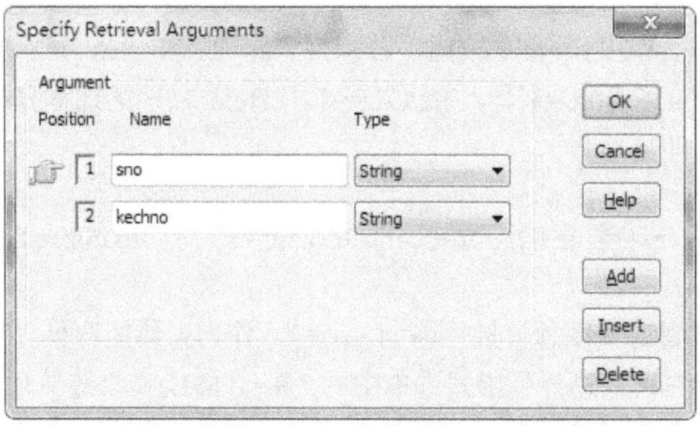

图 7.7　设置检索变量

在下面的 SQL 语句画板中，选择"Where"页，单击"Column"下空白字段的右端，出现▼符号，单击小三角，下拉列表框中显示所有字段名，选择"xs.学号"；在"Operator"中选择"="；在"Value"字段空白处单击鼠标右键，选择弹出式选单中的"Arguments…"选单项，弹出已设置的两个检索参数的对话框，选择":sno"；在"Logical"字段中选择"And"，即"与"关系。在下一行按同样的方法输入"xs_cj.课程号=:kechno"的语句。最后完成的 SQL 语句的"Where"子句结构如图 7.8 所示。

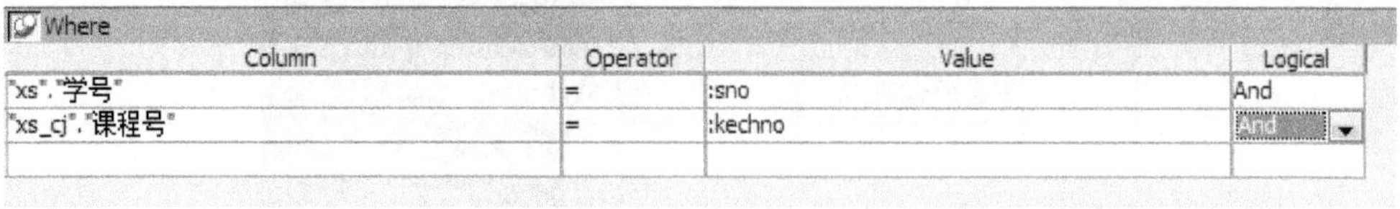

Column	Operator	Value	Logical
"xs"."学号"	=	:sno	And
"xs_cj"."课程号"	=	:kechno	And

图 7.8　"Where"子句

保存"Where"子句查询后，单击"Return"图标按钮，弹出"Select Color and Border Settings"对话框。单击"Next"按钮，弹出"Ready to Create Freeform DataWindow"对话框，该对话框对数据窗口对象的主要属性进行了小结，单击"Finish"按钮，弹出"Specify Retrieval Arguments"对话框，要求对检索变量"ls_name"进行赋值，以便对数据库进行数据检索，并将检索结果放到"Preview"子窗口中。可以在"Value"栏中输入一个姓名后单击"OK"按钮进行检索，也可以单击"Cancel"按钮不进行检索。进入数据窗口对象画板。

在数据窗口对象画板中，将字段名称改为中文，调整字段的位置和大小，设置文字颜色、背景颜色和字段边框。选择选单"Edit|Select|Select Columns"，将所有字段选中，在"Properties"属性卡中选择"Edit"页，选中"Display Only"复选框，不选中"Auto Selection"复选框。保存数据窗口对象名称为"d_1"。

3. 创建学生成绩查询窗口"w_1"

（1）单击"New"图标按钮，打开"New"对话框；选择"PB Object"页，双击"Window"图标，创建一个新窗口对象并进入窗口画板。

（2）在窗口的属性（Properties）卡的"General"页中，在"Title"栏中输入窗口标题"学生成绩查询系统"，窗口类型为响应式窗口"response!"，用鼠标拖动窗口区域至合适的大小，设置"Icon=Query5!"，其他窗口属性使用默认值。

最后，保存窗口对象，命名为"w_1"。

（3）在窗口"w_1"中添加相应的控件。

在窗口"w_1"中放置两个静态文本和两个单行编辑框，分别为"st_1""st_2"与"sle_1""sle_2"。其中，"st_1"中，Text=学号；FaceName=宋体；TextSize=12；BackColor=Scroll Bar；Bold 前面的选框打钩；其他属性使用默认值。"st_2"中，Text=课程号；FaceName=宋体；TextSize=12；BackColor=Scroll Bar；Bold 前面的选框打钩；其他属性使用默认值。

而"sle_1"中，Text=缺；FaceName=宋体；TextSize=12；其他属性使用默认值。"sle_2"中，Text=缺；FaceName=宋体；TextSize=12；其他属性使用默认值。

调整窗口中两个静态文本控件和两个编辑框的位置与大小，使之美观大方。设置完成后保存上述设置。

再布置两个命令按钮"cb_1"和"cb_2"。

其中，在"cb_1"中，Text=查询；FaceName=宋体；TextSize=12；Pointer=HyperLink!；Bold 前面的选框打钩；其他属性使用默认值。其"Click"事件的脚本如下：

```
String ls_1
String ls_2
ls_1=Trim(sle_1.text)
ls_2=Trim(sle_2.text)
IF  ls_1=""  OR ls_2=""  THEN
    MessageBox("数据不全!","请输完整的数据!")
ELSE
    dw_1.Retrieve(ls_1, ls_2)
END IF
sle_1.SetFocus()
```

在"cb_2"中，Text=清除；FaceName=宋体；TextSize=12；Pointer=HyperLink!；Bold 前面的选框打钩；其他属性保持默认。其"Click"事件的脚本如下：

```
dw_1.reset( )
sle_1.text=" "
sle_2.text=" "
sle_1.SetFocus()
```

4. 连接数据查询窗口"dw_1"与数据窗口"d_1"

在窗口"w_1"中添加数据窗口控件"dw_1"，在其"General"属性的"DataObject"栏右侧有一个

"…"小按钮，单击时弹出选择对象对话框，选择刚刚创建的数据窗口对象"d_1"，这时，数据窗口对象就通过数据窗口控件在窗口上显示出来。添加数据窗口控件的水平与垂直滚动条，调整数据窗口控件的大小，使其显示完整。调整后的界面如图7.9所示。

图 7.9 数据窗口界面

5. 测试学生成绩查询系统的查询功能

在窗口"w_1"的"Open"事件中输入以下脚本：

```
dw_1.SetTransObject(SQLCA)
dw_1.Retrieve()
```

保存脚本编辑环境之后，使用运行/预览窗口对象（单击系统工具栏中的 Run/Preview Object 图标，如图4.32所示）执行窗口对象"w_load"。在出现的登录界面中输入用户名"dba"，登录密码"sql"。单击"确定"按钮，则出现主窗口"w_main"界面，单击"学生成绩查询"按钮，进入学生成绩查询窗口。输入查询的条件为"学号=081101"、"课程号=101"，单击"查询"按钮，如图7.10所示。进行下一个查询时，单击"清除"按钮。

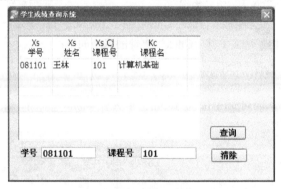

图 7.10 查询结果

本章详细地介绍了如何创建数据窗口控件，建立数据窗口控件与数据窗口对象的关联，数据窗口控件的属性、函数、事件及常用的编程方法。

无论使用 PowerBuilder 开发何种数据库应用程序，在应用程序中运用数据窗口的一般方法都是相似的，基本步骤如下。

（1）使用数据窗口画笔创建数据窗口对象。

（2）在窗口中放置数据窗口控件。

（3）通过属性设置或编码将数据窗口控件与数据窗口对象联系起来。

（4）设置数据窗口控件的属性，以控制它的外观和行为。如果应用程序尚未与数据库建立连接，则在某个事件处理程序中使用 CONNECT 语句与数据库建立连接。

（5）将数据窗口控件与事务对象联系起来（使用数据窗口控件的对象函数 SetTrans Object()或 SetTrans()）。

（6）使用数据窗口控件的对象函数 Retrieve()将数据库中的数据装入数据窗口中。

（7）针对具体应用，编写某些数据窗口控件事件的处理程序，响应用户的操作。

数据窗口技术是 PowerBuilder 的精华，大家一定要熟练掌握！

第 *8* 章 高级窗口控件

前面已经对窗口控件的种类、通用的属性、基本的使用方法，以及常用的窗口控件进行了介绍，本章将继续介绍一些较为复杂的高级窗口控件。

8.1 列表框类控件

列表框控件（ListBox）、图片列表框控件（PictureListBox）、下拉列表框控件（DropDownListBox）及下拉图片列表框控件（DropDownPictureListBox），是 PowerBuilder 提供的几种不同风格的列表框类控件。它们的作用是类似的，都是提供给用户一组可选或可视的选项，允许用户从中选择一项或多项；属性也十分相似，表 8.1 为列表框类控件的通用属性及说明。

表 8.1　列表框类控件的通用属性及说明

属　　性	说　　明
DisableNoScroll	选中时，始终显示滚动条
ExtendedSelect	允许用户同时选中多个项目，允许时可以按下【Shift】键后单击鼠标选中连续多项，或按下【Ctrl】键后单击选中不连续的多项，或拉出矩形框选中框内多项
MultiSelect	允许用户同时选中多个项目，但只能通过鼠标单击选择
AllowEdit	允许在编辑框中进行编辑
ShowList	使下拉列表框变为列表显示，失去下拉功能
Item	用于输入列表框中的项目

列表框控件命名时的默认前缀为"lb_"，图片列表框控件命名时的默认前缀为"plb_"，下拉图片列表框控件命名时的默认前缀为"dplb_"。

列表框类控件显示的项目，既可以在"Items"属性页的列表框中直接输入，也可以在程序中使用 AddItem()函数动态添加。

列表框类控件的事件有 Constructor（构造）、DoubleClicked（双击）、SelectionChanged（改变选项）等。

图片列表框控件和下拉图片列表框控件、列表框控件和下拉列表框控件基本相同，只是前两者能够在列表项中使用图片。

这里以下拉列表框控件为例说明有关操作。在窗口中放入一个下拉列表框控件，选中它，在它的属性卡中单击"Items"标签，随后就可以在列表框中设置可用的选项。例如，这里输入五个选项，分别为"一系""二系""三系""四系"和"五系"。单击工具栏中的"Preview"图标按钮来预览窗口，在预览窗口中单击新创建的下拉列表框控件的下拉箭头，可以发现弹出的五个选项就是新输入的五个系。如果需要，则可以在程序的脚本中处理某个特定的选项被选中的事件。

8.1.1　列表框控件的常用属性、事件和函数

1．列表框控件的常用属性

列表框控件的常用属性有如下三种。

（1）Sorted 属性：指定列表框中的列表项是否自动按升序次序排列。取值：True 表示自动排序；False 表示不排序。

（2）MultiSelect 属性：指定用户是否能够同时选择多个列表项，但只能通过鼠标单击来选择。取值：True 表示用户能够选择多个列表项（通过单击选择）；False 表示不允许用户选择多个列表项。

（3）ExtendedSelect 属性：指定用户能否同时选择多个列表项。取值：True 表示用户能够选择多个列表项，选择方法有三种，按下【Shift】键后单击鼠标选中连续多项，或按下【Ctrl】键后单击选中不连续的多项，或拉出矩形框选中框内多项；False 表示不允许同时选择多个选项。

2．列表框控件的常用事件

列表框控件的常用事件有以下两种。

（1）DubleClicked 事件：当双击鼠标时触发。

（2）SelectionChanged 事件：当选择了列表框中某个列表项时触发。

3．列表框控件的常用函数

列表框控件的常用函数有以下十二种。

（1）AddItem()函数：在列表项的尾部增加一个新的列表项。如果该控件的 Sorted 属性被设置为 True，则列表项插入后重新对列表项排序。

格式：

AddItem(String item)

返回值为 Integer，新加入项的索引号。

例如：

lb_1.additem("white ")

（2）DeleteItem()函数：删除指定的列表项。

格式：

DeleteItem(Int index)

其中，index 为要删除列表项的位置编号。

例如，删除 lb_1 对象第三个列表项：

lb_1.deleteitem(3)

（3）SelectedIndex()函数：返回列表框控件中所选列表项的索引。当有多个列表项被选中时，该函数返回第一个选中列表项的索引。

格式：

SelectedIndex()

返回值为 Integer 型，所选列表项的索引。

例如：

Integer li_no

li_no = lb_1.SelectedIndex()

（4）SelectedItem()函数：返回列表框控件中所选列表项的文本。当有多个列表项被选中时，该函数返回第一个选中列表项的文本。

格式：

SelectedItem()

返回值为 String，所选列表项的文本。

例如：

String lb_item
lb_item = lb_1.SelectedItem()

（5）Text()函数：返回列表框中指定列表项的文本。

格式：

Text(Int index)

返回值为 String，第 index 项的文本。

例如：

String s1
s1=lb_1.text(3)

（6）TotalItems()函数：返回列表框中列表项的总数。

格式：

TotalItems()

返回值为 Integer，列表框中列表项的总数。

（7）TotalSelected()函数：返回列表框中选中列表项的总数。

格式：

TotalSelected()

返回值为 Integer，列表框中选中列表项的总数。

◎◎注意：

该函数仅在 MultiSelect 为 True 时有效。

（8）State()函数：确定列表框中某项是否被选中（是否高亮显示）。

格式：

State(Int index)

如果 index 参数指定的列表项处于选中状态（高亮显示），则函数返回 1；否则函数返回 0。如果 index 参数指定的不是一个有效的列表项，则函数返回-1。如果任何参数的值为 Null，则 State()函数返回 Null。

例如：

Integer li_s
li_s = lb_1.State(3)
IF li_s=1 THEN
　　⋮
END IF

（9）InsertItem()函数：在指定索引指示的列表项前插入一个新项。

格式：

InsertItem(String item,Int index)

其中，item 为要插入的列表项，index 为索引号。

例如，将 Computer 插入第三项：

lb_1.InsertItem("Computer",3)

（10）SelectItem()函数。

格式 1:

SelectItem(String item,Int index)

从 index 处开始查找 item，若找到，则选中该项并返回选中项的索引。

例如：

Int r1
r1=lb_1.selectitem("book",1)

格式 2:

SelectItem(Int index)

选中 index 项。若 index 为 0，则取消选中该列表框中的选择项。

例如：

Int r1
r1=lb_1.selectitem(3)

（11）SetState()函数。

格式:

setstate(Int index,boolean state)

设置 index 项为高亮显示或取消高亮显示。其中，state 的值为 True 时，设置为高亮显示；state 的值为 False 时，设置为取消高亮显示。index=0 表示所有项。

例如：

lb_1.setstate(2,TRUE)   //将第二项高亮显示
lb_1.setstate(0,FALSE)   //取消 lb_1 中所有项的高亮显示

> **注意:**
> 该函数仅在 MultiSelect 为 True 时有效。

（12）FindItem()函数：在项目列表中查找指定索引后面与指定串匹配的列表项。

格式:

FindItem(String text,Int index)

函数执行成功时返回第一个匹配项的索引。其中，text 为要查找的开头字符串；index 是开始查找的列表项的前一个索引。若要查找所有列表项，则将该参数指定为 0。

例如，从第二项开始查找以 boo 开头的列表项：

Int r
r=lb_1.finditem("boo",1)

8.1.2　列表框控件编程实例

【例 8.1】 列表框控件的应用。

下面以一个在两个列表框之间交换选择数据的完整的例子，说明列表框控件的编程方法。

实现的应用程序窗口外观如图 8.1 所示。其功能为若单击一个或多个左边列表框中的学生姓名，单击">>"按钮，则被选中的学生就出现在右边的列表框中；选中右边列表框中的学生姓名，单击"<<"按钮，选中学生就会回到左边列表框中。在任意一个列表框中的学生姓名上双击鼠标，该学生姓名就会移动到另一个列表框中。

图 8.1　列表框控件实例

具体实现步骤如下。

1. 创建工作空间和应用

创建一个新的工作空间和应用（exlistbox）。

2. 创建窗口对象

创建一个新的窗口对象"w_listbox"，窗口对象的"Title"为"列表框之间数据交换"，窗口类型为 main!。

3. 布置控件

在窗口"w_listbox"中，布置一个静态文本控件"st_1"，其"Text"属性为"选择学生"，采用 18 号宋体字，选中"Bold"复选框；放置两个列表框控件，左边的为"lb_1"，右边的为"lb_2"，都选中 "MultiSelect"复选框和"VScrollBar"复选框，且都不选中"Sorted"复选框，在"lb_1"的"Items"属性页的"Item"列表框中输入一些学生的名字，如"李明""王红"……在两个列表框之间，放置两个命令按钮，上面一个为"cb_toright"，其"Text"为">>"；下面一个为"cb_toleft"，其"Text"为"<<"。

4. 为控件编写脚本

为控件编写脚本的步骤如下。

（1）单击选中">>"按钮"cb_toright"，在该按钮控件上单击鼠标右键，选择弹出式选单中的"Script"选单项，进入"Script"子窗口，选择"Clicked"事件，在脚本编辑区中输入以下代码：

```
Int i
FOR i=lb_1.totalitems() TO 1 step -1        //对列表框 lb_1 中的每一条记录进行循环
    IF lb_1.state(i)=1 THEN                  //判断列表框 lb_1 中的第 i 条是否被选中
        lb_2.additem(lb_1.text(i))           //将其加入列表框 lb_2 中
        lb_1.deleteitem(i)                   //在列表框 lb_1 中将其删除
    END IF
NEXT
```

注意，本段程序设计采用了从大到小的 FOR 循环设计，如果采用从小到大的循环会出现什么问题呢？举个例子，当 i 循环到 2 时，若第二条记录被选中，则被添加到列表框"lb_2"中，并被删除。删除后，后面的记录号就会向下移动，原来的第三条记录就变成了第二条记录。FOR 循环执行 NEXT 后 i 变为 3，这样，原来的第三条记录就没有进行判断和处理。

（2）在"cb_toleft"按钮的"Clicked"事件中输入以下代码：

```
Int i
FOR i=lb_2.totalitems()TO 1 step -1
    IF lb_2.state(i)=1 THEN
        lb_1.additem(lb_2.text(i))
        lb_2.deleteitem(i)
    END IF
NEXT
```

（3）单击选中列表框"lb_1"，在该控件上单击鼠标右键，选择弹出式选单中的"Script"选单项，进入"Script"子窗口，选择"DoubleClicked"事件，在脚本编辑区中输入以下代码：

```
Int i
String s
IF this.totalselected()=1 THEN
    i=this.selectedindex()
    s=this.selecteditem()
    lb_2.additem(s)
    this.deleteitem(i)
END IF
```

也可以采用下面这段程序实现与上面相同的功能：

```
IF this.totalselected()=1 THEN
    lb_2.additem(this.selecteditem())
    this.deleteitem(this.selectedindex())
END IF
```

（4）在列表框"lb_2"的"DoubleClicked"事件中输入以下代码：

```
Int i
String s
IF this.totalselected()=1 THEN
    i=this.selectedindex()
    s=this.selecteditem()
    lb_1.additem(s)
    this.deleteitem(i)
END IF
```

也可以采用下面这段程序实现与上面相同的功能：

```
IF this.totalselected()=1 THEN
    lb_1.additem(this.selecteditem())
    this.deleteitem(this.selectedindex())
END IF
```

5. 应用中的"Open"事件代码

在树状区双击应用（exlistbox），在其"Open"事件中输入以下代码：

```
Open(w_listbox)
```

保存所做的工作，运行应用程序。

8.2 列表视图控件与树状视图控件

8.2.1 列表视图控件

列表视图控件（ListView）是一种使用图标和文本标签集来表达数据的高级控件。Windows操作系统的资源管理器就是一种列表视图。在"查看"选单栏下选择"大图标""小图标"或"列表"方式时，就得到了 PowerBuilder 中列表视图相应的显示效果；当选择"详细资料"时，就得到了 PowerBuilder 中列表视图的报告效果。列表视图命名时的默认前缀为"lv_"。

1. 列表视图控件的属性

"ListView"控件的属性选项卡中有七个选项页，每页的主要功能见表 8.2。

表 8.2 列表视图控件属性的选项页的主要功能

选 项 页	主 要 功 能
General	设置列表视图的名称、边框、可视性、检索方式等基本属性
LargePicture	指定大图标的内容，以及设置大图标的尺寸等
SmallPicture	指定小图标的内容，以及设置小图标的尺寸等
State	指定状态图标的内容，以及设置状态图标的尺寸等
Items	设置每个图标对应的说明文本
Font	设置文字的类型、大小、颜色、修饰等
Other	设置列表视图控件的尺寸和鼠标光标落在列表视图中时的形状

其中，列表视图控件的 "General" 页中的一些独特属性及说明见表 8.3。

表 8.3　列表视图控件的 "General" 页中的独特属性及说明

属　　性	说　　明
FixLocation	以大、小图标显示时，用户是否能够拖曳图标，选中时不能拖曳
EditLabel	是否可以编辑项目的文本标签
AutoArrange	以大、小图标显示时，是否自动排列项目标签
ExtENDedSelect	允许用户同时选中多个项目，允许时可以按下【Shift】键后单击鼠标选中连续多项，或按下【Ctrl】键后单击选中不连续的多项，或拉出矩形框选中框内多项
ButtonHeader	以报告形式显示时，项目使用按钮形式，否则为标签形式
DeleteItems	允许使用【Delete】键删除 "ListView" 控件中的项目
HideSelection	当控件失去焦点时，选中内容不高亮显示
LabelWrap	当文本标签的文本过长时，自动换行以多行显示，不适用于报告和列表形式
ShowHeader	显示栏目标题，只适用于报告形式
CheckBoxes	在图标的左边添加一个选择框，与 "State" 标签页设置项目状态有关
TrackSelect	当鼠标光标停留在一个项目上时，该项目就变为高亮状态
OneClickActivate	在项目上单击鼠标激活该控件对应的事件
TwoClickActivate	在项目上双击鼠标激活该控件对应的事件
GridLines	在报告表中添加网格线，只适用于报告形式
HeadDragDrop	允许拖拉栏目标签，改变栏目顺序，只适用于报告形式
FullRowSelect	当选中某一个项目时，将整行都选中，只适用于报告形式
UnderLineCold	使没有选中的文本项目的标签带有下划线，不适用于报告形式
UnderLineHot	使选中的文本项目的标签带有下划线，不适用于报告形式
SortType	设置显示项目的排序方式
View	定义显示形式：Listviewlist!（列表）、Listviewlargeicon!（大图标）、Listviewsmallicon!（小图标）、Listviewreport!（报告）

列表视图控件的常用属性是 "view"，用于定义列表视图的显示形式（列表、大图标、小图标、报告）。其中，报告形式相当于 Windows 中的详细资料。

2.　列表视图控件的常用函数

列表视图控件的常用函数见表 8.4。与 AddLargePicture() 和 DeleteLargePicture() 函数相似的函数还有 AddSmallPicture()、DeleteSmallPicture()、AddStatePicture()、DeleteStatePicture()、DeleteLargePictures()、DeleteSmallPictures()、DeleteStatePictures() 等。

表 8.4　列表视图控件的常用函数

函　　数	功　　能	返　回　值	参数说明	例　子
listviewname.AddLargePicture (picturename)	添加一个大图标列表的图标	成功时返回添加的大图标的索引，失败时返回-1	listviewname: Listview 控件的名称；picturename: 添加的图标的名称	为 Listview 控件 "lv_1" 添加一个大图标 pic.ico：Integer index index=lv_1.AddLargePicture("pic.ico")
listviewname.DeleteLargePicture (index)	删除一个大图标列表的图标	成功时返回 1，失败时返回-1	listviewname: Listview 控件的名称；index: 大图标的索引	删除第 1 项大图标：lv_1.DeleteLargePicture(1)

函　　数	功　　能	返　回　值	参　数　说　明	例　　子
listviewname. AddColumn (label,lignment, width)	在报告显示形式下添加一个指定的文本标签、对齐方式和宽度的特定栏目	成功时返回添加的栏目的索引，失败时返回-1	listviewname：Listview 控件名称；label：添加的栏目的名称；alignment：添加的项目的对齐方式；width：添加的项目的宽度	在 Listview 控件的事件中，添加三个栏目： This.AddColumn("名称",Left!,1000) This.AddColumn("尺寸",Left!,400) This.AddColumn("日期",Left!,300)
listviewname. Sort(sorttype, { column })	对 Listview 控件中的项目进行排序	成功时返回 1，失败时返回-1	listviewname：Listview 控件名称；sorttype：排序方式；column：指定排序的栏目	对第 2 列按升序排序： lv_1.SetRedraw(FALSE) lv_1.Sort(Ascending! , 2) lv_1.SetRedraw(TRUE)
listviewname. TotalItems()	读取全部项目数	成功时返回项目数，失败时返回-1		读取"lv_1"项目数： Integer Total Total = lv_1.TotalItems()
listviewname. TotalColumns()	读取全部栏目数	成功时返回栏目数，失败时返回-1		读取"lv_1"栏目数： Integer Total Total = lv_1. TotalColumns()
listviewname. TotalSelected()	读取选中的项目数	成功时返回项目数，失败时返回-1		读取"lv_1"选中的项目数： Integer Selected Selected=lv_1.TotalSelected()
listviewname. SelectedIndex()	读取当前选中项目的索引号	成功时返回选中项目的索引号，没有选中或失败时返回-1		读取"lv_1"选中的项目的索引号： Integer li_Index li_Index=lv_1.SelectedIndex()
listviewname. AddItem label, picindex)	添加项目	成功时返回添加项目的索引，失败时返回-1	label：添加的项目的名称；picindex：图片索引号	添加项目： lv_1.AddItem("数学系",3)
listviewname. InsertItem(index,l abel,picindex)	插入项目	成功时返回插入项目的索引，失败时返回-1	index：要插入的项目索引号；label：添加的项目的名称；picindex：图片索引号	插入项目： lv_1.InsertItem(2, "CCTV",4)
listviewname. DeleteItem(index)	删除项目	成功时返回 1，失败时返回-1	index：要删除的项目索引号	删除项目： lv_1.DeleteItem(3)
listviewname. SetItem(index, column,label)	设置指定项、指定栏目的标签	成功时返回 1，失败时返回-1	index：要设置的项目索引号；column：栏目号；label：要设置的项目的标签	设置指定项、指定栏目的标签 lv_1.SetItem(1,1,"刘明") lv_1.SetItem(1,2,"男") lv_1.SetItem(1,3,"23") lv_1.SetItem(1,4,"南京师大")

续表

函　　数	功　　能	返　回　值	参　数　说　明	例　　　子
listviewname. GetItem index, column,label)	读取指定索引、 指定栏目的标签	成功时返回1，失 败时返回-1	index：要读取的项目索引 号；column：栏目号；label： 读取的项目的标签	读取第3个项目的第2栏的内容： String s1 Lv_1.GetItem(3,2,s1)

3. 列表视图控件的常用事件

ListView 控件的常用事件见表 8.5。其中常用的事件是 "DoubleClicked" "ColumnClick" "Clicked"。

表 8.5　ListView 控件的常用事件

事　　件	触　发　条　件
BeginDrag	在控件上单击鼠标并开始拖拉时触发
BeginLabelEdit	选择了一个文本标签后，再次单击该标签时触发
BeginRightDrag	在控件上单击鼠标右键并开始拖动时触发
Clicked	单击鼠标时触发
ColumnClick	在报告形式下，单击栏目标题时触发
DoubleClicked	双击鼠标时触发
DeleteAllItems	删除所有的项目时触发
DeleteItem	删除某一个项目时触发
DragDrop	拖动一个对象到控件上，当松开鼠标放下该对象时触发
DragWithIn	在一个控件内拖动对象时触发
EndLabelEdit	结束对文本标签的编辑时触发
InsertItem	在 Listview 控件中添加一个项目时触发
ItemChanged	当 Listview 控件中的项目发生变化时触发
RightClicked	单击鼠标右键时触发
RightDoubleClicked	双击鼠标右键时触发
Sort	当 ListView 控件被排序时触发

8.2.2　列表视图控件编程实例

1. 列表视图显示文件名

【例 8.2】设计的窗口外观如图 8.2 所示，左边的列表视图中显示当前目录下的文件名，右边四个按钮用于改变列表视图的显示方式。

实现步骤如下。

（1）创建一个新的工作空间和应用（exlistview）。

（2）创建一个新的窗口对象 "w_listview"。窗口对象的 "Title" 为 "用列表视图显示文件"，窗口类型为 main!。

（3）在窗口 "w_listview" 中，布置一个列表视图控件 "lv_1"；放置四个命令按钮 "cb_1" ～ "cb_4"，其 "Text" 分别为 "大图标" "小图标" "列表" 和 "视图"；在窗口中放置一个列表控件 "lb_1"，将其 "Visible" 设置为 "不可见"，即不选中 "Visible" 复选框。在项目工作空间目录下放入一些文件，如

01.bmp、02.jpg、1.gif 等（读者自己找一些文件测试用）。

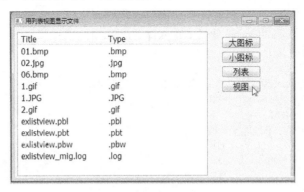

图 8.2　列表视图的例子

（4）为对象和控件编写脚本。

① 在窗口中任意位置单击鼠标（不要在控件上），选中窗口，单击鼠标右键，选择弹出式选单中的"Script"选单项，进入"Script"子窗口，选择"Open"事件，在脚本编辑区中输入以下代码：

```
Integer I
lv_1.addcolumn("Title",Left!,800)
lv_1.addcolumn("Type",Left!,400)
lb_1.dirlist("*",1)
FOR i=1 TO lb_1.totalitems()
    lv_1.additem(lb_1.text(i)+"~t"+mid(lb_1.text(i),pos(lb_1.text(i),".")),1)
NEXT
```

② 单击选中"大图标"按钮"cb_1"，在该按钮控件上单击鼠标右键，选择弹出式选单中的"Script"选单项，进入"Script"子窗口，选择"Clicked"事件，在脚本编辑区中输入以下代码：

```
lv_1.view=listviewlargeicon!
```

用同样的方法，为"小图标"按钮的"Clicked"事件编写脚本：

```
lv_1.view=listviewsmallicon!
```

为"列表"按钮的"Clicked"事件编写脚本：

```
lv_1.view=listviewlist!
```

为"视图"按钮的"Clicked"事件编写脚本：

```
lv_1.view=listviewreport!
```

（5）在树状区双击应用（exlistview），在其"Open"事件中输入以下代码：

```
Open(w_listview)
```

（6）保存所做工作，运行应用程序。

2. 列表视图显示表内容

【例 8.3】编写程序，用"ListView"显示"XSCJ"数据库中"XS"表的内容，并提供大、小图标，列表，详细资料等功能。

（1）创建工作空间 listview.pbw，其"ApplicationObject"为"lvapp"，再创建窗口"w_listview"、数据窗口对象"d_student"。其中，"d_student"对"XSCJ"数据库中"XS"表的全部列进行处理，格式为"Grid"。在"w_listview"上创建列表视图控件"lv_stu"、命令按钮"cb_large""cb_small""cb_list""cb_detail"、数据窗口控件"dw_stu"。为列表视图控件"lv_stu"的 picture 属性加一些图片。将"cb_large"的标题改为"大图标"，将"cb_small"的标题改为"小图标"，将"cb_list"的标题改为"列表"，将"cb_detail"的标题改为"详细资料"。将"dw_stu"的"DataObject"属性设为"d_student"，将"dw_stu"

的"Visible"属性设为"False"。

（2）编写代码。

在窗口"w_listview"的"Open"事件中输入以下代码：

```
SQLCA.DBMS = "ODBC"
SQLCA.AutoCommit = true
SQLCA.DBParm = "ConnectString='DSN=XSCJ;UID=dba;PWD=sql'"
CONNECT;
IF sqlca.sqlcode<>0  THEN
     MessageBox("错误","不能连接数据库!")
     RETURN
END IF
Long i
String id,nm,dp
Int lm
dw_stu.SetTransObject(sqlca)
dw_stu.Retrieve( )                           //将表中的数据读取到数据窗口"dw_stu"中
lv_stu.AddColumn("学号",center!,500)         //给列表视图"lv_stu"创建三个栏目
lv_stu.AddColumn("姓名",center!,500)
lv_stu.AddColumn("专业名",center!,800)
FOR i=1 TO dw_stu.RowCount()                 //将"dw_stu"中的数据读出,加到"lv_stu"中
    id=dw_stu.GetItemString(i,1)             //读学号
    nm=dw_stu.GetItemString(i,2)             //读姓名
    dp=dw_stu.GetItemString(i,3)
    lm=lv_stu.AddItem(id,i)                  //将学号加到"lv_stu"中,所用的图片号为i
    lv_stu.SetItem(lm,2,nm)                  //将姓名加到"lv_stu"中
    lv_stu.SetItem(lm,3,dp)                  //将专业名加到"lv_stu"中
NEXT
```

（3）在"cb_large"的"Clicked"事件中加入以下代码：

```
lv_stu.view=listviewlargeicon!              //以大图标形式显示
```

（4）在"cb_small"的"Clicked"事件中加入以下代码：

```
lv_stu.view=listviewsmallicon!              //以小图标形式显示
```

（5）在"cb_list"的"Clicked"事件中加入以下代码：

```
lv_stu.view=listviewlist!                   //以列表形式显示
```

（6）在"cb_detail"的"Clicked"事件中加入以下代码：

```
lv_stu.view=listviewreport!                 //以报告形式显示（详细资料）
```

（7）在树状区双击应用（lvapp），在其"Open"事件中输入以下代码：

```
Open(w_listview)
```

运行结果如图8.3所示。

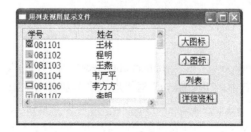

图8.3 运行结果

8.2.3 树状视图控件

树状视图控件（TreeView）是以树图形式组织项目的，具有直观和易于管理的特点。Windows 系统资源管理器的目录（如图 8.4 所示）就是使用树状视图的典型例子。

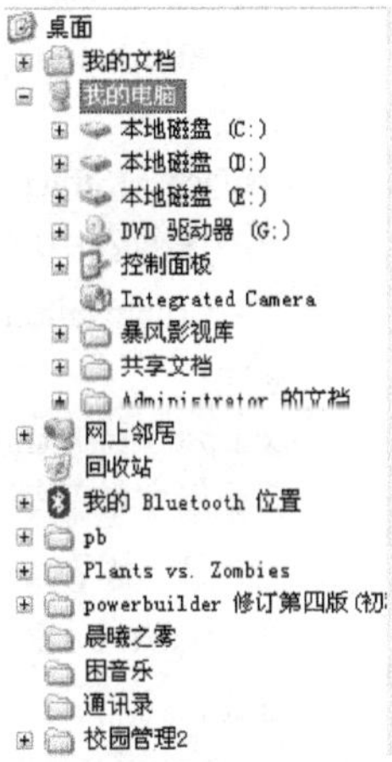

树状视图控件命名时的默认前缀为"tv_"。

1. 树状视图控件的常用属性

树状视图控件的常用属性有以下六种。

（1）"HasButtons"属性：指定是否在父节点列表项前显示"+"和"−"按钮，取值为 True 或 False。用户单击"+"按钮时将扩展列表项，单击"−"按钮时将折叠列表项。

（2）"HasLines"属性：指定是否用连线将列表项连接起来，取值为 True 或 False。

（3）"Indent"属性：值为 Integer 类型，指定下层节点（列表项）的缩进宽度，以 PBU 为单位。可以使用负值，此时节点被缩进到该控件的边界外边。

图 8.4　资源管理器

（4）"LinesAtRoot"属性：指定是否使用连线连接所有根节点，取值为 True 或 False。

（5）"SortType"属性：取值为枚举类型，指定列表项按标题名排序的方式。有效取值为"Ascending！""Descending！""UserDefined！""Unsorted！"。

（6）PictureName[ ]：String 型数组，表示该控件使用的图像文件名。可以在创建树状视图时，通过其"Picture"属性页加入这些图像文件。

除需要加入图像文件外，一般不改变树状视图控件的属性，就使用它的默认属性值。

2. 树状视图控件的常用事件

树状视图控件的常用事件有以下九种。

（1）"SelectionChanged"事件：在用户选择新的选项后触发。该事件是树状视图控件比较常用的事件。

（2）"SelectionChanging"事件：当用户选择新的选项时触发。该事件返回 1 时阻止用户改变当前选项，返回 0 时允许用户改变当前选项。

（3）"ItemCollapsed"事件：在某个列表项被折叠后触发。

（4）"ItemCollapsing"事件：在某个列表项要被折叠时触发。该事件返回 1 时阻止折叠，返回 0 时完成折叠。

（5）"ItemExpanded"事件：在某个列表项被展开后触发。

（6）"ItemExpanding"事件：在某个列表项要被展开时触发。该事件返回 1 时阻止展开，返回 0 时完成展开。如果在程序中希望每次展开列表项时填充该列表项下的子项，则可通过编写该事件的事件处理程序来完成。如果列表项没有子项，则不能被展开。

（7）"ItemPopulate"事件：当第 1 次展开某列表项时触发。该事件返回 1 时阻止展开，返回 0 时完成展开。如果列表项没有子项，则不能被展开。通常，该事件或"ItemExpanding"事件常用于生成相应列表项的子列表项。

（8）"DoubleClicked"事件：双击鼠标时触发。

（9）"RightClicked"事件：右击鼠标时触发。

3. 树状视图的常用函数

树状视图的常用函数有以下十三种。

（1）AddPicture()函数。

格式：

AddPicture(String picturename)

在图像列表中增加图片文件，返回值为新加入的图片文件索引号。

（2）CollapseItem()函数。

格式：

CollapseItem(Long itemhandle)

折叠指定的列表项（节点）。其中，itemhandle 为要折叠的列表项的句柄（一个长整数，每个节点都有一个唯一代表该节点的句柄）。成功时返回 1，失败时返回-1。

（3）ExpandAll()函数。

格式：

ExpandAll(Long itemhandle)

展开指定列表项（节点）的所有各级子项（子节点）。itemhandle 为要展开各级子项的列表项的句柄。

（4）ExpandItem()函数。

格式：

ExpandItem(Long itemhandle)

展开指定的列表项（节点）。itemhandle 为要展开列表项的句柄。

ExpandItem()函数只展开指定的列表项，而不展开该列表项下的各级子列表项。

（5）FindItem()函数。

格式：

FindItem(navigationcode,itemhandle)

根据列表项位置返回指定列表项的句柄，失败时返回-1。其中，itemhandle 为开始查找的列表项的句柄，Long 型；navigationcode 为要查找的节点，枚举类型，取值如下。

① RootTreeItem!：根节点。

② NextTreeItem!：与 itemhandle 列表项同一个父节点中同一层的下一个列表项。

③ PreviousTreeItem!：与 itemhandle 列表项同一个父节点中同一层的前一个列表项。

④ ParentTreeItem!：itemhandle 列表项的父节点。

⑤ ChildTreeItem!：itemhandle 节点的第一个子列表项。

⑥ CurrentTreeItem!：当前所选列表项。

例如，得到树状视图控件中当前所选项的句柄：

Long tv_curt
tv_curt=tv_1.FindItem(CurrentTreeItem!, 0)

例如，如果希望展开树状视图控件中的所有列表项，则以根节点的句柄为参数调用 ExpandAll()函数：

Long tv_rt   //查找根节点的句柄
tv_rt = tv_1.FindItem(roottreeitem!,0)   //展开所有节点
tv_1. ExpandAll(tv_rt)

（6）GetItem()函数。

格式：

GetItem(itemhandle,item)

得到指定句柄的完整列表项。其中，itemhandle 为要得到完整信息的列表项的句柄，为 Long 型；item 为 TreeViewItem 类型的变量，用于保存 itemhandle 参数指定列表项的完整信息。

使用 GetItem()函数可以得到指定列表项的完整信息，如标题 label、句柄 itemhandle、使用的图片索引 pictureindex 等。

（7）InsertItemLast()函数。

格式：

InsertItemLast(handleparent,label,pictureindex)

在末尾加入新节点。其中，handleparent 为指定要插入列表项父节点的句柄；label 为新插入列表项的标题，即显示在树状视图控件中的文字；pictureindex 为新插入列表项标题前显示的图片的索引号。返回值为 Long 型。函数执行成功时返回新插入列表项的句柄；发生错误时返回-1。

例如，下面的代码在当前列表项后面加入一个列表项"计算机系"，新加入列表项与当前列表项位于同一个层次上（有相同父节点）：

```
Long tv_ct, tv_parent                               //首先求当前列表项的句柄
tv_ct = tv_1.FindItem(CurrentTreeItem!,0)           //再求当前列表项父节点的句柄
tv_parent = tv_1.FindItem(ParentTreeItem!,tv_ct)    //加入新列表项
tv_1.InsertItemLast(tv_parent,"计算机系",2)
```

（8）InsertItem()函数。

格式：

InsertItem(handleparent,handleafter,label,pictureindex)

插入新节点。其中，handleparent 指定要插入列表项父节点的句柄；handleafter 指定在同一层中句柄为 handleafter 的项后面插入新项；label 为新插入列表项的标题，即显示在树状视图控件中的文字；pictureindex 为新插入列表项标题前显示的图片的索引号。返回值为 Long 型。函数执行成功时返回新插入列表项的句柄，发生错误时返回-1。

例如，下面的代码在当前列表项后面插入一个列表项，新插入列表项与当前列表项位于同一个层次上：

```
Long tv_ct, tv_parent                               //得到当前列表项的句柄
tv_ct = tv_1.FindItem(currenttreeitem!,0)           //得到当前列表项父列表项的句柄
tv_parent = tv_1.FindItem(parenttreeitem!,tv_ct)    //插入新列表项
tv_1.InsertItem(tv_parent,tv_ct,"计算机系",2)
```

（9）InsertItemFirst()函数。

格式：

InsertItemFirst(handleparent,label,pictureindex)

插入新节点。其中，handleparent 指定要插入列表项父节点的句柄；label 为新插入列表项的标题，即显示在树状视图控件中的文字；pictureindex 为新插入列表项标题前显示的图片的索引号。返回值为 Long 型。函数执行成功时返回新插入列表项的句柄，发生错误时返回-1。

（10）SelectItem()函数。

格式：

SelectItem(Long itemhandle)

选中指定的列表项（高亮显示该列表项），使其成为当前列表项。

（11）SetItem()函数。

格式：

SetItem(itemhandle, item)

设置指定列表项的数据。其中，itemhandle 为要设置列表项数据节点的句柄；item 为 TreeViewItem

对象指定新的数据值。

例如，要将当前列表节点的标签"计算机系"改为"南京师大计算机系"：

```
Long tv_ct
treeviewitem im                                      //得到当前列表项的句柄
tv_ct = tv_1.FindItem(currenttreeitem!,0)
GetItem(tv_ct, im)
Im.label="南京师大计算机系"
SetItem(tv_ct,im)
```

（12）Sort()函数。

格式：

```
Sort(itemhandle,sorttype)
```

节点排序。其中，itemhandle 指定要对其子列表项排序的列表项的句柄；sorttype 指定排序方式，取值为 Ascending!、Descending!和 UserDefined!。

Sort()函数只对指定列表项下面第一层子项进行排序。

（13）SortAll()属性。

格式：

```
SortAll(itemhandle, sorttype)
```

对指定列表项下的所有各级子项排序。

4.　树状视图控件编程

通常在窗口的"Open"事件中为"TreeView"加上根节点，在"TreeView"控件的"SelectionChanged"事件或其他事件中编写加入子节点的代码。

当然也可以在窗口的"Open"事件中生成"TreeView"的全部子节点。

8.2.4　树状视图控件编程实例

【例 8.4】编写程序，用树状视图显示表"department"中的内容。

数据库表"department"的结构如下：

no	char(10)	not null	//代码
name	char(12)	null	//名称

其中，no 的编码规则为两位代表学校，四位代表学院，六位代表系科，八位代表年级，十位代表班级。例如：

01	南京师范大学
0101	数科院
010101	计算机系
01010198	九八年级
0101019802	九八年级二班
0101019804	九八年级四班
010102	应用数学系
0102	文学院
02	河海大学
0201	水利学院
0202	商学院
03	东南大学

0301　　　　计算机学院

0302　　　　商学院

具体步骤如下。

（1）创建工作空间"treeview.pbw"，其"ApplicationObject"为"tvapp"，再创建一个窗口"w_treeview"、数据窗口对象"d_department"。其中，"d_department"对表"department"的全部列进行处理，格式为"Grid"。

在"w_treeview"上创建树状视图控件"tv_depart"、数据窗口控件"dw_depart"。为树状视图控件"tv_depart"的"picture"属性加一些图片。将"dw_depart"的"DataObject"属性设为"d_department"，将"dw_depart"的"Visible"属性设为"False"。

（2）编写代码。

① 在应用对象"tvapp"的"Open"事件中编写以下代码：

```
sqlca.autocommit = TRUE
sqlca.dbms = "odbc"
sqlca.servername = ""
sqlca.dbparm = "CONNECTString='DSN=XSCJ;UID=dba;PWD=sql'"
sqlca.logid=""
sqlca.logpass=""
CONNECT;
IF sqlca.sqlcode<>0 THEN
        MessageBox("===错误信息提示===","不能连接数据库!~r~n~r~n 请检查用户名及口令输入是否正确~r~n~r~n 电话线或网络连接是否正常,~r~n~r~n 请询问系统管理员",stopsign!)
        RETURN
END IF
Open(w_treeview)
```

② 在窗口"w_treeview"的"Open"事件中输入以下代码：

```
tv_depart.InsertItemLast(0,"学校",1)          //加入根节点
dw_depart.SetTransObject(sqlca)
dw_depart.retrieve()                          //将表"department"的数据读取到数据窗口"dw_depart"中
```

③ 在"tv_depart"中的"selectionchanged"事件中编写以下代码：

```
Long rows,i,cur_len,p
String mycode,str,myname,mylabel
Long handle_current,h1
treeviewitem item
treeviewitem newitem
h1=tv_depart.finditem(CurrentTreeItem!,0)           //查找当前节点的句柄
handle_current=tv_depart.FindItem(ChildTreeItem!,h1)   //查找当前节点的子节点的句柄
IF handle_current<0 THEN                            //当前节点没有子节点
    tv_depart.GetItem(h1,item)
    mylabel=item.label                             //当前节点的文本 mylabel
    p=pos(mylabel,"--")-1
    mycode=mid(mylabel,1,p)                         //当前节点代码 mycode
    cur_len=len(mycode)                            //当前节点代码 mycode 长度
    str="id like '"+mycode+"%'"                    //列出以 mycode 开头的记录，因为
                                                   //下级节点都以 mycode 开头
    dw_depart.setfilter(str)
    dw_depart.filter()
    rows=dw_depart.rowcount()
    FOR i=1 TO rows                                //插入下级节点
```

```
            mycode=dw_depart.getitemString(i,"no")       //从数据窗口中读取数据
            myname=dw_depart.getitemString(i,"name")
            IF len(mycode)=cur_len+2   THEN            //下级节点的长度比父节点大 2
                  newitem.label=mycode+"--"+myname     //新节点的标题
                  newitem.PictureIndex=(cur_len+2)/2+1  //新节点的图片
                  newitem.SelectedPictureIndex=(cur_len+2)/2+2
                  tv_depart.InsertItemLast(h1,newitem)  //加入新节点
            END IF
      NEXT
END IF
tv_depart.expanditem(h1)                             //展开节点
RETURN 0
```

8.3　统计图控件

图形具有可直观、形象和概括地表现数据的特点，可使数据的变化趋势和重要特征一目了然，因此被各行各业广泛使用。PowerBuilder 中提供的统计图控件可以方便、快捷地创建各式各样的统计图形。

8.3.1　统计图控件的结构

PowerBuilder 用于图形表达的数据有三种，第一种是分类数据（Category Axis），对应于我们熟悉的 X 轴；第二种是数值数据（Value Axis），对应于我们熟悉的 Y 轴；第三种是系列数据（Series Axis），对应于我们熟悉的 Z 轴。PowerBuilder 的图形结构如图 8.5 所示。

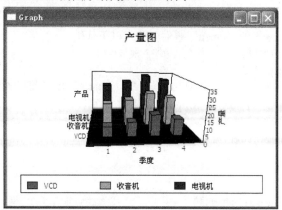

图 8.5　图形结构

统计图命名时的默认前缀为"gr_"。

8.3.2　统计图控件的种类

PowerBuilder 提供了十七种图形类型。如图 8.6 所示，可以在"Graph"控件"General"属性页的"GraphType"下拉列表框中选取。

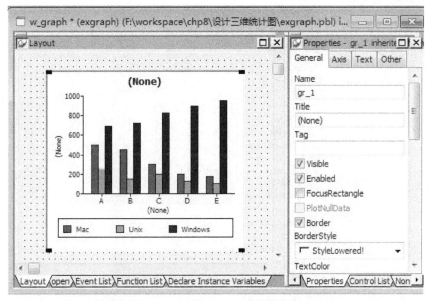

（a）

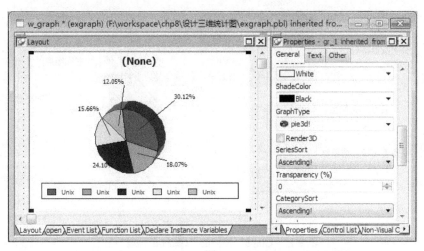

（b）

图 8.6　"Graph" 控件的常用图形类型

8.3.3　统计图控件的属性

图 8.7 所示为 "Graph" 控件的 "General" 属性页。其中，系列数据排列方式 "SeriesSort" 和分类数据排列方式 "CategorySort" 均有三个选项：Ascending!（升序）、Descending!（降序）和 Unsorted!（不排序）。定义图例区位置的 "Legend" 属性有五种选择：atbottom!（底部）、attop!（顶部）、atleft!（左边）、atright!（右边）和 nolegend（无图例）。调整图形四边间隙的 "Perspective" 滑尺可以改变图形在控件窗口中的大小，调整视角的 "Elevation" 滑尺可以在前后方向上旋转图形，"Rotation" 滑尺可以在水平角度旋转图形，这三个滑尺只适用于三维图形，并可以通过程序进行设置，其数值类型都是整型。例如，将图形控件 "gr_1" 水平旋转 45° 可使用如下语句：

```
gr_1.Rotation=45
```

图 8.7 "Graph" 控件的 "General" 属性页

图 8.8 显示了 "Graph" 控件的 "Axis" 属性页。对于轴的数据类型 "DataType" 属性，数据轴不能使用 "adtText!" 类型，系列轴只能使用 "adtText!" 类型，PowerBuilder 系统会自动变 "灰" 加以限制。"RoundTo" 和 "RoundToUnit" 属性在选中 "AutoScale" 后才有效，如果数据最大值超过 "RoundTo" 规定的最大值，则显示刻度的最大值将翻倍。刻度值递增的类型 "ScaleType" 有三种：linear!（线性，最常用）、log10（以 10 为底的对数）、loge（自然对数）。

刻度线的外形 "MajorTic" 和 "MinorTic" 有 outside!（向外）、inside!（向内）、straddle!（交叉）和 notic!（无）。

图 8.9 所示为 "Graph" 控件的 "Text" 属性页。该页主要用于设置 "Graph" 控件文本对象的显示内容和方式。其中，文本对象 "Text Object" 下拉列表框中列出了八个类型的文本对象供选择，见表 8.6。

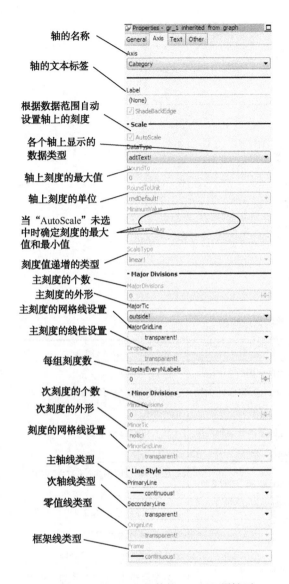

轴的名称

轴的文本标签

根据数据范围自动
设置轴上的刻度

各个轴上显示的
数据类型

轴上刻度的最大值

轴上刻度的单位

当"AutoScale"未选
中时确定刻度的最大
值和最小值

刻度值递增的类型

主刻度的个数
主刻度的外形
主刻度的网格线设置
主刻度的线性设置

每组刻度数

次刻度的个数
次刻度的外形
刻度的网格线设置

主轴线类型
次轴线类型
零值线类型

框架线类型

选择"Gragh"
控件的文本对象

输入文本对象的
显示内容

旋转文本对象的
显示方向（标题
和图例不可用）

图 8.8　"Graph"控件的"Axis"属性页　　　　图 8.9　"Graph"控件的"Text"属性页

表 8.6　文本对象

文 本 对 象	说　明	文 本 对 象	说　明
Title	Graph 控件的标题	Value Axis Label	数据轴的标签
Legend	图例	Value Axis Text	数据轴的文本
Category Axis Label	分类轴的标签	Series Axis Label	系列轴的标签
Category Axis Text	分类轴的文本	Series Axis Text	系列轴的文本

　　选择了文本对象后，就可以在"DisplayExpression"栏中输入显示的内容。可以单击省略号弹出表达式编辑对话框，如图 8.10 所示，在对话框的表达式"Expression"中输入文本，也可以选择函数"Functions"和系统提供的图形控件信息"Columns"，组成需要的表达式。"Escapement"属性用于旋转除标题"Title"和图例"Legend"以外的文本对象的显示方向，其基本单位为 0.1°，如果要旋转 45°，则可输入数值 450。

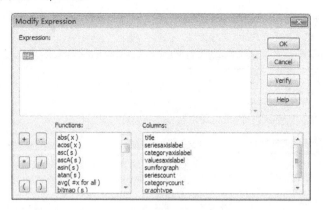

图 8.10　表达式编辑对话框

8.3.4　统计图控件的函数

统计图控件的常用函数见表 8.7。

表 8.7　统计图控件的常用函数

语法格式	功能	参数	示例
controlname.AddCategory (categoryname)	为图形控件添加一个分类轴	controlname：图形控件名称； categoryname：要添加的分类轴名称。 成功时返回新加分类轴的序号，失败时返回-1	为图形控件"gr_1"添加名称为"TV"的分类轴： gr_1.AddCategory("TV")
controlname.InsertCategory (categoryvalue, categorynumber)	在指定位置插入一个分类轴	Controlname：图形控件名称； categoryvalue：要插入的分类轴的值；categorynumber：在其前面插入原分类轴的序号	在分类轴"TV"前插入名称为"VCD"的分类轴： Integer Num Num=FindCategory("TV") gr_1.InsertCategory("VCD",Num)
controlname.AddSeries (seriesname)	为图形控件添加一个系列轴	controlname：图形控件名称； seriesname：要添加的系列轴名称。 成功时返回新加系列轴的序号；失败时返回-1	为图形控件"gr_1"添加名称为"Costs"的系列轴： Integer num num=gr_1.AddSeries("Costs")
controlname.AddData (seriesnumber,datavalue{, categoryvalue }) 散点图的格式： controlname.AddData (seriesnumber,xvalue,yvalue)	向图形控件的数据轴添加数据	controlname：图形控件名称；seriesnumber：要添加数据的系列号；datavalue：添加的数据；categoryvalue：该添加数据在分类轴上的分类值；xvalue、yvalue：添加数据的x、y值	将数据"120"添加到图形控件"gr_1"的"Costs"系列： Integer Num Num=gr_1.FindSeries("Costs") gr_1.AddData(Num,120)

语 法 格 式	功　　能	参　　数	示　　例
graphname.ImportString (String{, startrow{, endrow{, startcolumn } } })	按以制表符分割的字符串向图形添加数据	graphname：图形控件名称；String：以制表符分割的字符串；startrow、endrow、startcolumn：要添加的数据在字符串中的起始行、结束行和起始列	向图形控件添加两个系列、两个分类的数据： String ls_gr ls_gr="电视机~t2~t120~r~n" ls_gr=ls_gr+"电视机~t3~t130~r~n" ls_gr=ls_gr+"洗衣机~t2~t150~r~n" ls_gr=ls_gr+"洗衣机~t3~t140~r~n" gr_1.ImportString(ls_gr, 1)
dwcontrol.ObjectAtPointer (seriesnumber,datapoint)	得到用户在图形中单击的位置	dwcontrol：图形控件名称；seriesnumber：保存单击点的系列号；datapoint：保存单击点的数据点； 返回值反映单击位置的GrObjectType； 枚举量，见表 8.8	保存单击点的系列号和数据点到SeN 和 ItN，返回单击位置枚举量到object_type： Integer SeN, ItN grObjectType object_type String SeriesName object_type=gr_1.ObjectAtPointer(SeN, ItN)
controlname.SetDataPieExplode (seriesnumber,datapoint,percentage)	饼图专用函数，将指定的图形块从饼图中剥离出来	controlname：饼图名称；seriesnumber：系列号；datapoint：被剥离的数据号；percentage：剥离的饼块到饼图中心的距离占饼图半径的百分比。 成功时返回 1；失败时返回 -1	在饼图中双击，使被击中部分从饼图中分离出去： Integer series, datapoint grObjectType clktype Integer percentage percentage = 50 IF(This.GraphType <> PieGraph! AND This.GraphType<>Pie3D!)THEN RETURN clktype=This.ObjectAtPointer(series, datapoint)

controlname.SetDataPieExplode
(seriesnumber,datapoEND,
percentage)
	饼图专用函数，将指定的图形块从饼图中剥离出来	controlname：饼图名称；seriesnumber：系列号；datapoEND：被剥离的数据号；percentage：剥离的饼块到饼图中心的距离占饼图半径的百分比。
		成功时返回 1；失败时返回 -1
			IF(series>0 and datapoint > 0)THEN
			This.SetDataPieExplode
			(series,datapoint,percentage)
			END IF

controlname.SaveAs { filename,} {saveastype,colheading })	按指定格式保存图形控件中的数据	controlname：图形控件的名称；filename：保存的文件名；saveastype：指定保存的格式，见表 8.9；colheading：文件中是否包括标题	以逗号分割形式将图形 "gr_1" 的数据保存到 C：\TEMP\MYDAT 文件中，不保存标题： gr_1.SaveAs ("C：\TEMP\MYDAT",CSV!, FALSE)

使用函数 ObjectAtPosition()，可以得到用户在图形中单击的位置，其返回值为 GrObjectType 枚举

量。GrObjectType 的具体取值及表示的单击位置见表 8.8。

表 8.8　GrObjectType 的具体取值及表示的单击位置

GrObjectType 取值	单击的位置	GrObjectType 取值	单击的位置
TypeCategory!	分类的标签	TypeSeries!	图例区中的系列标签或线形图数据点之间的连线
TypeCategoryAxis!	分类轴或分类标签之间	TypeSeriesAxis!	三维图形的系列轴
TypeCategoryLabel!	分类轴的标签	TypeSeriesLabel!	三维图形系列轴的标签
TypeData!	数据点或其他标记	TypeTitle!	图形标题
TypeGraph!	图形控件中不属于其他 GrObjectType 的任意位置	TypeValueAxis!	数值轴，包括数值标签
TypeLegend!	图例区内，但不是图例标签	TypeValueLabel!	数值标签

在保存图形控件数据的函数 SaveAs() 中，用于指定保存格式的枚举量 saveastype 的具体取值及对应的保存方式见表 8.9。

表 8.9　saveastype 的具体取值及对应的保存方式

saveastype 取值	保 存 方 式	saveastype 取值	保 存 方 式
Clipboard!	剪贴板格式	SQLInsert!	SQL 语法格式
CSV!	以逗号分割的格式	SYLK!	微软 Microplan 格式
dBASE2!	dBASE-II 格式	Text!	以制表符分割字段，每行有一个【Enter】键的文本格式
dBASE3!	dBASE-III 格式	WKS!	Lotus1-2-3 格式
DIF!	数据交换格式	WK1!	Lotus1-2-3 格式
Excel!	微软 Excel 文件格式	WMF!	Windows 源文件格式
PSReport!	Powersoft 报告格式		

8.3.5　统计图控件的编程

图形控件的基本属性可以直接在脚本中设置或修改。例如：

```
gr_1.Elevation=30          //将三维图形的视角旋转到 30°
gr_1.Rotation=45           //将三维图形旋转 45°
gr_1.Spacing=150           //设置条形图的数据条之间的距离为条本身宽度的 150%
gr_1.OverlapPercent=60     //设置条形图各个系列重叠 60%
```

图形控件中轴的属性是由 PowerBuilder 的"graxis"对象定义的，单击选单标题"Tools"下的"Browser"选单项或单击工具图标按钮"Browser"都可以打开"Browser"窗口，选择"System"选项页，在左边窗口中选择"graxis"后，双击右边窗口中的"Properties"，即可显示系统提供的轴的属性，如图 8.11 所示。

在脚本中访问这些属性可以使用如下格式：

```
GraphControlName.AxisName.property
```

其中，GraphControlName 为图形控件名称；AxisName 为轴的名称。

例如，要设置系列轴具有自动调整比例尺的属性，可以使用如下脚本：

```
gr_1.series.AutoScale=TRUE
```

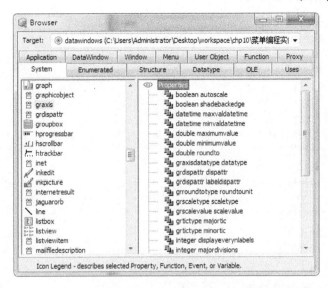

图 8.11 "Browser"窗口中"graxis"的属性

在脚本中要控制图形控件文本对象的属性，可以采用如下格式：

`GraphControlName.AxisName.grDispAtrrName.property`

其中，GraphControlName 为图形控件名称；AxisName 为轴的名称；grDispAttrName 是 PowerBuilder 定义的图形控件文本对象的显示属性。打开"Browser"窗口，选择"System"选项页，在左边窗口中选择"grdispattr"后，双击右边窗口中的"Properties"，即可显示系统提供的"DispAttr"属性，如图 8.12 所示。

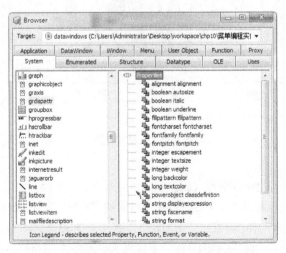

图 8.12 "Browser"窗口中"grdispattr"的属性

例如：

```
//设置系列轴文本具有下划线
gr_1.Series.DispAttr.Underline=TRUE        //设置分类轴的表达式
gr_1.Category.LabelDispAttr.DisplayExpression="三月份"+seriescount
```

在图形控件的属性设置中只能修改显示属性，如果需要添加轴和数据等，则要使用前面介绍的图形控件的函数。例如：

```
//添加一个分类轴
gr_1.AddCategory.(date(2000,5,1))          //为一个饼图添加数据
//添加系列
gr_1.AddSeries("一季度")
gr_1.AddSeries("二季度")
gr_1.AddSeries("三季度")
gr_1.AddSeries("四季度")
//为系列 1、2、3、4 添加数据
gr_1.AddData(1,12,"电视机")
gr_1.AddData(1,27,"VCD")
gr_1.AddData(2,14,"电视机")
gr_1.AddData(2,29,"VCD")
gr_1.AddData(3,17,"电视机")
gr_1.AddData(3,26,"VCD")
gr_1.AddData(4,18,"电视机")
gr_1.AddData(4,25,"VCD")
```

8.3.6　统计图控件编程实例

【例 8.5】设计的三维统计图外观如图 8.13 所示。

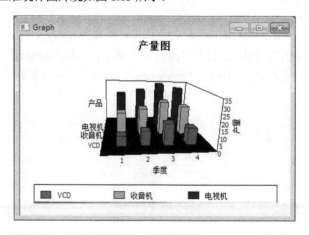

图 8.13　三维统计图

实现步骤如下。

（1）创建一个新的工作空间和应用（exgraph）。

（2）创建一个新的窗口对象"w_graph"，窗口对象的"Title"为"Graph"，窗口类型为 main!。

（3）在窗口"w_graph"中，布置一个图形控件"gr_1"，标题"Title"为"产量图"，拖曳图形控件边框，使其布满整个窗口。在"GraphType"下拉列表框中选择"col3dgraph!"。转到"Axis"属性页，在轴"Axis"下拉列表框中选择分类轴"Category"，在标签"Label"编辑栏中输入"季度"；在轴"Axis"下拉列表框中选择系列轴"Series"，在标签"Label"编辑栏中输入"产品"；在轴"Axis"下拉列表框中选择数值轴"Value"，在标签"Label"编辑栏中输入"产量"。

（4）在窗口的"Open"事件中输入以下脚本：

```
gr_1.Elevation=15          //将三维图形的视角旋转到 15°
gr_1.Rotation=10           //将三维图形旋转 10°
gr_1.Spacing=150           //设置条形图的数据条之间的距离为条本身宽度的 150%
gr_1.AddCategory("一季度")  //设置分类轴
```

```
gr_1.AddCategory("二季度")
gr_1.AddCategory("三季度")
gr_1.AddCategory("四季度")
gr_1.AddSeries("电视机")              //设置系列轴
gr_1.AddSeries("VCD")
gr_1.AddSeries("收音机")
gr_1.AddData(1,7,1)                   //添加数据
gr_1.AddData(2,17,1)
gr_1.AddData(3,27,1)
gr_1.AddData(1,10,2)
gr_1.AddData(2,20,2)
gr_1.AddData(3,30,2)
gr_1.AddData(1,15,3)
gr_1.AddData(2,25,3)
gr_1.AddData(3,35,3)
gr_1.AddData(1,12,4)
gr_1.AddData(2,22,4)
gr_1.AddData(3,32,4)
```

（5）在树状区双击应用（exgraph），在其"Open"事件中输入如下代码：

```
Open(w_graph)
```

（6）保存所做工作，运行应用程序。

8.4　水平进度条控件与垂直进度条控件

8.4.1　水平进度条控件与垂直进度条控件介绍

　　水平进度条控件（HprogressBar）与垂直进度条控件（VprogressBar）的外观如图 8.14 所示。进度条主要用来显示某一过程的进度，经常使用在安装程序、复制数据等需要较长等待时间的过程中。进度条控件的基本属性页如图 8.15 所示。其中，如果平滑滚动显示属性"SmoothScroll"未选中，则用有间隔的蓝条方式显示进度条。"SetStep"属性用来设置进度条的步长，默认值为"10"。

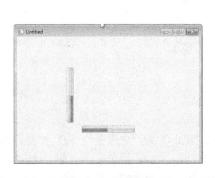

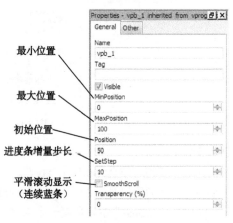

　　图 8.14　进度条控件　　　　　　　　　　　图 8.15　进度条控件的基本属性页

　　水平进度条控件命名时的默认前缀为"hpb_"，垂直进度条控件命名时的默认前缀为"vpb_"。在进度条控件的编程中，可以直接设置进度条控件的属性，也可以使用进度条控件的函数。进度

条控件的常用函数见表 8.10。如下代码为某个"开始"按钮的脚本，它完成十项具体的工作，每项工作由函数 work（工作序号）调用，每完成一项工作，进度条递进 10%。Yield()函数的作用是允许系统在 FOR 循环中响应其他消息。

```
Int li_i,li_step
li_step=hpb_1.MaxPosition / 10
FOR li_i=1 TO 10
    Yield()
    work(li_i)
    hpb_1.OffsetPos(li_step * li_i)
NEXT
```

表 8.10　进度条控件的常用函数

函　数	功　能	语法格式	参　数	说　明
OffsetPos	以指定的增量移动进度条的位置	control.OffsetPos (increment)	control：进度条控件名称；increment：指定的移动增量。成功时返回 1；失败时返回-1	使水平进度条"hpb_1"移动增量 20：hpb_1.OffsetPos(20)
StepIt	步进进度条，步进增量为 SetStep 属性的值	control.StepIt()	control：进度条控件名称。成功时返回 1；失败时返回-1	使水平进度条"hpb_1"步进：hpb_1. StepIt()
SetRange	设置进度条的范围	control.SetRange (startpos,endpos)	control：进度条控件名称；startpos：开始位置；endpos：结束位置。成功时返回 1；失败时返回-1	设置水平进度条"hpb_1"的范围为 1～150：hpb_1.SetRange(1, 150)

8.4.2　水平进度条控件编程实例

【例 8.6】 应用程序窗口外观如图 8.16 所示。

图 8.16　进度条实例

实现步骤如下。

（1）创建一个新的工作空间和应用（bar）。

（2）创建一个新的窗口对象"w_probar"，窗口对象的"Title"为"进度条"，窗口类型为 main!。

（3）在窗口"w_probar"中，布置一个水平进度条控件"hpb_1"，设置最小位置"MinPosition"为"0"，最大位置"MaxPosition"为 100，初始位置"Position"为"0"。选中"SmoothScroll"复选框。在水平进度条下方布置两个按钮控件："开始"和"复位"。

（4）输入脚本。

① 在窗口的"Open"事件中输入以下初始化水平进度条的脚本：

```
hpb_1.MinPosition=0
hpb_1.MaxPosition=100
hpb_1.Position=0
```

② 在窗口脚本区左上方的下拉列表框中选择函数"（Functions）"，出现函数接口定义区，如图 8.17 所示。

图 8.17 函数接口定义区

在函数接口定义区中，定义函数名"Function Name"为"work"，无返回值，即"RETURN Type"为"[None]"；入口参数"Argument Name"为"li_num"，入口参数类型"Argument Type"为"integer"。函数的内容如下：

```
Int i,j
i=0
DO
    j=0
    DO
        j++
    LOOP WHILE j<li_num
    i++
LOOP WHILE i<1000
RETURN
```

③ 为"开始"按钮编写脚本：

```
Int i,li_step
li_step=hpb_1.MaxPosition / 20
FOR i=1 TO 20
    Yield()
    work(2000)
    hpb_1.OffsetPos(li_step * i)
NEXT
```

④ 为"复位"按钮编写脚本：

hpb_1.Position=0

（5）在树状区双击应用 bar，在其"Open"事件中输入如下代码：

Open(w_probar)

（6）保存所做工作，运行应用程序。

8.5 水平跟踪条控件与垂直跟踪条控件

水平跟踪条控件（HTrackBar）和垂直跟踪条控件（VTrackBar）是 PowerBuilder 7 中新增加的控件，二者区别为一个是水平放置，另一个是垂直放置。跟踪条是由标尺、滑动标记和标尺刻度三部分组成的，如图 8.18 所示。

水平跟踪条控件命名时的默认前缀为"htb_"，垂直跟踪条控件命名时的默认前缀为"vtb_"。

跟踪条控件的基本属性页如图 8.19 所示，跟踪条控件的主要属性列于表 8.11 中。

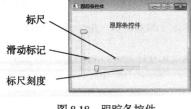

图 8.18　跟踪条控件　　　　　　　　　　图 8.19　跟踪条控件的基本属性页

表 8.11　跟踪条控件的主要属性

属　　性	说　　明
MinPosition	滑动标记处于控件标尺左边界时的位置值
MaxPosition	滑动标记处于控件标尺右边界时的位置值
Position	滑动标记在控件标尺上的位置值
TickFrequency	设置标尺刻度，即每一格代表的位置增量
PageSize	按【PageUp】或【PageDown】键或在标尺上单击鼠标时滑动标记移动的刻度值，默认为滑动范围的 1/5
LineSize	在标尺上单击方向键一次，滑动标记移动的刻度值
SliderSize	指定标尺的宽度，为 0 时，显示标尺的默认宽度
TickMarks	指定滑动标记和刻度的显示方式
Slider	显示滑动标记，不选中则不显示滑动标记

跟踪条控件的事件见表 8.12。

表 8.12　跟踪条控件的事件

事　件	说　明
LineLeft	按左方向键或上方向键时触发
LineRight	按右方向键或下方向键时触发
Moved	当滑动标记移动时触发
PageLeft	按【PageUp】键或在标尺滑动标记的左边或上边单击鼠标时触发
PageRight	按【PageDown】键或在标尺滑动标记的右边或下边单击鼠标时触发

8.6　水平滚动条控件与垂直滚动条控件

8.6.1　水平滚动条控件与垂直滚动条控件介绍

水平滚动条控件（HScrollBar）和垂直滚动条控件（VScrollBar）的外形如图 8.20 所示。经常见到的使用滚动条的情况是指示某项文档或图形在窗口中的位置。当它们作为单独的控件使用时，通常作为滑动控件，滚动条控件具有指示当前的位置信息和进行位置调整的双重作用。水平滚动条控件和垂直滚动条控件的基本属性页如图 8.21 所示。

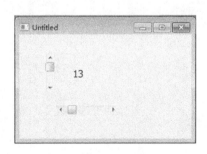

图 8.20　滚动条控件

图 8.21　滚动条控件的基本属性页

在属性对话框中有三个重要的参数："MaxPosition"用来设置滚动条在最右（或下）端时的值；"MinPosition"用来设置滚动条在最左（或上）端时的值；这两个值设置好之后，"Position"栏中的值就表示滚动条初始位置的值，它在设置好的最大值和最小值之间。

例如，设置"MaxPosition"的值为 100，"MinPosition"的值为 0，"Position"的值为 50，预览窗口，可以看出滚动块的初始位置就在滚动条的中间。

水平滚动条控件命名时的默认前缀为"hsb_"，垂直滚动条控件命名时的默认前缀为"vsb_"。

滚动条控件常用事件与跟踪条相同的设置有如下几种。

（1）LineLeft：按左方向键或上方向键时触发。

（2）LineRight：按右方向键或下方向键时触发。

（3）Moved：当滑动标记移动时触发。

（4）PageLeft：按【PageUp】键或在标尺滑动标记的左边或上边单击鼠标时触发。

（5）PageRight：按【PageDown】键或在标尺滑动标记的右边或下边单击鼠标时触发。

8.6.2　水平滚动条控件与垂直滚动条控件编程实例

【例 8.7】有一个滚动条，其中的滚动框来回自动滚动（从左向右移动，到右端时再从右向左移动，鼠标也能控制），请编程实现。设左边界为 10，右边界为 100，并使用静态文本框显示滚动框的当前值。

图 8.22　运行结果

运行结果如图 8.22 所示。

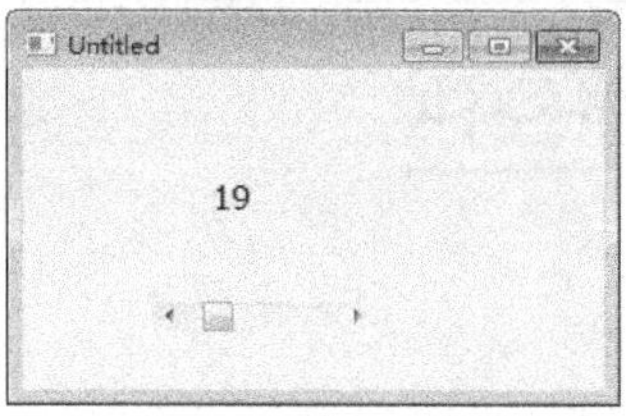

步骤如下。

（1）创建工作空间 scrollbar.pbw，其"ApplicationObject"为"scrollbar"，再创建一个窗口"w_hsb"。在"w_hsb"中创建水平滚动条控件"hsb_1"、静态文本控件"st_1"。

（2）编写代码。

① 在应用对象"scrollbar"的"Open"事件中编写如下代码：

```
Open(w_hsb)
```

② 在"w_hsb"中定义"Instance"变量：

```
Int inc,direct        //inc 表示按【Pageup】/【Pagedown】键时增加、减少多少；
                      //direct 表示滚动框滚动的方向：1 从左向右（增加）；0 从右向左（减少）。
```

③ 在"w_hsb"的"Open"事件中编写如下代码：

```
inc=6
hsb_1.minposition= 10
hsb_1.maxposition=100
hsb_1.position=hsb_1.minposition
st_1.text=String(hsb_1.position)
direct=1
timer(1)
```

④ 在"w_hsb"的"Timer"事件中编写如下代码：

```
IF direct=1 THEN
      hsb_1.position=hsb_1.position+1
ELSE
      hsb_1.position=hsb_1.position - 1
END IF
IF hsb_1.position>hsb_1.maxposition THEN
      hsb_1.position=hsb_1.maxposition
      direct= -1
END IF
IF hsb_1.position<hsb_1.minposition THEN
      hsb_1.position=hsb_1.minposition
      direct=   1
END IF
hsb_1.triggerevent("moved")
```

⑤ 在"hsb_1"的"lineleft"事件中编写如下代码：

```
hsb_1.position=hsb_1.position - 1
IF hsb_1.position<hsb_1.minposition THEN
```

```
        hsb_1.position=hsb_1.minposition
END IF
st_1.text=String(hsb_1.position)
```

⑥ 在"hsb_1"的"lineright"事件中编写如下代码:

```
hsb_1.position=hsb_1.position + 1
IF hsb_1.position>hsb_1.maxposition THEN
        hsb_1.position=hsb_1.maxposition
END IF
st_1.text=String(hsb_1.position)
```

⑦ 在"hsb_1"的"moved"事件中编写如下代码:

```
st_1.text=String(hsb_1.position)
```

⑧ 在"hsb_1"的"pageleft"事件中编写如下代码:

```
hsb_1.position=hsb_1.position - inc
IF hsb_1.position<hsb_1.minposition THEN
        hsb_1.position=hsb_1.minposition
END IF
st_1.text=String(hsb_1.position)
```

⑨ 在"hsb_1"的"pageright"事件中编写如下代码:

```
hsb_1.position=hsb_1.position + inc
IF hsb_1.position>hsb_1.maxposition THEN
        hsb_1.position=hsb_1.maxposition
END IF
st_1.text=String(hsb_1.position)
```

8.7 "RichText"编辑框控件

8.7.1 "RichText"编辑框控件介绍

"RichText"编辑框控件(RichTextEdit)是一个功能强大的编辑框,利用它可以使应用程序具有基本的字处理功能,可以使用 Windows 支持的字体、字号和颜色,具有按钮栏和标尺,以及完整的格式化工具。"RichText"编辑框的外观如图 8.23 所示。

"RichText"编辑框控件命名时的默认前缀为"rte_"。

1."RichText"编辑框控件的属性

"RichText"编辑框控件的一些主要属性都在"Document"属性页中。

在窗口中放入一个"RichText"编辑框控件,单击"Document"标签,可以见到"RichText"编辑框控件的"Document"属性页如图 8.24 所示。其中"DocumentName"属性用于定义在打印"RichText"编辑框控件中的内容时,出现在打印队列中的名字。

2."RichText"编辑框控件的事件

"RichText"编辑框控件有二十多个事件,比较常用的事件见表 8.13。

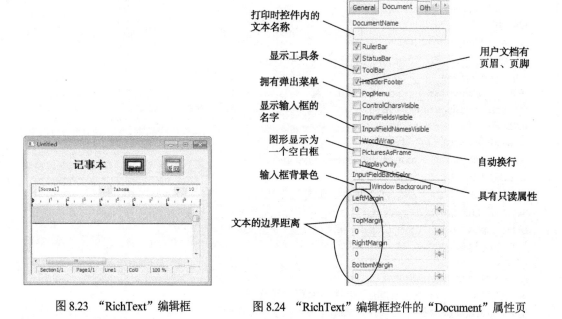

图 8.23 "RichText" 编辑框   图 8.24 "RichText" 编辑框控件的 "Document" 属性页

表 8.13 "RichText" 编辑框控件的常用事件

事 件	触 发 时 机	参 数	说 明
FileExists	在 "RichText" 控件中保存文件时，如果文件已经存在，则触发	filename：文件名。返回 0 继续；返回 1 保存被取消	Integer li_answer IF ib_saveas = FALSE THEN RETURN 0 li_answer = MessageBox("FileExists", filename+"already exists.Overwrite？", Exclamation!， YesNo!) MessageBox("Filename arg"， filename) IF li_answer = 2 THEN RETURN 1
InputFieldSelected	在 "RichText" 控件中双击输入框或在其上按【Enter】键时触发	fieldname：输入字段的名称。返回 0 继续	例如，在 "InputFieldSelected" 事件中，将用户要编辑的字段放入 "ls_1"： String ls_1 ls_1=This.InputFieldGetData(fieldname)
Modified	"RichText" 控件被修改时触发	返回 0 继续	
GetFocus	"RichText" 控件得到焦点时触发	返回 0 继续	
LostFocus	"RichText" 控件失去焦点时触发	返回 0 继续	

3. "RichText" 编辑框控件的函数

"RichText" 编辑框控件有非常丰富的函数，表 8.14 列出了几个 "RichText" 编辑框控件的常用函数。

表 8.14　"RichText" 编辑框控件的常用函数

函　　数	作　　用	格　　式	参　　数	说　　明
SaveDocument	将 "RichText" 编辑框控件中的内容以.rtf 或 txt 格式保存起来	rtename.SaveDocument (filename {, filetype })	rtename: "RichText" 编辑框控件名称; filename: 保存文件的名字; filetype: 文件的类型(见注)。返回 1 时成功; 返回-1 时失败	例如, 将 "RichText" 编辑框控件中的内容以.rtf 格式保存到 c:\f.rtf: Integer rtn rtn=rte_1.SaveDocument ("c: \f.rtf",FileTypeRichText!)
SelectText	在 "RichText" 编辑框控件中选择某特定位置的一段文本	rtename.SelectText (fromline, fromchar, toline, tochar { band })	rtename: "RichText" 编辑框控件名称; fromline: 起始行号; fromchar: 在行中起始字符号; toline: 结束行号; tochar: 在行中结束字符号; band: 选择的区域	例如, 选择 "RichText" 编辑框控件中第 2 行第 1 个字符到第 4 行第 5 个字符的文本: rte_1.SelectText(2,1,4,5)
InputFieldInsert	在 "RichText" 编辑框控件中添加一个输入框	rtename.InputFieldInsert (inputfieldname)	rtename: "RichText" 编辑框控件名称; inputfieldname: 输入框的名字。返回 1 时成功; 返回-1 时失败	例如, 在 "RichText" 编辑框控件中添加一个输入框 name: rte_1.InputFieldInsert("name")
Undo	取消 "RichText" 编辑框控件中进行的最后一次修改操作	editname.Undo()	editname: "RichText" 编辑框控件、单行编辑框、多行编辑框或数据窗口控件的名称。返回 1 时成功; 返回-1 时失败	例如, 取消 "RichText" 编辑框控件 rte_1 中进行的最后一次修改操作: rte_1.Undo()
InputFieldGetData	获取 "RichText" 编辑框控件输入框中的数据	rtename.InputField GetData(inputfieldname)	rtename: "RichText" 编辑框控件名称; inputfieldname: 输入框的名称。返回输入框中的数据字符串	例如, 获取输入框 name 中的字符串: String ls_name ls_name=rte_1.InputFieldGetData (name)
InputField Current Name	获取 "RichText" 编辑框控件中得到插入点的输入框的名称	rtename.InputField CurrentName()	rtename: "RichText" 编辑框控件名称。返回 "RichText" 编辑框控件中得到插入点的输入框的名称(字符串)	例如, 取插入点的输入框的名称到 ls_inputname 中: String ls_inputname ls_inputname=rte_1.InputField CurrentName()

注: 保存文件的类型为 FileTypeRichText!(.rtf 格式)和 FileTypeText!(.txt 格式)。

8.7.2 "RichText" 编辑框控件编程实例

【例 8.8】使用"RichText"编辑框的窗口外观如图 8.25 所示。单击图片按钮"保存",就可将"RichText"编辑框中的内容以文本格式保存在 D 盘根目录下的 "myf.txt" 文件中。

图 8.25 "RichText" 编辑框控件应用实例

实现步骤如下。

（1）创建一个新的工作空间和应用（exrichtext）。

（2）创建一个新的窗口对象 "w_richtext"，窗口对象的 "Title" 为 "Richtext"，窗口类型为 main!。

（3）在窗口中，布置一个"Richtext"编辑框控件"rte_1"，切换到"Document"属性页，选中"RulerBar" "StatusBar""ToolBar""HeaderFooter"复选框，布置两个图片按钮控件 "保存" 和 "返回"，在图片按钮属性页的 "Picture Name" 栏右侧有 "..." 按钮，单击后打开选择文件对话框，选择准备好的小图片。

（4）在 "保存" 图片按钮的 "Clicked" 事件中输入如下脚本：

```
Integer li_rtn
li_rtn=rte_1.SaveDocument("d:\myf.txt",FileTypeText!)
```

在 "返回" 图片按钮的 "Clicked" 事件中输入如下脚本：

```
Close(PARENT)
```

（5）在树状区双击应用（exrichtext），在其 "Open" 事件中输入如下代码：

```
Open(w_richtext)
```

保存所做工作，运行应用程序。

8.8　静态文本超链接控件与图片超链接控件

静态文本超链接控件（StaticHyperLink）与图片超链接控件（PictureHyperLink）是 PowerBuilder 提供的用于开发连接 Internet 的应用程序的控件，二者的差别仅在于外观形式的不同，前者与命令按钮控件相似，提供的是静态文本形式；后者与图片按钮相似，可以使用图片封面。它们的外观如图 8.26 所示。

静态文本超链接控件命名时的默认前缀为 "shl_"，图片超链接控件命名时的默认前缀为 "phl_"。

静态文本超链接控件与图片超链接控件的属性中，有一个 URL（Uniform Resource Locator）地址属性，如图 8.27 所示，通过设置 URL 地址，可以访问 Internet 的网络站点。

指定图片文件

指定URL地址

图 8.26 超链接控件外观　　　　　图 8.27 超链接控件的基本属性页

8.9 OLE 控件

8.9.1 OLE 控件介绍

　　OLE 是 Windows 系统的"对象链接与嵌入"，这里的对象可以来自于不同的应用软件和程序。例如，媒体播放器控件，它是用何种软件制作的并不重要，只要它按照 OLE 控件的要求设计接口，并且在 Windows 系统中注册了，PowerBuilder 就可以使用它，并可以对它进行控制。这样，编程者就可以使用别人或自己已经编制的成熟的 OLE 控件，提高编程效率。

　　OLE 控件命名时的默认前缀为"ole_"。

　　在 PowerBuilder 中，OLE 应用有两种类型，一种是在 PowerBuilder 应用程序中嵌入 OLE 兼容的其他应用程序；另一种是在 PowerBuilder 应用程序的窗口中添加 OLE 自定义控件。

　　在窗口对象中加入 OLE 控件的方法是单击工具栏中窗口控件的组合式下拉图标按钮中 OLE 控件的图标（▲），弹出如图 8.28 所示的"Insert Object"对话框。对话框中有三个选项页，分别是"创建新的控件（Create New）""从文件打开控件"（Create From File）和"插入一个创建好的控件"（Insert Control）。

　　确定了 OLE 控件后单击"OK"按钮，关闭"Insert Object"对话框，在窗口中单击鼠标，就会出现选择的 OLE 控件。可以对 OLE 控件的属性进行设置，对其事件进行编程。

　　OLE 控件的一些基本属性及说明见表 8.15。

图 8.28　"Insert Object" 对话框

表 8.15　OLE 控件的基本属性

属　性	说　　明
Activation	激活 OLE 控件的方式：activateondoubleclick!（双击）、activateongetfocus!（获得焦点）、activateonmanually!（手工，即在程序中用 Activate()函数激活）
DisplayType	显示 OLE 控件内容的方式：DisplayAsContent!（真实内容）、DisplayAsIcon!（图标）、DisplayAsActivexdocument!（ActiveX 文档）
ContentsAllowed	OLE 控件与 OLE 对象的链接方式：containsany!（使用 any 变量）、containsembeddedonly!（嵌入）、containslinkedonly!（链接）
LinkUpdateOptions	选择链接对象的更新方式：linkupdateautomatic!（自动更新）、linkupdatemanually!（手工更新）
SizeMode	OLE 对象在 OLE 控件中显示尺寸的确定方式：clip!（以 OLE 对象的原始尺寸显示，超出控件部分被剪切掉）、stretch!（以控件的大小调整 OLE 对象的大小，完整地显示 OLE 对象）

　　有些 OLE 控件自己带有一些属性，可以对 OLE 控件的外观、格式及功能等进行设置和调整。这些属性可以通过在 OLE 控件上单击鼠标右键后，选择弹出式选单中的"OLE 控件属性"选单项，打开"OLE 控件属性"对话框进行设置。通常，OLE 控件也带有一些函数和变量，可以通过 OLE 控件属性对话框中的"帮助"了解 OLE 控件的使用方法。

8.9.2　OLE 控件编程实例

　　【例 8.9】使用"日历"OLE 控件，"日历"控件可以进行日期的查询，并提供一些日期的接口函数，供应用程序使用。放置了"日历"OLE 控件的窗口外观如图 8.29 所示。

　　实现步骤如下。

　　（1）创建一个新的工作空间和应用（exole）。

　　（2）创建一个新的窗口对象"w_ole"，窗口对象的"Title"为"OLE"，窗口类型为 main!。

　　（3）在控件工具栏中，选择 OLE 控件，弹出选择 OLE 控件对话框，切换到"Insert Control"属性页，选中"日历控件 12.0"，单击"OK"按钮，如图 8.30 所示。在窗口中单击鼠标，"日历"就出现了。在OLE 控件"General"属性页中，定义 OLE 控件的名称为"ole_1"。在属性页的底部，有两个按钮："OLE Control Properties"和"OLE Control Help"。单击"OLE Control Properties"按钮，弹出如图 8.31 所示的日历 OLE 控件的属性设置对话框，可以根据需要，修改"日历"的外观和属性。单击"OLE Control Help"按钮，弹出关于"日历"控件的帮助对话框，这对于在编程中使用 OLE 控件是非常有用的。在窗口中放置一个静态文本"你选择的日期是"，旁边放一个单行文本编辑框"sle_1"，用于显示日期。

图 8.29　使用"日历"OLE 控件的实例

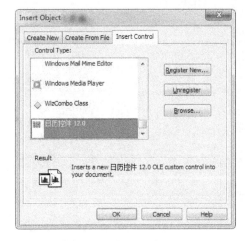

图 8.30　选择 OLE 控件对话框

图 8.31　日历 OLE 控件的属性设置对话框

（4）输入脚本。

① 在窗口的"Open"事件中输入如下脚本：

```
sle_1.text=String(today())          //初始化单行文本编辑框显示"今天"的日期
OLEObject ole
Ole = ole_1.object
ole.today                           //设置日历指到"今天"
```

② 选中"日历"，单击鼠标右键，在弹出的选单中选择"Script"，编辑"日历"控件的"Clicked"事件脚本：

```
datetime dt1
date d1
OLEObject ole
ole=ole_1.object
dt1=ole.value
d1=date(dt1)
parent.sle_1.text=String(d1)
```

上述代码也可以简化成以下形式：

```
OLEObject    ole
ole=ole_1.object
parent.sle_1.text=String(date(ole.value))
```

（5）在树状区双击应用 exole，在其"Open"事件中输入如下代码：

```
Open(w_ole)
```

（6）保存所做工作，运行应用程序。

第9章 用户自定义事件

PowerBuilder 的窗口、控件、对象等都有一组系统预先定义好的常用事件，通常基于这些事件就基本可以完成常见的操作，能够满足应用程序的大多数需求。然而，有时候用户需要通过事件完成特殊需求，这类事件就称为用户事件。在下列情况下经常使用用户事件。

（1）解决对象与窗口之间的通信问题。用户事件可以通过参数进行信息传递。

（2）响应特殊操作，这些操作没有相应的 PowerBuilder 预定义事件。例如，大多数的人都习惯于在每项数据录入后按【Enter】键，转到下一个输入项。但在 Windows 环境下，系统都是默认使用【Tab】键或【Shift+Tab】键转换到下一个数据项或上一个数据项，而用户按【Enter】键，系统会将焦点转到下一条记录的第一个输入项上。再如，要求在数据窗口控件中，当用户将输入焦点定位在最后一行后，再按【↓】键或【Enter】键时插入一个空行等。若要完成这些特殊操作，则必须定义合适的用户事件。

（3）支持用户通过多种方式完成同一个功能。例如，既允许用户通过单击窗口中的按钮完成，也允许用户通过选择选单项完成。使用用户事件后，就只需要在一个地方编写代码，在需要使用该功能的地方触发相应的用户事件就可以了。

从 PowerBuilder 5.0 起，将事件和函数同化，统称为方法。事件也可以带输入参数，并有返回值。有时形式上都难以区分事件和函数。不过，函数通常由用户调用，在编程时就已决定，而事件除了可以由用户触发外，还可以由系统触发。大多数的事件都是由系统触发的。因此，事件比函数更为灵活，应用范围更广。

9.1 定义用户事件

事件是从属于某个对象的，因此定义用户事件，首先要选定所在的对象，然后打开"Script"窗口，再选择"(New Event)"，如图 9.1 所示，将出现事件定义窗口，如图 9.2 所示。

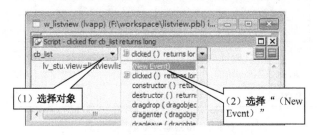

图 9.1 定义用户事件

在图 9.2 中，用户事件名和用户事件号是必须要输的，其他则由用户决定。为区别于系统预定义事件，用户事件名一般以"u_"或"ue_"为前缀。

用户事件号是以"pbm_"为前缀的事件标记，绝大多数事件标记都对应于特定的 Windows 消息。其中，pbm_custom01~pbm_custom75 的事件标记不对应于任何 Windows 消息，它的触发由用户在编程时决定，其功能类似于函数；而其他的事件标记都有特定的含义，它们对应于特定的 Windows 消息，这类事件的触发由系统决定，类似于系统预定义事件，如 Cilcked!、rbuttondown!等。也可以将事件号选为"（none）"，表示无事件号。

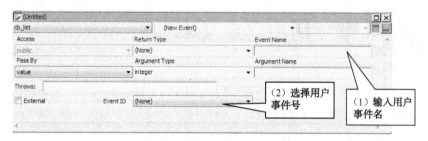

图 9.2 定义用户事件属性

图 9.3 增加、插入、删除参数

可以为用户事件定义参数及返回值。在"Return Type"中选择返回值类型，在"Argument Type"中选择参数类型，在"Argument Name"中输入参数名。在图 9.2 中，单击鼠标右键，将弹出一个选单，如图 9.3 所示，可以增加参数（Add Parameter）、插入参数（Insert Parameter）和删除参数（Delete Parameter）。

定义带参数的用户事件，其事件号必须选"（None）"，若选择其他事件号，则定义的参数无效。因为其他事件号的参数个数及类型都是由 PowerBuilder 确定的，用户不能修改。

在定义用户事件时，选择的事件标记应与所在的对象吻合，否则用户事件不起作用。用户事件定义好后，可以像对象的其他标准事件一样编程和使用。

9.2 用户事件号

PowerBuilder 没有提供事件标记的说明手册，但大部分可以从标记名推断其含义。表 9.1 列出了部分常用事件标记的前缀及其含义，表 9.2 列出了部分常用事件标记及其含义。

表 9.1 常用事件标记的前缀及其含义

前 缀	含 义	前 缀	含 义
pbm_cb	通用对话框消息	pbm_lb	列表框
pbm_dw	数据窗口	pbm_lv	列表视图（Listview）
pbm_dde	动态数据交换（DDE）	pbm_tv	树形视图（Treeview）
pbm_e	编辑控件	pbm_	窗口

表 9.2 常用事件标记及其含义

事 件 号	含 义
pbm_bmgetcheck	单选按钮或多选按钮是否被选
pbm_bmgetstate	按钮是否加亮
pbm_bnclicked	按钮控件被点中
pbm_bndisable	使按钮控件无效

事 件 号	含 义
pbm_bndoubleclicked	按钮控件被双击
pbm_bndragdrop	一个对象被放到按钮控件
pbm_bndragenter	一个对象被拖到按钮控件
pbm_bndragleave	一个对象被拖离按钮控件
pbm_bndragover	一个对象被拖经按钮控件
pbm_bnsetfocus	按钮控件将获得焦点
pbm_cbndblclk	用户在列表中某一项上双击
pbm_cbndropdown	列表框的下放区域即将被显示
pbm_cbneditchange	编辑器控件中的文本发生变化
pbm_cbneditupdate	列表框编辑器控件中的文本即将被改变
pbm_cbnerrspace	列表框满，不能再向其中加入项
pbm_cbnkillfocus	通用列表框失去焦点
pbm_cbnselchange	列表框中被选文本被改变
pbm_cbnselendcancel	用户单击了"取消"按钮
pbm_cbnselendok	用户单击了"确认"按钮
pbm_cbnsetfocus	通用对话控件拥有焦点
pbm_dwclosedropdown	关闭下拉式数据窗口
pbm_dwnbacktabout	即将通过【Shift+Tab】组合键离开该控件
pbm_dwndropdown	下拉式列表框的下拉部分即将可见
pbm_dwnitemchangefocus	数据窗口控件中当前项的焦点改变
pbm_dwnitemvalidationerror	对当前项的修改引起了一个合法性检查错误
pbm_dwnkey	有键被按下。使用函数 KeyDown() 处理键盘值
pbm_dwnlbuttondown	鼠标左键被按下
pbm_dwnlbuttonup	鼠标左键被松开
pbm_dwnmbuttonclk	鼠标中键单击
pbm_dwnmbuttondbclk	鼠标中键双击
pbm_dwnmousemove	鼠标移动
pbm_dwnprocessenter	【Enter】键被按下
pbm_dwnrowchange	数据窗口中的焦点从一行转向另一行
pbm_dwntabdownout	用户在数据窗口最后一行按下了下箭头键
pbm_dwntabout	用户在数据窗口最后一行/列按下了【Tab】键
pbm_dwntabupout	用户在数据窗口第一行按下了上箭头键
pbm_dwscrollend	在数据窗口中卷滚到最后一行
pbm_dwscrdlhome	在数据窗口中卷滚到第一行
pbm_dwscrolllineend	卷滚到当前行的行尾（水平方向）
pbm_dwscrolllinehome	卷滚到当前行的行首（水平方向）

事 件 号	含 义
pbm_ddeddeack	收到一个 DDE 消息
pbm_ddeddeinitiate	开始一个 DDE 会话
pbm_ddeddeterminate	终止一个 DDE 会话
pbm_em emptyundobuffer	清空由 Windows 管理的取消操作的缓冲区
pbm_emlinescroll	水平或垂直卷滚编辑器控件
pbm_emreplacesel	从剪贴板或从键盘用新文本替换被选文本
pbm_emundo	撤销最近的编辑操作
pbm_enchange	编辑器控件中的文本发生改变
pbm_enerrspace	编辑器控件内存缓冲区溢出
pbm_enhscroll	用户击中了上水平卷滚条
pbm_enmaxtext	用户试图输入超过最大允许值的文本
pbm_envscroll	用户击中了垂直卷滚条
pbm_lbaddstring	向列表框控件中增加一项或一个字符串
pbm_lbdeletestring	从列表框中删除一项或一个字符串
pbm_lbdir	用目录列表填充列表框
pbm_lbfindstring	在列表框中搜索与所给字符串部分匹配的第一项
pbm_lbfindstringexact	在列表框中搜索与所给字符串精确匹配的第一项
pbm_lbinsertstring	向列表框中加入一个新字符串
pbm_lbresetcontent	重置（消除）列表框中的内容
pbm_lbsetcaretindex	设置列表框中的某一项拥有焦点
pbm_lbsetsel	在列表框中选择一个字符串
pbm_lbsettopindex	卷滚列表框，使特定的项成为可见的最上面一项
pbm_lbdblclk	用户在列表框控件中的某一项上双击
pbm_lberrspace	用户试图超越可在列表框中输入字符的最大限制
pbm_lbselcancel	当前选取文本被取消
pbm_lbselchange	用户在列表框中选择或取消了一项
pbm_activateapp	被激活的窗口属于另外一个应用
pbm_char	传送键盘上按下的键
pbm_chartoitem	通过转换键盘来的字符，帮助列表框定位其中的项
pbm_childactivate	一个子窗口被移动或激活
pbm_command	用户选择了一个选单项、控件，或使用了加速键
pbm_compacting	系统内存资源不足；当 Windows 占用了多于 1/8 的 CPU 时间紧缩内存时，产生这条消息
pbm_fontchange	应用可用的字体数改变
pbm_initdialog	一个对话框即将被显示
pbm_initmenu	一个选单即将被显示

事 件 号	含 义
pbm_initmenupopup	一个弹出式窗口即将被显示
pbm_keydown	键盘上的一个键被按下
pbm_keyup	键盘上的一个键被释放
pbm_mdiactive	一个 MDI 子窗口（表单）被激活
pbm_mdicascade	以重叠的形式重排所有的表单
pbm_mdicreate	创建一个表单
pbm_mdidestroy	从 MDI 框架中移去一个表单
pbm_mdigetactive	获得当前活动的 MDI 表单的句柄
pbm_mdiiconrange	在一个 MDI 框架中重排最小化表单的图标
pbm_mdimaximize	最大化一个 MDI 子表单
pbm_mdinext	激活下一个 MDI 表单（紧接着活动表单的表单）
pbm_mdirestore	把 MDI 表单恢复到它原来的大小
pbm_mdisetmenu	将一个选单与一个 MDI 表单联系起来
pbm_mdifitle	平铺所有的 MDI 表单
pbm_menuselect	用户选择了一个选单项
pbm_mouseactivate	用户在一个非活动窗口中单击了鼠标
pbm_mousemove	用户移动了鼠标
pbm_nclbuttondblclk	用户在非客户区双击了鼠标左键
pbm_queryendsession	通知消息，说明窗口即将被关闭
pbm_spoolerstatus	一个打印管理器任务被添加或删除
pbm_syschar	【Alt】键和其他某键同时被按下
pbm_syscolorchange	一种或多种系统颜色被改变
pbm_syscommand	用户选择了一个系统选单命令
pbm_syskeydown	用户按下某键的同时按下了【Alt】键
pbm_syskeyup	用户释放了【Alt】组合键
pbm_timechange	系统时钟被修改
pbm_vscroll	用户点击了垂直卷滚动条
pbm_windowposchanged	窗口位置发生改变
pbm_windowposchanging	窗口位置即将发生改变

9.3　删除用户事件

　　定义的用户事件号及名称不能更改，只能删除。在该事件的代码编辑窗口单击鼠标右键，将弹出一个选单（如图 9.4 所示），选择"Delete Event"，将删除该事件。要注意的是，PowerBuilder 对该删除操作不做提醒，一经选择"Delete Event"，就立刻删除。因此，若事件已有代码，则应小心。只有用户事件才能删除。

图 9.4　删除事件

9.4　触发用户事件

定义了用户事件后，就需要设计事件处理程序，就像其他系统常用事件一样，没有事件处理程序，即使发生了该事件，应用程序也不进行任何处理。如果选用的事件号对应于某个 Windows 消息（见表 9.2），则事件何时发生将由系统决定，就像其他系统常用事件一样被自动触发。但若选用的事件号为 pbm_custom01～pbm_custom75，即不对应于任何 Windows 消息，则必须编程时使用代码触发该事件，就像函数调用一样。

触发用户事件有三种格式，前两种是介绍控件时已介绍的两个函数：

object_name.TriggerEvent(event_name)
object_name.PostEvent(event_name)

其中，object_name 为对象名；event_name 为事件名，对系统事件而言，是枚举类型，如 Clicked! 等，对用户自定义事件而言，是一个字符串。

例如：

w_1.TriggerEvent(Clicked!)　　　　　//触发窗口 "w_1" 的鼠标单击事件
w_1.TriggerEvent("u_key")　　　　　//触发窗口 "w_1" 的用户自定义事件 u_key

在定义用户事件时，可以定义事件参数。但 TriggerEvent 和 PostEvent 不能带事件参数（但可以为 Message 传送用户消息），因此需用下面的格式触发：

object_name. [Trigger | Post] [Static | Dynamic] EVENT event_name([para_list])

其中：

（1）object_name 是事件所属对象的对象名。

（2）Trigger 和 Post 选项只能选择一个，默认时为 Trigger。Trigger 表示立即执行指定事件的事件处理程序，然后执行该语句后面的代码；Post 表示将该事件放置到对象的事件队列中，然后继续执行该语句后面的代码，至于发出去的事件的事件处理程序何时执行，由操作系统决定。

（3）Static 和 Dynamic 选项只能选择一个，默认时为 Static。Static 表示编译时指定事件必须存在，系统要进行返回值类型检查；Dynamic 表示编译时指定事件可以不存在，系统将返回值类型检查推迟到应用程序运行时进行。

（4）EVENT 是关键字，表示后面的 event_name 是事件名而不是函数。

（5）para_list 是事件参数列表，有多个参数时，参数之间用逗号分隔。

如果用户事件定义了参数，则只能使用上述格式触发事件，而不能使用函数 TriggerEvent()或 PostEvent ()。

例如：

```
cb_1.EVENT Clicked()
//触发控件"cb_1"的鼠标单击事件，等价于 cb_1.TriggerEvent(Clicked!)
w_1.Event u_display(4,"math")
//触发窗口"w_1"的用户自定义事件 u_dispaly，它带两个参数。只能用这种方法触发。
```

9.5　用户事件编程实例

【例】命令按钮的用户事件编程。

利用第 5 章中所创建的"XSCJ"数据库，设计如图 9.5 所示的窗口。希望当焦点落在命令按钮上时，按【Enter】键能够代替鼠标。在数据窗口中，按【Enter】键可以跳到下一个输入项，而不是下一行。当在最后一行的最后一列按【Enter】键时，将增加一个空行。在最后一行按向下的箭头键【↓】时，也增加一个空行。

为实现如图 9.5 所示的功能，可用自定义事件。

（1）创建一个"student.pbl"，其中"ApplicationObject"为"stu"，再建一个窗口"w_uevent"，窗口中的控件分别为"dw_1""cb_append""cb_insert""cb_delete""cb_retrieve""cb_update"和"cb_return"。

建立数据窗口对象"d_xs"，将"dw_1"的"DataObject"属性设为"d_xs"。

图 9.5　用户事件编程实例

（2）编写代码。

①为应用对象"stu"的"Open"事件编写如下代码：

```
Open(w_uevent)
```

②为窗口"w_uevent"的"Open"事件编写如下代码：

```
SQLCA.AutoCommit =TRUE
sqlca.DBMS= "odbc"
sqlca.database= "XSCJ"
sqlca.dbpass="dba"
sqlca.userid="sql"
sqlca.servername = ""
sqlca.dbparm = "Connectstring='DSN=XSCJ;UID=dba;PWD=sql;'"
sqlca.logid=""
sqlca.logpass=""
CONNECT;
IF sqlca.sqlcode<>0 THEN
    MessageBox("═══错误信息提示═══","不能连接数据库! ~r~n~r~n 请询问系统管理员",stopsign!)
    RETURN
END IF
```

```
dw_1.SetTransObject(SQLCA)
```

③为增加记录的命令按钮"cb_append"的"Clicked"事件编写如下代码：

```
Long row
row=dw_1.InsertRow(0)                  //成功时，返回插入行的行号
dw_1.SetRow(row)                       //设置数据窗口的当前行
dw_1.ScrollToRow(row)                  //滚动到指定的行
dw_1.SetFocus()
```

④为"cb_append"定义一个用户事件"u_keydown"，事件号为"pbm_keydown"，当焦点落在该控件上时，按任意键都将触发"u_keydown"。为"u_keydown"编写如下代码：

```
IF KeyDown(keyenter!) THEN
        //如果按了【Enter】键，则触发"Clicked"事件
        THIS.triggerevent(clicked!)
END IF
```

⑤为插入记录的命令按钮"cb_insert"的"Clicked"事件编写如下代码：

```
Long row
row=dw_1.InsertRow(dw_1.getrow())
dw_1.SetRow(row)
dw_1.ScrollToRow(row)
dw_1.SetFocus()
```

⑥为"cb_insert"定义一个用户事件"u_keydown"，事件号为"pbm_keydown"，当焦点落在该控件上时，按任意键都将触发"u_keydown"。为"u_keydown"编写如下代码：

```
IF KeyDown(keyenter!) THEN
        //如果按了【Enter】键，则触发"Clicked"事件
        cb_insert.Event clicked()
END IF
```

⑦为删除记录的命令按钮"cb_delete"的"Clicked"事件编写如下代码：

```
dw_1.DeleteRow(dw_1.GetRow())
```

⑧为"cb_delete"定义一个用户事件"u_keydown"，事件号为"pbm_keydown"，当焦点落在该控件上时，按任意键都将触发"u_keydown"。为"u_keydown"编写如下代码：

```
IF KeyDown(keyenter!)   THEN
        //如果按了【Enter】键，则触发"Clicked"事件
        THIS.Event clicked()
END IF
```

⑨为显示记录的命令按钮"cb_retrieve"的"Clicked"事件编写如下代码：

```
dw_1.Retrieve( )
```

⑩为"cb_retrieve"定义一个用户事件"u_keydown"，事件号为"pbm_keydown"，当焦点落在该控件上时，按任意键都将触发"u_keydown"。为"u_keydown"编写如下代码：

```
IF KeyDown(keyenter!)   THEN
        //如果按了【Enter】键，则触发"Clicked"事件
        THIS.triggerevent(clicked!)
END IF
```

⑪为存盘的命令按钮"cb_update"的"Clicked"事件编写如下代码：

```
dw_1.UpDate ()
```

⑫为"cb_update"定义一个用户事件"u_keydown"，事件号为"pbm_keydown"，当焦点落在该控件上时，按任意键都将触发"u_keydown"。为"u_keydown"编写如下代码：

```
IF KeyDown(keyenter!) THEN
        //如果按了【Enter】键，则触发"Clicked"事件
```

```
        THIS.triggerevent(clicked!)
END IF
```

⑬ 为返回的命令按钮"cb_return"的"Clicked"事件编写如下代码：

```
Close(PARENT)
```

⑭ 为"cb_return"定义一个用户事件"u_keydown"，事件号为"pbm_keydown"，当焦点落在该控件上时，按任意键都将触发"u_keydown"。为"u_keydown"编写如下代码：

```
IF KeyDown(keyenter!) THEN
        //如果按了【Enter】键，则触发"Clicked"事件
        THIS.triggerevent(clicked!)
END IF
```

⑮ 为数据窗口"dw_1"定义一个用户事件"u_keyenter"，事件号为"pbm_dwnproce ssenter"，当焦点落在该控件上时，按【Enter】键将触发"u_keyenter"。为"u_keyenter"编写如下代码：

```
Int col
Long row
col=GetColumn()
row=GetRow()
IF col<4 THEN                          //当前列不是最后一列
        SetColumn(col+1)               //将下一列变为当前列
ELSE
        IF   row<RowCount() THEN       //当前列是最后一列但当前行不是最后一行
            SetRow(row+1)              //将下一行的第一列变为当前列
            ScrollToRow(row+1)
            SetColumn(1)
        ELSE
            //当前列是最后一列且当前行是最后一行
            row=InsertRow(0)          //增加一行
            SetRow(row)               //将新行的第一列变为当前列
            ScrollToRow(row)
            SetColumn(1)
        END IF
END IF
RETURN 1                               //放弃系统原来的操作
```

⑯ 为数据窗口"dw_1"再定义一个用户事件"u_keyarrow"，事件号为"pbm_dwntabdo wnout"，当焦点落在该控件上时，按向下的箭头键【↓】将触发"u_keyarrow"。为"u_keyarrow"编写如下代码：

```
Long row
row=InsertRow(0)                       //增加一行
SetRow(row)                            //将新行变为当前行
ScrollToRow(row)
```

完成后，单击"保存"图标按钮 🔲，保存当前环境到工作空间资源文件。

（3）对应用程序进行系统测试。

运行/预览窗口对象（单击系统工具栏中的"Run/Preview Object"图标按钮，如图4.32所示）。

单击"增加记录"按钮，并输入新记录"081189 刘敏 信息与计算 1 1990-11-10 100 已修完全部学分"，如图9.6所示。

输入记录完成后，单击"存盘"按钮，保存数据。单击"显示记录"按钮查看结果，如图9.7所示。

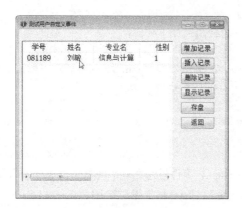

图 9.6　验证自定义事件

图 9.7　查看结果

第**10**章 选　　单

在应用软件中，选单（又称为菜单）是再常见不过的了。使用选单最突出的优点有两个，一是节省屏幕的显示空间，几十个、上百个功能选择集合到选单里只占一行的空间；一是对系统功能的分门别类，选单可以一级一级地展开，形成树形结构，条理清晰，查找快捷。因此，稍微复杂一点的应用程序几乎无一例外地都使用选单。本章将对选单的设计方法进行介绍。

10.1　创建选单

10.1.1　选单术语

有关选单的基本术语参见图 10.1 的说明和表 10.1 的解释。

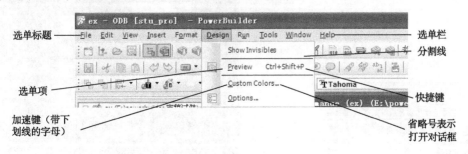

图 10.1　有关选单的名词

表 10.1　列表框类控件的通用属性

属　性	说　明
DisableNoScroll	选中时，始终显示滚动条
ExtendedSelect	允许用户同时选中多个项目，允许时可以按下【Shift】键后单击鼠标选中连续多项，或按下【Ctrl】键后单击选中不连续的多项，或拉出矩形框选中框内多项
MultiSelect	允许用户同时选中多个项目，但只能通过鼠标单击选择
AllowEdit	允许在编辑框中进行编辑
ShowList	使下拉列表框变为列表显示，失去下拉功能
Item	用于输入列表框中的项目

10.1.2　选单的设计原则

在设计选单时，可以参考以下设计原则。

（1）选单要有统筹规划，使其划分合理、条理清晰、简明直观、方便易用。基本做到能够根据前级选单项，知道下级选单包含内容的范围；根据用户的功能要求，知道应该从哪一个选单标题及选单项开始操作。

（2）选单标题和选单项的名称设计应当简明扼要，具有概括性和直观性。

（3）采用加速键和快捷键，起到快速和没有鼠标只用键盘也能操作选单的双重效果。

（4）如果某选单项将打开一个对话框，则在该选单项的标题中使用省略号进行提示。

（5）某一选单项或整个选单标题下的选单项不能使用或禁止使用时，应使其变灰（禁止使用）。

（6）级联选单的层数不宜太多，选单栏及下拉选单不要超出屏幕范围，否则无法操作。

（7）采用状态栏对选单的使用提供帮助和提示信息，对选单项的功能进行详细的说明。

10.1.3 选单的种类

选单有下拉选单、弹出式选单和级联选单三种类型。

下拉选单如图 10.2 所示，它由选单标题、选单项组成。用户选择选单标题后，该标题下的选单项即被弹出。

弹出式选单与对象相关联，通常又称为上下文相关选单。图 10.3 是一个弹出式选单的示例。通常，当用户用鼠标右键单击某个对象时，即可出现弹出式选单。

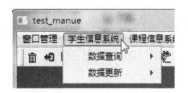

图 10.2　下拉选单　　　　　　　　　　　　　　　图 10.3　弹出式选单

级联选单可以出现在前两种选单中，在其父选单项后面有一个向右的箭头符号，指示该选单项后面有级联选单，如图 10.4 所示。通常，级联选单的层次不宜超过两层。

图 10.4　级联选单

10.1.4 选单画板

PowerBuilder 提供了高度集成和功能丰富的选单画板，它拥有八个不同功能的窗口区域，通过系统选单标题"View"下的八个选单项可以选择打开相应的功能子窗口，如图 10.5 所示。

如图 10.6 所示为选单画板的外观之一，实际应用中，没有必要将选单画板中全部子窗口都打开，以免屏幕上过于拥挤；另外，打开的子窗口的布局也可以根据个人的需要进行调整。

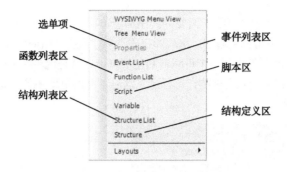

图 10.5 选单画板子窗口的选择

图 10.6 选单画板

10.1.5 创建选单对象

创建选单对象的具体步骤如下。

（1）单击工具栏中的"New"按钮，弹出"New"对话框，选择"PB Object"页中的"Menu"图标，双击，即产生了新的选单对象。具体过程如图 10.7 所示。

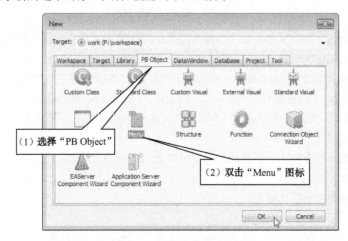

图 10.7 创建选单对象

（2）产生的选单对象没有什么内容，需要为其添加选单项。这项任务可以在选单树子窗口内进行。在选单根项"untitled0"上单击鼠标右键，出现弹出式选单，选择"Insert Submenu Item"选单项，如图 10.8 所示，在"untitled0"下出现一个可编辑的空白框，这就是选单栏上的第一个选单标题，在此框或在属性卡的"Text"栏中输入需要的选单标题，这时，在所见即所得子窗口中可以见到新加入的选单标题，如图 10.9 所示。

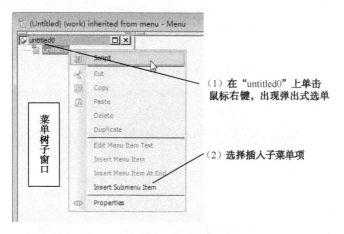

图 10.8　生成选单项

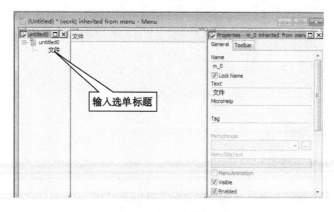

图 10.9　输入选单标题

（3）在该选单标题上单击鼠标右键，出现与前面相同的弹出式选单，不过此时选单的所有功能都可以使用。如果要在其上方产生一个同级的选单，则选择"Insert Menu Item"选单项；如果要在其下方产生一个同级的选单，则选择"Insert Menu Item At End"选单项；如果要添加一个子选单项，则选择"Insert Submenu Item"选单项；如果要复制一个选单项，则选择"Duplicate"选单项；如果要删除一个选单项，则选择"Delete"选单项。需要分栏效果时，在选单的文本框中输入"—"。按照这种方法反复使用，最后得到一个完整的树状选单。

（4）为选单项编写程序脚本。通常，在选单树的最后一级编写脚本，可以采用下面四种方法之一选择某一选单项的脚本区。

①在选单树子窗口双击某选单项。

②在所见即所得子窗口双击某选单项。

③在某选单项上单击鼠标右键，选择弹出式选单中的"Script"选单项。

④直接在脚本编辑子窗口左上方的下拉列表框中选择需要编辑脚本的选单项名称。在选择了选单

项后，还要在脚本编辑子窗口上方的下拉列表框中选择需要编辑脚本的事件，完成脚本的编写。

（5）保存选单对象。为新选单对象命名，并可以在"Comment"编辑框中加入注释。保险起见，保存工作可以在前面进行，并且可以进行多次。

10.2　选单属性

选单有两个属性页，分别为"General"属性页和"ToolBar"属性页。其中，"General"属性页如图 10.10 所示。

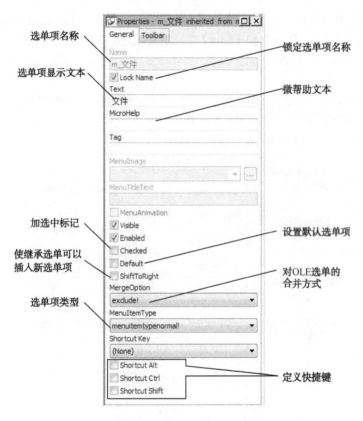

图 10.10　选单的"General"属性页

当输入了一个选单标题或选单项文本后，系统将自动在"Name"属性前加上前缀"m_"，生成选单项名称。如果有重复的名称发生，系统将弹出对话框，并推荐一个新的名称，由编程者确认或修改。当"Lock Name"复选框被选中后，选单项名称就被锁定。用户修改选单项的文本时，选单项名称不会随之改变，这样可以防止选单项同名现象的发生。当应用程序中包含 OLE 控件时，需要考虑"MergeOption"属性。该属性定义了 OLE 服务程序的选单与用户应用程序的选单合并的方式。具体的合并方式有六种，见表 10.2。

表 10.2　选单合并的方式

合并的方式	说　明
exclude!	在激活 OLE 服务程序时应用程序选单项不在服务程序的选单栏中显示
merge!	将应用程序选单项添加在 OLE 服务程序选单栏的第一个选单标题之后

续表

合并的方式	说　明
windowmenu!	使用应用程序的窗口选单项，不使用 OLE 服务程序的窗口选单
filemenu!	将应用程序的 file 选单项添加在 OLE 服务程序选单栏的最左边
editmenu!	使用 OLE 服务程序的 edit 选单项，而不使用应用程序的 edit 选单项
helpmenu!	使用 OLE 服务程序的 help 选单项，替代应用程序的 help 选单项

在"General"属性页的下部，是定义快捷键的一组选择控件，在"Shortcut Key"下拉列表框中选择主键名，可以选择【A】～【Z】、【0】～【9】、【F1】～【F12】、【Delete】和【Insert】键，下面三个复选框用来选择【Alt】、【Ctrl】和【Shift】组合键。定义组合键时需要注意，一般不要采用单个主键作为快捷键，因为这样会使该键无法输入；另外，尽量避开系统的常用快捷键，以免混淆和功能覆盖。

"ToolBar"属性页用于定义为 MDI 程序设置的工具栏。利用工具栏中的图标按钮可以方便、直观、快捷地访问应用程序的常用功能，因此被广泛使用。

"ToolBar"属性页如图 10.11 所示。

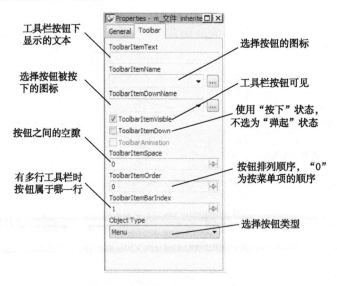

图 10.11　选单的"ToolBar"属性页

图 10.12　下拉式组合按钮

从"ToolBar"的属性可见，图标按钮可以使用的图标有两种，一种是按钮没有被按下时显示的图标，另一种是按钮被按下时显示的图标。"ToolBarItemSpace"栏用来设置按钮之间的空隙，为"0"时没有空隙，每增加 1 时，大约增加 10 个像素的距离。"Object Type"属性只有两个选择，"Menu"和"MenuCascade"，当选择后者时，就可以得到一个下拉式组合按钮。下拉式组合按钮旁边有一个小黑三角▼，单击它可以得到一个选单项按钮的集合。在 PowerBuilder 系统中也多处用到下拉式组合按钮，如选择窗口控件的组合按钮、齐整性操作的组合按钮等。图 10.12 所示为一个文件管理的下拉式按钮示例。

需要注意的是，只有在 MDI 窗口才能见到工具栏。尽管其他类型的窗口也可以设置工具栏属性，但程序运行时，是见不到工具栏的。因此，如果要使用工具栏，则必须在定义窗口属性时，在"Window Type"下拉列表框中选择"mdi!"属性。

10.3 选单事件

选单的事件很简单，只有 Clicked、Selected 和 Help 三个事件，见表 10.3。

表 10.3 选单的事件

事 件	参 数	返 回 值	事件发生时机	说 明
Clicked	无	无	在下述情况下触发：（1）用鼠标单击选单对象；（2）用键盘选中选单对象（该对象被加亮），然后按【Enter】键；（3）按选单的快捷键；（4）选单对象被显示在屏幕上后，按访问键	选单对象的"Visible"和"Enabled"属性均为"True"（选中）时，选单对象才会响应鼠标单击或键盘操作
Selected	无	无	在选单对象被选择时（此时选单对象高亮显示）才会触发	用于显示提示信息，如像微帮助那样说明选单项的作用等
Help	xpos, ypos：帮助信息距屏幕左上角的坐标	返回选择码，返回 0 为继续	单击选单项	必须设置"ContextHelp"属性为"True"

通常，选单中的每个选单项都需要对"Clicked"事件编程，以响应用户的选择操作，但在下述情况下，不需要编写事件处理程序。

（1）选单栏中的选单标题。通常，选单标题用于展开下拉选单。

（2）弹出级联选单的选单项。

编写选单事件处理程序的过程与编写 PowerBuilder 窗口对象的事件处理程序相似，选单的事件处理程序也在脚本编辑区中编写。

编写选单事件处理程序的步骤如下。

（1）进入选单画板，选择要编程的选单项。

（2）用鼠标右键单击要编程的选单项，选择弹出式选单中的"Script"选单项，进入脚本编辑区。

（3）在事件列表框中选择要编程的事件。

（4）输入所需的脚本。

10.4 弹出式选单

弹出式选单可以为用户提供一个上下文相关的操作环境，从而丰富了应用程序界面的表达能力。通常，人们通过单击鼠标右键激活弹出式选单，因此，需要在对象的"RButtonDown"事件中编写激活弹出式选单的代码，下面介绍制作弹出式选单的几条途径。

1. 弹出与窗口选单栏的某一部分相同的选单

当用户用鼠标右键单击某对象或某控件时，将窗口中某选单标题下的下拉选单或某选单项的子选单作为弹出式选单显示，这样，用户既可以通过窗口中的选单项完成操作，也可以通过弹出式选单完成操作。实现上述要求的方案很简单，只要在需要有弹出式选单的对象或控件的"RButtonDown"事件中写上如下代码即可：

```
m_main.m_title.PopMenu(PointerX( ), PointerY( ))
```

其中，"m_main"是放置在窗口中的选单名；"m_title"是某个选单标题，该标题下的选单项将构成弹出式选单；"PopMenu()"是显示弹出式选单的选单对象函数，它在参数指定的位置显示弹出式选单；为了在鼠标右击位置显示弹出式选单，使用函数"PointerX()"和"PointerY()"得到右击鼠标的位置。

2. 弹出与窗口选单栏中任何选单都不同的选单

本方法的特点是弹出式选单在窗口选单中进行定义，即弹出式选单关联在窗口选单中。但是，弹出式选单又不在窗口选单中显示，即弹出式选单部分在窗口选单中不可见。

可以采用下面的方法实现上述功能。

（1）编辑与该窗口相关的选单。例如，窗口选单为"m_main"。

（2）在选单栏的最右端创建一个新的选单标题，该标题的"Text"属性为空，即不输入任何内容。

（3）为该选单标题命名，或使用系统默认的变量名，如变量命名为"m_pop"。

（4）不选中复选框"Visible"。

（5）建立该选单标题下的各选单项，也就是在弹出式选单中所要见到的选单项。

（6）保存该选单对象。

（7）在要显示弹出式选单的对象的"RButtonDown"事件中输入如下代码：

```
m_main.m_pop.Visible=True
m_main.m_pop.PopMenu(PointerX( ),PointerY( ))
m_main.m_pop.Visible=False
```

注意，实际应用中使用用户自己的选单对象名和标题作为空格的选单标题对象名，代替"m_main"和"m_pop"。

这样，用户用鼠标右键单击定义了弹出式选单的对象后，弹出式选单即被显示。上述方案中，将选单标题设置为空格且放到选单栏最右边的目的是使用户在选单栏中看不到该选单标题。m_main.m_pop.Visible=True 语句使该选单可见，否则就不能显示出弹出式选单。

3. 将尚未与窗口相关联的选单对象作为弹出式选单

在应用程序中也可以将尚未与窗口相关联的选单对象作为弹出式选单使用。

例如，使用的弹出式选单对象的名称为"m_pop"，首先创建选单对象。假设要设计一个选单，其标题为"项目 1"，"Name"为"m_m1"，该标题下有若干个选单项"要求 1""要求 2""要求 3"等。如果需要弹出式选单为"项目 1"下的选单项，则将选单保存名称为"m_pop"。因为选单"m_pop"未曾与窗口关联，所以，要显示弹出式选单，就必须首先创建选单对象，其方法如下：

```
m_pop m_new                              //说明选单变量
m_new = CREAT  m_pop                     //创建选单实例
```

现在，就可以像使用窗口选单那样使用"m_new"了：

```
m_new.m_m1.PopMenu(PointerX( ), PointerY( ))
```

10.5　选单的函数

选单的常用函数见表 10.4。

通过设置选单的属性也可以达到上面一些选单函数的效果。例如，下面两条语句的效果是相同的：

```
m_Appl.m_add.Enable()
m_Appl.m_add.Enabled=TRUE
```

表 10.4 选单的常用函数

函 数	语 法	功 能	参 数	说 明
Check	menuname. Check ( )	标记一个选单项,即在选单项旁加一个"√",选单项的"Checked"属性置为"True"	"menuname":完整的选单名。 成功时返回 1,失败时返回-1	例如,在选单标题"m_App1"下的"m_View"选单项的子选单中"m_Grid"选单项上加注标记: m_Appl.m_View.m_Grid.Check()
Uncheck	menuname. Uncheck ( )	取消一个选单项标记,即取消选单项旁的"√",选单项的"Checked"属性置为"False"		例如,取消上例的标记: m_Appl.m_View.m_Grid.Uncheck()
Enable	menuname. Enable ( )	使一个选单项可用		例如,使选单标题"m_App1"下的"m_add"选单项可用: m_Appl.m_add.Enable()
Disable	menuname. Disable ( )	禁用一个选单项,使其变灰		例如,禁止使用选单标题"m_App1"下的"m_add"选单项: m_Appl.m_add. Disable ()
PopMenu	menuname. PopMenu (xlocation, ylocation)	在指定位置产生一个弹出式选单	"menuname":要弹出的选单名称;xlocation、ylocation:弹出式选单在活动窗口中的坐标。 成功时返回 1,失败时返回-1	如果选单没有附加到某一窗口,则必须声明一个该选单对象的变量并实例化

10.6　选单与窗口的关联

在 PowerBuilder 中,窗口与选单在创建时分别作为两种不同的对象,并在各自的画板中编辑。选单与窗口的关联是在窗口对象的"MenuName"属性栏中实现的。通常,只需单击"MenuName"属性栏旁边的"…"按钮,就可以打开一个选择选单名称的对话框,当选中一个已经制作好的选单对象后,选单与窗口的关联也就完成了。

10.7　选单编程实例

【例】创建一个新工作空间作为基础,以实现用选单管理窗口,应用程序主窗口如图 10.13 所示。选单标题下的选单项如图 10.14 所示。

实现步骤如下。

(1)创建一个新的工作空间和应用(ex)。

(2)创建一个新的窗口对象"w_manue",窗口对象的"Title"为"test_manue",窗口类型为"mdi!"。在窗口中放置一个图片控件,图片是事先准备好的 bmp、jpg、gif、rle 或 wmf 格式的图片,拖曳图片控件边框将图片布满整个窗口。在窗口中添加一个静态文本控件,其"Text"属性为"测试选单控件的使用!"。

图 10.13　选单编程实例

图 10.14　选单标题下的选单项

（3）创建一个新选单，选单标题和选单项内容如图 10.14 所示。在设计选单时定义工具条的图标和光标移动到图标上时自动出现的提示内容。方法是切换到"Toolbar"属性页，在"Toolbar Item Text"栏中输入光标移动到图标上时自动出现的提示内容，在"Toolbar Item Name"下拉列表框中选择系统提供的图标，也可以单击右边的"…"按钮，打开文件选择对话框，选择自己准备的图标。将选单保存为"manue_1"。

（4）为选单项编写脚本，本例中选单项的主要任务是打开某一个窗口。方法是在选单设计树形结构区中，选中某个选单项，单击鼠标右键，在弹出式选单中选择"Script"，出现该选单项的脚木编辑区，确定是"Clicked"事件，输入脚本。这里，为退出当前窗口选单定义脚本，整个过程如图 10.15 所示。

定义的脚本如下：

```
Close(w_manue)
```

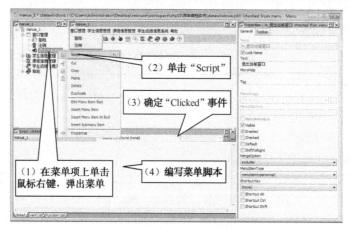

图 10.15　编写选单脚本

（5）主窗口"w_manue"与选单的关联。打开主窗口，在"General"属性页的"MenuName"栏右侧单击"…"按钮，弹出选择对象对话框，选择设计好的选单"manue_1"即可。

（6）在系统树形结构区双击应用（ex），在其"Open"事件中输入如下代码：

```
Open(w_manue)
```

（7）保存所做工作，运行应用程序。

第11章 自定义函数和结构

像其他程序设计语言一样，PowerBuilder 给出了几百个功能强大的标准函数，为应用程序的开发提供了极大的方便。由于应用程序的要求千差万别，标准函数有时仍然满足不了要求，所以还需要创建符合自己要求的函数。

PowerBuilder 的函数分两种类型：全局函数和对象函数。全局函数独立于任何对象，在整个应用程序中都能够使用；而对象函数则与特定的窗口、选单、用户对象等相关联，是对象的一部分，根据定义可能在整个程序中使用，也可能只在对象内部使用。

PowerBuilder 的标准函数同样分为全局函数和对象函数两类，如 MessageBox()函数、Is()函数、类型转换函数等就是全局函数；而 GetItemString()、AddItem()等则是对象函数。有关 PowerBuilder 标准函数的格式及用法参阅 PowerBuilder Help。

11.1 自定义全局函数

11.1.1 创建自定义全局函数

在 PowerBuilder 开发环境的主窗口中，单击工具栏中的"New"图标或选择主选单"File"的子选单"New"，将出现标题为"New"的对话框，如图 11.1 所示，选择"PB Object"选项页的"Function"项，双击"Function"项或单击"OK"按钮，进入全局函数的定义，如图 11.2 所示。

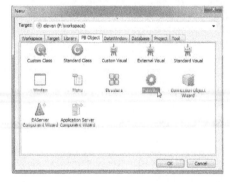

图 11.1 定义全局函数

在图 11.2 中的"Function Name"项中输入函数名；在"Return Type"下拉列表框中选择函数返回值的类型；在"Argument Name"中输入函数参数名（又称为形式参数，简称形参）；在"Argument Type"下拉列表框中选择函数参数类型；在"Pass By"下拉列表框中选择参数传递方式。

自定义全局函数的命名通常使用"f_"作为前缀。

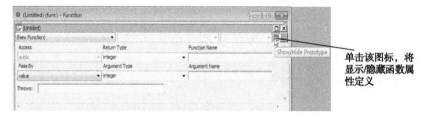

图 11.2 定义全局函数的属性

参数传递有以下三种方式。

Value：值传递——将实际参数的值传递给函数参数。

Reference：地址传递——将实际参数的地址传递给函数，此时，如果函数修改了形式参数的值，则实际参数的值也就被修改了。

Readonly：地址传递——将实际参数的地址传递给函数，但是不允许修改参数的值。

若要增加或删除参数，则可在图 11.2 中单击鼠标右键，出现图 11.3 所示的弹出式选单。"Add Parameter"用于增加参数，"Insert Parameter"用于插入参数，"Delete Parameter"用于删除参数。

函数名及参数定义好后，开始输入函数代码。在定义函数下方的窗口内编辑代码，如图 11.4 所示。或选择主窗口"View"选单的"Script"子选单，将打开函数代码编辑窗口。函数返回值的类型、参数名、个数及类型可以随时更改。若函数有返回值，则必须立即输入代码，即必须写一条 RETURN 语句，否则将产生错误。

图 11.3　增加、插入、删除参数　　　　　　　图 11.4　编辑函数代码

定义好的全局函数和标准函数使用方式相同。

11.1.2　修改自定义全局函数

可以修改创建的自定义全局函数。在 PowerBuilder 开发环境的主窗口中，单击工具栏中的"Open"图标或选择主选单"File"的子选单"Open"，将出现标题为"Open"的窗口，如图 11.5 所示，在"Objects of Type"下拉列表框中选择"Functions"，在"Object"中选择要打开的函数，双击函数或单击"OK"按钮，进入全局函数的定义，如图 11.4 所示。可以更改函数返回值的类型、参数名、参数个数、参数类型和函数代码。

图 11.5　打开自定义全局函数

11.1.3 删除自定义全局函数

若要删除自定义全局函数，则需使用"Library"库管理器。打开"Library"库管理器（操作方法见本书第16章），打开要删除的自定义全局函数所在的 PBL，选择要删除的自定义全局函数，单击鼠标右键，出现弹出式选单，选择"Delete"将删除所选的自定义全局函数，如图 11.6 所示。

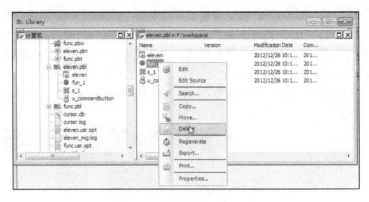

图 11.6　删除自定义全局函数

11.2　自定义对象函数

11.2.1 创建自定义对象函数

可以为"Application Object"对象、窗口对象、用户对象创建自定义函数，这种函数称为对象函数。对象函数一般只能在该对象内使用，当该对象正在打开且该函数的"Access"属性为"public"时，其他对象的程序可以调用该函数，但是需要在函数前加对象名，如 w_pipe.wf_initial()。如果函数所在的对象没有被打开（不在内存中），则该对象函数不能被其他对象的程序调用。

首先打开要定义函数的对象，然后打开"script"代码编辑窗口，选择"（Functions）"，再选择"（New Function）"，如图 11.7 所示，将出现函数定义窗口。

图 11.7　定义对象函数

定义对象函数和图 11.2 所示的定义全局函数几乎一样，不同之处是定义对象函数可以规定该函数的访问属性"Access"，而全局函数则不可以。"Access"默认值为"public"，如图 11.8 所示。

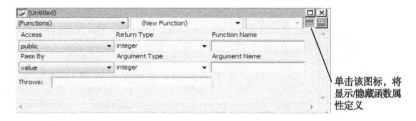

图 11.8　定义对象函数的属性

访问属性"Access"有以下三种选择。

（1）public：该函数在整个程序中都可访问。

（2）private：该函数只能在当前对象的程序中使用，但不能在该对象的后代的程序中使用。

（3）protected：该函数只能在当前对象的程序及该对象的后代的程序中使用。

对象函数的命名规则一般与对象有关，如应用对象"Application Object"的函数通常以"af_"作为前缀，窗口对象"Window"的函数通常以"wf_"作为前缀，选单对象"menu"的函数通常以"mf_"作为前缀，用户自定义对象的函数通常以"uf_"作为前缀。这些规则清楚地表明了函数所在对象的类型，便于程序的维护。

函数名及参数定义好后，开始输入函数代码。在定义函数下方的窗口内编辑代码，如图 11.9 所示。若函数有返回值，则必须立即输入代码，即必须写一条 RETURN 语句，否则会产生错误。

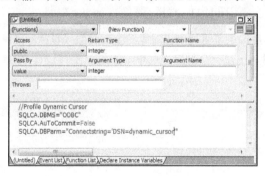

图 11.9　编辑函数代码

与全局函数一样，对象函数返回值的类型、参数名、参数个数及参数类型也可以随时更改，但与全局函数有所不同，这里系统会给出一个提示信息，以确认是否更改。

定义好的对象函数和标准函数使用方法相同。不同之处是在其他对象的程序中调用时，应在函数名前加上函数所在的对象名，如 w_pipe.wf_error(num)，当然"w_pipe"必须已被打开。

11.2.2　修改自定义对象函数

可以修改创建的自定义对象函数。首先打开自定义函数所在的对象，然后打开"script"代码编辑窗口，选择"（Functions）"，再选择要修改的函数，如图 11.10 所示。对象函数返回值的类型、参数名、参数个数及参数类型都可以随时更改，但是系统会给出一个提示信息，以确认是否更改。可以输入或更改函数代码。

11.2.3　删除自定义对象函数

若要删除自定义对象函数，则首先打开自定义函数所在的对象，然后选择主选单"View"的子选单"Function List"，如图 11.11 所示。

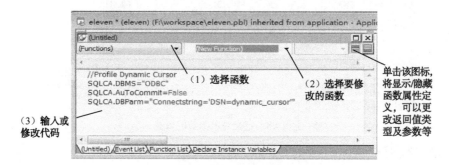

图 11.10　修改对象函数

图 11.11　选择子选单"Function List"

选择"Function List"后，系统将列出该对象的全部函数（包括标准函数），如图 11.12 所示，用鼠标右键单击要删除的函数，出现一个弹出式选单，如图 11.13 所示，选择"Delete"将删除所选的对象函数。

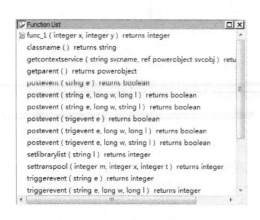

图 11.12　列出所有对象函数

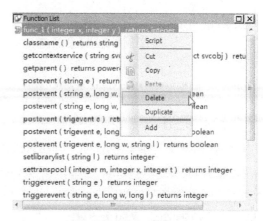

图 11.13　删除对象函数

注意，一旦选择"Delete"，将立刻删除所选的对象函数，系统对删除操作不予提醒。因此，若函数中已有代码，应特别小心。

在图 11.13 中，选择弹出式选单中的"Script"选单项，或双击所选的函数，将打开"script"代码编辑窗口，以便查看与修改所选的对象函数，包括函数返回值的类型、参数名、参数个数、参数类型及函数代码等。

11.3　外部函数

虽然 PowerBuilder 提供了丰富的标准函数，并且用户可以创建符合自己要求的函数，但是有时仍然满足不了要求。例如，测定系统当前可用内存数量和系统资源、用多媒体演奏和播放、网络通信等。Windows 本身提供了大量的 API 库函数，在 PowerBuilder 的程序中能否直接调用呢？答案当然是肯定的。此外，其他应用程序提供的符合规范的外部函数，编程人员都能使用。

外部函数是用其他语言编写并存储在动态链接库中的函数，它在运行时被动态地装入和链接，并且叮被多个应用程序共享。

通过使用外部函数，可以充分利用系统资源完成某些特殊的功能，拓展应用的范围，从而提高程序的性能。

11.3.1　外部函数的定义

在使用外部函数之前，必须首先对其进行说明。根据作用范围的不同可分为两种类型：全局外部函数（Global External Functions）和局部外部函数（Local External Functions）。全局外部函数可在应用程序的任何地方使用；局部外部函数只能在所定义的对象中使用。

像定义对象函数一样，首先打开要定义外部函数的对象，然后打开"script"代码编辑窗口，选择"Declare"，再选择"Global External Functions"或"Local External Functions"，如图 11.14 所示，最后输入函数定义。

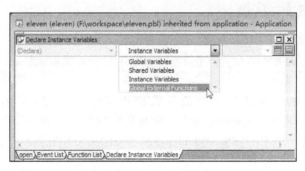

图 11.14　定义外部函数

定义外部函数时，根据有无返回值分别使用两种关键词："Function"和"Subroutine"。有返回值的用"Function"，无返回值的用"Subroutine"。

使用"Function"的格式如下：

[access] FUNCTION return_type function_name([REF][type1 arg1,...,type n arg n]) LIBRARY lib_name

使用"Subroutine"的格式如下：

[access] SUBROUTINE sub_name([REF][type1 arg1,...,type n arg n]) LIBRARY lib_name

其中：

（1）access：访问级别。是可选项，只用于局部外部函数，有三种选择：Public、Private 和 Protected。默认值为 Public。

（2）return_type：返回值类型。必须是一个合法的 PowerBuilder 数据类型。

（3）function_name 和 sub_name：外部程序的函数名或子程序名，储存在 DLL 库中。

（4）REF：参数通过地址传递。

（5）type i：参数的数据类型。

（6）arg i：参数名。

（7）lib_name：包含外部函数或子程序的 DLL/EXE 文件名。

因此，使用外部函数时必须了解外部函数的语法格式。对于 Windows 的库函数，可以参阅 WindowsAPI 手册或 MSDN（Microsoft Developer Network）。

11.3.2 外部函数的调用

外部函数的调用非常简单，全局外部函数的使用类似于全局函数，局部外部函数的使用类似于对象函数。因此，在其他对象的代码中使用局部外部函数时必须加上函数定义所在的对象名。

但在实际应用中会发现，调用外部函数经常不成功，原因可能是以下几种情况。

（1）32 位环境调用 16 位 DLL。

（2）数据类型不一致。外部函数一般是使用 C/C++写的，有许多 PowerBuilder 没有的数据类型。

（3）指针。PowerBuilder 没有指针数据类型。

（4）函数名大小写错误。在 PowerBuilder 中不区分大小，但使用外部函数时却要区分大小写。例如，"ShellExecuteA()"和"ShellExecutea()"被认为是两个不同的函数。这是使用外部函数时很容易出错的地方。

（5）外部函数所在的库文件 DLL 或 EXE 文件找不到。可能不在当前路径下。

使用外部函数的难点是不知道外部函数的语法格式及参数的含义、类型，对于 Windows 的库函数，可以参阅 WindowsAPI 手册或 MSDN。

11.3.3 外部函数使用实例

【例】调用口令管理程序。

在 Windows 2000 的控制面板中有一个口令管理程序，用于设置和修改 Windows 和其他系统口令，如图 11.15 所示。

在 PowerBuilder 中如何调用这个口令管理程序呢？Windows 的口令管理程序位于"windows\system"下，名为"password.cpl"，有两个函数是需要的，一个是"shell32.dll"中的"ShellExecuteA()"函数，另一个是"user32.dll"中的"GetDesktopWindow()"函数。

步骤如下。

（1）创建一个"setpassword.pbl"，将其应用对象命名为"password"，再创建一个窗口"w_pw"，窗口中放一个"设置口令"命令按钮"cb_setpw"，如图 11.16 所示。

图 11.15　Windows 2000 口令管理窗口

图 11.16　调用外部函数示例

（2）编写代码。

①在应用对象"password"的"Open"事件中编写如下代码：

Open(w_pw)

②在窗口"w_pw"中定义外部函数。先打开"w_pw"的"script"代码编辑窗口，再选择"（Declare）"，然后选择"Local External Functions"，如图 11.17 所示，输入如下代码：

//定义外部函数，即声明外部函数的语法格式与来源

Function Long ShellExecuteA (Long hwindow,String lpOperation,String lpFile,String lpParameters,String lpDirectory,Long nShowCmd) Library 'shell32.dll'

Function Long GetDesktopWindow() Library 'user32.dll'

图 11.17　定义外部函数

③在"设置口令"的命令按钮"cb_setpw"的"Clicked"事件中输入如下代码：

//在 PowerBuilder 中调用 Windows 控制面板中的口令管理程序

String cpl_name

String ls_null

SetNull(ls_null)

cpl_name = "Password.cpl"

ShellExecuteA(GetDesktopWindow(), ls_null, 'rundll32.exe', "shell32.dll,Control_RunDLL " + cpl_name + ",",

ls_null, 0)　　　　　　　//调用外部函数

11.4　结构

结构是一个或多个相关变量的集合，这些变量可以具有相同的数据类型，也可以具有不同的数据类型。在其他语言中，有的称为记录。结构里的所有元素既可以作为一个整体引用，也可以分别引用其中的元素。

在 PowerBuilder 中，就像函数一样，结构也有以下两种类型。

（1）全局结构：这种结构与具体对象无关，在程序中的任何地方都可以使用。

（2）对象层结构：这种结构总是与特定的窗口、选单、用户对象等相关联，是对象的一部分，可以在该对象中使用，也可以在其他对象中使用（当该结构所在的对象被打开时）。

结构名通常以"s_"作为前缀。

11.4.1　定义全局结构

在 PowerBuilder 开发环境的主窗口中，单击工具栏中的"New"图标或选择主选单"File"的子选单"New"，将出现标题为"New"的对话框，如图 11.18 所示，选择"PB Object"选项页的"Structure"项，双击"Structure"项或单击"OK"按钮，进入全局结构的定义画板，如图 11.19 所示。

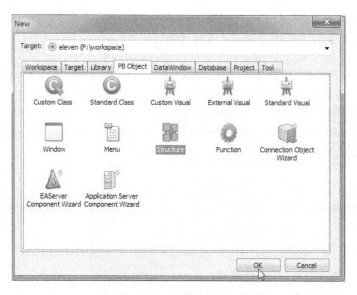

图 11.18　定义全局结构

在图 11.19 所示的全局结构定义画板中输入元素名，并选择元素的数据类型。单击鼠标右键将出现弹出式选单，如图 11.20 所示，选择"Insert Row"将插入元素，选择"Delete Row"将删除元素。

定义好结构的元素后，选择保存，出现如图 11.21 所示的窗口，输入结构名。结构名通常以"s_"作为前缀。

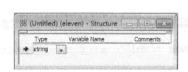

图 11.19　全局结构定义画板

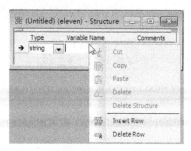

图 11.20　增加、删除结构元素

图 11.21　保存结构

11.4.2　定义对象层结构

可以为"Application Object"对象、窗口对象、选单对象、用户对象等创建结构，这种结构称为对象层结构。对象层结构通常只能在该对象内使用，当该对象正在打开时，其他对象的程序可以使用该结构。

首先打开要定义结构的对象，然后选择主选单"Insert"的子选单"Structure"，如图 11.22 所示，将出现结构定义画板，如图 11.23 所示。输入结构名、元素名及类型。单击鼠标右键将出现弹出式选单，如图 11.20 所示，选择"Insert Row"将插入元素，选择"Delete Row"将删除元素。对象层的结构与所在的对象一起保存，不能单独保存。

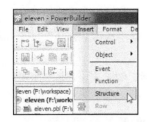

图 11.22　定义对象层结构

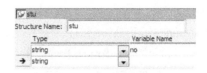

图 11.23　结构定义画板

11.4.3　使用结构

定义了一个结构后相当于定义了一种新的数据类型，若要使用某结构，则应该首先声明一个该结构类型的实例变量，然后再引用该结构的变量。

例如，若"s_student"是定义的一个全局结构，则在程序中使用该结构类型的代码例子如下：

```
s_student s1,s2              //定义两个"s_student"型的实例变量"s1"和"s2"
s1.no="320108800123204"      //给结构"s1"的元素 no 赋值
s1.name=sle.text             //给结构"s1"的元素 name 赋值
s1.math=96                   //给结构"s1"的元素 math 赋值
s2=s1                        //将结构"s1"各元素的值赋给结构"s2"的对应元素，
                             //只有同一类型的结构才能这样整体赋值
```

对象层结构的引用方法与全局结构基本一样，但在其他对象的代码中引用时，需要指明结构所在的对象（像引用对象函数那样）。

例如，"s_stru"是在窗口"w_main"中定义的结构，在窗口中定义一个实例变量"s3"的代码如下：

```
s_stru s3                    //在窗口的 Declare 中定义 Instance Variable
```

要在另一个窗口"w_sub"中引用"s3"，格式如下：

```
sle_1.text=w_main.s3.id
sle_2.text=w_main.s3.name
```

11.4.4　删除结构

1.　删除全局结构

若要删除自定义全局结构，则需使用"Library"库管理器。打开"Library"库管理器，打开要删除的全局结构所在的 pbl，选择要删除的全局结构，单击鼠标右键，出现弹出式选单，选择"Delete"将删除所选的全局结构，如图 11.24 所示。

图 11.24　删除全局结构

2. 删除对象层结构

若要删除对象层结构，则首先打开结构所在的对象，然后选择主选单"View"的子选单"Structure List"，如图 11.25 所示。

选择"Structure List"后将列出该对象的全部结构，用鼠标右键单击要删除的结构，出现一个弹出式选单，如图 11.26 所示，选择"Delete"将删除所选的结构。

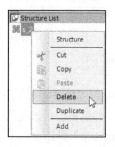

图 11.25 "View"选单　　　　　　　图 11.26 删除对象层结构

本章讲述了用户自定义函数及外部函数的定义与使用。在定义全局函数和对象函数时，应使用默认的前缀名，便于程序的维护。

与其他计算机语言不同，PowerBuilder 中没有子程序。PowerBuilder 中的子程序实际上就是事件和函数。当 PowerBuilder 事件或函数中的代码较长时（大于 32KB），应该分为几个代码较短的函数，否则会产生错误。

使用外部函数，应首先了解外部函数的语法格式及参数的含义、类型，以及所在的 DLL 文件名或 EXE 文件名。遇到 PowerBuilder 没有的数据类型或外部函数所没有的数据类型，应进行适当的类型转换，如果转换不了，则无法使用。

第 *12* 章 SQL 语句

在 PowerBuilder 开发的应用程序中，由于数据窗口的强大功能，使得对数据库的处理通常都是通过数据窗口完成的。但是，数据窗口通常在开发阶段由程序员设计，需要创建数据窗口对象和数据窗口控件，还要编写代码。有时只需读取或修改、插入一条记录，因此，使用嵌入式 SQL 语句可能更为方便。但有时候需要动态地查询一些数据，如表名、列名、条件等由用户在运行时确定，甚至动态创建表，使用数据窗口就难以实现，这时使用游标或动态 SQL 语句就比较简便。

PowerBuilder 既支持标准 SQL 语句，又提供了嵌入式 SQL 语句和动态 SQL 语句。在编程中直接使用标准 SQL 语句的意义不大，通常使用嵌入式 SQL 语句和动态 SQL 语句及游标。

12.1　嵌入式 SQL 语句

PowerScript 提供了一整套嵌入式 SQL 语句。利用嵌入式 SQL 语句，编程人员能够在程序中灵活地操纵数据库。实际上，对于这类语句，PowerBuilder 在将其发送到 DBMS 之前，并不做任何处理，而是由 DBMS 完成相应操作，最后 PowerBuilder 得到处理结果。

嵌入式 SQL 必须以分号（;）结束，在嵌入式 SQL 中用到的变量前必须加冒号（:）。整个 SQL 语句可以写在一行，也可以写为更易理解的多行格式，只要在语句结束处放上一个分号（;）即可。

嵌入式 SQL 语句的执行有可能成功，也有可能失败，良好的编程风格是对每条可执行的 SQL 语句都检查其执行情况。每当执行一条 SQL 语句后，与该语句相关的事务对象的 "SQLCode" 属性都给出一个值，指示 SQL 语句的执行是否成功，"SQLCode" 取值为 "0" 表示最近一次 SQL 语句执行成功；为 "-1" 表示最近一次 SQL 语句执行失败。

12.1.1　Select 语句

格式：

```
SELECT col1, col2, ...,coln
        INTO :var1, :var2, ...:varn
        FROM table_name
        [WHERE condition_expression]
        [USING transaction_object];
```

其中：

（1）col1、col2 等均为列名。

（2）table_name 为表名。

（3）condition_expression 为条件表达式。

（4）var1、var2 等均为 PowerScript 中定义的变量。

（5）transaction_object 表示当前连接数据库的事务处理对象，默认值为 SQLCA。

功能：从数据库中检索第一条满足条件的记录，并将结果存放到变量 var1、var2···中。

例如，从 "XS" 表中查找 "name" 为 "李华" 的记录，如果找到，则将其学号、性别、总学分的值存入变量 "s1" "s2" "m1" 中。程序如下：

```
String s1, x1
Char s2
Integer m1
x1='李华'
SELECT 学号, 性别, 总学分
    INTO :s1, :s2, :m1
    FROM XS
    WHERE name=:x1
    USING sqlca;                    //这里有一个分号
```

在上面的程序中，并没有使用 Datawindow，而是使用嵌入式 SQL 语句从数据库中获取了所要的数据。但是，只能读取一条记录。若要处理多条记录，则必须使用游标。

12.1.2 Insert 语句

格式：

```
INSERT   [INTO]   table_name [(col1, col2,..., coln)]
    VALUES(v1, v2,..., vn)
    [USING transaction_object];
```

其中：

（1）col1、col2 等均为列名。

（2）table_name 为表名。

（3）v1、v2 等为 PowerScript 表达式。

（4）transaction_object 表示当前连接数据库的事务处理对象，默认值为 SQLCA。

功能：在"table_name"表中插入一条记录，各列的值依次为"v1""v2"等，若某列的列名未给出，则值为 Null。

注意，如所有的列名都未给出，则在"Values"中必须依次给出所有列的值。给出的值的类型必须与对应的列的类型相一致。

例如，在"XS"表中插入一条记录，其列学号、姓名、性别、出生日期、总学分、备注的值分别为"081209""张伟""1""1989-11-10"，其余列的值为 Null。程序如下：

```
String s_id, s_name
s_id='081209'
s_name='张伟'
INSERT XS(学号,姓名,性别,出生日期,总学分,备注)
    VALUES(:s_id, :s_name, 1, 1989-11-10);
```

12.1.3 Update 语句

格式：

```
UPDATE   table_name   SET   col1=v1 [,col2=v2,..., coln=vn]
    [WHERE   condition_expression]
    [USING   transaction_object];
```

其中：

（1）col1、col2 等均为列名。

（2）table_name 为表名。

（3）condition_expression 为条件表达式。

（4）v1、v2 等为 PowerScript 表达式。

（5）transaction_object 表示当前连接数据库的事务处理对象，默认值为 SQLCA。

功能：更新"table_name"表中满足条件的记录，使列 col1 的值为 v1、列 col2 的值为 v2 等。

注意，如不给出条件，则更新表中所有行。

例如，将"XS"表中所有姓"王"的学生的总学分变为"0"。程序如下：

```
Int m=0
UPDATE XS set 总学分=:m   where name like '王%';
```

12.1.4　Delete 语句

格式：

```
DELETE FROM table_name
    [WHERE condition_expression]
    [USING transaction_object];
```

其中：

（1）table_name 为表名。

（2）condition_expression 为条件表达式。

（3）transaction_object 表示当前连接数据库的事务处理对象，默认值为 SQLCA。

功能：删除"table_name"表中满足条件的记录。

注意，如不给出条件，则删除表中所有记录。

例如，删除"XS"表中列"总学分"的值大于"30"但小于"60"的记录。程序如下：

```
Int m1=30,m2=60
DELETE   FROM XS WHERE 总学分>:m1 and 总学分<:m2;
```

12.2　动态 SQL 语句

前面介绍的 SQL 语句如表名、列名、条件等在编译时就已经确定，但有时需要动态地查询与修改一些数据，如表名、列名、条件等均由用户在运行时确定，甚至动态创建表或删除表，这时就需要使用动态 SQL 语句。动态 SQL 语句有四种类型，常用的是前两种。

12.2.1　类型一：固定操作表结构和记录

格式：

```
EXECUTE   IMMEDIATE sqlstatement [USING transaction_object];
```

其中，sqlstatement 是一个内含 SQL 语句的字符串；transaction_object 表示当前连接数据库的事务处理对象，默认值为 SQLCA。

这种类型的动态 SQL 语句通常用于执行数据操作语句（如定义表、删除表等），以及插入、更新和删除记录。因为没有返回值，所以不便用于查询（Select）数据。

例如，在"student"表中插入一条记录，其列"id""name""math"的值分别为"99690511""董晓丽""93"，其余列的值为 Null。程序如下：

```
Stringmysql, s_id, s_name
Int m
m=93
s_id="99690511"
s_name="董晓丽"
mysql="INSERT INTO student (id,name,math) VALUES('"
mysql=mysql+s_id+"','"+s_name+"', "+string(m)+")"
EXECUTE IMMEDIATE :mysql;
```

例如，在当前数据库中创建一个新表"teacher"，有三列，列"t_id"为"char"型，宽度为 10，Null 值为 No；列"t_name"为"char"型，宽度为 20，Null 值为 Yes；列"t_age"为"integer"型，Null 值为 Yes。程序如下：

```
Stringmysql
mysql ="CREATE TABLE teacher"&+
    (t_id char(10) not null,"&+
    "t_name char(20) null,"&+
    "t_age integer null)"
EXECUTE IMMEDIATE :mysql USING SQLCA;
```

12.2.2　类型二：动态操作表结构和记录

格式：

```
Prepare DynamicStagingArea From sqlstatement [USING transaction_object];
Execute DynamicStagingArea Using [para_list];
```

其中：

（1）sqlstatement 是一个内含 SQL 语句的字符串，使用问号（?）代表所需参数。

（2）transaction_object 表示当前连接数据库的事务处理对象，默认值为 SQLCA。

（3）DynamicStagingArea 是 PowerScript 提供的一种数据类型，这种类型的变量用于存储动态 SQL 语句所用的信息。通常使用 PowerScript 预定义的全局变量 SQLSA，不必另外定义。

（4）para_list 是参数列表，各参数对应于 sqlstatement 中的问号。

这种类型的动态 SQL 语句通常也用于执行数据操作语句（如定义表、删除表等），以及插入、更新和删除记录。因为没有返回值，同样不便用于查询（Select）数据。类型二与类型一的功能差不多，主要区别在于类型二可以带输入参数，因此使用起来比类型一要方便。

例如，在"student"表中插入一条记录，列"id""name""math"的值分别为"99690513""杨关""97"，其余列的值为 Null。程序如下：

```
Int m
Strings_id,s_name,sqlstr
sqlstr="INSERT INTO student(id,name,math) VALUES (?,?,?)"
PREPARE   SQLSA   FROM :sqlstr   Using SQLCA;
m=97
s_id="99690513"
s_name="杨关"
EXECUTE   SQLSA   USING :s_id, :s_name, :math;
```

比较类型二和类型一，可以看到类型二要方便一点，特别当涉及的参数及类型较多时，使用类型一的方法需要较多的转换函数，字符串的构造相当复杂，而类型二的方法则简洁得多。

12.2.3　类型三：固定查询

类型三有两种形式：使用游标和使用存储过程。本书仅介绍使用游标的方法，使用存储过程与其类似。

格式：

```
DECLARE   mycursor   DYNAMIC   CURSOR   FOR   DynamicStagingArea;
PREPARE   DynamicStagingArea   FROM   sqlstatement
        [USING   transaction_object];
OPEN   DYNAMIC   mycursor [USING para_list];
FETCH   mycursor |INTO var_list];
```

```
CLOSE   mycursor;
```
其中：

（1）mycursor 是游标名。

（2）DynamicStagingArea 是 PowerScript 提供的一种数据类型，这种类型的变量用于存储动态 SQL 语句所用的信息。通常就使用 PowerScript 预定义的全局变量 SQLSA，不必另外定义。

（3）sqlstatement 是一个内含 SQL 语句的字符串，用问号（？）代表所需参数。

（4）para_list 是参数列表，各参数对应于 sqlstatement 中的问号。

（5）var_list 是用户在 PowerScript 中定义的变量，这里引用时应在变量名前加冒号。

（6）transaction_object 表示当前连接数据库的事务处理对象，默认值为 SQLCA。

（7）DECLARE 语句说明动态游标，PREPARE 准备动态 SQL，OPEN 打开动态游标，FETCH 读取一行数据，如果需要读取多行数据，则需要反复执行 FETCH 语句。最后，CLOSE 语句关闭动态游标。

类型三主要用于实现动态查询（Select），以弥补类型一和类型二的不足。但类型三的输入和输出参数的个数及含义必须在设计时确定。

例如，下面的程序统计"student"表中"class"等于"996905"的学生的 math 和 chinese 平均成绩。程序如下：

```
Dec   ave_math=0,ave_chinese=0,s_math,s_chinese
Int   m=0                 //m 表示参加统计的学生人数
String  mysql,mycur,s_class
s_class="996905"
mysql="select math,chinese from student where class=?"
DECLARE  mycur  DYNAMIC  CURSOR  FOR  SQLSA;
PREPARE  SQLSA  FROM  :mysql  USING  SQLCA;
OPEN  DYNAMIC  mycur   USING :s_class;
FETCH  mycur  INTO   :s_math, :s_chinese;
DO WHILE sqlca.sqlcode=0
    Ave_math+=s_math
    Ave_chinese+=s_chinese
    M++
    FETCH  mycur  INTO   :s_math, :s_chinese;
LOOP
CLOSE   mycur;
Ave_math=ave_math/m
Ave_chinese=ave_chinese/m
...
```

12.2.4　类型四：动态查询

第四类动态 SQL 语句最复杂，功能也最强，它能够弥补类型三的不足，即输入和输出参数的个数及含义可以动态定义。与类型三相同，类型四也有两种形式：使用游标和使用存储过程。本书仅介绍使用游标的方法，使用存储过程与其类似。

格式：
```
DECLARE  cursor  DYNAMIC  CURSOR  FOR  DynamicStagingArea;
PREPARE  DynamicStagingArea   FROM sqlstatement[USING transaction_object];
DESCRIBE  DynamicStagingArea  INTO  DynamicDescriptionArea;
OPEN  DYNAMIC cursor  [USING  DESCRIPTOR  DynamicDescriptionArea]
FETCH  cursor  USING  DESCRIPTOR  DynamicDescriptionArea;
```

CLOSE cursor;

其中：

（1）cursor 是游标名。

（2）DynamicStagingArea 是 PowerScript 提供的一种数据类型，这种类型的变量用于存储动态 SQL 语句所用的信息。通常就使用 PowerScript 预定义的全局变量 SQLSA，不必另外定义。

（3）sqlstatement 是一个内含 SQL 语句的字符串，用问号（？）代表所需参数。

（4）DynamicDescriptionArea 也是 PowerScript 提供的一种数据类型，这种类型的变量用于存储类型四的动态 SQL 语句所用的输入和输出参数信息。通常就使用 PowerScript 预定义的全局变量 SQLDA，不必另外定义。

（5）transaction_object 表示当前连接数据库的事务处理对象，默认值为 SQLCA。

类型四主要用于实现动态查询（Select），以弥补类型三的不足。但类型四的输入和输出参数要通过 SQLDA 的相应函数和属性来处理。

SQLDA 的四个常用属性如下。

（1）NumInputs：输入参数个数。

（2）InParmType：输入参数类型，是一个数组，每个元素依次对应于 SQL 语句中的一个问号的类型。设置输入参数的值用 SetDynamicParm()函数。

（3）NumOutputs：输出参数个数。

（4）OutParmType：输出参数类型，是一个数组，每个元素依次对应于一个输出参数的类型。读取输出参数的值（实际上就是 SQL 语句的返回数据）使用 GetDynamic String()函数等。

InParmType 和 OutParmType 的值均为枚举类型，如 typestring！、typedate！ 等。

SQLDA 的几个常用函数如下。

（1）GetDynamicNumber(n)：读取第 n 个输出参数的值，其类型为数值型。

（2）GetDynamicString(n)：读取第 n 个输出参数的值，其类型为字符型。

（3）GetDynamicDate(n)：读取第 n 个输出参数的值，其类型为 Date 型。

（4）GetDynamicTime(n)：读取第 n 个输出参数的值，其类型为 Time 型。

（5）GetDynamicDateTime(n)：读取第 n 个输出参数的值，其类型为 DateTime 型。

（6）SetDynamicParm(n, value)：将值 value 传给第 n 个输入参数。

下面通过例题来说明类型四的用法。

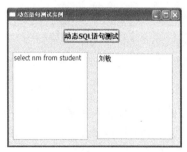

图 12.1　动态 SQL 语句测试

【例】由用户输入查询语句，通过类型四的方法，得到查询结果，如图 12.1 所示。图中提供了一个多行编辑框"mle_1"供用户输入查询语句，查询的结果显示在列表框"lb_1"中。

由于用户输入的查询语句，其表名、列名、条件都是动态的，所以使用其他方法很难实现。

具体步骤如下。

（1）新建工作空间。新建一个工作空间，命名为"DYNAMIC_CURSOR"。在该工作空间中创建一个"DYNAMIC_CURSOR.pbl"，其"ApplicationObject"为"DYNAMIC_CURSOR"。再创建一个窗口"w_1"。

（2）建立测试表。建立一个 ASA 数据库"cursor"，在这个数据库中创建"student"表，在表中设置列属性（id，nm，bir）的类型（integer，varchar，date）。定义主键为"id"，输入如下脚本：

```
Insert student(id,nm,bir)    VALUES(081101,'刘敏','1982-11-10');
```

（3）编辑脚本。

在 ApplicationObject 的"Open"事件中定义连接数据库的脚本：

```
SQLCA.AutoCommit = True
sqlca.DBMS= "odbc"
sqlca.database= ""
sqlca.servername = ""
sqlca.dbparm= "Connectstring='DSN=cursor;UID=dba;PWD=sql;'"
sqlca.logid=""
sqlca.logpass=""
sqlca.dbpass="sql"
sqlca.userid="dba"
CONNECT;
IF sqlca.sqlcode<>0 THEN
    MessageBox("====错误信息提示====","不能连接数据库!~r~n~r~n 请询问系统管理员",stopsign!)
    RETURN
END IF
Open(w_1)
```

在命令按钮控件的"Clicked"事件中输入如下代码：

```
Int m,n
String mysql, str
mysql=mle_1.text                              //读取查询语句
lb_1.reset()                                  //重置"lb_1"
DECLARE  mycur  DYNAMIC  CURSOR  FOR  sqlsa;
PREPARE  sqlsa  FROM :mysql USING sqlca;
DESCRIBE  sqlsa  INTO  sqlda;
OPEN  DYNAMIC mycur  USING  DESCRIPTOR  sqlda;
FETCH  mycur  USING  DESCRIPTOR  sqlda;
m=sqlda.numoutputs                            //获取输出参数的个数，即 Select 中列的个数
DO WHILE sqlca.sqlcode=0                       //测试查询是否成功
    str=""                                    //将查询结果变为一个串
    FOR n=1 TO m                              //处理所有的输出参数
        CHOOSE CASE sqlda.outparmtype[n]      //判断每个输出参数的类型
            CASE typeinteger!,typedecimal! , typedouble!
                                              //输出参数为 Integer、Decimal、Double 型
            str=str+string(sqlda.getdynamicnumber(n))+" "
            CASE typestring!                  //输出参数为 String 型
            str=str+trim(sqlda.getdynamicstring(n))+" "
            CASE typedate!                    //输出参数为 Date 型
            str=str+string(sqlda.getdynamicdate(n))+ " "
        END CHOOSE
NEXT
    lb_1.additem(str)                         //显示查询结果
FETCH  mycur  USING  DESCRIPTOR  sqlda;
//处理下一条记录
LOOP
CLOSE mycur;                                   //关闭游标
```

本章详细介绍了 PowerBuilder 的嵌入式 SQL 语句和动态 SQL 语句，可以看到，其功能是相当强大的，用法也较为灵活。有些功能是数据窗口所没有的，如创建表和删除表；有些功能是数据窗口难以实现的，如动态查询。

第13章 游　标

在关系型数据库的 SQL 语言中，游标是存放结果集的数据对象。在多数 PowerBuilder 应用程序的开发过程中，编程人员可能根本用不到游标这样一个对象。因为在其他开发工具中很多需要使用游标实现的工作，在 PowerBuilder 中却可以使用 DataWindow 或 DataStore 代替。事实上，DataWindow 不仅可以替代游标进行从后台数据库查询多条记录的复杂操作，而且功能远不止这些。但是同 DataWindow 和 DataStore 相比，游标也有其自身的优点，如系统资源占用少，操作灵活，可根据需要定义变量类型（如全局、实例）或局部类型和访问类型（如私有或公共等）。

使用游标有四个基本的步骤：声明游标；打开游标；提取数据；关闭游标。

13.1　声明游标

像使用其他类型的变量一样，使用一个游标之前，首先应对它进行声明。游标的声明包括游标的名称和这个游标所用到的 SQL 语句两个部分。

格式：

DECLARE　游标名　CURSOR FOR sql 语句;

注意，应以分号结束。

【例】声明一个名为"Student"的游标用于查询家庭地址在南京的学生的姓名、学号及其性别，可以编写如下代码：

```
DECLARE Student CURSOR FOR
    SELECT name,id,sex
        FROM student_table
        WHERE addr="南京";
```

如同其他变量的声明一样，声明游标的这一段代码行是不执行的，不能将 debug 时的断点设在这一代码行上，也不能使用 IF...END IF 语句声明两个同名的游标，如下列代码就是错误的：

```
IF addr="南京"THEN
    DECLARE student CURSOR FOR
        SELECT name,id,sex
            FROM student_table
            WHERE addr="南京";
ELSE
    DECLARE student CURSOR FOR
    SELECT name,id,sex
        FROM student_table
        WHERE addr<>"南京";
END IF
```

13.2　打开游标

游标声明后，在进行其他操作之前，必须打开它。打开游标时执行与其相关的一段 SQL 语句。

格式：

OPEN 游标名;

例如，打开本章【例】中声明的一个游标"student"，只需输入：

OPEN student;

由于打开游标是对数据库进行一些 SQL SELECT 的操作，所以它将耗费一段时间，时间的长短主要取决于所使用的系统性能和这条语句的复杂程度。如果执行的时间较长，则应该改变屏幕上显示的鼠标。

13.3 提取数据

当用 OPEN 语句打开了游标并在数据库中执行了查询后，用户还不能立即利用查询结果集中的数据，必须使用 FETCH 语句来取得数据。一条 FETCH 语句一次可以将一条记录放入编程人员指定的变量中。事实上，FETCH 语句是游标使用的核心。

在 DataWindow 和 DataStore 中，执行了 Retrieve()函数以后，查询的所有结果都可以得到。而使用游标，则只能逐条记录得到查询结果。

格式：

FETCH 游标名 INTO :变量 1, :变量 2,..., :变量 n;

注意，变量前的冒号不可省。

已经声明并打开一个游标后，就可以用 FETCH 语句将数据放入任意的变量中。

例如：

FETCH student
    INTO :s_name,:s_id,:s_sex;

游标一次只能从后台数据库中读取一条记录，而在多数情况下，编程人员需要处理全部记录，所以通常要将游标提取数据的语句放在一个循环体内，以便提取结果集中的全部数据。

通过检测 SQLCA.SQLCODE 的值，可以得知最后一条 FETCH 语句是否成功。当 SQLCODE 值为 0 时，表明一切正常；为 100 时表示没找到；而其他值均表明操作出了问题。这样，可以编写如下代码：

```
FETCH student INTO :s_name,:s_id,s_sex;;
DO WHILE sqlca.sqlcode = 0
    //对读取的记录进行处理
    lb_1.additem(s_id1+"----"+s_name1+"----"+s_sex)
    ...
    //读取下一条记录
    FETCH student INTO :s_name,:s_id,s_sex;;
LOOP
```

13.4 关闭游标

在游标操作的最后不要忘记关闭游标，这是一个良好的编程习惯，以使系统释放游标占用的资源。

格式：

CLOSE 游标名;

例如

CLOSE student;

13.5 使用条件子句

可以动态地定义游标中的 Where 子句的参数。例如，在本章的【例】中直接定义了查询家庭地址在南京的记录，但更多的情况是在应用中由用户选择要查询的家庭地址。

前面曾经提到过，DECLARE 语句的作用只是定义一个游标，在 OPEN 语句中这个游标才会真正地被执行。因此，可以在 DECLARE 的 Where 子句中加入变量作为参数：

```
DECLARE Student CURSOR FOR
    SELECT name,id,sex
        FROM student_table
        WHERE addr=:s_addr;
```

13.6 编程实例

使用游标将数据库"XSCJ"中"XS"表的记录显示在窗口的"ListBox"中，如图 13.1 所示。

创建一个"curso.pbl"，其"application"为"curso"；再新建一个"w_curso"窗口，在该窗口中创建一个"ListBox"，命名为"lb_1"，一个单行编辑框"sle_1"，一个"CommandButton"，命名为"cb_1"。

图 13.1　使用游标的例子

（1）在"curso"的"Open"事件中输入如下代码：

```
SQLCA.AutoCommit = TRUE
sqlca.DBMS= "odbc"
sqlca.database= ""
sqlca.servername = ""
sqlca.dbparm= "Connectstring='DSN=XSCJ;UID=dba;PWD=sql;'"
sqlca.logid=""
sqlca.logpass=""
sqlca.dbpass="sql"
sqlca.userid="dba"
connect;
IF sqlca.sqlcode<>0 THEN
    MessageBox("          ===错误信息提示===",&
    "不能连接数据库!~r~n~r~n 请询问系统管理员",stopsign!)
    RETURN
END IF
Open(w_curso)
```

（2）在"cb_1"的"Clicked"事件中输入如下代码：

```
String s_id,s_name,s_sex,s_subject
//声明游标 student
```

```
DECLARE student CURSOR FOR
      SELECT 学号,姓名,性别
          FROM XS
          WHERE 专业名=:s_subject;
s_subject=trim(sle_1.text)              //要查询的专业名
lb_1.reset()                            //清除 ListBox 中的内容
Open student;                           //打开游标
FETCH student INTO :s_name,:s_id,:s_sex; //提取数据
DO WHILE sqlca.sqlcode = 0
                                        //将读取的数据加到 ListBox 中
      lb_1.additem(s_id+"--"+s_name+"--"+s_sex)
      FETCH student INTO :s_name,:s_id,:s_sex;
LOOP
Close student;                          //关闭游标
```

本章讲述了游标的使用方法。游标的编程比较复杂，不如 DataWindow 方便，初学者学习时可以跳过本章。

第14章 用户自定义对象

对象是现代程序设计的核心概念。一个对象可以拥有若干属性，以及一系列的对这些属性进行操作的方法。一个对象可以通过若干个接口同其他的对象进行相互作用，共同完成一项工作。当对象被定义好之后，它就拥有了活力，就能够完成一定的功能，就可以根据需要多次使用，而不需要进行任何额外的工作，这就大大提高了代码的重用性和易维护性。PowerBuilder 不仅提供了大量预定义的标准对象，如窗口、DataWindow、事务处理对象 Transaction 等，还支持自定义用户对象。

用户对象是扩展 PowerBuilder 功能的最有效方法之一。利用用户对象，既可以扩展系统原有对象的功能，增加新的使用方法，又能够创建出高度可重用的自定义部件，在一个或多个应用程序中反复使用，缩减开发和维护的时间，进一步提高应用程序的开发效率。同时，还可以将其他语言开发的代码嵌入 PowerBuilder 应用程序中。

用户对象是封装了一组相关代码和属性、完成特定功能的可重用对象。用户对象一般用于完成通用的功能，例如，应用程序可能经常使用某个"关闭"按钮执行一组操作，然后关闭窗口；也可能经常使用某个列表框列出所有的部门；还可能对所有的数据窗口控件使用相同的错误类型检查。当应用程序需要某种反复使用的特性时，应该定义用户对象。用户对象只需定义一次，就能够反复多次使用，并且修改一次，就能够将修改结果反映到所有使用该用户对象的地方。

用户对象具有下述优势。

(1) 避免了在应用程序的不同地方编写功能相同或相近代码的麻烦，提高了应用程序的可维护性。

(2) 用户对象可以将一组总在一起使用的可视控件组合在一起，构成一个完成特定功能的控件，应用程序可以在需要的地方随时使用它。

(3) 用户对象提供了构造具有一致外观的可视部件的方法。

(4) 用户对象能够将相关功能封装在一起。

(5) 用户对象允许开发人员扩展某些 PowerBuilder 系统对象（如事务对象）的功能。

PowerBuilder 中有两种用户对象：一种是可视用户对象（Visual User Object），像按钮、编辑框那样具备可视的外观，主要完成应用程序与用户之间的信息交流；另一种是类用户对象（Class User Object），没有屏幕表现形式，主要用于封装和完成一定的业务逻辑。

用户对象的命名通常以"u_"为前缀，用户对象控件或实例的命名通常以"uo_"为前缀。

14.1 可视用户对象

可视用户对象就是用户定义的控件。可视对象有三种：标准可视用户对象（Standard Visual User Object）、定制可视用户对象（Custom Visual User Object）、外部可视用户对象（External Visual User Object）。

14.1.1 创建标准可视用户对象

标准可视用户对象是对 PowerBuilder 现有控件的扩充，它在现有控件基本功能的基础上增加了应用程序需要的功能。标准可视用户对象继承了原始控件的各种特征，包括属性、事件和函数。

例如，PowerBuilder 的命令按钮只能使用鼠标单击，而不响应【Enter】键，但用户通常都希望能够支持【Enter】键操作。尽管可以定义用户事件，但是需要对每个用到的命令按钮分别定义用户事件，显然十分烦琐。现在可以利用标准可视用户对象来定制一个用户对象，既能够使用鼠标单击，又可以按【Enter】键（当焦点落在该控件上时）操作。定义好后，该用户对象就像标准控件一样被使用。

单击 PowerBuilder 主窗口的工具栏图标按钮 "New" 或选择主选单 "File" 的 "New" 子选单，将打开标题为 "New" 的窗口，选择 "PB Object" 选项页，如图 14.1 所示。

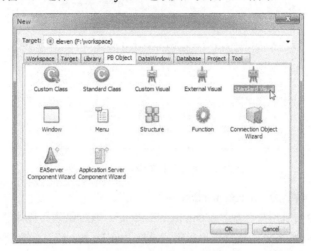

图 14.1　创建用户对象

在如图 14.1 所示的 "PB Object" 选项页中选择 "Standard Visual" 项，单击 "OK" 按钮或直接双击 "Standard Visual" 项，将打开标题为 "Select Standard Visual Type" 的窗口，如图 14.2 所示，选择所要的对象类型，然后单击 "OK" 按钮。这里选择 "commandbutton" 来定制一个命令按钮用户对象。

选好标准对象类型后，将打开用户对象画板，如图 14.3 所示。该界面和创建窗口的界面相似。在这里可以设置 "commandbutton" 的属性如 Text、字体、控件大小等作为该用户对象的默认值，还可以定义用户函数和用户事件，并为某些事件编写代码。

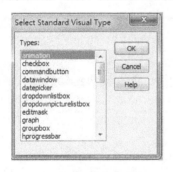

图 14.2　选择对象类型

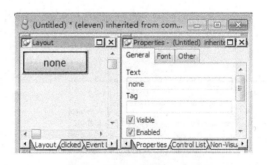

图 14.3　用户对象画板

这里，为该用户对象定义一个用户事件以响应用户的【Enter】键操作。用户事件命名为 "ue_enter"，事件号选 "pbm_keydown"，如图 14.4 所示。

在该事件中输入如下代码：

```
IF KeyDown(KeyEnter!) THEN
        //如果是【Enter】键，则触发鼠标单击事件
        THIS.TriggerEvent(Clicked!)
```

END IF

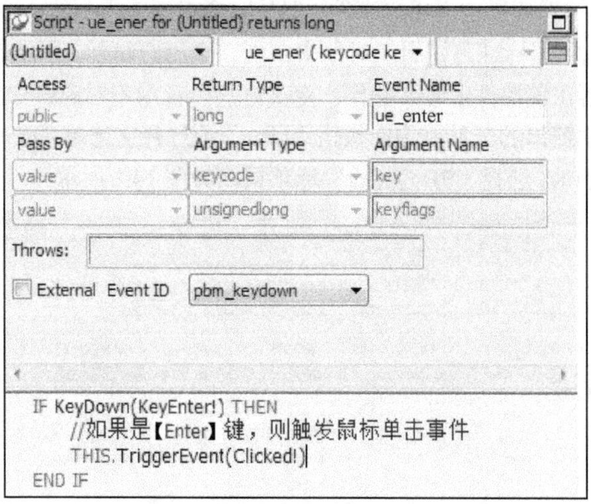

IF KeyDown(KeyEnter!) THEN
　　//如果是【Enter】键，则触发鼠标单击事件
　　THIS.TriggerEvent(Clicked!)
END IF

图 14.4　在用户对象中定义用户事件

保存该用户对象，命名为"u_commandbutton"。

至此，定义了一个可视用户对象"u_commandbutton"，该对象除具备标准的"commandbutton"命令按钮的属性、事件、函数外，还有用户自定义事件"ue_keyenter"，当焦点落在该控件上时，用户按【Enter】键将触发该事件。

14.1.2　使用可视用户对象

可视用户对象定义好后，就可以像标准控件那样使用。在窗口打开后，单击工具栏中控件工具箱中的用户对象图标按钮，如图 14.5 所示。

接着将出现标题为"Select Object"的窗口，在其中列出了当前"pbl"文件中所有的用户对象，选择一个用户对象，如图 14.6 所示，然后单击"OK"按钮或直接双击所选的用户对象。这里选择"u_commandbutton"。

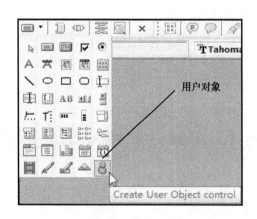

图 14.5　控件工具箱

图 14.6　选择用户对象

像设计标准控件那样，调整用户对象在窗口中的位置、大小，并设置必要的属性（如 Text），为 "Click" 事件编写代码等。这样，当焦点落在该控件上时，按【Enter】键将触发 "Click" 事件。

14.1.3　修改用户对象

定义好的用户对象随时可以修改。单击 PowerBuilder 工具栏中的 "Open" 图标，将打开标题为 "Open" 的窗口，如图 14.7 所示。首先选择目标，在 "Libraries" 栏中选择要修改的用户对象所在的 PBL 库文件，然后在对象类型 "Object of Type" 中选择 "User Objects"，将列出该 PBL 文件中的全部用户对象，选择要修改的用户对象，单击 "OK" 按钮或直接双击所选的用户对象，将打开用户对象定义画板，如图 14.3 所示。

图 14.7　打开用户对象

14.1.4　创建定制可视用户对象

定制可视用户对象是将多个控件及可视用户对象组合成一个整体，完成一定的功能和操作。与创建标准可视用户对象一样，选择 PowerBuilder 主窗口工具栏中的图标按钮 "New" 或选择主选单 "File" 的 "New" 子选单，将打开标题为 "New" 的窗口，选择 "PB Object" 选项页，如图 14.8 所示。

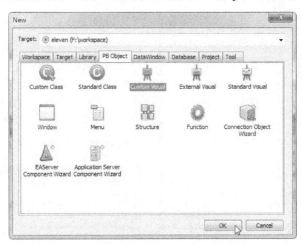

图 14.8　选择定制可视用户对象

在如图14.8所示的"PB Object"选项页中选择"Custom Visual"项，单击"OK"按钮或直接双击"Custom Visual"项，将打开定制可视用户对象画板，如图14.9所示。该界面和创建窗口的界面相

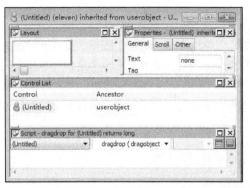

图14.9　定制可视用户对象画板

似。在左上角的窗口中放置所需的控件和已定义的可视用户对象，并设置各控件的属性、字体、大小及该定制可视用户对象的属性、大小等作为该用户对象的默认值。还可以定义用户函数和用户事件，并为某些事件编写代码。

注意，该可视用户对象中控件的大小、位置等属性不能在窗口上改变，而只能在如图14.9所示的定制可视用户对象画板中进行修改。

创建的定制可视用户对象作为一个整体来使用，与其他用户对象的一个明显区别是，定制可视用户对象中包括了多个控件。用窗口中的代码控制定制可视用户对象中的控件时，需要使用"用户对象名+控件名+属性或函数"这样的格式。

例如：

```
uo_1.cb_ok.text="确定"              //cb_ok 是用户对象中的一个控件
st_1.text=uo_1.sle_1.text          //sle_1 是用户对象中的一个控件，st_1 是窗口中的一个控件
uo_1.lb_1.additem(sle_2.text)      //lb_1 是用户对象中的控件，sle_2 是窗口中的控件
```

14.1.5　创建外部可视用户对象

外部可视用户对象实际上就是在 PowerBuilder 应用程序中使用其他语言（如 C 或 C++）编写的第三方控件。例如，可以购买一个控件库。使用外部控件的目的通常是完成 PowerBuilder 本身难以完成或不支持的功能。

同创建标准可视用户对象一样，单击 PowerBuilder 主窗口工具栏中的图标按钮"New"或选择主选单"File"的"New"子选单，将打开标题为"New"的窗口，选择"PB Object"选项页，如图14.10所示。

在如图14.10所示的"PB Object"选项页中选择"External Visual"项，单击"OK"按钮或直接双击"External Visual"项，将打开外部可视用户对象画板，如图14.11所示。

图14.10　创建外部可视用户对象

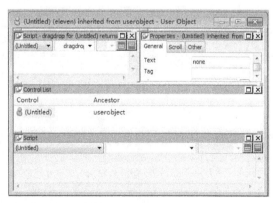

图14.11　外部可视用户对象画板

在图 14.11 所示的"Properties"子窗口"General"选项页"LibraryName"中输入外部用户对象所在的 DLL 文件名，或者单击"Browse"按钮选择 DLL 文件；在"Class Name"编辑框中输入 DLL 中的注册类名（该类名通常由生产 DLL 的厂商提供）；在"Text"编辑框中输入显示在控件上的文本（并非都需要此项）；根据需要设置其他属性（如边框类型等）；说明用户对象所需的函数、事件、变量、结构；编写用户对象的各种事件处理程序；保存用户对象。定义了外部可视用户对象后，就可以在窗口、定制可视用户对象等多个地方运用该对象了。

注意，若要创建外部可视用户对象，则必须知道外部用户对象所在的 DLL 文件名和注册类名。

14.2 类用户对象

类用户对象没有可视成分，它通常用于封装应用逻辑和特定功能，需要在代码中通过编写程序使用。类用户对象有两种类型：标准类用户对象和定制类用户对象。

14.2.1 创建标准类用户对象

同创建可视用户对象一样，选择 PowerBuilder 主窗口工具栏中的图标按钮"New"或选择主选单"File"的"New"子选单，将打开标题为"New"的窗口，选择"PB Object"选项页，如图 14.12 所示。

在如图 14.12 所示的"PB Object"选项页中选择"Standard Class"项，单击"OK"按钮或直接双击"Standard Class"项，将打开标题为"Select Standard Class Type"的窗口，选择创建的用户对象所继承的内部系统对象，如图 14.13 所示，选择所要的对象类，然后单击"OK"按钮，将打开标准类用户对象定义画板，如图 14.14 所示。

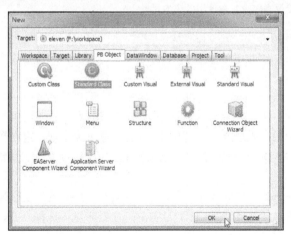

图 14.12 定义标准类用户对象 　　　　　图 14.13 选择标准对象类

由于类用户对象是不可见的，所以不能在它上面布置任何可视控件。接下来要做的工作是为这个对象封装属性、函数、事件、变量等，编写用户对象所需的各种事件处理程序。保存用户对象。

定义了标准类用户对象后，就可以在应用程序需要的地方使用该对象了。

14.2.2 使用类用户对象

类用户对象没有可视成分，它们不能像可视用户对象那样放置到窗口中。使用类用户对象时，需要在代码中创建它的一个实例，具体步骤如下。

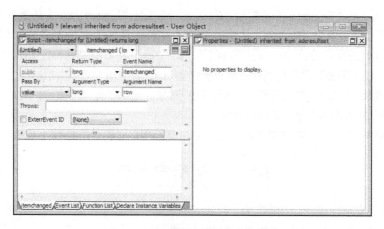

图 14.14　标准类用户对象定义画板

（1）说明类用户对象类型的变量，使用 CREATE 语句创建该对象的一个实例。

（2）在变量的整个作用域中，代码都能够访问该对象的属性、事件、函数，就像使用系统预定义对象那样（如事务处理对象 SQLCA）。

（3）不再使用该用户对象时，使用 DESTROY 语句删除该对象，以释放它所占的内存。

例如，已经创建了一个标准类用户对象"u_datastore"，它从数据存储对象"Datastore"继承得到，代码中可以这样使用：

```
u_datastore myds                    //声明 u_datastore 类型的变量 myds
myds = CREATE u_datastore           //创建用户对象实例 myds
myds.DataObject = 'd_user_search'   //将数据窗口对象与类用户对象联系起来
myds.SetTransObject(SQLCA)          //设置类用户对象使用的事务对象
ret = myds.Retrieve(math)           //检索数据
...                                 //应用程序所需的其他处理
DESTROY myds                        //使用后删除用户对象
```

14.2.3　创建定制类用户对象

定制类用户对象是用户自己设计的对象，用于封装不需要可视特性的处理过程。这些对象并不继承自某个 PowerBuilder 对象或控件，完全由用户通过定义实例变量、函数、事件来实现。定制类用户对象只有两个系统预定义事件：Constructor 和 Destructor。其创建过程和使用方法完全类似于标准类用户对象。

若要将用户对象删除，则只有在"Library"工作区才能实现。方法是打开"Library"工作区，用鼠标右键单击要删除的对象，出现弹出式菜单，选择"Delete"，将打开一个提示框，选择"Yes"，将删除所选的对象。参见 PBL 库管理器。

14.3　用户对象使用编程实例

在用户自定义事件的编程实例中，要求当焦点落在命令按钮上时，按【Enter】键能够代替鼠标。在数据窗口中，按【Enter】键可以跳到下一个输入项，而不是下一行。当在最后一行的最后一列按【Enter】键时，将增加一个空行。在最后一行按向下的箭头键【↓】时，也增加一个空行。程序运行界面如图 14.15 所示。

问题是，如果程序中许多地方使用命令按钮和数据窗口，则需要在每个使用的地方定义用户事件并编写代码，显然十分烦琐且容易出错。还有，像"返回"命令按钮的功能都是关闭当前窗口，因此应该设计一个统一的按钮，而无须在每个用到的地方分别编程。使用用户对象可以方便地解决上述问题。

图 14.15　用户对象使用实例

具体步骤如下。

（1）建立工作空间"ustudent"，创建一个"ustu.pbl"，其"ApplicationObject"为"ustu"，再创建一个窗口"w_uobject"。

（2）创建标准可视用户对象，它是从标准控件"commandbutton"命令按钮继承来的。为该用户对象增加自定义事件"ue_keyenter"，事件号为"pbm_keydown"。该用户对象能够响应鼠标和【Enter】键操作。

在该用户对象的事件"ue_keyenter"中输入如下代码：

```
IF KeyDown(KeyEnter!)   THEN
        //如果是【Enter】键，则触发鼠标单击事件
        THIS.TriggerEvent(Clicked!)
END IF
```

保存该用户对象，命名为"u_commandbutton"。

（3）创建标准可视用户对象，也是从标准控件"commandbutton"命令按钮继承来的。为该用户对象增加自定义事件"ue_keyenter"，事件号为"pbm_keydown"。该用户对象能够响应鼠标和【Enter】键操作，并关闭控件所在的窗口。

① 在该用户对象的自定义事件"ue_keyenter"中输入如下代码：

```
IF KeyDown(KeyEnter!)   THEN
        //如果是【Enter】键，则触发鼠标单击事件
        THIS.TriggerEvent(Clicked!)
END IF
```

② 在该用户对象的"Click"事件中输入如下代码：

```
Close(PARENT)                              //关闭控件所在的窗口
```

保存该用户对象，命名为"u_cb_return"。

（4）创建标准可视用户对象，它是从标准控件"DataWindow"数据窗口继承来的。为该用户对象增加一个自定义函数和两个自定义事件。

① 自定义函数是 uf_getcolnumber()，无入口参数，返回值表示数据窗口中的列数。该函数的功能就是求当前数据窗口中列的数目。

代码如下：

```
//返回当前数据窗口的列数
Long row
Int col,oldcol,ret
row=THIS.getrow()
oldcol=THIS.getcolumn()                          //oldcol 为当前列
IF row<1 THEN RETURN 0                           //若数据窗口为空则返回
//下面循环的意思是从第一列开始设置为当前列,
//若设置成功, 则将下一列设置为当前列,
//直到设置失败（setcolumn 函数返回-1）,
//这时列数就是 col-1
//假设数据窗口的列数不超过 10 000 列
FOR col=1 TO 10000
    ret=THIS.SetColumn(col)
    IF ret= -1 THEN
        THIS.SetColumn(oldcol)                   //将原来的列恢复为当前列
        RETURN col – 1                           //返回数据窗口中的列数
    END IF
NEXT
RETURN 0
```

② 一个事件是"ue_keyenter",事件号为"pbm_dwnprocessenter"。该事件的主要功能是按【Enter】键可以跳到下一个输入项, 而不是下一行。当在最后一行的最后一列按【Enter】键时, 将增加一个空行。

代码如下:

```
Int col, colnum
Long row
colnum=uf_getcolnumber()                         //求数据窗口的列数
IF colnum<1 THEN RETURN 1                         //如果列数小于 1, 则返回
col=GetColumn()
row=GetRow()
IF col<colnum THEN                               //当前列不是最后一列
    SetColumn(col+1)                             //将下一列变为当前列
ELSE
    IF row<RowCount() THEN                       //当前列是最后一列但当前行不是最后一行
        Setrow(row+1)                            //将下一行的第一列变为当前列
        ScrollToRow(row+1)
        SetColumn(1)
    ELSE
        //当前列是最后一列且当前行是最后一行
        Row=Insertrow(0)                         //增加一行
        SetRow(row)                              //将新行的第一列变为当前列
        ScrollToRow(row)
        SetColumn(1)
    END IF
END IF
RETURN 1                                         //放弃原来的操作
```

③ 另一个事件是"ue_keyarrow",事件号为"pbm_dwntabdownout"。该事件的主要功能是在最后一行按向下的箭头键【↓】时, 增加一个空行。

代码如下:

```
Long row
row=InsertRow(0)                                    //增加一行
SetRow(row)                                         //将新行变为当前行
ScrollToRow(row)
```

保存该用户对象，命名为"u_datawindow"。

（5）在窗口"w_uobject"中创建用户对象控件。

dw_1:从 u_datawindow 继承而来
cb_append:从 u_commandbutton 继承而来
cb_insert:从 u_commandbutton 继承而来
cb_delete:从 u_commandbutton 继承而来
cb_retrieve:从 u_commandbutton 继承而来
cb_update:从 u_commandbutton 继承而来
cb_return:从 u_cb_return 继承而来

分别为"cb_append""cb_insert""cb_delete""cb_retrieve""cb_update"和"cb_return"控件的"Text"属性赋值；创建数据窗口对象，取"XS"表前四列，保存并命名为"d_1"，为"dw_1"的"DataObject"属性赋值，即将控件与数据窗口对象"d_1"相关联。

① 为应用对象"ustu"的"Open"事件编写如下代码：

```
SQLCA.AutoCommit = True
sqlca.DBMS = "odbc"
sqlca.database = "XSCJ"
sqlca.dbpass="dba"
sqlca.userid="sql"
sqlca.servername = ""
sqlca.dbparm = "Connectstring='DSN=XSCJ;UID=dba;PWD=sql;'"
sqlca.logid=""
sqlca.logpass=""
CONNECT;
IF sqlca.sqlcode<>0 THEN
    messagebox("═══错误信息提示═══","不能连接数据库! ~r~n~r~n 请询问系统管理员",stopsign!)
    RETURN
END IF
Open(w_uobject)
```

② 为窗口"w_uobject"的"Open"事件编写如下代码：

```
dw_1.SetTransObject(SQLCA)
```

③ 为增加记录的命令按钮"cb_append"的"Clicked"事件编写如下代码：

```
Long row
Row=dw_1.InsertRow(0)
dw_1.SetRow(row)
dw_1.ScrollToRow(row)
dw_1.SetFocus()
```

④ 为插入记录的命令按钮"cb_insert"的"Clicked"事件编写如下代码：

```
Long row
row=dw_1.InsertRow(dw_1.GetRow())
dw_1.SetRow(row)
dw_1.ScrollToRow(row)
dw_1.SetFocus()
```

⑤ 为删除记录的命令按钮"cb_delete"的"Clicked"事件编写如下代码：

```
dw_1.DeleteRow(dw_1.GetRow())
```

⑥ 为显示记录的命令按钮"cb_retrieve"的"Clicked"事件编写如下代码：

```
dw_1.Retrieve()
```

⑦ 为存盘的命令按钮"cb_update"的"Clicked"事件编写如下代码：

```
dw_1.UpDate()
```

在该例中，还可以将"插入""增加""删除""存盘"等命令按钮设计成像"返回"命令按钮那样的用户对象，还可以在用户对象"u_datawindow"中加入错误处理程序，进一步提高代码的通用性和可重用性。

PowerBuilder 提供了大量的系统控件和对象，功能强大，使用方便，但有时仍然满足不了用户的需要。因此，用户需要定义自己所需的对象，对原有的控件和对象的功能进行扩展，以提高代码的重用性、可靠性和可维护性。像上面实例介绍的那样，如不采用用户自定义对象的方法，开发过程将会十分烦琐。

标准可视用户对象和标准类用户对象在 PowerBuilder 程序设计中应用极为广泛，应熟练掌握其创建过程和使用方法。

第 **15** 章 数据管道

前面在讲述表结构定义的时候曾强调，表名、列名、类型、宽度、Null 值等一经确定，便难以修改。若要更改表的这些属性，则只有利用数据管道。此外，编程人员还经常要复制表的结构及表中部分或全部数据，将一个表中的数据加到另一个表中去（即使两个表的结构不一样），还有可能将一个数据库中的表复制到另一个数据库（可能是两个不同类型的数据库，包括服务器数据库和本地数据库）。数据管道都能够满足这些要求。

数据管道提供了在数据库内部、数据库之间，甚至不同的数据库管理系统之间快速复制数据的简便途径。数据管道的工作过程如图 15.1 所示。

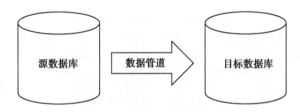

图 15.1　数据管道的工作过程

在 PowerBuilder 中，数据管道既可以在开发环境下，通过工具栏的数据库画板完成相应的操作，也可以在程序中通过编写代码使用数据管道，这种方式提供了灵活运用数据管道的手段。

15.1　创建数据管道

在 PowerBuilder 中，创建数据管道分两种情况，一种是在数据库画板中创建；另一种是通过创建数据管道对象创建。

在数据库画板中创建的数据管道，默认为源数据库和目标数据库相同。若要求目标数据库和源数据库不同，则必须通过工具栏选择相应命令设置。若通过创建数据管道对象的方法，则首先要选择源数据库和目标数据库，既可以相同也可以不同。

15.1.1　在数据库画板中创建数据管道

进入数据库画板，在已连接的数据库中选择要复制的表，单击鼠标右键，出现一个弹出式选单，如图 15.2 所示，选择"Data Pipeline"，开始创建数据管道，如图 15.3 所示。

此时，PowerBuilder 界面左上方出现一个"Pipeline"工具栏，如图 15.4 所示。其含义见表 15.1。

查看和更改源数据库与目标数据库，也可以通过选择主选单"File"的子选单"SourceConnect"和"DestinationConnect"进行。编辑 SQL 数据源类似于设计数据窗口对象的 Data Source，可以定义检索参数 Retrieval Arguments 和 Where 条件等，使得满足条件的数据被复制。

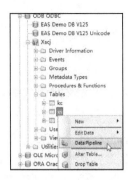

图 15.2 选择"Data Pipeline"创建数据管道

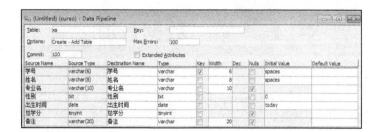

图 15.3 定义数据管道

图 15.4 "Pipeline"工具栏

表 15.1 工具栏图标含义

图 标	含 义	说 明
	保存数据管道	若要在程序中使用数据管道，则必须在这里保存
	更改源数据库	查看与更改源数据库，默认为当前数据库
	设置目标数据库	查看与更改当前目标数据库，默认为当前数据库
	编辑 SQL 数据源	如果要为数据复制增加条件，则只能从这里进行。实际上这里就是一个 Select 语句
	执行数据管道	立即执行数据复制
×	返回	关闭数据管道定义，并决定是否保存

在如图 15.3 所示的定义数据管道界面中，各选择项的含义见表 15.2。

表 15.2 定义数据管道界面各选择项的含义

名 称	含 义	说 明
Table	目标表名	默认名：源表名+"_copy"
Options	选择管道操作方式	在下拉列表框中选择管道操作方式，有五种选择，见表 15.3
Commit	选择多少条记录作为一个事务提交	默认值为 100
Key	目标表的主键名称	可以修改目标表的主键名称
Max Errors	选择允许出现的最多错误个数	在复制的过程中错误个数达到 MaxErrors 时，将停止复制。默认值为 100
Extended Attributes	是否复制表的扩展属性	默认为否
Source Name	源表列名	
Source Type	源表列的类型	
Destination Name	目标表列名	可以更改目标表的列名

续表

名　称	含　义	说　明
Type	目标表列的类型	可以更改目标表列的类型
Key	该列是否为目标表的主键	默认值与源表的对应列相同
Width	目标表列的宽度	可以更改目标表列的宽度。默认值与源表的对应列相同
Dec	目标表列的小数位	可以更改。默认值与源表的对应列相同
Nulls	设置目标表列的 Null 值	可以更改。默认值与源表的对应列相同
Initial Value	指定目标表列的初始值	
Default Value	指定目标表列的默认值	

数据管道操作方式（Options）见表 15.3。

表 15.3　数据管道操作方式（Options）

名　称	含　义
Create-Add Table	在目标数据库中创建指定的目标表。如果目标数据库中已经存在同名的表，则执行时将显示一个对话框，提醒用户表已经存在
Replace-Drop/Add Table	在目标数据库中创建指定的目标表。当目标数据库中已经存在同名表时，将首先删除该表，然后创建
Refresh-Delete/Insert Rows	将删除目标数据库中指定目标表中的所有数据，然后插入从源表选择的数据。要求目标表已经存在。若目标表不存在，则操作将失败
Append-Insert Rows	保留目标表中的原有数据，然后插入从源表选择的数据
Update-Update/Insert Rows	对源表中主键值与目标表中主键值匹配的行执行 UPDATE 语句，修改目标表中的相应行；对源表中主键值与目标表中主键值不匹配的行执行 INSERT 语句，将相应行插入目标表中

注意，当源表中已有数据时，更改目标表列的类型与宽度应谨慎。宽度变小可能丢失数据，改变列的类型可能导致类型转换错误。

数据管道定义好后，可以立即执行数据管道。单击工具栏图标 ，将立即执行数据管道操作。还可以保存数据管道，以便再次使用或在编程中使用。在如图 15.4 中，单击保存图标 ，出现如图 15.5 所示的窗口，在 "Data Pipelines" 中输入数据管道名，然后单击 "OK" 按钮。数据管道的命名通常使用 "p_" 作为前缀。

图 15.5　保存数据管道

15.1.2　创建数据管道对象

可以像创建窗口 Window、数据窗口对象 DataWindow 那样创建数据管道对象。在 PowerBuilder 主窗口的工具栏中单击"New"，再单击"Database"选项页，如图 15.6 所示。选择"Data Pipeline"，将出现标题为"New Data Pipeline"的窗口，如图 15.7 所示，选择数据源"Data Source"、源数据库和目标数据库。数据源"Data Source"的含义与创建数据窗口对象"DataWindow"一样。

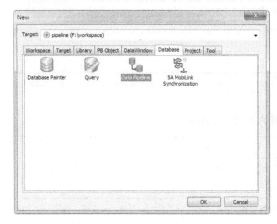

图 15.6　创建数据管道对象

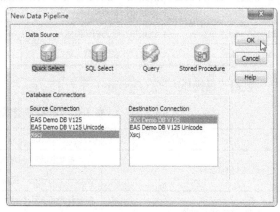

图 15.7　选择源数据库和目标数据库

若数据源"Data Source"选择"Quick Select"，则源表只能选择一个，如图 15.8 所示。选择要复制的列，然后单击"OK"按钮，将出现如图 15.3 所示的定义数据管道窗口。

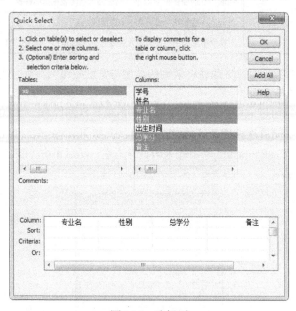

图 15.8　选择列

15.1.3　打开和修改数据管道

保存数据管道后，可以再次打开和修改。在 PowerBuilder 主窗口的工具栏中单击"Open"，出现标题为"Open"的窗口，选择目标和 PBL 源文件后，在对象类型"Objects of Type"中选择"Pipelines"，在对象"Object"中选择要打开的数据管道，如图 15.9 所示。单击"OK"按钮后，出现前面已讲的界面。

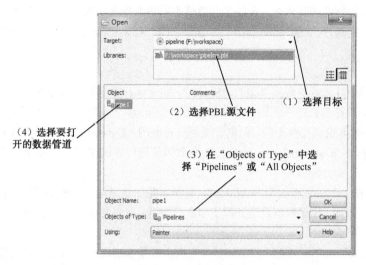

图 15.9　打开数据管道

15.1.4　删除数据管道

若要删除创建的数据管道，则需使用"Library"库管理器。打开"Library"库管理器，打开要删除的数据管道所在的 PBL，选择要删除的数据管道，单击鼠标右键，出现弹出式选单，选择"Delete"将删除所选的数据管道，如图 15.10 所示。

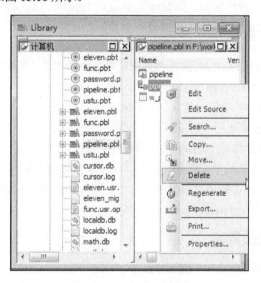

图 15.10　删除数据管道

15.2　数据管道对象的属性、事件和函数

要对数据管道编程，需要了解数据管道对象的几个常用属性、事件和函数。

15.2.1　数据管道的属性

数据管道对象的属性共有六个，反映了当前使用的数据管道对象、语法、数据管道运行情况等信息，这六个属性分别是"ClassDefinition""DataObject""RowsInError""RowsRead""RowsWritten"和"Syntax"。

其中：

（1）"DataObject"属性的数据类型为"String"，用于保存数据管道对象名（在数据库画板中创建的对象），其作用与数据窗口控件的同名属性的作用十分相似，该属性指定与数据管道对象相关联的数据管道对象名。与数据窗口控件不同，数据管道用户对象的"DataObject"属性只能在代码中设置（如u_pipeline.DataObject="p_student"，"u_pipeline"是数据管道对象的实例，"p_student"是在数据库画板中创建的数据管道对象的名称）。

（2）"RowsInError"的数据类型为"Long"，它指示数据管道运行过程中发现的错误个数（如存在键值重复的行等）。例如，如果数据管道处理了 100 行数据，其中发现了七个错误，那么"RowsInError"的值就是 7。

（3）"RowsRead"的数据类型为"Long"，它指示数据管道运行过程中当前已经读取的行数。例如，前面的示例中，"RowsRead"的值为 100。

（4）"RowsWritten"的数据类型为"Long"，它指示数据管道运行过程中当前已经写入的行数。例如，前面的示例中，"RowsWritten"的值为 93。

"RowsInError""RowsRead"和"RowsWritten"属性提供数据管道运行过程中的状态信息。这些属性通常显示在应用程序的窗口中，以便用户了解数据管道的执行进程。

（5）"Syntax"属性的数据类型为"String"，保存用于创建数据管道对象的语法（在数据管道画板中创建的对象）。利用字符串操作函数（如 Mid()、Pos()、Len()），可以动态修改数据管道对象语法。

15.2.2　数据管道的事件

数据管道有五个预定义事件，在创建数据管道用户对象时，可以根据应用程序的需要定义自己的用户事件。预定义的事件有如下五种。

（1）Constructor：在数据管道用户对象创建时触发。

（2）Destructor：在数据管道用户对象删除时触发。

（3）PipeStart：开始执行 Start()或 Repair()函数时触发。

（4）PipeMeter：每次读或写一块数据时触发，设计数据管道对象时定义的"Commit"参数的大小决定了块的大小。也就是说，数据管道每执行完一个数据库事务时都会触发"PipeMeter"事件。

（5）PipeEnd：Start()或 Repair()函数执行结束时触发。

15.2.3　数据管道的函数

数据管道对象有九个函数，其中 ClassName()、GetParent()、GetContextService()、PostEvent()、TriggerEvent()和 TypeOf()与其他对象相应函数的意义相同，在此不再重复，下面介绍数据管道对象特有的三个函数 Start()、Cancel()和 Repair()。

1．Start()函数

Start()函数执行数据管道对象，将数据从源表按 SQL SELECT 语句指定的要求复制到目标表中。

格式：

pipelineobject.Start (sourcetrans, desttrans,errordw [arg1, arg2, ..., argn])

其中：

（1）pipelineobject 是包含要被执行数据管道对象的数据管道用户对象名称。

（2）sourcetrans 是连接到源数据库的事务对象名，可以是默认的事务对象 SQLCA，也可以是用应用程序创建的事务对象。

（3）desttrans 是连接到目标数据库的事务对象名，可以是默认的事务对象 SQLCA，也可以是用应用程序创建的事务对象。

（4）errordw 是一个数据窗口控件名，该控件用于显示数据管道运行过程中出现的错误。程序中无须将某个数据窗口对象关联到该控件上，系统会根据出现的数据管道错误自动生成所需的数据窗口对象。如果程序中已经在该控件上关联了某个数据窗口对象，则运行时该对象将被数据管道创建的对象取代。

（5）arg1, arg2, ..., argn 是可选参数，对应于定义数据管道数据源时 SELECT 语句所需的检索参数。

Start()函数返回一个 Integer 值指示数据管道的运行是否成功，返回值的意义如下：

　1　　函数执行成功

-1　　打不开数据管道（如数据管道对象不存在）

-2　　列数太多

-3　　要创建的表已经存在

-4　　要增加数据的表不存在

-5　　未建立与数据库的连接

-6　　参数错误

-7　　列不匹配

-8　　访问源数据库的 SQL 语句有致命错误

-9　　访问目标数据库的 SQL 语句有致命错误

-10　已经达到指定的最大错误数

-12　不正确的表语法

-13　需要关键字但未指定关键字

-15　数据管道已经在运行

-16　源数据库出错

-17　目标数据库出错

-18　目标数据库处于只读状态，不能写入数据

2. Cancel()函数

在数据管道运行过程中，执行 Cancel()函数后将终止数据管道的执行。

格式：

pipelineobject.Cancel()

该函数执行成功时返回 1，失败时返回 0。

3. Repair()函数

数据管道运行后，如果某些行不能传送到目标数据库，就产生了错误，出错的行显示在与数据管道对象相关联的数据窗口中，用户在数据窗口中修改了数据后，使用 Repair()函数，将修改结果传送到目标数据库。

格式：

pipelineobject.Repair (desttrans)

其中，pipelineobject 是包含要被执行数据管道对象的数据管道用户对象名称；desttrans 是连接到目标数据库的事务对象名。

Repair()函数返回值的意义如下：

1	函数执行成功
−5	未建立与数据库的连接
−6	参数错误
−9	访问目标数据库的 SQL 语句有致命错误
−10	已经达到指定的最大错误数
−12	不正确的表语法
−15	数据管道已经在运行
−17	目标数据库出错
−18	目标数据库处于只读状态，不能写入数据

15.3　数据管道编程实例

【例】数据管道应用。

在程序中使用数据管道的基本步骤如下。

（1）创建数据管道对象，如果不存在的话。

（2）定义"Pipeline"的标准类用户对象（或在代码中定义"Pipeline"对象实例）。

（3）创建窗口，在窗口中放置一个数据窗口控件。

（4）编写代码。

（5）处理行错误。

（6）结束管道操作。

图 15.11　数据管道应用实例

本例介绍一个数据管道应用的完整实例，运行时的界面如图 15.11 所示。在该例中，首先选择复制方向，是从服务器数据库下载数据到本地数据库，还是将本地数据库数据上传到服务器数据库以更新数据。然后选择"开始"按钮，执行数据复制操作，在复制的过程中，可以单击"取消"按钮，将取消正在进行的复制操作。复制操作的执行状况显示在数据窗口控件中，结果显示在三个静态文本框中。

具有步骤如下。

（1）创建一个"pipelines.pbl"文件，其"ApplicationObject"命名为"pipelines"。再创建窗口"w_pipe"，在"w_pipe"中，创建一个组框"gb_1"、两个单选按钮"rb_down"（表示从服务器数据库下载数据到本地数据库）和"rb_up"（表示将本地数据库数据上传到服务器数据库以更新数据），"开始"命令按钮"cb_ok"（表示开始执行数据管道操作），"取消"命令按钮"cb_cancel"（表示取消正在进行的管道操作），"返回"命令按钮"cb_return"（表示返回），静态文本"st_read"和单行文本框"sle_read"（显示管道操作已读的行数），静态文本"st_written"和单行文本框"sle_written"（显示管道操作已写的行数），静态文本"st_error"和单行文本框"sle_error"（显示管道操作出错的行数），数据窗口控件"dw_1"（显示管道操作的运行状况）。使用第 5 章的方法在本地创建一个数据库"JSJ"。注意，只要创建好数据源即可，暂时不要在其中建立表，之后通过执行数据管道会自动建立表并复制数据。

（2）使用前面的方法，创建两个数据管道，"p_student_ltos"将本地数据库"XSCJ"中的"XS"表中的数据上传到服务器数据库"JSJ"中的"XS"表以更新数据；"p_student_stol"将服务器数据库"JSJ"中的"XS"表中的部分数据下载到本地数据库"XSCJ"中的"XS"表中。这两个数据管道都可以定义"String"类型的检索参数"str"，并在编辑 SQL 数据源中加上条件"where XS.专业名=:str"，表示仅处理指定的专业名称。

（3）在窗口"w_pipe"中定义函数 wf_connectlocaldb()表示连接本地数据库，wf_connectserverdb()表示连接服务器数据库，wf_error(integer ret)表示错误处理，wf_startpipe(Transaction sourcetrans, Transaction desttrans,string p_object)表示开始管道操作。

（4）编写代码。

① 在 ApplicationObject 对象"pipelines"的"Open"事件中编写如下代码：

```
Open(w_pipe)
```

② 在窗口"w_pipe"中，声明如下"InstanceVariables"对象实例：

```
//定义两个事务处理对象 serverdb 和 localdb
//serverdb 用来连接服务器数据库
//localdb 用来连接本地数据库
Transaction serverdb,localdb
//定义数据管道对象 u_pipe
Pipeline u_pipe
```

③ 在窗口"w_pipe"的"Open"事件中编写如下代码：

```
//定义事务处理对象实例变量 localdb 和 serverdb
serverdb=Create Transaction
localdb=Create Transaction
//定义数据管道对象实例变量
u_pipe=Create pipeline
```

④ 在窗口"w_pipe"的"Close"事件中编写如下代码：

```
//释放数据管道对象
DESTROY u_pipe;
//释放事务处理对象
DISCONNECT USING localdb;
DESTROY localdb;
DISCONNECT USING serverdb;
DESTROY serverdb;
```

⑤ 在"取消"命令按钮的"Clicked"事件中编写如下代码：

```
Int ret
ret=u_pipe.Cancel()                        //终止管道运行
IF ret=1   THEN
    MessageBox("取消操作成功","终止管道运行")
ELSE
    MessageBox("取消操作失败","未能终止管道运行")
END IF
```

⑥ 在"返回"命令按钮"cb_return"的"Clicked"事件中编写如下代码：

```
Close(PARENT)                        //关闭当前窗口
```

⑦ 在连接本地数据库的函数 wf_connectlocaldb()中编写如下代码：

```
//该函数无参数，返回值为 sqlcode
//连接本地数据库"XSCJ"
localdb.autocommit=true
localdb.DBMS = "odbc"
localdb.database = "xscj"
localdb.userid = "dba"
localdb.dbpass = "sql"
localdb.servername = ""
localdb.logid=""
localdb.logpass=""
localdb.dbparm = "Connectstring='dsn=xscj;uid=dba;pwd=sql'"
CONNECT USING localdb;
RETURN localdb.sqlcode
```

⑧ 在连接服务器数据库的函数 wf_connectserverdb()中编写如下代码：

```
//该函数无参数，返回值为 sqlcode
//连接服务器数据库
//这里为方便实验，选用了另一个本地数据库"JSJ"（用户可根据"XSCJ"数据库中表的结构创建）
serverdb.autocommit=true
serverdb.DBMS = "odbc"
serverdb.database = "jsj_01"
serverdb.userid = "dba"
serverdb.dbpass = "sql"
serverdb.servername = ""
serverdb.logid=""
serverdb.logpass=""
serverdb.dbparm = "connectstring='dsn=jsj_01;uid=dba;pwd=sql'"
CONNECT USING serverdb;
RETURN serverdb.sqlcode
```

⑨ 在错误处理函数 wf_error(integer ret)中编写如下代码：

```
//该函数的入口参数 ret 表示执行数据管道操作返回的错误代码
//该函数无返回值
String msg
CHOOSE CASE ret
    CASE  1
        msg = "打不开数据管道"
    CASE -2
        msg = "列数太多"
    CASE -3
        msg = "要创建的表已经存在"
    CASE -4
        msg = "要增加数据的表不存在"
    CASE -5
        msg = "未建立与数据库的连接"
    CASE -6
        msg = "参数错误"
    CASE -7
        msg = "列不匹配"
    CASE  -8
        msg = "访问源数据库的 SQL 语句有致命错误"
    CASE -9
```

```
                msg = "访问目标数据库的 SQL 语句有致命错误"
        CASE -10
                msg = "已经达到指定的最大错误数"
        CASE -12
                msg = "不正确的表语法"
        CASE -13
                msg = "需要关键字，但未指定关键字"
        CASE -15
                msg = "数据管道已经在运行"
        CASE -16
                msg = "源数据库出错"
        CASE -17
                msg = "目标数据库出错"
        CASE -18
                msg = "目标数据库处于只读状态，不能写入数据"
END CHOOSE
MessageBox("数据管道运行出错", msg, StopSign!,ok!)
```

⑩ 在执行管道操作的函数 wf_startpipe(Transaction sourcetrans,Transaction desttrans,string p_object) 中编写如下代码：

```
//该函数有三个入口参数 sourcetrans、desttrans、p_object
//该函数无返回值
//参数 sourcetrans 表示源事务处理对象
//参数 desttrans 表示目标事务处理对象
//参数 p_object 表示在数据库画板中创建的数据管道对象
Int ret
//定义数据管道对象实例变量
u_pipe.DataObject = p_object                    //设置数据管道对象
ret=u_pipe.Start(sourcetrans, desttrans, w_pipe.dw_1,"计算机")
//这里带了参数"计算机"，是因为创建数据管道 p_object 时定义了检索参数，
//表示仅处理计算机专业的数据
IF ret<> 1 THEN
        wf_error(ret)                           //转错误处理程序
ELSE
        MessageBox("数据管道运行成功", "操作成功")
END IF
sle_read.text= String(u_pipe.RowsRead)          //显示已读数据行数
sle_written.text= String(u_pipe.RowsWritten)    //显示已写数据行数
sle_error.text= String(u_pipe.RowsInError)      //显示出错数据行数
```

⑪ 在"开始"命令按钮"cb_ok"的"Clicked"事件中编写如下代码：

```
Int ret
ret=wf_connectserverdb()                        //连接服务器数据库
IF ret<>0 THEN
        MessageBox("===错误信息提示===","不能连接服务器数据库!~r~n 请询问系统管理员",stopsign!)
        RETURN
END IF
ret=wf_connectlocaldb()                         //连接本地数据库
IF ret<>0 THEN
        MessageBox("===错误信息提示===","不能连接本地数据库!~r~n 请询问系统管理员",stopsign!)
        RETURN
END IF
```

```
IF rb_down.checked THEN
        //选择从服务器数据库下载数据到本地数据库
        wf_startpipe(serverdb,localdb,"p_student_stol")
ELSE
        //选择将本地数据库数据上传到服务器数据库以更新数据
        wf_startpipe(localdb,serverdb,"p_student_ltos")
END IF
```

本章讲述了数据管道的概念及其使用方法。在应用程序开发过程中，数据管道是一个常用的工具，它提供了在数据库内部、数据库之间，甚至不同的数据库管理系统之间快速复制数据的简便途径。修改表的结构与定义，只能使用数据管道。在多个数据库之间下载和更新数据，也只有使用数据管道才方便。要掌握数据管道的编程，就需要了解数据管道对象的属性和函数，本章最后的例题基本涵盖了数据管道的各个部分，是一个较实用的例题。

第16章 PBL库管理器

利用 PowerBuilder 解决实际应用时，首先要创建一个 PBL 文件，每一个 PowerBuilder 中的应用程序和对象都保存在以 pbl 为扩展名的文件中，称为 PBL 库。有时，一个较大的应用程序被存储在多个 PBL 库中，每个库中分别存放不同类型的对象，便于程序的开发和维护。尽管 PowerBuilder 对 PBL 库文件的大小没有限制，但在实际应用中，库文件的大小一般在 800KB 左右为宜，对象个数应保持在 50 个左右，主要是出于检索速度和资源优化的考虑。

有时需要对库文件中的对象进行管理，如删除窗口 Window、删除数据窗口对象 Datawindow 等，在以前可以修改这些对象但无法删除；再如将一个 PBL 应用程序中的对象复制到另一个 PBL 应用程序中；浏览系统中的所有 PBL 库及库中的全部对象等。为此，PowerBuilder 提供了一个 Library 画板，专门用来管理、维护和优化 PBL 库文件。

16.1 Library 库画板

16.1.1 "Library" 工作区

在 PowerBuilder 开发环境主窗口的工具栏中单击图标按钮 ，将打开 "Library" 工作区，如图 16.1 所示。

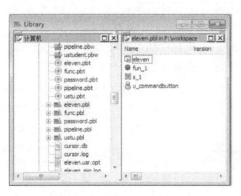

图 16.1 "Library" 工作区

从图 16.1 可以看出，"Library" 工作区类似于 Windows 的资源管理器。左边是树形视图区，右边是列表视图区。可以浏览所有的 PBL 文件及其中的对象。

16.1.2 库画板工具栏

打开 "Library" 库工作区后，有一个可用的库画板工具栏，如图 16.2 所示。

图 16.2 库画板工具栏

各工具按钮的含义如下。

（1）Create：创建新的 PBL 文件。与以前单击主窗口的"New"图标不一样，这里仅创建一个空的 PBL 文件，没有应用对象 Application，也不创建目标文件 PBT。

（2）Select All：选择当前列表视图区中的全部对象。

（3）Edit：编辑所选择的 PBL 文件中的对象。

（4）Copy：复制所选择的 PBL 文件中的对象。此时，将打开"Select Library"对话框，选择要接收该对象的 PBL 文件，即可将所选的对象复制到另一个 PBL 文件中。

（5）Move：将所选择的 PBL 文件中的对象移到其他的 PBL 文件中。其功能与 Copy 相似，但源对象不再存在。

（6）Delete：删除所选择的 PBL 文件中的对象。

（7）Export：将所选择的 PBL 文件中的对象保存到一个独立的文件中。

（8）Import：将 Export 导出的文件导入当前的 PBL 文件中。

（9）Regenerate：重建所选择的 PBL 文件中的对象。当编译失败或其他原因导致对象不能打开时，执行该功能。

（10）Search：在所选择的一个或多个 PBL 文件中的对象中查找字符串。

（11）Properties：查看所选择的 PBL 文件中的对象的属性，并可以为所选对象增加注释。

16.1.3　库画板选单

1."Entry"选单

"Entry"选单用于管理 PBL 文件中的各种对象，如图 16.3 所示。

其中：

（1）Edit：编辑所选择的 PBL 文件中的对象。

（2）Rename：重命名所选择的 PBL 文件中的对象。

（3）Delete：删除所选择的 PBL 文件中的对象。

（4）Import：将 Export 导出的文件导入当前的 PBL 文件中。

（5）"Target"选单中的命令主要用于管理目标文件，如图 16.4 所示。

图 16.3　"Entry"选单

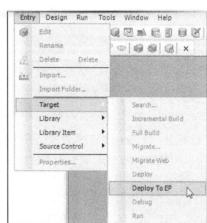

图 16.4　"Target"选单

各子选单项的功能如下。

① Search：在选择的目标文件所包含的 PBL 文件中的全部对象中查找字符串。

② Incremental Build：对目标文件中被修改的部分进行重建（自上次重建以来）。重建的目的，一方面是释放已被删除的对象所占用的存储空间，重新安排各种对象在文件中的存储位置，使打开对象的速度更快；另一方面是进行语法检查。

③ Full Build：将目标文件全部重建。

④ Migrate：将以前版本的 PBL 文件移植到 10.0 版。

⑤ Debug：跟踪当前应用程序。

⑥ Run：运行当前应用程序。

（6）"Library" 选单中的命令主要用于操作 PBL 库，如图 16.5 所示。

各子选单项的功能如下。

① Create：创建新的 PBL 文件。和上面工具栏相应的图标功能一样。与以前单击主窗口的"New"图标不一样，这里仅创建一个空的 PBL 文件，没有应用对象 Application，也不创建目标文件 PBT。

② Select All：选择当前列表视图区中的全部对象。和上面工具栏相应的图标功能一样。

③ Optimize：优化选择的 PBL 库。如果该库以前做过优化，会询问是否将以前保存的备份文件覆盖。优化库有些类似于对硬盘进行碎片整理，由于库中对象经常插入、删除，因此库的组织会变得越来越零碎。经常优化库能够提高库的访问性能。

④ Build Runtime Library：创建动态库。

⑤ Print Directory：打印当前 PBL 文件中的所有对象。

2. "Run" 选单

"Run" 选单主要用于编译、运行和跟踪 PBL 文件，如图 16.6 所示。

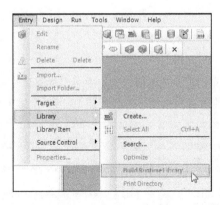

图 16.5　"Library" 选单

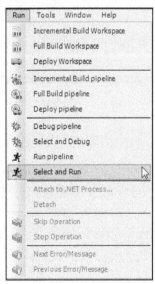

图 16.6　"Run" 选单

各子选单项的功能如下。

（1）Incremental Build Workspace：对当前工作空间中被修改的部分进行重建（自上次重建以来）。重建的目的，一方面是释放已被删除的对象所占用的存储空间，重新安排各种对象在文件中的存储位置，使打开对象的速度更快；另一方面是进行语法检查。

（2）Full Build Workspace：将当前工作空间中的所有文件重建。

（3）Debug pipeline：跟踪目标 testdatawindow。

（4）Select and Debug：选择要跟踪的目标文件。

（5）Run pipeline：运行目标文件 testdatawindow。

（6）Select and Run：选择要运行的目标文件。

16.2 库画板应用

16.2.1 创建 PBL 文件

PBL 文件通常是在创建应用程序时创建的，也可以在"Library"库画板中选择主选单"Library"的子选单"Create"或单击工具栏中的图标按钮"Create"，将打开"Create Library"对话框，如图 16.7 所示。

首先选择文件夹，再在文件名中输入要创建的文件名，单击"保存"按钮，出现"Properties"对话框，如图 16.8 所示。为该库文件加入描述信息，单击"OK"按钮即可完成 PBL 库文件的创建。

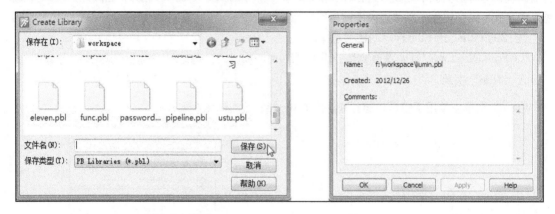

图 16.7　创建 PBL 文件　　　　　　　　　　图 16.8　为 PBL 文件加入描述信息

16.2.2 一个简单的 Web 程序

适当地添加注解有利于程序的维护，特别是当应用程序的规模较大、由多人共同开发时，描述性的说明更是不可或缺。注解是保证程序正确和可靠的最有力措施之一，如图 16.1 和图 16.9 所示。

图 16.9　加注解的库文件

要为 PBL 文件或对象加注解，可以在创建该文件或对象时加上注解。也可以在"Library"画板下添加或更改注解。方法是打开"Library"工作区，选取要添加注解的 PBL 文件或对象，单击鼠标右键，出现一个弹出式选单，如图 16.10 所示，选择"Properties"，将打开文件或对象的属性窗口，如图 16.8 所示，此时即可输入或修改注解。一次只能为一个文件或对象添加注解。

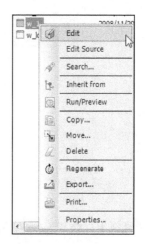

图 16.10　"Properties"

16.2.3　编辑对象

在"Library"工作区，也可以编辑所选择的对象，如应用对象、窗口、数据窗口对象、选单、自定义全局函数、数据管道等。方法是在"Library"工作区用鼠标双击所选的对象，将打开该对象的编辑窗口；或用鼠标右键单击所选的对象，出现如图 16.10 所示的弹出式选单，选择"Edit"，同样将打开该对象的编辑窗口；还可以单击工具栏中的"Edit"按钮。

16.2.4　复制对象

图 16.11　复制对象

可以将一个 PBL 文件中的对象复制到另一个 PBL 文件中。方法是在"Library"工作区选择要复制的对象，单击鼠标右键，出现如图 16.10 所示的弹出式选单，选择"Copy"，将打开标题为"Select Library"的文件选择框，如图 16.11 所示，选择要接收该对象的 PBL 文件，单击"打开"按钮，即可将所选的对象复制到另一个 PBL 文件中。

还可以通过 Export（将所选择的 PBL 文件中的对象保存到一个独立的文件中）和 Import（将 Export 导出的文件导入当前的 PBL 文件中），实现对象的复制。

16.2.5　移动对象

可以将一个 PBL 文件中的对象移到另一个 PBL 文件中，其功能与 Copy 相似，但源对象不再存在。其方法和上面复制对象 Copy 的方法一样。在"Library"工作区选择要复制的对象，单击鼠标右键，出现如图 16.10 所示的弹出式选单，选择"Move"，将打开标题为"Select Library"的文件选择框，如图 16.11 所示，选择要接收该对象的 PBL 文件，单击"打开"按钮，即可将所选的对象移到另一个 PBL 文件中，原来 PBL 中的对象不复存在。

通过移动对象，可以将一个 PBL 文件分拆为几个 PBL 文件，或者将几个 PBL 文件合并为一个 PBL 文件。

16.2.6　删除对象

以前可以创建和修改对象，但无法删除。例如，开始创建了一个数据窗口对象，后来不要了，要将其删除，只有在"Library"工作区才能实现。

方法是在"Library"工作区，用鼠标右键单击要删除的对象，出现弹出式选单，选择"Delete"，将打开一个提示框，如图 16.12 所示，单击"是（Y）"按钮，将删除所选的对象。

图 16.12　删除对象

16.3　可执行文件

16.3.1　应用程序的搜索路径

如果一个应用程序由几个 PBL 文件组成，那么系统怎样才能从其他的 PBL 文件中查找对象呢？例如，某系统由四个 PBL 文件 stu1.pbl、stu2.pbl、stu3.pbl 和 stu4.pbl 组成，stu1.pbl 是主文件，即第一个被执行的文件，里面有一个 Application 对象和系统所有的窗口；stu2.pbl 全部是数据窗口对象；stu3.pbl 全部是自定义全局函数；stu4.pbl 全部是选单。系统如何知道在这几个文件中查找对象呢？

首先单击工具栏中的"new"图标，然后在"Target"选项页中选择"Existing Application"打开主文件，即第一个被执行的 PBL 文件的应用对象 Application，再使用"Browse"按钮将其他几个 PBL 文件添加进去，如图 16.13 所示。最后再指定一个目标文件即可。

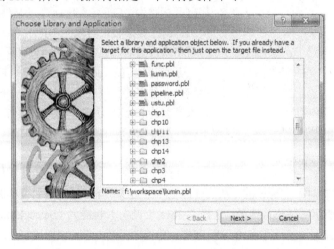

图 16.13　添加"Library"

16.3.2　生成可执行文件

确定好应用程序的搜索路径后，就可以编译生成可执行文件了。首先确认当前打开的 PBL 文件是主文件，其次应用程序的搜索路径已经设置。单击"PowerBuilder"工具栏中的图标按钮"New"，将打开标题为"New"的窗口，选择"Project"选项页，如图 16.14 所示，再选择"Application"项，单击"OK"按钮，将打开编译窗口，如图 16.15 所示。

在图 16.15 中，通常通过单击输入框右边的按钮来输入可执行文件名。在"Rebuild"中通常选择"Full"来全部编译。选择"Machine Code"来生成机器代码，因为机器代码的速度和效率比较高。在

"DLL"栏中（若不选"Machine Code"则是"PWD"），为相应的 PBL 文件打上"√"。这几项选好后，单击工具栏中的"Deploy"图标按钮 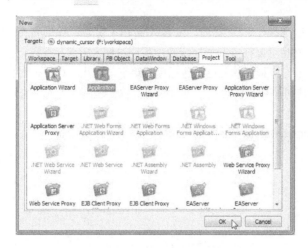，开始将 PBL 文件编译成 Windows 可执行文件 EXE 和 DLL。

图 16.14　"Project"选项页

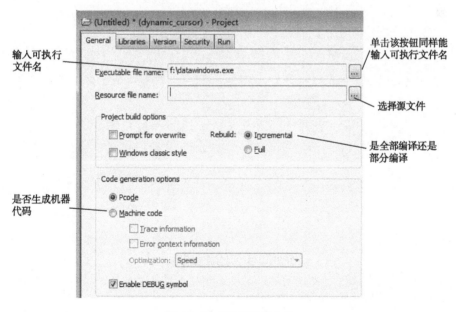

　　输入可执行　　　　　　　　　　　　　　　　　　　单击该按钮同样能
　　文件名　　　　　　　　　　　　　　　　　　　　　输入可执行文件名

　　　　　　　　　　　　　　　　　　　　　　　　　　　选择源文件

　　　　　　　　　　　　　　　　　　　　　　　　　是全部编译还是
　　　　　　　　　　　　　　　　　　　　　　　　　部分编译

　　是否生成机器
　　代码

图 16.15　创建可执行文件

16.3.3　在 Windows 环境下运行

　　编译生成的可执行文件若要脱离 PowerBuilder 环境以便在 Windows 下独立运行，需要一些系统动态链接库，这些文件位于\Shared\PowerBuilder 目录下，共有约 80 个 DLL 文件，大约 48MB。需要哪些文件，取决于应用系统涉及的范围。对一般的应用系统而言，不需要这么多，仅需要五个文件：

libjcc.dll	333KB
PBVM125.DLL	4.63MB
PBDWE125.DLL	3.79MB
PBODB125.DLL	497KB

PBLIB125.DLL　　　1.28MB

将编译生成的 EXE 和 DLL 文件与上述系统动态链接库文件复制到一起，即可在 Windows 环境下正常运行。

若应用程序用到 ASA 数据库，还需专门安装 Adaptive Server Anywhere，然后按照第 5 章的方法配置 ODBC 数据源。当然也可以在安装程序或应用程序过程中配置，不过需要对注册表进行处理。

本章介绍了"Library"库画板的使用，包括库的组织、优化、移植，对象的复制、移动和删除，确定搜索路径，以及生成可执行文件等。通过对库的有效管理，编程人员可以更加方便快捷地进行应用程序的开发和管理。

"Library"画板是 PowerBuilder 的最常用工具之一，应熟练掌握。

第 2 部分　习　　题

E.1　PowerBuilder Classic 12.5 开发环境

（1）PowerBuilder 的用途是什么？它有什么特点？

（2）PowerBuilder 中的画板是做什么用的？有哪些类型的画板？各自的主要功能是什么？

（3）试着打开 PowerBuilder 的 Code Examples 应用，并选择、运行其中的部分实例。

（4）试述 PowerBuilder 应用程序的一般开发步骤。

（5）怎样使用 PowerBuilder 的帮助？

（6）怎样定制工具栏？

（7）在 PowerBuilder 12.5 集成开发环境中新创建一个 PowerBuilder 应用程序时，应当首先创建
（　　）。

    A．应用 Application

    B．工作空间 WorkSpace

    C．窗口对象 Window

    D．数据窗口对象 DataWindow

E.2　PowerScript 语言

（1）写出 PowerScript 中的条件语句、For 循环语句、Do 循环语句、Choose 语句的格式与功能（可
用图表示）。

（2）利用 PowerBuilder 的 Help，了解 PowerBuilder 的标准函数的分类、格式、功能和用法。

（3）熟悉 PowerBuilder 的 Script 代码编辑窗口中各图标按钮的功能与用法。

（4）PowerBuilder 有哪几种数据类型？

（5）PowerBuilder 有哪几种运算符？

（6）PowerBuilder 有哪几个代词？各自的作用是什么？

（7）求出所有的"水仙花数"，所谓"水仙花数"是指一个 3 位数，其各位数字立方和等于该数本
身。例如，153 就是一个"水仙花数"，因为 $153 = 1^3 + 5^3 + 3^3$。用 MessageBox 函数显示结果。

（8）判断一个数 m 是否是素数。

（9）求 Fibonacci 数列的前 20 项之和。Fibonacci 数列是指前两项分别为 0 和 1，从第 3 项起，每
一项都是前两项之和。例如 0、1、1、2、3、5、8、13、21……

E.3　窗口

（1）窗口画板中有哪些区域？各自有什么用途？怎样打开和关闭这些区域？

（2）窗口有哪几种类型？各有什么特点？一般应用于哪些场合？

（3）下面各种类型的窗口中没有标题栏的是（　　）。

    A．主窗口　　　B．弹出式窗口　　　　C．子窗口　　　　　D．响应式窗口

（4）如果希望在窗口中对键盘按键进行处理，应当在窗口的（　　）事件中编写程序。

    A．open()　　　B．mousedown()　　　C．clicked()　　　D．key()

（5）怎样在窗口事件中编写脚本？

（6）如何自定义窗口函数？编写一个自定义窗口函数，入口参数为两个整型量，出口参数为整型量，它是两个入口整型量的和。在窗口中设置三个单行编辑框和一个标题为"加法运算"的按钮，当单击该按钮时，将两个单行编辑框内的数字作为入口参数调用自定义窗口函数，将函数的返回参数填入另一个单行编辑框中，实现加法器的功能。

（7）创建三个窗口，主窗口为"w_main"，在"Application"的"Open"事件中打开。另外两个为弹出式窗口"w_popup"和响应式窗口"w_response"，在主窗口的"Clicked"事件中打开弹出式窗口，在主窗口的"rbuttondown"事件中打开响应式窗口。调整窗口的属性，观察窗口的特点和变化。

（8）为什么要使用窗口的继承？怎样实现窗口的继承？

（9）什么是函数的静态调用和动态调用？这两种调用方法各有什么优缺点？怎样实现函数的动态调用？

（10）PowerBuilder 的屏幕计量单位是什么？它与屏幕像素之间如何相互转换？

（11）如何利用窗口函数和窗口属性两种方法改变窗口的大小？试创建一个窗口，在窗口中放置两个按钮，在按钮的"Clicked"事件中编写脚本，分别采用改变窗口尺寸的窗口函数和改变窗口大小属性的方法调整窗口大小。

E.4　窗口控件

（1）窗口控件有哪些种类？

（2）怎样向窗口中添加控件？

（3）如何进行窗口中控件的布局调整？

（4）窗口控件有哪些通用属性？"Enabled"属性和"Visible"属性各有什么特点？不选中时外观上有什么不同？如果不选中"Visible"属性，那么以后在窗口画板中如何选择和编辑该控件？

（5）创建一个窗口，在窗口中添加本章介绍的常用控件，设置和调整窗口控件的属性，并在控件的事件中试着编写一些脚本。观察窗口控件的效果。

（6）什么是窗口控件的快捷键？怎样定义窗口控件的快捷键？

（7）在 PowerBuilder 中表示颜色的方法有哪几种？

（8）怎样选择不同的选项页？在选项卡控件的什么位置单击时，显示的是选项页的属性？在什么位置单击时，显示的是选项卡的属性？当需要生成新的选项页时，应当在什么位置单击鼠标右键？

（9）创建一个具有四个选项页的选项卡，在每个选项页中，放置一些其他窗口控件。

（10）如果在一个窗口中放置了一个选项卡控件"tab_1"，它具有两个选项页"tabpage_1"和"tabpage_2"。在"tabpage_2"中又放置了一个单行编辑框"sle_1"。试问，如果要在窗口的"Open"事件中为单行编辑框"sle_1"的"Text"属性赋值，则在窗口"Open"事件中使用下面的语句是否正确？

```
sle_1.text="初始文本"
```

（11）请编写程序，在窗口的静态文本控件上动态显示当前日期及时间（如图 E4.1 所示）。

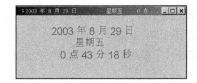

图 E4.1　动态显示当前日期及时间

（12）请编写程序，求 a 到 b 之间的所有素数，每行显示 c 个。a、b、c 的值由单行编辑框输入，结果在多行编辑框中显示，并显示素数个数（使用静态文本框）（如图 E4.2 所示）。

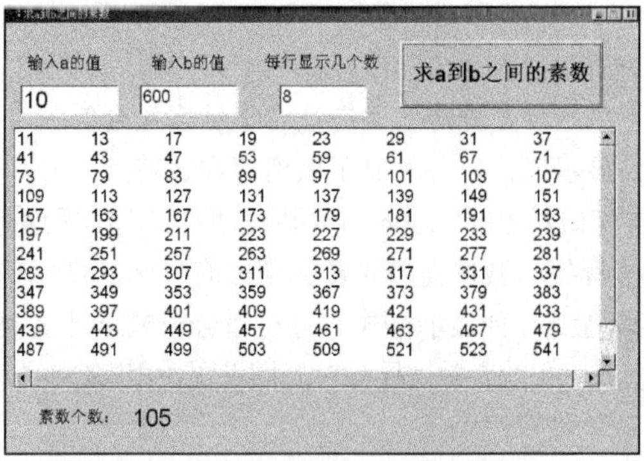

图 E4.2　使用静态文本框

E.5　创建数据库

（1）熟悉数据库画板的图标按钮、选单和工作区。

（2）在 D 盘 test 文件夹中创建一个名为"student.db"的数据库。

（3）在第（2）题创建的"student.db"数据库中，创建一个表"class"，有三列：

班级代码	id,	字符型，宽度为 9
班主任	teacher,	字符型，宽度为 15
班级人数	pupil,	整型

并在表中输入三条记录。

（4）将"student"数据库复制到另一台计算机上的 C 盘 new 文件夹中，连接该数据库，并将"class"表的列标题改为汉字，然后在表中再添加两条记录。

（5）什么是主键、外键、索引？怎样创建与删除？

（6）在"student"数据库中再建一个表"stud"，有五列：

学号	no,	字符型，宽度为 10	
姓名	name,	字符型，宽度为 15	
性别	sex,	字符型，宽度为 1	"1"表示男，"0"表示女
家庭地址	addr,	字符型，宽度为 100	
所在班级	id,	字符型，宽度为 9	

首先，在"stud"表和"class"表之间建立一个外键关系，然后在"stud"表中输入几条记录，其中有一条记录的所在班级 id 的值不在"class"表中，检查保存时会出现什么情况。

（7）在"student"数据库中创建一个表"studinfo"，有三列：

学号	no,	字符型，宽度为 10
数学成绩	math,	整型
英语成绩	english,	整型

在"studinfo"表和"stud"表之间建立一个外键关系，并在"studinfo"表中输入几条记录。

（8）什么是视图？怎样创建视图？如何预览？

（9）在"student"数据库中创建一个视图"v_stud"，由"stud"表和"studinfo"表中的六个列组成：

学号 no、姓名 name、性别 sex、数学成绩 math、英语成绩 english、家庭地址。

预览该视图。

E.6 数据窗口

（1）怎样创建数据窗口对象？

（2）PowerBuilder 提供了哪几种数据源？各自适合于什么场合？

（3）PowerBuilder 有几种显示风格？各种显示风格有什么特点？

（4）数据窗口对象与数据窗口对象的字段各有哪些属性？它们的用途是什么？怎样进行调整？

（5）数据窗口对象的字段标签与数据窗口对象的字段有什么区别？

（6）数据窗口对象的字段有哪几种显示格式？各自适合于显示什么类型的数据？

（7）为什么要设置数据窗口对象的有效性检验？怎样设置数据窗口对象的有效性检验？

（8）怎样设置数据窗口对象的排序？

（9）为什么要使用数据窗口对象的过滤？怎样设置数据窗口对象的过滤？

（10）PowerBuilder 支持哪些文件类型的导入和导出？怎样进行数据窗口对象数据的导入和导出？

E.7 数据窗口控件

（1）数据窗口对象与数据窗口控件有何不同？各自的作用是什么？

（2）数据窗口控件是如何实现将数据库中的数据在应用程序窗口中展现出来的？在实现过程中，需要哪些设置和关联？

（3）在 PowerBuilder 中数据窗口的数据处理机制是怎样的？有几个数据缓冲区？各个缓冲区的作用是什么？

（4）试述使用数据窗口控件的基本过程。

（5）什么是事务对象？为什么要使用事务对象？

（6）怎样使数据窗口控件与数据窗口对象相关联？怎样为数据窗口控件分配事务对象？

（7）怎样实现数据窗口的打印？

（8）获取数据窗口指定字段的字符型、数值型和小数型数据分别应使用哪些函数？函数的参数是什么？

（9）SetTransObject 和 SetTrans 函数的作用是什么？二者有什么区别？

当运行应用程序时在数据窗口中修改了一个数据，没有进行其他操作，然后退出了应用程序，这时数据库中的数据是否已经被修改了？为什么？

（10）数据库中有一个表"student"，有六列：

id	char	10	//学号
name	char	16	//姓名
sex	char	1	//性别：1 表示男，0 表示女
nation	char	1	//民族
math	integer		//数学成绩

| english | integer | | //英语成绩 |

请编写程序，实现对"student"表的查询、插入、删除、保存功能。在查询时，使用单选按钮提供排序选择。在 Datawindow 中，"性别"使用单选按钮选择显示，"民族"使用下拉列表框选择。

对当前行应显著标识，在窗口右上角显示"当前行号/总行数"，并适当考虑出错处理。

提供登录窗口，输入"用户名"和"口令"。

(11) 数据库中有两个表："class"和"student"。

表"class"的结构如下：

| id | char | 10 | //班级代码 |
| teacher | char | 20 | //班主任 |

表"student"的结构如下：

id	char	10	//学号
name	char	20	//学生姓名
sex	char	1	//性别：1 表示男，0 表示女
math	integer		//数学成绩
english	integer		//英语成绩
class	char	10	//所在班级代码

在"class"的"id"列与"student"的"class"列之间建立一个外键。请编写程序，实现对这两个表的数据录入、删除、保存、查询功能。在查询窗口中，分别创建两个数据窗口，左边显示班级（"class"表中的全部数据），右边显示该班的学生信息（"student"表中的部分记录）。右边显示的内容随着左边选定的班级而自动变化。对左边数据窗口的当前行应显著标识。

E.8　高级窗口控件

(1) 列表框"ListBox"、图片列表框"PictureListBox"、下拉列表框"DropDownListBox 及下拉图片列表框"DropDownPictureListBox"控件有什么相同点？有什么不同点？

(2) 对本书第 8.1.2 小节中选择学生的例子进行改动，加一组（两个）单选按钮，其"Text"分别为"单选"和"多选"，当选中"单选"时，一次只能选择一个学生，而选择"多选"时允许一次选择多个学生。再将两个单选按钮换成一个复选框，实现单选、多选。

(3) 统计图的结构是如何定义的？

(4) 统计图有哪些类型？各有什么特点？

(5) 如果要设计一个能够直观反映数据库检索进程的程序，那么采用什么样的控件来显示检索进程比较合适？怎样编写这种应用程序？

(6) 有几种方式为下拉列表框添加项目？如何实现？

(7) 使用 OLE 控件有什么好处？怎样在窗口中设计 OLE 控件？

(8) 进度条、跟踪条和滚动条各自的用途是什么？它们之间有什么不同？

(9) 在窗口中设计一个"开始"按钮和一个进度条，当单击"开始"命令按钮时，进度条从最小位置经过 10 秒到达最大位置。

(10) 在窗口中设计一个"保存"按钮和一个"RichText"编辑框，当单击"保存"按钮时，将"RichText"编辑框中的内容以文本形式（.txt）保存。

(11) 请编写程序，求 a 到 b 之间的所有素数，每行显示 c 个。a、b、c 的值由单行编辑框输入，结果在多行编辑框中显示，并显示素数个数（使用静态文本框）。要求分别使用滚动框、进度条表示运算进度，在另一个静态文本框中显示完成进度的百分比，如图 E8.1 所示。

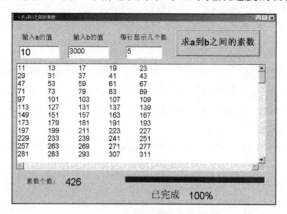

图 E8.1　运用滚动框、进度条

（12）数据库中，"student"表有五列：

id	char	10	//学号
name	char	16	//姓名
sex	char	1	//性别：1 表示男，0 表示女
math	integer		//数学成绩
english	integer		//英语成绩

请编写程序，使用"ListView"显示"student"表的内容，在选单中提供大、小图标，列表，详细资料等功能。

（13）数据库中，"region"表有两列：

id	char	6	//国家行政地区代码
name	char	30	//行政地区名

如 320000 表示江苏省，320100 表示江苏省南京市，320106 表示江苏省南京市鼓楼区，320102 表示江苏省南京市玄武区。

请用树状视图显示国家行政地区。

（14）利用多行编辑框"MultiLineEdit"控件实现文件的编辑处理。在选单上提供打开、保存、查找、替换等功能。

E.9　用户自定义事件

（1）为什么要使用用户事件？怎样创建和使用用户事件？

（2）通过 PowerBuilder 的"Help"了解 keydown()函数的格式与功能，并了解与键盘按键有关的枚举常量，如"KeyEnter！""KeyF1！"等。

（3）设计一个窗口，上面有"A 键""B 键""C 键"和"D 键"四个命令按钮，每个按钮的"Clicked"事件都是弹出一个消息框，报告该按键被按动；设计一个用户自定义事件，捕捉键盘上的字母"A""B""C""D"等键，捕捉到这些键后，使用 control.TriggerEvent("Clicked")语句触发按钮控件的"Clicked"事件。在这里，control 为上述四个字母键之一的名称。

（4）将本书第 9.5 节的例题上机调试通过。

（5）在第（4）题的基础上按【F10】键将调用 Windows 的计算器，请编写程序实现。

E.10　选单

（1）选单有哪几个种类，各有什么特点？

（2）在设计选单时，应注意哪些原则？

（3）选单有哪些事件？一般在选单的哪一级中编写事件脚本？

（4）如何在应用程序中控制某一个选单项的"可用"与"不可用"？

（5）怎样实现选单对象与窗口对象的关联？

（6）怎样创建按钮工具栏？哪一类窗口才可以使用按钮工具栏？

（7）为什么要使用弹出式选单？怎样制作弹出式选单？

（8）创建一个选单对象，使其具有三个选单标题，第 1 个选单标题为"综合管理"，下设"人员管理…""设备管理…"和"资金管理…"三个选单项，分别打开三个子窗口；第 2 个选单标题为"帮助"，下设一个"关于…"选单项，打开一个关于应用软件版本信息的对话框；第 3 个选单标题为"退出"，没有下拉选单项，单击此"退出"选单标题时，结束应用程序。设置各选单项的快捷键方式。将设计好的选单对象关联到一个主窗口上，运行并观察改变选单属性的影响。

（9）为第（8）题建立的选单配置按钮工具栏，其中，第 1 个选单标题使用下拉式按钮。

（10）设计弹出式选单，各选单项的操作是打开一个窗口。在主窗口中放置一个单行编辑框，在其右键响应事件中编写关联弹出式选单的脚本。

E.11　自定义函数和结构

（1）利用 PowerBuilder 的"Help"了解和学习数值函数的格式、功能与用法，如 Cos()、Sin()、Tan()、Log()、Mod()、Int()、Rand()、Sqrt()、Round()等。

（2）利用 PowerBuilder 的"Help"了解和学习 GetFileOpenName()、GetFileSaveName()、SetNull() 和 IsNull()的格式、功能与用法，并设计程序使用这些函数。

（3）利用 PowerBuilder 的"Help"了解和学习 ProfileInt()、ProfileString()和 SetProfileString()的格式、功能与用法，并设计程序使用这些函数。

（4）利用 PowerBuilder 的"Help"了解和学习 ShowHelp()的格式、功能与用法，并设计程序使用该函数。

（5）利用 PowerBuilder 的"Help"了解和学习 Timer()的格式、功能与用法，并设计程序使用该函数。

（6）利用 PowerBuilder 的"Help"了解和学习日期与时间函数的格式、功能与用法，并设计程序使用这些函数，如 Today()、Now()、Year()、Month()、Day()、Hour()、Minute()、Second()、DaysAfter()、RelativeDate()、RelativeTime()等。

（7）利用 PowerBuilder 的"Help"了解和学习类型转换函数的格式、功能与用法，如 Integer()、String()、Char()、Asc()、Dec()、Double()、Real()、Long()、Date()、DateTime()、Time()、IsDate()、IsNumber()、IsTime()等。

（8）利用 PowerBuilder 的"Help"了解和学习字符函数的格式、功能与用法，如 Len()、Left()、Right()、Mid()、Match()、Pos()、Replace()、Trim()等。

（9）编写全局函数 f_space(n)返回 n 个空格、f_max(x, y)返回 x 和 y 中的最大值。

（10）在某窗口中编写函数 f_lower(str)，将串 str 中的大写字母变为小写。

（11）编写两个全局函数，分别求两个整数的最大公约数和最小公倍数。

（12）设计一个全局函数，判别一个数是否为素数。

（13）编写一个函数，由实参传来一个字符串，统计此字符串中字母、数字、空格和其他字符的个数。使用结构返回统计结果。

E.12 SQL 语句

（1）在 PowerBuilder 中有哪几条嵌入式 SQL 语句？写出各自的格式、功能和用法。

（2）在库 student.db 中创建一个表 "test"，有三列：no，字符型，宽度是 8；price，数值型，2 位小数；sale_time，日期型。再新建一个 testsql.pbl，在 testsql.pbl 中创建窗口 "w_sql"，并在 "w_sql" 中创建三个单行编辑框和一个命令按钮，单击该按钮将三个单行编辑框中的内容存入 "testsql" 表的 no、price、sale_time 列中。要求分别用嵌入式 SQL 语句和动态 SQL 语句实现。且输完第 1 个单行编辑框后，按【Enter】键将跳到下一个单行编辑框，输完最后一个单行编辑框，按【Enter】键自动将三个单行编辑框中的内容存入 "testsql" 表的 no、price、sale_time 列中，并将焦点落在第 1 个单行编辑框中。

（3）像本书第 12.2 节类型四的例题那样，输出第（2）题中的 "testsql" 表。

（4）使用动态 SQL 语句类型四的方法，实现对数据库的动态查询。程序中应向用户提供可以查询的表名及表中的列名，不妨用两个数据窗口，一个显示表名，另一个显示所选表的列名，或用树状视图显示表及表中的列名。查询的结果用列表视图的 "Report" 格式输出。

E.13 游标

（1）为什么要使用游标？

（2）使用游标有哪几步？

（3）上机调试通过本书第 13.6 节的例题。

（4）游标和动态 SQL 语句的使用方法有何不同？各自的优缺点是什么？

（5）游标和数据窗口的使用方法有何不同？各自的优缺点是什么？

E.14 用户自定义对象

（1）用户对象有哪几种？如何创建与使用？

（2）为什么要使用用户对象？

（3）上机调试通过本书第 14.3 节的例题。

E.15 数据管道

（1）数据管道有哪几个常用属性？

（2）数据管道有哪几个常用事件？

（3）数据管道有哪几个常用函数？

（4）编程实现将一个数据库中的表复制到另一个数据库中。

（5）利用 "syntax" 属性，分析数据管道对象的语法结构。

（6）利用字符串函数动态修改数据管道对象的语法结构，以实现表的动态复制。

（7）上机调试通过本书第 15.3 节的例题。

（8）利用用户对象的方法，创建一个数据管道对象的用户对象，改做本书第 15.3 节的例题。

E.16　PBL 库管理器

（1）PBL 库是什么？有什么作用？

（2）"Library" 库画板由哪几部分组成？对照本书第 16.1 节的讲解熟悉其操作。

（3）如何将一个 PBL 文件中的对象复制到另一个 PBL 文件中？若要移动和删除对象又该怎么做？

第 3 部分　上机操作指导

T.1　PowerBuilder Classic 12.5 集成开发环境

0. 实验准备

在硬盘上创建个人应用的目录"\mypbex"。

1. 启动 PowerBuilder Classic 12.5

在 Windows 操作系统的"开始"选单中，按照"开始 | 程序 | Sybase | PowerBuilder Classic 12.5| PowerBuilder Classic 12.5"的顺序，找到并单击"PowerBuilder Classic 12.5"，即可启动 PowerBuilder Classic 12.5，进入 PowerBuilder Classic 12.5 集成开发环境 IDE，出现主窗口。

2. 使用主选单

PowerBuilder Classic 12.5 的绝大部分操作都可以通过选单栏完成。

熟悉选单的一些约定，如带"…"表示将打开一个对话框；向右的黑三角表示有子选单；【Ctrl+字母键】是执行此选单项的快捷键；灰色选单表示当前不可使用。

PowerBuilder 的选单是动态变化的，具体表现在选单栏会根据当前的工作不同自动地增减选单项，某些暂时不可以使用的选单项会自动地变灰。

（1）观察选单的动态变化。

（2）操作选单项。

3. 定制工具栏

在默认情况下，PowerBuilder 的画笔栏显示在窗口顶部，将工具栏移到窗口的右侧，步骤如下。

（1）从"Tools"选单中选择"Toolbars…"选单项，弹出"Toolbars"对话框。

（2）在"Move"组框中选择"Right"，可以见到工具栏并立刻移到窗口右侧位置。

选中"Show Text"复选框，还可以改变下拉列表框"Font Name"和"Font Size"选项，观察工具栏的变化；在默认情况下，系统选中图标的光标跟随提示（称为 PowerTips），不选中复选框"Show PowerTips"，观察图标的光标跟随提示是否取消。

上述工具栏中的图标均可根据需要定制，下面以将"Help"（帮助）图标按钮添加到系统工具栏的"Exit"（退出）图标之前为例说明定制工具栏的方法，步骤如下。

（1）按前面介绍的方法打开"Toolbars"对话框。

（2）如果在"Select Toolbar"列表框中有多个工具栏，单击要定制的工具栏"PowerBar1"。

（3）单击"Customize…"按钮，弹出"Customize"对话框。

（4）单击下部"Current Toolbar"列表中的滚动条，移动列表中的图标，使"Exit"（退出）图标呈现在列表中。

（5）移动鼠标指针到"Selected Palette"图标列表中的"？"（帮助）图标上，按住鼠标左键不松，拖曳鼠标,此时一个方框随鼠标指针一起移动，一直将该方框拖曳到下部"Current Toolbar"列表中"Exit"

（退出）图标的前面，放开鼠标左键，这时"？"（帮助）图标被插入在"Debug"（跟踪）图标的后面、"Exit"（退出）图标的前面。

（6）单击"OK"按钮关闭"Customize"对话框。

（7）单击"Close"按钮关闭"Toolbars"对话框，这样就将帮助按钮图标加到了工具栏中。

（8）单击工具栏上的"？"（帮助）图标按钮，可以见到弹出的帮助对话框。

4. 使用系统帮助

单击系统选单"Help"，在弹出的选单中包含"Sybase Web Site""Electronic Case Management"和"Sybase Online Books Site"（这三个选单项必须是计算机能够访问 Internet 才能够使用）。打开"Contents"选项，查看感兴趣的内容。

通过使用【F1】键可以随时打开"PowerBuilder Classic Help"对话框，可以在开发环境中的任何地方尝试使用【F1】键。

查找某个概念或问题，可以使用"PowerBuilder Classic Help"对话框中的图书目录。例如，查找 PowerBuilder 的基本数据类型，在"PowerBuilder Classic Help"对话框的目录页中，双击"PowerBuilder Classic Help"图标，展开该书的分册"PowerScript Reference | PowerScript Topics"，再双击"Data Types"图标，展开该书的内容，双击其中的"Standard datatypes"，即可查到 PowerBuilder 的基本数据类型。

查找某一函数或对象的用法，可以使用"PowerBuilder Classic Help"对话框中的索引。在"键入要查找的关键字"一栏中输入"Open"，观察索引列表框中的变化；单击"显示"按钮，如果找到了多个相关主题，会弹出"已找到的主题"对话框，选择需要查找的主题，确定后就会显示相应的帮助。

在"帮助"中，蓝色的单词表示有链接关系，单击该单词可以自动跳转到链接的地方。"帮助"中的"Examples"按钮可以打开例子对话框；"See Also"可以打开相关内容的索引，并能够迅速转到相关的内容上去。

练习使用"帮助"查找 MessageBox 函数的使用方法。

5. 进行一般意义上的新建、继承、打开、保存、关闭等基本操作

单击"New"图标按钮，打开"New"对话框。"New"对话框中有八页，每页有许多不同的项目，选择所需要的项目，双击，即可创建新的项目，或者进入创建新项目的向导。观察"New"对话框中可以创建哪些项目。

单击"Inherit"图标按钮打开"Inherit From Object"对话框，如果当前应用中有多个".pbl"文件，则首先在"Application Libraries"列表框中选择".pbl"文件，然后在最下面的"Object Type"下拉列表框中选择继承对象的类型，这时在"Object"下的列表框中显示出已经存在的指定对象类型的所有对象。选择其中之一，单击"OK"按钮，就创建了一个继承了选中对象特性的新的对象。

"打开"一个已经存在的对象的方法与"继承"的方法十分相似，单击"Open"图标按钮，打开"Open"对话框，如果当前应用中有多个".pbl"文件，则首先在"Application Libraries"列表框中选择".pbl"文件，然后在最下面的"Object Type"下拉列表框中选择要打开对象的类型，这时在"Object"下的列表框中显示出已经存在的指定对象类型的所有对象。选择其中之一，单击"OK"按钮，就打开了该对象。

新创建了一个项目，或者对某个项目进行了修改操作之后，工具栏中的"Save"图标按钮就可以执行了。通常，保存的过程为，如果当前应用中有多个".pbl"文件，则首先在"Application Libraries"列表框中选择要保存到哪个".pbl"文件中；在"Comments"栏中输入对保存项目的说明；输入保存的名称，也可以在名称输入栏下面的列表框中选择一个已经存在的对象，将其覆盖掉；单击"OK"按

钮，完成保存操作。

6. 创建一个新的工作空间和应用以及打开一个已存在的工作空间

创建新的工作空间的步骤如下。

（1）单击"New"图标按钮，打开"New"对话框。

（2）选择"Workspace"选项页。

（3）单击"OK"按钮，如图 T1.1 所示，弹出保存文件对话框，选择路径和输入文件名后，系统以"_pbw"后缀名保存工作空间文件。

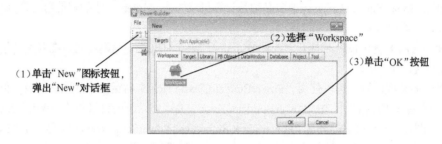

图 T1.1　创建新的工作空间（Workspace）的方法

建立新的应用（Application）的方法如图 T1.2 所示，单击工具栏中的"New"图标按钮，弹出"New 新创建"对话框，选择"Target"页，选择"Application"或"Template Application"，单击"OK"按钮，弹出如图 T1.3 所示的对话框，设置应用（Application）和"库文件"名，如果只输入"Application Name"，如".ex"，系统会自动以该名称加上".pbl"形成库文件，加上".pbt"形成目标文件，如"ex.pbl"和"ex.pbt"。也可以单击右边的"…"按钮选择已经建立的库文件和目标文件。

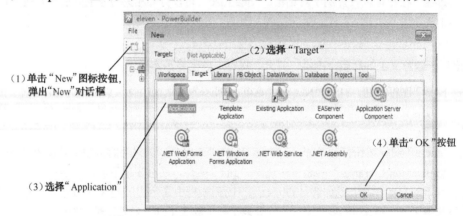

图 T1.2　创建新的应用（Application）的方法

打开一个工作空间的步骤如下。

（1）选择"File"选单中的"Open Workspace…"选单项，弹出"Open Workspace"对话框。

（2）选择路径和工作空间文件（.pbw），单击"打开"按钮即可。打开一个工作空间文件时，系统会自动将原来打开的工作空间关闭。

7. 退出 PowerBuilder

这里介绍四种正常退出 PowerBuilder 的方法。

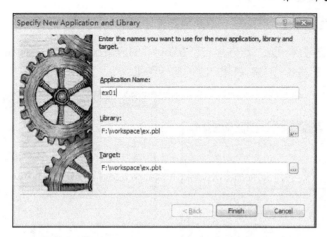

图 T1.3　设置应用（Application）和"库文件"名

（1）选择"File"选单中的"Exit"选单项。

（2）单击工具栏中的"Exit"图标按钮。

（3）单击 PowerBuilder 主窗口右上角的"×"图标。

（4）按【Alt+F4】组合键。

8.　完成本书第 1.2 节的简单应用程序实例

（1）按照书中步骤进行设计，如图 T1.4 所示。运行应用程序，输入正确数据，观察运行结果。

（2）将窗口控件"R="换为"半径=""Area="换为
"面积="。

（3）运行应用程序，在"半径"框中输入一个负数，观
察运行结果。

（4）在"计算"命令按钮的"Clicked"事件脚本中分
别删除"dec"和"String"，观察运行结果。

思考与练习

（1）有多个工具栏时，如何隐藏和打开某个工具栏？

（2）使用系统帮助，查找用 PowerBuilder 的 PowerScript
语言中进行程序注释（Comments）的方法；再查找"Timer"的
用法。

（3）创建一个新的应用，然后打开这个应用。

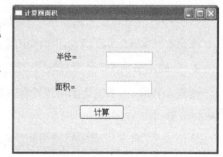

图 T1.4　计算圆面积应用程序

T.2　PowerScript 语言与事件脚本

0.　实验准备

新建一个工作空间，工作空间名称自定义。

1.　创建本书第 2.8 节应用程序编程实例——计算器

按照本书第 2.8 节介绍的步骤创建应用程序编程实例——计算器，如图 T2.1 所示。运行应用程序，
操作按钮，观察运行结果。

2. 创建解一元二次方程 $aX^2+bX+c=0$ 的应用程序

按照上例步骤，创建解一元二次方程 $aX^2+bX+c=0$ 的应用程序实例，界面如图 T2.2 所示。运行应用程序，分别输入 a、b 和 c，观察 X1 和 X2 的运行结果。

图 T2.1　自制计算器外观　　　　　　　　　　图 T2.2　解方程

T.3　窗口与常用控件编程（一）

0. 实验准备

新建一个工作空间，工作空间名称自定义。

1. 创建本书第 3.5 节窗口设计实例

按照本书第 3.5 节窗口设计实例中的步骤创建该应用，运行应用程序，观察运行结果。

2. 创建本书第 4.6 节常用的窗口控件编程实例

按照本书第 4.6 节常用的窗口控件编程实例步骤创建该应用，如图 T3.1 所示，运行应用程序，观察运行结果。

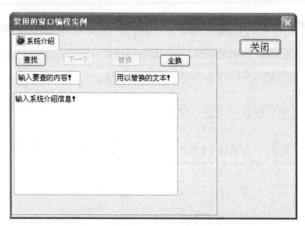

图 T3.1　常用的窗口控件编程实例

T.4　数据库的创建与连接

0. 实验准备

（1）进入 PowerBuilder Classic 12.5 集成环境，如果安装 PowerBuilder 时没有安装 SQL Anywhere 12 数据库管理系统，则选择安装 SQL Anywhere 12 数据库。

（2）选择创建的工作空间和应用（自定义名称）。

1. 创建 Adaptive Server Anywhere 数据库

创建 Adaptive Server Anywhere（ASA）数据库的步骤如下。

（1）单击工具栏中的"Database"图标按钮。

（2）在弹出的"Database"画板中打开"Objects"子窗口，展开"ODB ODBC"项下的"Utilities"目录。

（3）双击"Utilities"目录下的"Create ASA DataBase"项，如图 T4.1 所示，弹出"Create Adaptive Server Anywhere Database"对话框。

（4）单击"…"按钮，弹出"Create Local Database"对话框，在对话框中选择"\mypbex"目录，在"文件名"一栏中输入数据库名称"mydatabase.db"，单击"OK"按钮，返回"Create Adaptive Server Anywhere Database"对话框。

（5）使用默认的用户（UserID）项"DBA"和默认的口令（Password）项"sql"，如图 T4.2 所示。单击"OK"按钮，PowerBuilder 在自己定义的工作空间目录下创建一个 ASA 数据库"mydatabase.db"，同时，自动为数据库配置了"ODBC"和"DB Profile"，并且已经连接到新建的数据库（可以看到数据库名前的图标上有一个绿色的对号）。

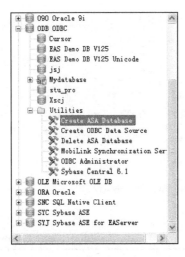

图 T4.1　创建 ASA 数据库

图 T4.2　设置 ASA 数据库属性

2. 在 PowerBuilder 开发环境中连接其他数据库

前面创建 ASA 数据库时，系统自动完成了创建"ODBC""DB Profile"和连接数据库的工作。若需连接一个外部数据库，如 Microsoft Access 数据库、SQL Server 数据库或 Oracle 数据库，或者在其他地方建立的 ASA 数据库，这时，就需要完成配置"ODBC 数据源""DB Profile"和连接数据库的操作。下面分别进行说明。

（1）配置"ODBC 数据源"，步骤如下。

① 在 PowerBuilder 数据库画板的"Objects"子窗口中，双击"ODBC"项下"Utilities"项的"ODBC Administrator"项，将弹出"ODBC 数据源管理器"对话框，如图 T4.3 所示。

② 选择"用户 DSN"页，在该页的列表框中，列出了已有的数据源，若要修改已有的数据源，可以单击"配置"按钮进行修改。如果需要添加一个"ODBC"数据源，则单击"添加"按钮创建新数据源，将出现标题为"创建新数据源"的对话框，如图 T4.4 所示。

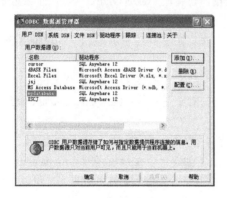

图 T4.3 "ODBC 数据源管理器"对话框　　　　图 T4.4 "创建新数据源"对话框

然后就可以看到新建的数据源"mydatabase"已经加入数据源列表中，单击"确定"按钮，完成"ODBC"数据源的配置。当然，用户可以根据自己数据库的类型选择合适的数据源进行创建，如图 T4.5 和图 T4.6 所示。

图 T4.5 设置"ODBC"数据源名　　　　图 T4.6 设置"ODBC"数据库

（2）配置"DB Profile"，步骤如下。

① 在 PowerBuilder 数据库画板的"Objects"子窗口中选择"ODB ODBC"项，单击鼠标右键，选择"New Profile…"项，将弹出"Database Profile Setup-ODBC"对话框，如图 T4.7 所示。

② 选择"Connection"页，在"Profile Name"栏中输入"DB Profile"名，这里为"Mydatabase"；在"Data Source"下拉列表框中，单击 ✓ 按钮，弹出已经配置的"ODBC 数据源"，这里选择"mydatabase"；选中"User ID"和"Password"复选框，在它们右边的输入栏中分别输入"dba"和"sql"。

③ 单击"OK"按钮，完成"DB Profile"的配置。这时，在"ODBC"目录下，可以看到为数据库新配置的"DB Profile"-"Mydatabase"。选中"Mydatabase"后单击鼠标右键，在弹出式选单中选择"Properties"，会重新弹出"Database Profile Setup-ODBC"对话框，可以修改"DB Profile"的配置。

（3）在 PowerBuilder 环境中连接数据库，步骤如下。

① 在"Database"画板的"Objects"子窗口中，选择"ODB ODBC"项。

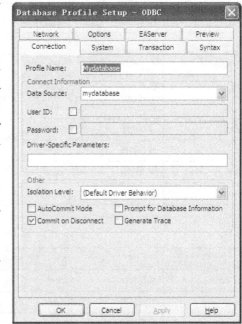

图 T4.7　配置"DB Profile"

② 在"ODBC"项下列出的所有可以连接数据库的"DB Profile"中选择要连接的"DB Profile"，这里为"Mydatabase"。

③ 单击鼠标右键，在弹出式选单中选择"Connect"连接数据库。如果需要断开与数据库的连接，可以在弹出式选单中选择"Disconnect"选单项。对于连接成功的数据库，会在相应的"DB Profile"前面的图标上打上"√"标记。

3. 在数据库中创建表

在数据库中创建表的步骤如下。

（1）在"Database"画板的"Objects"子窗口中，连接数据库"Mydatabase"。

（2）展开"Mydatabase"数据库目录，选中"Tables"，单击鼠标右键，在弹出式选单中单击"New Table…"，就会出现表设计子窗口。

（3）在表设计子窗口中，分别输入每个字段的名称"Column Name"，选择数据类型"Data Type"、数据宽度（字节）、小数位宽度、是否允许为空（Null），以及默认值。输入一个字段后，按【Tab】键或【?】键，会产生另一个字段。

（4）输入表中的所有字段后，单击工具栏中的"Save"图标按钮，弹出"Create New Table"对话框，在"Table Name"栏中输入表名，单击"OK"按钮保存新表，保存后，在"Database"画板的"Object Layout"子窗口中会出现该表的图形表达方式。

利用上述方法，在"mydatabase.db"数据库中输入表 T4.1～表 T4.5 所示内容（表中宽度单位略）。

表 T4.1　"student" 表

字 段 名	意 义	数 据 类 型	宽 度	Null	PrimaryKey
stud_id	学号	numeric	6	No	√
name	姓名	char	10	No	
birthday	出生日期	date		Yes	
sex	性别	char	2	Yes	
nation	民族	char	10	Yes	
home	家庭住址	char	40	Yes	
tel	联系电话	char	15	Yes	
party	党/团员	char	16	Yes	
resume	个人简历	varchar	200	Yes	

表 T4.2　"subject" 表

字 段 名	意 义	数 据 类 型	宽 度	Null	PrimaryKey
subject	课程名称	char	20	No	√
startdate	开始日期	date		No	√
teacher	任课老师	char	20	No	√
subtime	课时数	integer		Yes	

表 T4.3　"grade" 表

字 段 名	意 义	数 据 类 型	宽 度	Null	PrimaryKey
stud_id	学号	numeric	6	No	√
subject	课程名称	char	20	No	√
grade	考试分数	integer		No	

表 T4.4　"subjectinfo" 表

字 段 名	意 义	数 据 类 型	宽 度	Null	PrimaryKey
subject_id	学科编号	numeric	6	No	√
belong_id	学科类别编号	integer		Yes	
title_id	学科名称编号	integer		Yes	
important	重点学科	tinyint		Yes	
doctor	博士点	tinyint		Yes	

表 T4.5　"subtitle" 表

字 段 名	意 义	数 据 类 型	宽 度	Null	PrimaryKey
subtitleno	学科名称编号	integer		No	√
title	学科名称	char	30	Yes	

创建好的表格如图 T4.8 所示。

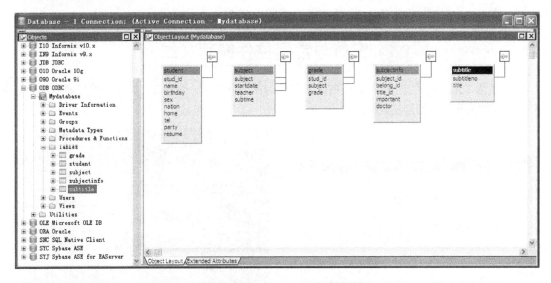

图 T4.8　"mydatabase.db" 所含表

4. 为数据库表指定关键字

为数据库表指定关键字的方法如下。

（1）在 "Database" 画板的 "Objects" 子窗口中，展开要操作的数据库目录（已经连接好）。展开 "Tables" 目录，选择表，再展开需要设置关键字的表的目录，选择设置关键字的类型 "Primary Key" 或 "Foreign Key"，单击鼠标右键，选择弹出式选单中的 "New Primary Key" 或 "New Foreign Key" 选单项，弹出相应的关键字子窗口。

（2）在关键字子窗口中，列出了表的所有字段，在要设置为关键字的字段前的方框中单击，出现 "√" 表示被选中。保存设置结果。

5. 在数据库表中输入数据

在数据库表中输入数据的方法如下。

（1）在 "Database" 画板的 "Objects" 子窗口中，展开数据库目录（数据库已经被连接上），展开 "Tables" 目录，选择要添加数据的表，单击鼠标右键，光标移到 "Edit Data" 处时弹出下一级子选单，有三个选单项 "Grid…" "Tabular…" 和 "Freeform…"，分别对应三种表格方式，单击任意一个选单项，该表出现在 "Output" 子窗口中。

（2）在 "Output" 子窗口中单击，这时数据表操作工具栏由 "灰" 变 "亮"，单击 "Insert Row" 图标按钮，在 "Output" 子窗口的表中增加一条空记录，就可以输入数据了。输入一条记录，按【Tab】键，自动产生下一条记录。输入数据完毕，单击 "Save Changes" 图标按钮，保存输入数据。

6. 在数据库表中修改数据和删除记录

对于已经输入的记录，可以进行修改或删除。

思考与练习

（1）PowerBuilder 可以使用什么样的数据库？

（2）在 PowerBuilder 中，创建数据库的基本操作过程是怎样的？

（3）在 PowerBuilder 中，数据源是什么？如何创建数据源？

（4）"DB Profile"的作用是什么？如何为数据库配置"DB Profile"？

T.5 窗口与常用控件编程（二）

创建如图 T5.1 所示的主窗口及图 T5.2 所示的用户口令窗口。该窗口完成接收用户名和口令的输入和检查，如果正确，则连接数据库。

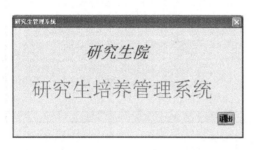

图 T5.1 MDI 主窗口

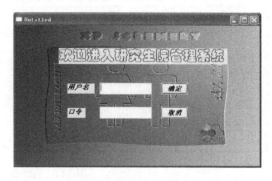

图 T5.2 用户口令窗口

0. 实验准备

（1）在工作空间目录下创建一个子目录。

（2）创建一个新的工作空间"mypbex"，并新建应用"mypbex.pbl"。

（3）新建一个窗口，并在窗口中添加两个静态文本控件对象和一个图片按钮控件对象。

1. 创建窗口对象

创建新窗口对象的步骤如下。

（1）单击工具栏中的"New"图标按钮，弹出"New"对话框。

（2）选择"PB Object"选项页，双击"Window"图标，出现窗口画板。

（3）单击工具栏中的"Save"图标按钮，出现"Save"对话框，输入窗口对象名称"w_1"，单击"保存"按钮将窗口对象保存起来。在后面的修改过程中，应养成及时将所做工作存盘的习惯，以免意外情况带来的损失。

设置和调整窗口对象的属性步骤如下。

（1）在"General"属性页的"Title"栏中输入窗口对象的标题"研究生管理系统"。

（2）在"Window Type"下拉列表框中选择窗口类型为"response!"。

用同样的方法创建主窗口，其属性中窗口类型为"main!"，保存窗口名称为"w_2"。

2. 向窗口中添加控件

分别向两个窗口中添加控件，响应窗口中只有两个静态文本控件和一个图片按钮，一个静态文本控件的"Text"属性为"研究生院"，蓝色 28 号字，选中"Bold"和"Italic"；另一个"Text"属性为"研究生培养管理系统"，红色 36 号字。在工具栏的控件下拉列表栏中选择"Picture Button"控件放置到窗口中，单击右侧属性栏的下拉选项菜单，选择系统自带的背景图标 ▯（Exit!）作为背景图片。

在另外一个主窗口中添加如下控件。

（1）在工具栏的控件下拉列表栏中选择"Picture"控件放置到窗口中，单击"General"属性页的"Picture Name"栏右边的"…"按钮，弹出"Select Picture"对话框，选择对应工作空间目录下的

"background.jpg"，该图出现在窗口中，不选中"Original Size"属性，调整位图控件的尺寸，使其充满整个窗口，并在图片上单击鼠标右键，选择弹出式选单中的"Send to Back"选单项，将其置于底层。

（2）布置三个静态文本控件，一个为大标题，在"Text"属性中输入"欢迎进入研究生院管理系统"，选择 24 号华文彩云字体，在"Text Color"下拉列表工具栏中选择红色，选中"Bold"属性；另外两个静态文本控件的"Text"属性设置为"用户名"和"口令"，使用 12 号宋体字，加粗、倾斜。

（3）在工具栏的控件下拉列表栏中选择"SingleLineEdit"控件，在窗口中单击，窗口中出现一个单行文本编辑框，在"General"属性的"Name"栏中命名"sle_userid"，在"BorderStyle"下拉列表框中选择"StyleLowered!"；用类似的方法再布置一个口令输入框，在"Name"栏中命名"sle_password"，并选中其"Password"属性。

（4）在工具栏的控件下拉列表栏中选择"CommandButton"控件，在窗口中单击，窗口中出现一个按钮，在其"Name"属性栏中输入"cb_ok"，在"Text"栏中输入"确定"，选中"Default"属性；用类似的方法，再制作一个"取消"按钮，其"Name"为"cb_cancel"，选中"Cancel"属性，两个按钮上的字皆为加粗、倾斜。

（5）调整控件在窗口中的布局和大小，保存设计。

3. 编写脚本

编写窗口"w_2"中的脚本。

（1）编写一个连接数据库的函数，在脚本区的控件与对象下拉列表框中选择"Functions"，在脚本区的事件下拉列表框中选择"New Function"，这时要求对函数入口参数和出口参数进行定义，定义函数名为"wf_connect"，类型为"public"，返回"integer"值。入口参数有两个，都是"Pass by"为"value"，数据类型"Argument Type"为"String"，名称"Argument Name"分别为"userid"和"password"。在脚本编辑区中输入如下代码：

```
String ls_database
userid=Trim(userid)
password=Trim(password)
IF password="" THEN RETURN -1
ls_database="ConnectString='DSN=Mydatabase;"
sqlca.dbparm=ls_database+"UID="+userid+";PWD="+password+"'"
CONNECT USING sqlca;
RETURN sqlca.SQLCode
```

（2）单击"取消"按钮，然后单击鼠标右键，选择弹出式选单中的"Script"选单项，进入"取消"按钮的脚本区，选择"Clicked"事件，编写"Clicked"事件的响应脚本如下：

```
HALT
```

（3）为"确定"按钮编写"Clicked"事件响应脚本：

```
SetPointer(hourglass!)
IF parent.wf_connect(sle_userid.text, sle_password.text)=-1 THEN
    MessageBox("连接数据库错误!","连接失败"+sqlca.sqlerrtext)
    HALT
ELSE
    CLOSE(PARENT)
    Open(w_1)
END IF
```

（4）单击工具栏中的"Open"图标按钮，弹出"Open"对话框，在"Object of Type"下拉列表框中选择"Applications"，在"Object"列表框中选择应用"mypbex"，单击"OK"按钮，弹出应用的"Script"子窗口，选择"Open"事件，在脚本编辑区中输入如下代码：

```
sqlca.DBMS="ODBC"
Open(w_2)
```
在应用的"Close"事件中编写断开与数据库连接的脚本：
```
Disconnect using SQLCA;
```
（5）在"w_1"窗口中，为图片按钮"退出"编写"Clicked"事件脚本：
```
Close(Parent)
```

4. 预览窗口和运行程序

在窗口设计过程中，单击"Preview"图标按钮，可以随时预览窗口运行时显示的实际效果。

两个窗口全部设计完毕后，可以单击"Run"图标按钮，可见到用户口令窗口，输入用户名"DBA"和口令"SQL"，按【Enter】键或单击"确定"按钮，即进入主窗口；按【Esc】键或输入错误用户名或口令，则系统中止运行。

思考与练习

（1）请总结窗口编程的一般过程。

（2）如果实验中的响应式窗口换为其他类型的窗口，则会有什么影响？

（3）找两幅相关的位图，如一幅是灯泡亮时的图片，另一幅是灯泡灭时的图片，分别加入图片按钮控件的"Picture Name"和"Disabled Name"栏中，由一个按钮控制图片按钮控件的"Enable"属性，设计脚本并观察图片按钮的使用效果。

T.6 窗口与常用控件编程（三）

本次实验将创建一个学生基础数据的录入窗口，其外观如图 T6.1 所示，其功能是向"mypbex.dbl"数据库中的"student"表输入数据。

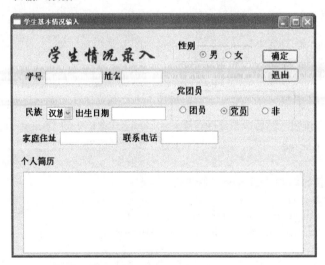

图 T6.1 常用控件实验程序界面

0. 实验准备

选择已经创建的应用"mypbex.pbl"。

1. 创建窗口对象

创建一个新的弹出式窗口对象,"Title"为"学生基本情况输入","WindowType"为"response!",保存窗口名称为"w_studentinput"。

2. 向窗口中添加控件

向窗口中添加以下控件。

(1) 布置窗口中的静态文本控件。在窗口控件下拉列表工具栏图标中选择静态文本控件,然后在窗口上单击,生成静态文本控件。将"Text"属性设置为"学生情况录入",选择字体为"华文行楷"(无此字体时,可以换为别的字体),文字尺寸为 26,单击"Buld"图标按钮,选择"Text Color"为深蓝色。其他输入栏的说明文字都选为宋体 12 号黑色字,可以使用【Ctrl+T】组合键进行外观复制后修改"Text"属性完成。

(2) 布置窗口中的单行编辑框控件。在窗口控件下拉列表工具栏图标中选择单行编辑框控件,然后在窗口中单击,生成单行编辑框控件。使用【Ctrl+T】组合键进行外观复制生成五个单行编辑框,它们的名称和用途见表 T6.1。

表 T6.1　单行编辑框的名称和用途

控 件 名 称	说 明 字 段	用　　途
sle_id	学号	输入学生学号
sle_name	姓名	输入学生姓名
sle_birthday	出生日期	输入学生的出生日期
sle_home	家庭住址	输入学生的家庭住址
sle_tel	联系电话	输入学生的家庭联系电话

(3) 布置窗口中的多行编辑框控件。在窗口控件下拉列表工具栏图标中选择多行编辑框控件,然后在窗口上单击,生成多行编辑框控件。其名称"Name"为"mle_resume",选中"IgnoreDefaultButton"复选框。多行编辑框控件用于输入个人简历。

(4) 布置窗口中的单选按钮和组合框控件。窗口中共有两组单选按钮,一组为性别选择,另一组为党团员选择。性别选择单选按钮的设计方法为,在窗口控件下拉列表工具栏图标中选择组合框控件,然后在窗口中单击,生成组合框控件。再选择单选按钮控件,在组合框中单击,生成单选按钮控件。设置其名称为"rb_man","Text"为"男",选中"Checked"属性;同样再在组合框中放置一个单选按钮控件,设置其名称为"rb_woman","Text"为"女",不选中"Checked"属性。用类似的方法,再设置一组单选按钮,用于党团员选择,其属性设置见表 T6.2。

表 T6.2　党团员选择单选按钮属性设置

控 件 名 称	Text 属性	Chooked 属性
rb_cy	团员	选中
rb_cp	党员	不选中
rb_none	非	不选中

注意,在 PowerBuilder 中,单选按钮的组合是根据输入的顺序和"Checked"属性的选择自动识别的。因此,一定要有秩序地输入。如果出现组合上的混乱,可以将单选按钮全部删除后重新输入。

(5) 布置窗口中的下拉列表框控件。在窗口控件下拉列表工具栏图标中选择下拉列表框控件,然后在窗口上单击，生成下拉列表框控件。输入下拉列表框控件名称为"ddlb_nation"，不选中"Sorted"属性，而选中"VScrollBar"属性。单击下拉列表框控件后拖动下边框，调整下拉列表框展开后的长度。

（6）布置窗口中的命令按钮控件。在窗口控件下拉列表工具栏图标中选择命令按钮控件，然后在窗口上单击，生成命令按钮控件。窗口中共有两个命令按钮控件，设置一个按钮的"Text"属性为"确定"，名称为"cb_ok"，选中"default"属性；设置另一个按钮的"Text"属性为"退出"，名称为"cb_exit"，选中"Cancel"属性。

3. 窗口控件的齐整性操作和设置输入时的"Tab"顺序

用手工来对齐控件和调整控件大小是费时且枯燥的工作，PowerBuilder 已经提供了自动化的齐整性操作工具。例如，要使一排控件对齐，首先选中一排中的第一个控件，然后按下【Ctrl】键，再单击选中这一排中的其他控件。可以看到，当选择达到两个或两个以上控件时，工具栏中的齐整性操作下拉列表图标按钮由灰（不可用）变为亮（可用）。单击齐整性工具栏中的上边对齐图标按钮，被选中的这一排控件就按上边对齐了。试着使用其他齐整性工具按钮。

设置输入数据时的【Tab】键顺序的方法如下。

（1）单击选单项"Format | Tab Order"，这时，所有控件右上角出现红色数字框。

（2）按照输入习惯，从 10 开始，以 10 递增的顺序设置输入控件的【Tab】键顺序，"0"为无"Tab"键顺序。

（3）调整完成后，再单击选单项"Format | Tab Order"，结束【Tab】键顺序的设置。

4. 编写脚本

编写以下几个脚本。

（1）下拉列表框控件的"Constructor"事件的脚本。单击选中下拉列表框控件，单击鼠标右键，选择弹出式选单中的"Script"选单项，进入"Script"子窗口，选择事件下拉列表框中的"Constructor"事件，输入如下脚本：

```
THIS.additem("汉族")
THIS.additem("回族")
THIS.additem("维吾尔族")
THIS.additem("藏族")
THIS.additem("苗族")
THIS.additem("黎族")
```

（2）"退出"按钮的脚本。单击选中"退出"命令按钮控件，单击鼠标右键，选择弹出式选单中的"Script"选单项，进入"Script"子窗口，选择事件下拉列表框中的"Clicked"事件，输入如下脚本：

```
Close(Parent)
```

（3）"确定"按钮的脚本。"确定"按钮的代码比较长，总体来说进行了以下几个操作，一是对输入数据的有效性检查，这是进行所有用户界面设计时都必须考虑到的，它包括检查必要的数据是否输入了，输入的类型、范围和格式是否正确；二是对输入数据的预处理，如去除前后的空格、数值的转换等；三是逻辑检查，尽管输入数据是有效的，但还必须保证数据在逻辑上的有效性。此例中，学号是唯一的，不允许有重复，因此进行了学号的重复性检查；四是将数据写入数据库，这里直接采用了 SQL 语句；五是将输入控件全部置空，为下一条记录的输入做准备。

PowerBuilder 提供了常用的变量类型、函数、全局变量、循环语句及 SQL 语句的粘贴工具，将光标置于"Script"区中，试着使用工具栏中的"Paste Function""Paste SQL""Paste Statement""Paste Global"等图标按钮，将会发现在 PowerBuilder 环境中编程是非常简便的。尤其是 SQL 语句的输入画板，十分方便、快捷，即使对 SQL 语句不熟悉也可以输入完整、正确的 SQL 语句。可以说，PowerBuilder 的

SQL 语句画板，也是一个学习 SQL 语句的很好的工具。

单击选中"确定"命令按钮控件，单击鼠标右键，选择弹出式选单中的"Script"选单项，进入"Script"子窗口，选择事件下拉列表框中的"Clicked"事件，输入如下脚本，在输入过程中，请使用"Paste SQL""Paste Statement"等工具。

```
Long ll_id,ll_i
Date ld_birthday
String ls_name, ls_nation, ls_sex, ls_home, ls_tel, ls_party
//数据格式检验
IF sle_id.text="" OR isNull(sle_id.text)THEN
    MessageBox("缺少数据","请输入学号")
    sle_id.setfocus ()
    RETURN
ELSEIF sle_name.text=" " OR isNull(sle_name.text)   THEN
    MessageBox("缺少数据","请输入学生姓名")
    sle_name.setfocus ()
    RETURN
END IF
IF sle_birthday.text<>" " AND not isNull(sle_birthday)    THEN
    IF isDate(sle_birthday.text) THEN
        ld_birthday=date(sle_birthday.text)
    ELSE
        MessageBox("输入数据错误","请使用"年-月-日"的日期格式")
        sle_birthday.setfocus ()
        RETURN
    END IF
END IF
ll_id=long(sle_id.text)
//取出党团员选择
IF rb_CY.checked=TRUE THEN
    ls_party=rb_CY.text
ELSEIF rb_CP.checked=TRUE THEN
    ls_party=rb_CP.text
ELSE
    ls_party=rb_none.text
END IF
//取出性别选择
IF rb_man.checked=TRUE THEN
    ls_sex=rb_man.text
ELSEIF rb_woman.checked=TRUE THEN
    ls_sex=rb_woman.text
END IF
//由民族 ddlb，取出民族选择
IF ddlb_nation.text="none" THEN
    ls_nation=""
ELSE
    ls_nation=trim(ddlb_nation.text)
END IF
//检查学号有无重号
SELECT student.stud_id
    INTO :ll_i
```

```
        FROM student
        WHERE student.stud_id = :ll_id      ;
IF ll_i<>0 THEN
        MessageBox("错误信息","学号第"+String(ll_i)+"号重号!请改正。")
        sle_id.setfocus ()
        RETURN
END IF
ls_name=trim(sle_name.text)
ls_home=trim(sle_home.text)
ls_tel=trim(sle_tel.text)
//向数据库写入数据
INSERT INTO "student"
        ("stud_id",
         "name",
         "birthday",
         "sex",
         "nation",
         "home",
         "tel",
         "party",
         "resume" )
        VALUES
(:ll_id,
         :ls_name,
         :ld_birthday,
         :ls_sex,
         :ls_nation,
         :ls_home,
         :ls_tel,
         :ls_party,
         :mle_resume.text );
//数据写入数据库后，将输入控件全部置空
sle_id.text=""
sle_name.text=""
sle_birthday.text=""
mle_resume.text=""
sle_home.text=""
sle_tel.text=""
sle_id.setfocus ()
//将光标放到"学号"输入栏
```

5. 将窗口"w_studentinput"关联到应用程序中

打开实验 5 中创建的"w_2"主窗口，替换其"Clicked"事件的脚本中的代码：

```
SetPointer(hourglass!)
IF parent.wf_connect(sle_userid.text, sle_password.text)=-1 THEN
        MessageBox("连接数据库错误!","连接失败"+sqlca.sqlerrtext)
        HALT
ELSE
        CLOSE(PARENT)
        Open(w_1)
END IF
```

为

```
SetPointer(hourglass!)
IF parent.wf_connect(sle_userid.text, sle_password.text)=-1 THEN
    MessageBox("连接数据库错误!","连接失败"+sqlca.sqlerrtext)
    HALT
ELSE
    CLOSE(PARENT)
    Open(w_studentinput)
END IF
```

6. 预览窗口和运行程序

在窗口设计过程中，单击"Preview"图标按钮，可以随时预览窗口运行时显示的实际效果。

设计完毕后，可以单击"Run"图标按钮，首先见到用户口令窗口，输入用户名"DBA"和口令"SQL"，按【Enter】键或单击"确定"按钮，即进入主窗口；单击"输入学生数据"按钮，打开新建的"输入学生数据"对话框，输入一些数据，每次输入一个学生数据后，单击"确定"按钮或按【Enter】键。按【Esc】键或单击"退出"按钮，退出"输入学生数据"对话框。

结束程序运行后，打开数据库，编辑"student"表，发现刚才输入的数据已经保存在表中了。

思考与练习

（1）下拉列表框的初始化程序还可以放在什么地方？

（2）设计三个单选按钮，分别为"本科生""硕士生"和"博士生"，再设计一个下拉列表框用于显示课程，要求下拉列表框中显示的课程随单选按钮选择的不同而改变。

（3）怎样利用程序改变一组单选按钮的选择？

T.7　数据窗口的编程（一）

本次实验将创建一个如图 T7.1 所示的"学生基本情况"窗口，该窗口主要由一个显示学生数据的数据窗口组成，它可以实现对学生基本情况表"student"中记录的前后翻阅，以及插入新记录、删除当前记录、数据库更新、记录的打印等功能。

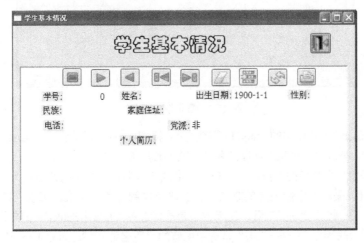

图 T7.1　"学生基本情况"窗口

0. 实验准备

（1）创建一个新的"workspace"，命名为"mypbex.pbl.pbw"及应用命名为"mypbex. pbl"。

（2）数据库连接到已创建的"mydatabase.db"。

1. 创建数据窗口对象

创建数据窗口对象的步骤如下。

（1）单击"New"图标按钮，弹出"New"对话框。

（2）选择"DataWindow"选项页，双击"Freeform"图标，弹出"Choose Data Source for Freeform DataWindow"对话框。

（3）选择"Quick Select"数据源方式，单击"Next"按钮，弹出"Quick Select"对话框。

（4）在"Tables"列表框中选择"student"表，这时在其右边的"Columns"列表框中列出了"student"表的全部字段的名称，每单击一个字段，该字段就变为蓝底白字，表示选中，同时，会在下面的区域中排列出该字段。如果再单击选中的字段，就会变为不选中，该字段从下面的区域中消失。这里需要选择所有字段，直接单击"Add All"按钮，就将全部字段加到下面的区域中。

（5）单击"OK"按钮，弹出"Select Color and Border Settings"对话框。该对话框用于设置文字和背景的颜色，以及边框的样式，可以根据个人需要进行调整，也可以到数据窗口画板中再设置。单击"Next"按钮，弹出"Ready to Create Freeform DataWindow"对话框，该对话框对数据窗口对象的主要属性进行了小结，单击"Finish"按钮，进入数据窗口画板，如图 T7.2 所示。

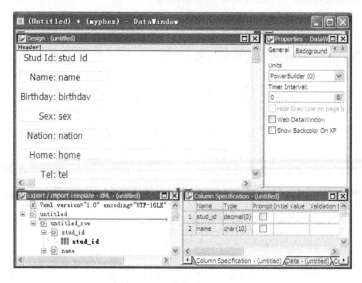

图 T7.2　数据窗口画板

（6）单击"Design"子窗口中的"Stud Id:"字段名，将"Properties"属性卡"General"页中的"Text"属性改为"学号:"。类似地，将其余字段的名称也改为相应的中文名称。

（7）调整数据窗口中字段的布局。"Freeform"格式的数据窗口对象的特点是所有字段都可以在数据窗口中随意布置。采用选中后拖曳的方法，将字段布置到合适的位置。可以一次选中多个字段，PowerBuilder 提供了一些分类选择工具，使用方法是选择选单"Edit | Select"下的子选单，如图 T7.3 所示。在"Select"方式中，"Select Text"是选中所有的字段名称，"Select Columns"是选中所有的字段内容框。在布局调整过程中，还要充分利用工具栏中的齐整性图标按钮。根据字段的实际长度，在选中字段后拖曳字段的边线，可以调整字段的宽度和高度。

（8）颜色和效果的调整。在"Design"子窗口中的空白处单击，然后在工具栏的"Background Color"下拉列表图标按钮框中单击淡绿色的图标按钮，可以看到整个数据窗口全部变为淡绿色。选择选单"Edit | Select | Select Columns"，将所有字段选中，然后在工具栏的"Background Color"下拉列表图标按钮框中单击"W"的图标按钮，可以看到所有字段框都变为白底黑字。再在"Properties"选项卡"General"页"Border"属性的下拉列表框中选择"ShadowBox（1）"，这时数据窗口的字段框出现了阴影效果。

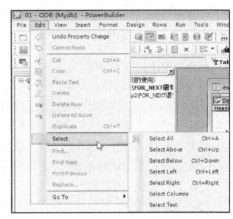

图 T7.3　数据窗口对象中的选择操作

（9）单击"Save"按钮，弹出"Save"对话框，在"DataWindow"栏中输入要保存的数据窗口对象名称"d_student"，在"Comments"栏中输入对数据窗口对象的说明："浏览和修改学生基本情况的数据窗口对象"，单击"OK"按钮，完成数据窗口对象的前期保存工作。

（10）布置数据窗口对象中对数据库表操作的控件。PowerBuilder 的数据窗口对象画板已经提供了常用的数据库表操作控件，使编程人员能够不用编写代码就可以很轻松地得到对数据库操作的功能。方法是，单击工具栏中控件下拉列表图标按钮框，选择"Button"控件，然后在数据窗口的"Design"子窗口中单击，出现一个命令按钮控件，拖曳边线调整为方形，将其"Text"属性栏中的"none"删除。在"Action"下拉列表框中选择"Cancel（3）"，选中"Action Default Picture"复选框。这时，新建按钮中出现一个红色的方块图案；类似地，共创建九个图形按钮，分别是"Action"下拉列表框中的"Cancel（3）"（取消）、"PageNext（4）"（下一条记录）、"PagePrior（5）"（上一条记录）、"PageFirst（6）"（第一条记录）、"PageLast（7）"（最后一条记录）、"DeleteRow（10）"（删除当前记录）、"InsertRow（12）"（插入一条空记录）、"Update（13）"（刷新数据库表）、"Print（15）"（打印）。如果不选中"Action Default Picture"复选框，则可以在"Picture File"栏中使用定位按钮上的图片文件。当然也可以不使用图片，直接在"Text"栏中用文字表述，实现一般的命令按钮。

（11）调整按钮控件的大小和位置，最后保存所做工作。设计完成的数据窗口对象如图 T7.4 所示。

图 T7.4　设计完成的数据窗口对象

2. 创建窗口对象

创建一个新的窗口对象，"Title" 为 "学生基本情况"，保存窗口名称为 "w_1"。

3. 向窗口中添加控件

向窗口中添加以下控件。

（1）布置窗口中的静态文本控件。窗口中只有一个标题使用静态文本控件，在窗口控件下拉列表工具栏图标中选择静态文本控件，然后在窗口中单击，生成静态文本控件。在 "Text" 属性栏中输入 "学生基本情况"，选择 "华文彩云" 字体，字号 26 号，选中 "Bold" 复选框。

（2）布置窗口中的图像按钮控件。在窗口控件下拉列表工具栏图标中选择图像按钮控件，然后在窗口中单击，生成图像按钮控件。窗口中只有一个图像按钮控件，作为 "退出" 按钮。设置按钮的名称为 "pb_1"，"Text" 的属性为 ""，选中 "Cancel" 按钮，将 "Picture Name" 设置为系统自带的 "Exit!"。

（3）布置窗口中的数据窗口控件。在窗口控件下拉列表工具栏图标中选择数据窗口控件，然后在窗口中单击，生成数据窗口控件 "dw_1"。在属性窗口的 "General" 页中，单击 "DataObject" 栏右边的 "…" 按钮，弹出 "Select Object" 对话框，选择 "d_student" 后，单击 "OK" 按钮。这时，前面设计的数据窗口对象就出现在数据窗口控件中，拖曳数据窗口控件的边框，得到合适的大小。保存所做的工作。

4. 编写脚本

编写以下几个脚本。

（1）"退出" 图片按钮的脚本。单击 "退出" 图片按钮控件，单击鼠标右键，选择弹出式选单中的 "Script" 选单项，进入 "Script" 子窗口，选择事件下拉列表框中的 "Clicked" 事件，输入如下脚本：

```
Close(Parent)
```

（2）为数据窗口对象建立事务对象。在窗口的空白处单击鼠标右键，选择弹出式选单中的 "Script" 选单项，进入 "Script" 子窗口，选择窗口的 "Open" 事件，在脚本编辑区中输入如下代码：

```
//profile mydatabase
SQLCA.DBMS="ODBC"
SQLCA.AutoCommit=False
SQLCA.DBParm="ConnectString='DSN=mydatabase;UID=dba;PWD=sql'"
CONNECT USING SQLCA;
IF SQLCA.SQLCode<0 THEN
    MessageBox("连接失败",SQLCA.SQLErrText,Exclamation!)
END IF
dw_1.SetTransObject(SQLCA)
dw_1.Retrieve()
```

5. 将窗口 "w_1" 关联到应用程序中

创建一个名为 "w_main" 的主窗口，在该窗口中放置一个命令按钮，其 "Text" 属性为 "学生基本情况"，其 "Clicked" 事件的脚本如下：

```
open(w_1)
```

在应用 "mypbex" 的 "Open" 事件中编写如下脚本：

```
open(w_main)
```

6. 预览窗口和运行程序

在窗口设计过程中，单击 "Preview" 图标按钮，可以随时预览窗口运行时显示的实际效果。

设计完毕后，可以单击 "Run" 图标按钮，进入主窗口，单击 "学生基本情况" 按钮，打开新建的"学生基本情况"数据窗口对话框，使用数据窗口中的各种控件进行数据查阅、插入新的记录、删除当前记录、更新数据、打印等数据库操作。PowerBuilder 已经提供了数据库操作的完整功能，可以极大地提高编程效率。按【Esc】键或单击"退出"按钮，退出"学生基本情况"数据窗口对话框。

思考与练习

（1）创建数据窗口的基本过程是什么？

（2）改变数据窗口控件的属性，观察数据窗口的变化。

（3）再创建一个数据窗口，仍然使用"student"表，但不使用"Freeform"格式，尝试使用其他格式，观察不同格式下数据窗口的特点。

T.8　数据窗口的编程（二）

本次实验将制作一个"学科专业管理"窗口，如图 T8.1 所示。该窗口中有一个反映学科信息的数据窗口，有两个前后查看记录的按钮，以及对数据库进行更新、删除、插入和退出的四个按钮。在"学科类别"或"学科名称"字段上单击鼠标，会弹出如图 T8.2 所示的下拉列表框，提供数据的选择，避免了每次输入字符串，使用十分方便。

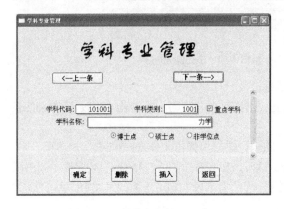

图 T8.1　"学科专业管理"窗口

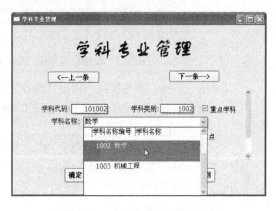

图 T8.2　字段中使用下拉列表框

0. 实验准备

（1）选择已经创建的应用"mypbex.pbl"。

（2）将数据库连接到已创建的"mydatabase.db"。

1. 创建数据窗口对象

本例中需要创建两个数据窗口对象，一个为在窗口中见到的学科信息数据窗口对象"d_subjectinfo"，另一个为学科名称下拉列表框中引用的学科名称数据窗口对象"d_subtitle"。

创建"d_subtitle"，步骤如下。

（1）单击"New"图标按钮，弹出"New"对话框。

（2）选择"DataWindow"选项页，双击"Tabular"图标，弹出"Choose Data Source for Tabular DataWindow"对话框。

（3）选择"Quick Select"数据源方式，单击"Next"按钮，弹出"Quick Select"对话框。

（4）在"Table"列表框中选择"subtitle"表。这时，在其右边的"Columns"列表框中列出了"subtitle"表的两个字段的名称，单击"Add All"按钮，就将这两个字段加到了下面的区域中。单击"OK"按钮，弹出"Select Color and Border Settings"对话框。

（5）单击"Next"按钮，弹出"Ready to Create Tabular Data Window"对话框，单击"Finish"按钮，进入数据窗口画板。

（6）单击"Design"子窗口中的"subtitleno:"字段标签，将"Properties"属性卡"General"页中的"Text"属性改为"学科名称编号"。类似地，将"title:"字段标签的"Text"属性改为"学科名称"。

（7）调整数据窗口中字段的布局。

（8）将两个字段选中，在"Properties"选项卡"General"页的"Border"属性的下拉列表框中选择"Lowered（5）"。

（9）单击"Save"按钮，保存数据窗口对象名称为"d_subtitle"，完成数据窗口对象的创建工作。

创建"d_subjectinfo"数据窗口对象，创建好的数据窗口画板如图T8.3所示，具体步骤如下。

图 T8.3　数据窗口画板"Design"子窗口中的"d_subjectinfo"

（1）单击"New"图标按钮，弹出"New"对话框。

（2）选择"DataWindow"选项页，双击"Freeform"图标，弹出"Choose Data Source for Freeform DataWindow"对话框。

（3）选择"Quick Select"数据源方式，单击"Next"按钮，弹出"Quick Select"对话框。

（4）在"Table"列表框中选择"subjectinfo"表。这时，在其右边的"Columns"列表框中列出了"subjectinfo"表的所有字段的名称，单击"Add All"按钮，将所有字段加到了下面的区域中。单击"OK"按钮，弹出"Select Color and Border Settings"对话框。

（5）单击"Next"按钮，弹出"Ready to Create Freeform DataWindow"对话框，单击"Finish"按钮进入数据窗口画板。

（6）将所有字段标签的"Text"属性改为中文字段名称。

（7）调整数据窗口中字段的布局。

（8）颜色和效果的调整。在"Design"子窗口中的空白处单击，在工具栏的"Background Color"下拉列表图标按钮框中单击"ButtonFace"图标按钮，可以看到整个数据窗口变为灰色。选中"subjectid""belongid"和"titleid"三个字段，在工具栏的"Background Color"下拉列表图标按钮框中单击"W"图标按钮，可以看到选中字段都变为白底黑字。在"Properties"选项卡"General"页"Border"属性的下拉列表框中选择"ShadowBox（1）"，这时数据窗口的字段框出现了阴影效果。

（9）单击"belongid"字段，选择"Properties"选项卡的"Edit"页，在"Style Type"下拉列表框中选择"DropDownListBox"，在下面的"Code Table"表的"Display Value"栏中依次输入"法学""理学""工学""管理学"和"经济学"，在"Data Value"栏中依次输入"1""2""3""4"和"5"。

（10）单击"titleid"字段，选择"Properties"选项卡的"Edit"页，在"Style Type"下拉列表框

中选择"DropDownDW"，单击下面的"DataWindow"栏旁边的"…"按钮，弹出"Select Object"对话框，选择刚才创建的数据窗口对象"d_subtitle"，单击"OK"按钮，回到属性卡的"Edit"页，在下面的"Display Column"下拉列表框中选择字段"title"，在"Data Column"下拉列表框中选择字段"subtitleno"。

（11）单击"important"字段，选择"Properties"选项卡的"Edit"页，在"Style Type"下拉列表框中选择"CheckBox"，选中"3-D Look"复选框，在"Text"属性栏中输入"重点学科"，在"Data Value for On"栏中输入"1"，在"Data Value for Off"栏中输入"0"。

（12）单击"doctor"字段，选择"Properties"选项卡的"Edit"页，在"Style Type"下拉列表框中选择"RadioButtons"，选中"3-D Look"复选框，单击两次"Columns Across"栏右边的微调按钮▲，栏中数字增加为"3"，在下面的"Code Table"表中的"Display Value"栏中依次输入"博士点""硕士点"和"非学位点"，在"Data Value"栏中依次输入"1""2"和"3"，在"Design"子窗口中，适当拉长"doctor"字段的宽度，使三个单选按钮都能够显示出来。

（13）单击"Save"按钮，保存的数据窗口对象名称为"d_subjectinfo"，完成第2个数据窗口对象的创建工作。

2. 创建窗口对象

创建一个新的弹出式窗口对象，"Title"为"学科专业管理"，保存窗口名称为"w_subjectinfo"。

3. 向窗口中添加控件

向窗口中添加以下控件。

（1）布置窗口中的静态文本控件。窗口中只有一个标题使用静态文本控件，首先在窗口控件下拉列表工具栏图标中选择静态文本控件，然后在窗口中单击，生成静态文本控件。在"Text"属性栏中输入"学科专业管理"，选择"方正舒体"字体，字号36号，选中"Bold"复选框。

（2）布置窗口中的"确定""删除""插入"和"返回"四个按钮控件。在窗口控件下拉列表工具栏图标中选择按钮控件，然后在窗口上单击，生成按钮控件。

（3）布置窗口中的"上一条"和"下一条"两个命令按钮控件。首先在窗口控件下拉列表工具栏图标中选择命令按钮控件，然后在窗口中单击，生成命令按钮控件，名称分别为"cb_prior"和"cb_next"，"Text"属性分别为"←上一条"和"下一条→"。

（4）布置一个数据窗口控件。首先在窗口控件下拉列表工具栏图标中选择数据窗口控件，然后在窗口上单击，生成数据窗口控件，命名为"dw_subjectinfo"。单击"DataObject"栏右边的"…"按钮，选择数据窗口对象"d_subjectinfo"，调整数据窗口控件的大小，使其能够完整地显示数据窗口对象。

4. 编写脚本

编写以下几个脚本。

（1）在窗口"w_subjectinfo"的"Open"事件中输入如下脚本：

```
dw_subjectinfo.setTransObject(SQLCA)
dw_subjectinfo.retrieve()
```

（2）"确定"按钮的"Clicked"事件脚本如下：

```
integer RETURNCode
RETURNCode=dw_subjectinfo.Update()
IF RETURNCode>0 THEN
    COMMIT USING SQLCA;
```

```
ELSE
    ROLLBACK USING SQLCA;
END IF
```

（3）"删除"按钮的"Clicked"事件脚本如下：

```
dw_subjectinfo.deleteRow(0)
```

（4）"插入"按钮的"Clicked"事件脚本如下：

```
integer li_rowInserted
li_rowInserted=dw_subjectinfo.insertRow(0)
dw_subjectinfo.scrollToRow(li_rowInserted)
```

（5）"返回"按钮的"Clicked"事件脚本如下：

```
close(parent)
```

（6）"←上一条"按钮的"Clicked"事件脚本如下：

```
dw_subjectinfo.scrollPriorRow()
```

（7）"下一条→"按钮的"Clicked"事件脚本如下：

```
dw_subjectinfo.scrollNextRow()
```

5. 将窗口"w_subjectinfo"关联到应用程序中

创建"w_main"主窗口，在该窗口中放置一个命令按钮，其"Name"（名称）为"cb_1"，"Text"属性为"学科专业管理"，其"Clicked"事件的脚本如下：

```
Open(w_subjectinfo)
```

6. 运行程序

运行程序，输入一些学科专业方面的数据，观察几种数据窗口字段风格的特点。

思考与练习

（1）怎样设计不同编辑样式的数据窗口对象？
（2）实验 8 设计的数据窗口与实验 7 设计的数据窗口有什么共同点？有什么不同点？

T.9　数据窗口的编程（三）

本次实验将制作一个数据库查询窗口，该窗口中有一个包含了四页的选项卡，分别对应于四种不同的查询方式。第 1 页是按学生姓名查询，只要在"姓名"栏中输入要查询的学生姓名，单击"查询"按钮，就可以在"student"表中查出该学生的数据，如图 T9.1 所示；第 2 页是按学生的家庭地址模糊查询，只要在地址栏中输入要查询地址的一部分信息，单击"查询"按钮，就可以在"student"表中查出与该地址有关的学生的数据，如图 T9.2 所示；第 3 页是按学生的出生日期查询，只要在两个日期栏中分别输入日期的下限和上限，单击"查询"按钮，就可以查出在此时间段中出生的所有学生的数据，如图 T9.3 所示；第 4 页是按学生的党团员情况查询，只要在组合框中单击要查询的单选按钮内容，就可以在数据窗口中查出与该单选按钮对应政治面貌的学生数据，如图 T9.4 所示。

0. 实验准备

（1）选择实验 8 已经创建的应用"mypbex.pbl"。
（2）将数据库连接到创建的"mydatabase.db"。

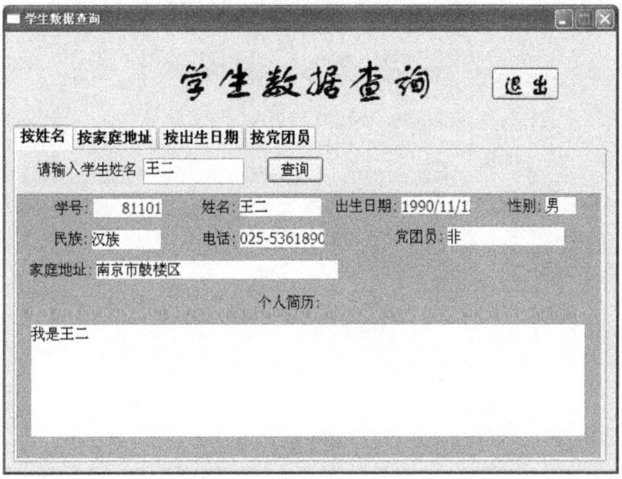

图 T9.1　按学生姓名查询

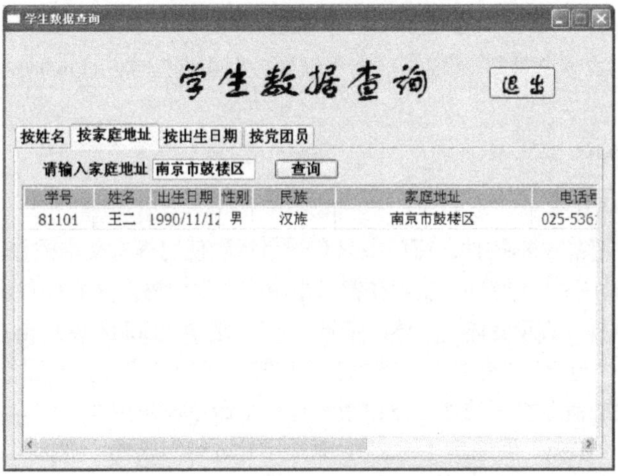

图 T9.2　按学生的家庭地址模糊查询

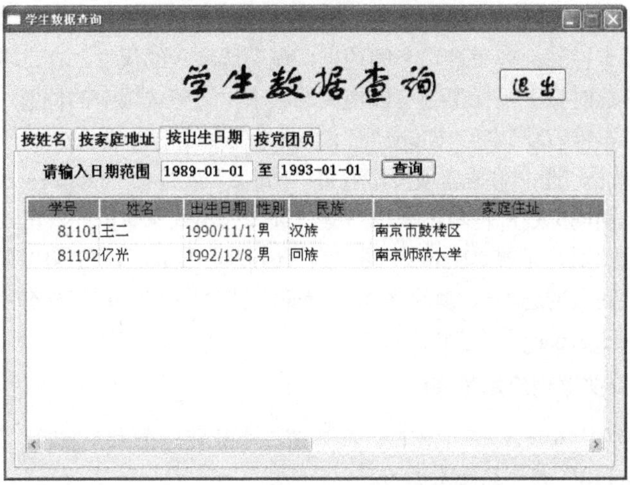

图 T9.3　按学生的出生日期查询

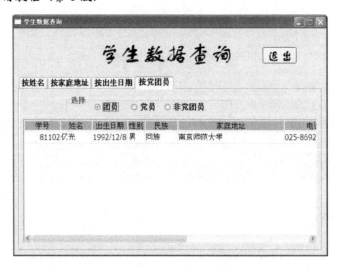

图 T9.4　按学生的党团员情况查询

1. 创建窗口对象

创建一个新的弹出式窗口对象，"Title" 为 "学生数据查询"，WindowType 为 "popup!"，保存窗口名称为 "w_3"。

2. 向窗口中添加控件

向窗口中添加以下控件。

（1）布置窗口中的静态文本控件。窗口中只有一个标题使用静态文本控件，首先在窗口控件下拉列表工具栏图标中选择静态文本控件，然后在窗口中单击，生成静态文本控件。在 "Text" 属性栏中输入 "学生数据查询"，选择 "方正舒体" 字体，字号 36 号，选中 "Bold" 复选框。

（2）布置窗口中的 "退出" 按钮控件。首先在窗口控件下拉列表工具栏图标中选择命令按钮控件，然后在窗口中单击，生成命令按钮控件。窗口中只有一个命令按钮控件，作为 "退出" 按钮。设置按钮的名称为 "cb_exit"，"Text" 属性为 "退出"，选中 "Cancel" 属性，选择 "方正舒体" 字体，字号 22 号，黑色，选中 "Bold" 复选框。"退出" 按钮的 "Clicked" 事件脚本如下：

```
Close(Parent)
```

（3）布置窗口中的选项卡控件。首先在窗口控件下拉列表工具栏图标中选择选项卡控件，然后在窗口中单击，生成选项卡控件。拖曳选项卡的边框，调整选项卡的尺寸。在选项卡上面的标签部位单击，选中选项卡控件，这时按下鼠标左键可以拖曳选项卡，调整选项卡的位置，此时属性窗口中的属性为选项卡控件的属性，保留默认的 "Name" 为 "tab_1"。

在选项卡的下部单击，选中的是选项页，设置 "Name" 属性为 "tabpage_name"，"Text" 属性为 "按姓名"。在选项卡上面的标签部位单击鼠标右键，选择弹出式单中的 "Insert Tabpage" 选单项，这时会弹出一个新的选项页，设置 "Name" 属性为 "tabpage_home"，"Text" 属性为 "按家庭地址"。用同样的方法制作出共四页的选项卡，其余各页的"Name"属性和"Text"属性分别为"tabpage_birthday""按出生日期" 和 "tabpage_party""按党团员"。

3. 将窗口 "w_3" 关联到应用程序中

打开实验 8 中创建的 "w_main" 主窗口，在该窗口中放置一个命令按钮，其 "Text" 属性为 "学生情况查询"，其 "Clicked" 事件的脚本如下：

```
Open(w_3)
```

4. 设计"按姓名"查询选项页

设计"按姓名"查询选项页的步骤如下。

（1）设计数据窗口对象。按姓名查询的数据窗口对象是一个条件查询的数据窗口，其设计步骤如下。

① 单击"New"图标按钮，弹出"New"对话框。

② 选择"DataWindow"选项页，双击"Freeform"图标，弹出"Choose Data Source for Freeform DataWindow"对话框。

③ 选择"SQL Select"数据源方式，单击"Next"按钮，弹出"Select Table"对话框。

④ 在"Table"列表框中选择"student"表，单击"Open"按钮，这时弹出"Select"画板。

⑤ 单击选单"Design | Retrieval Arguments…"，弹出"Specify Retrieval Arguments"对话框，在"Name"栏中输入"ls_name"，在"Type"下拉列表框中选择"String"，单击"OK"按钮，对话框关闭。

⑥ 在"Select"画板的"Table Layout"子窗口的表框中列出了"student"表的全部字段的名称。每单击一个字段，该字段就变为蓝底白字，表示选中。同时，在上面的"Selection List:"区域中排列出该字段。如果单击选中的字段，则变为不被选中，该字段从上面的排列中消失。单击每一个字段，将全部字段选中。

⑦ 在"Select"画板的"Where"子窗口中单击"Column"栏，右边出现一个 符号，单击 按钮，弹出"student"表的所有字段，选择"student""name"，在右边的"Value"栏中，单击鼠标右键，选择弹出式选单中的"Arguments…"选单项，弹出一个小窗口，内部有刚才定义的变量":ls_name"，单击选中它，单击"Paste"按钮，":ls_name"就出现在"Value"栏中。设计好的"Select"画板如图 T9.5 所示。

图 T9.5　"Select"画板

⑧ 单击"Return"图标按钮，弹出"Select Color and Border Settings"对话框，单击"Next"按钮，弹出"Ready to Create Freeform DataWindow"对话框，该对话框对数据窗口对象的主要属性进行了小结，单击"Finish"按钮，弹出"Specify Retrieval Arguments"对话框，要求对检索变量"ls_name"进行赋值，以便对数据库进行数据检索，并将检索结果放到"Preview"子窗口中。可以在"Value"栏中输入一个姓名后单击"OK"按钮进行检索，也可以单击"Cancel"按钮不进行检索。进入数据窗口

对象画板。

⑨ 参照实验 7 中的方法，在数据窗口对象画板中，将字段名称改为中文，调整字段的位置和大小，设置文字颜色、背景颜色和字段边框。

⑩ 选择选单"Edit | Select | Select Columns"，将所有字段选中。在"Properties"属性卡中选择"Edit"页，选中"Display Only"复选框，不选中"Auto Selection"复选框。

⑪ 保存数据窗口对象名称为"d_queryname"。

（2）在"tabpage_name"选项页中布置控件。在"tabpage_name"选项页中布置一个静态文本控件，其"Text"为"请输入学生姓名"，"Size"为"12"，"宋体"；一个单行编辑框，其"Name"为"sle_name"；一个命令按钮，其"Name"为"cb_name"，"Text"属性为"查询"，选中"Default"复选框；还有一个数据窗口控件，其"Name"为"dw_name"，"DataObject"为"d_queryname"，可以选中"HScrollBar"和"VScrollBar"复选框。保存所做的工作。

（3）编写脚本。

① "查询"按钮的"Clicked"事件脚本如下：

```
String ls_name
ls_name=trim(sle_name.text)
IF not ls_name="" THEN
    dw_name.retrieve(ls_name)
ELSE
    MessageBox("数据不全!","请输入待查询学生的姓名!")
END IF
sle_name.SetFocus()
```

② 在"w_3"查询窗口的"Open"事件中，还需要为数据窗口使用数据库设置事务对象，假设代码如下：

```
tab_1.tabpage_name.dw_name.SetTransObject(SQLCA)
```

以上语句中反映了数据窗口对象"dw_name"属于选项页"tabpage_name"，而选项页"tabpage_name"又属于选项卡控件"tab_1"，选项卡控件"tab_1"直接属于窗口对象。在程序设计中，类似的这种层次关系不能搞错。

（4）测试"按姓名"查询程序。尽管查询程序还没有做完，但是，"按姓名查询"选项页已经可以使用了。运行程序，在"按姓名"查询页的"请输入学生姓名"栏中输入一个数据库中已经存在的学生姓名，查看检索结果。

5. 设计"按家庭地址"查询选项页

"按家庭地址"查询的数据窗口对象与"按姓名"查询的数据窗口对象同样是一个条件查询的数据窗口，其设计步骤如下。

（1）设计数据窗口对象。数据窗口对象的设计过程与"按姓名"查询的数据窗口对象的设计十分相似，但类型选择"Grid"，增加一个检索参数"Retrieval Argument"为"ls_home"，在"Select"画板的"Where"子窗口中设计的条件如下：

```
"student". "home"=:ls_home
```

保存数据窗口对象名称为"d_queryhome"。

（2）在"tabpage_home"选项页中布置控件。在"tabpage_home"选项页中布置一个静态文本控件，其"Text"为"请输入家庭地址"，"Size"为"12"，"宋体"；一个单行编辑框，其"Name"为"sle_home"；一个命令按钮，其"Name"为"cb_home"，"Text"属性为"查询"，选中"Default"复选框；还有一个数据窗口控件，其"Name"为"dw_home"，"DataObject"为"d_queryhome"，选中"HScrollBar"

和"VScrollBar"复选框。保存所做的工作。

（3）编写脚本。

① "查询"按钮的"Clicked"事件脚本如下：

```
String ls_home
ls_home=trim(sle_home.text)
IF not ls_home="" THEN
    dw_home.retrieve(ls_home)
ELSE
    MessageBox("数据不全","请输入待查询学生的地区名称。")
END IF
sle_home.SetFocus()
```

② 在"w_3"查询窗口的"Open"事件中，再增加为数据窗口"dw_home"使用数据库的事务对象的代码：

```
tab_1.tabpage_home.dw_home.SetTransObject(SQLCA)
```

（4）测试"按家庭地址"查询程序。运行程序，在"按家庭地址"查询页的"请输入家庭地址"栏中输入一个数据库中已经存在的学生家庭地址，查看检索结果。

6. 设计"按出生日期"查询选项页

"按出生日期"查询的数据窗口对象采用的是限定日期范围的双条件查询的数据窗口，它将在指定日期范围之内的所有记录都检索出来。

其设计步骤如下。

（1）设计数据窗口对象。数据窗口对象的设计过程与前面"按姓名"查询和"按家庭地址"查询的数据窗口对象的设计十分相似，但类型选择"Grid"，增加两个日期类型的检索参数"Retrieval Argument"分别为"ld_startdate"和"ld_enddate"，在"Select"画板的"Where"子窗口中设计的条件如下：

```
"student". "birthday">=:ld_startdate And
"student". "birthday"<:ld_enddate
```

保存数据窗口对象名称为"d_querybirthday"。

（2）在"tabpage_birthday"选项页中布置控件。在"tabpage_birthday"选项页中布置两个静态文本控件，其"Text"属性分别为"请输入日期范围"和"至"，"Size"为"12"，"宋体"；两个单行编辑框，"Name"分别为"sle_datestart"和"sle_dateend"；一个命令按钮，其"Name"为"cb_birthday"，"Text"属性为"查询"，选中"Default"复选框；还有一个数据窗口控件，其"Name"为"dw_birthday"，"DataObject"为"d_querybirthday"，选中"HScrollBar"和"VScrollBar"复选框。保存所做的工作。

（3）编写脚本。

① "查询"按钮的"Clicked"事件脚本如下：

```
String ls_start,ls_end
date ld_start,ld_end
IF IsDate(sle_datestart.text)THEN
    IF IsDate(sle_dateend.text)THEN
        ld_start=date(sle_datestart.text)
        ld_end=date(sle_dateend.text)
        dw_birthday.retrieve(ld_start,ld_end)
    ELSE
        MessageBox("数据错误","请重新输入结束日期。")
    END IF
ELSE
```

MessageBox("数据错误","请重新输入开始日期。")
END IF
sle_datestart.SetFocus()

② 在"w_3"查询窗口的"Open"事件中，再增加为数据窗口"dw_birthday"使用数据库的事务对象的代码：

tab_1.tabpage_birthday.dw_birthday.SetTransObject(SQLCA)

（4）测试"按出生日期"查询程序。运行程序，在"按出生日期"查询页的两个日期栏中分别输入要求检索的学生的出生日期，查看检索结果。

7. 设计"按党团员"查询选项页

"按党团员"查询选项页中没有"查询"按钮，该选项页中对数据库的查询是由单选按钮组的选择触发的。

设计步骤如下。

（1）设计数据窗口对象。数据窗口对象的设计过程与前面"按家庭地址"查询和"按出生日期"查询的数据窗口对象的设计完全相同，但类型选择"Grid"，增加一个字符串类型的检索参数为"ls_party"，在"Select"画板的"Where"子窗口中设计的条件如下：

"student". "party"=:ls_party

保存数据窗口对象名称为"d_queryparty"。

（2）在"tabpage_party"选项页中布置控件。在"tabpage_party"选项页中布置一个分组框控件，其"Text"属性为"选择"；三个单选按钮控件，"Name"分别为"rb_cy""rb_cp"和"rb_none"，"Text"属性分别为"团员""党员"和"非党团员"，选中"rb_cy"单选按钮的"Checked"复选框；布置一个数据窗口控件，其"Name"为"dw_party"，"DataObject"为"d_queryparty"，选中"HScrollBar"和"VScrollBar"复选框。保存所做的工作。

（3）编写脚本。

① "团员"单选按钮的"Clicked"事件脚本如下：

dw_party.retrieve("团员")

② "党员"单选按钮的"Clicked"事件脚本如下：

dw_party.retrleve("党员")

③ "非党团员"单选按钮的"Clicked"事件脚本如下：

dw_party.retrieve("非党团员")

④ 在"w_3"查询窗口的"Open"事件中，再增加数据窗口"dw_party"使用数据库的事务对象和初始化的代码：

tab_1.tabpage_party.dw_party.SetTransObject(SQLCA)
tab_1.tabpage_party.dw_party.retrieve("团员")

（4）测试"按党团员"查询程序。运行程序，在"按党团员"查询页中选择不同的单选按钮，查看检索结果。

思考与练习

（1）数据窗口的查询是怎样实现的？

（2）怎样实现数据的模糊查询？

（3）设计一个"按学号"范围的学生数据查询，输入查询参数为"开始学号"和"结束学号"；再设计一个"按性别"的学生数据查询，使用两个单选按钮，分别为"男"和"女"。

T.10　OLE 控件的编程

本次实验将创建一个课程时间录入窗口，其外观如图 T10.1 所示，它由一个日历 OLE 控件来选择课程开始的时间，通过下拉列表框选择课程名称，两个单行文本编辑框输入课时数和任课老师姓名。本窗口的功能是向"mydatabase.db"数据库中的"subject"课程表输入数据。

图 T10.1　OLE 控件实验程序界面

0. 实验准备

创建一个新的工作空间和应用"ole.pbl"。

1. 创建窗口对象

创建一个新的弹出式窗口对象，"Title"为"课程安排录入"，"WindowType"为"popup!"，保存窗口名称为"w_subjectinput"。

2. 向窗口中添加控件

向窗口中添加以下控件。

（1）布置窗口中的静态文本控件。在窗口控件下拉列表工具栏图标中选择静态文本控件，然后在窗口中单击，生成静态文本控件。本窗口共有五个静态文本控件，具体名称和属性参照表 T10.1 输入。可以使用【Ctrl+T】组合键对"st_2"～"st_5"进行外观复制后修改"Text"属性完成。

表 T10.1　静态文本控件的名称和属性

控 件 名 称	Text 属性	字 体 类 型	字 体 尺 寸	用 　 途
st_1	输入课程安排	华文行楷	28	窗口标题
st_2	课程开始日期	宋体	12	日历 OLE 控件的说明
st_3	课程名称			"课程名称"下拉列表框的说明
st_4	课时数			"课时数"单行文本框的说明
st_5	任课老师			"任课老师"单行文本框的说明

（2）布置窗口中的单行编辑框控件。首先在窗口控件下拉列表工具栏图标中选择单行编辑框控件，然后在窗口中单击，生成单行编辑框控件。只有两个单行编辑框控件，名称为"sle_time"和"sle_teacher"，分别用于输入课时数和任课老师姓名。

（3）布置窗口中的 OLE 日历控件。在窗口控件下拉列表工具栏图标中选择 OLE 控件，弹出"Insert

Object"对话框，对话框中有三个选项页，选择"Insert Control"页，在"Control Type"列表框中选择"日历控件 11.0"，如图 T10.2 所示，单击"OK"按钮，对话框关闭。在窗口中单击，就会出现一个日历控件。在日历控件上单击鼠标右键，选择弹出式选单中的"OLE Control Properties…"选单项，弹出"OLE Control 属性"对话框，如图 T10.3 所示，根据需要，可以对 OLE 控件的属性进行调整。单击"OLE Control 属性"对话框中的"帮助"按钮，会弹出"日历控件参考"窗口，如图 T10.4 所示。通过帮助，可以了解 OLE 控件的性质、属性和使用方法，对编程是非常有用的。

图 T10.2　选择日历控件

图 T10.3　"OLE Control 属性"对话框

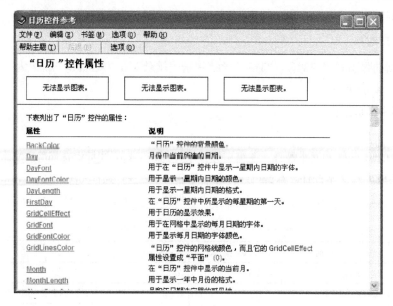

图 T10.4　"日历控件参考"窗口

（4）布置窗口中的下拉列表框控件。首先在窗口控件下拉列表工具栏图标中选择下拉列表框控件，然后在窗口中单击，生成下拉列表框控件。输入下拉列表框控件名称为"ddlb_subject"，不选中"Sorted"属性，选中"VScrollBar"属性。单击下拉列表框控件后拖曳下边框，调整下拉列表框展开后的长度。在实验 6 中，通过函数 AddItem()向下拉列表框中添加条目，对于动态变化的场合是非常有用的。如果下拉列表框中的条目在应用程序运行后不再改变，则可以不用编程，直接在下拉列表的"Items"属性页中输入条目，具体操作方法如下：首先选中下拉列表框控件，然后选择"Items"属性页，在"Item"

栏中输入课程名称，按【Tab】键跳转到下一个条目。在本实验中，共输入 10 个条目，包括"马克思主义哲学""辩证唯物主义思想""线性代数""概率论""相对论""电子学""机械学""工程热力学""气象学"和"生物工程"。

（5）布置窗口中的按钮控件。在窗口控件下拉列表工具栏图标中选择按钮控件，然后在窗口中单击，生成按钮控件。窗口中共有两个按钮控件。

3. 进行窗口控件的齐整性操作和设置输入时的【Tab】键顺序

使用齐整性工具栏中的按钮进行齐整性操作，具体操作方法可参见齐整性操作的说明。

用选单项"Format | Tab Order"进行输入数据时的【Tab】键顺序的设置，具体操作方法可参见有关【Tab】键顺序设置的说明。

4. 编写脚本

编写脚本有以下步骤。

（1）编写"返回"按钮的脚本。选中"返回"按钮控件，单击鼠标右键，选择弹出式选单中的"Script"选单项，进入"Script"子窗口，选择事件下拉列表框中的"Clicked"事件，输入如下脚本：

```
Close(PARENT)
```

（2）设计读取日历 OLE 控件上的日期的窗口函数。当单击日历 OLE 控件选择了一个日期后，日历 OLE 控件已经将有效的日期存放在 year（年）、month（月）和 day（日）三个对象变量中，设计一个窗口函数，无入口参数，返回从日历 OLE 控件读取出的完整日期型变量。

具体方法如下：在"Script"子窗口的对象下拉列表框中选择"(Functions)"，在"Script"子窗口中的函数定义区中选择"Access"为"public"，"Return Type"为"date"，输入函数名称"Function Name"为"wf_getoledate"，如图 T10.5 所示。

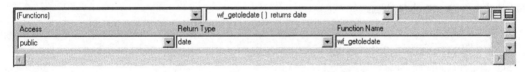

图 T10.5　定义函数"wf_getoledate"

在"Script"子窗口的脚本区中输入如下代码：

```
RETURN date(String(ole_1.object.year)+"-"+String(ole_1.object.month)+"-"+ & String(ole_1.object.day))
```

说明，该函数只有一条语句，"&"为续行符。

（3）编写"确定"按钮的脚本。"确定"按钮的功能，首先是对输入数据的有效性检查和对输入数据的预处理，然后将数据写入数据库，这里直接采用了 SQL 语句；最后是将输入控件全部置空，为下一条记录的输入做准备。

选中"确定"按钮控件，单击鼠标右键，选中弹出式选单中的"Script"选单项，进入"Script"子窗口，选择事件下拉列表框中的"Clicked"事件，输入如下脚本。输入过程中，请使用"Paste SQL"和"Paste Statement"等工具。

```
Int li_time
String ls_subject,ls_teacher
date ld_date
ld_date=wf_GetOleDate()        //读取日历 OLE 控件上的日期
//数据格式检验
IF ddlb_subject.text="none" THEN
    MessageBox("缺少数据","请选择课程名称。")
```

```
        RETURN
ELSE
        ls_subject=trim(ddlb_subject.text)
END IF
ls_teacher=trim(sle_teacher.text)
IF ls_teacher="" THEN
        MessageBox("缺少数据","请输入任课老师姓名。")
        RETURN
END IF
li_time=integer(sle_time.text)
//写入数据
INSERT INTO "subject"
        ("subject",
         "startdate",
         "teacher",
         "subtime" )
         VALUES (:ls_subject,
          :ld_date,
          :ls_teacher,
          :li_time );
//全部置空
sle_time.text=""
sle_teacher.text=""
```

5. 将窗口"w_subjectinput"关联到应用程序中

创建一个新的"w_main"主窗口，在该窗口中放置一个命令按钮，其"Text"属性为"输入课程安排"，其"Clicked"事件的脚本如下：

```
//profile mydatabase
SQLCA.DBMS="ODBC"
SQLCA.AutoCommit=False
SQLCA.DBParm="ConnectString='DSN=mydatabase;UID=dba;PWD=sql'"
CONNECT USING SQLCA;
IF SQLCA.SQLCode<0 THEN
        MessageBox("连接失败",SQLCA.SQLErrText,Exclamation!)
END IF
open(w_subjectinput)
```

6. 预览窗口和运行程序

在窗口设计过程中，单击"Preview"图标按钮，可以随时预览窗口运行时显示的实际效果。OLE控件的效果要在程序运行时才能看到。

设计完毕后，可以单击"Run"图标按钮，即进入主窗口；单击"输入课程安排"按钮，打开新建的"课程安排录入"窗口，在 OLE 控件上选择日期，可以看到 OLE 控件已经提供了日期选择的完整功能，不仅有美丽的外观，而且不需要再考虑每月的天数和闰月等问题，这就是使用 OLE 控件的好处。输入一些数据，每次输入一个课程安排数据后，单击"确定"按钮或按【Enter】键将课程信息写入数据库。按【Esc】键或单击"退出"按钮，退出"课程安排录入"对话框。

结束程序运行后，打开"subject"表，发现刚才输入的数据已经保存在表中了。

思考与练习

（1）OLE 控件的基本使用步骤是什么？

（2）改变日历 OLE 控件的属性，观察日历控件外观的变化。

（3）查看日历 OLE 控件的帮助，回答该控件还提供了哪些属性和事件，有哪些功能。

（4）在控件列表中，还有一种"Microsoft Date and Time Picker"日期和时间控件，试着使用该控件。

T.11 用户自定义事件

本次实验将制作一个帮助系统，该系统通过设计在窗口中的用户自定义事件来确定【F1】键，调出"帮助"窗口，并在"帮助"窗口中根据不同的调用者，显示不同的帮助内容。图 T11.1 为其中的"帮助"窗口之一。

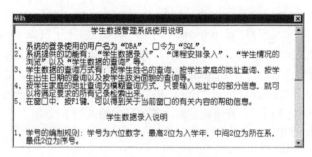

图 T11.1 "帮助"窗口之一

0. 实验准备

选择实验 10 已经创建的应用"ole.pbl"。

1. 创建窗口对象

创建一个新的窗口对象，作为"帮助"窗口。该窗口的标题"Title"为"帮助"，类型"WindowType"为"Response!"，拖曳窗口边框，调整窗口大小。保存窗口名称为"w_help"。

2. 在窗口中添加控件

新建的窗口"w_help"中只布置一个多行编辑框控件"Multi Line Edit"。在窗口控件下拉列表工具栏图标中选择多行编辑框控件，在窗口中单击，生成多行编辑框控件。拖曳多行编辑框控件的边框，将其布满整个窗口。选中多行编辑框控件的"Display Only"和"VScrollBar"复选框。

3. 设置全局变量

在任意一个窗口画板"Script"子窗口的对象选择下拉列表框中选择"Declare"，在事件选择下拉列表框中选择"Global Variables"，然后在下面的脚本编辑区中输入如下代码：

```
Integer gi_helptype
```

这里定义的整型全局变量"gi_helptype"可以在整个应用中任意的地方调用。

4. 编写脚本

编写脚本有以下步骤。

（1）在新建的帮助窗口"w_help"中的多行编辑框控件"Multi Line Edit"的构造事件"Constructor"

中输入如下代码：

```
Integer li_FileNum
Long ll_flen,ll_byte
String ls_file,ls_s
Blob lb_file
SetPointer(HourGlass!)
CHOOSE CASE gi_helptype
CASE 1
    ls_file="help_system.txt"
CASE 2
    ls_file="help_subjectinput.txt"
END CHOOSE
li_FileNum=FileOpen(ls_file,streamMode!,Read!,LockRead!)
ll_byte=FileRead(li_FileNum,lb_file)
FileClose(li_FileNum)
ls_s=String(lb_file)
THIS.text=ls_s
```

以上脚本根据调用时全局变量"gi_helptype"的值，首先分别打开"File Open"并读入"File Read"相应的文本文件，然后关闭文本文件"File Close"，并在多行编辑框中显示文本文件的内容。

（2）打开课程安排输入窗口"w_subjectinput"，单击选单"Insert | Event"，在"Script"子窗口的"Event Name"栏中输入"CheckF1"；在"Event ID"下拉列表框中选择"pbm_keydown"，这一用户自定义事件的编写如图 T11.2 所示。在下面的脚本编辑区中输入如下代码：

```
IF KeyDown(KeyF1!)   THEN
    gi_helptype=2
    Open(w_help)
END IF
```

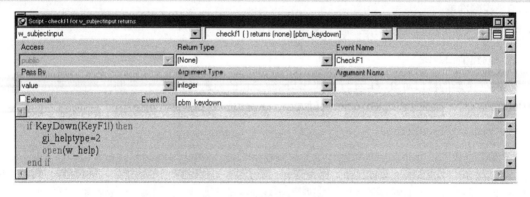

图 T11.2　用户自定义事件

选中日历 OLE 控件，单击鼠标右键，选择弹出式选单中的"Script"选单项，在"Script"子窗口的事件选择下拉列表框中选择"keydown"事件，输入与上面相同的代码。

（3）打开主窗口"w_main"，单击选单"Insert | Event"，在"Script"子窗口的"Event Name"栏中输入"CheckF1"；在"Event ID"下拉列表框中选择"pbm_keydown"，在下面的脚本编辑区中输入如下代码：

```
IF KeyDown(KeyF1!)   THEN
    gi_helptype=1
    Open(w_help)
END IF
```

5. 编辑"帮助"文本文件

使用任何文本编辑环境，如笔记本 Notepad、写字板 Write 或 Word 等，在 OLE 目录下，编辑三个文本文件，文件名以及内容分别如下。

（1）文件"help_system.txt"的内容如下。

学生数据录入说明

a. 学号的编制规则：学号为六位数字，前两位为入学年，中间两位为所在系，后两位为序号。

b. 学号必须唯一，不能重复。

c. 日期的输入格式：年年/月月/日日，或者年年-月月-日日。

d. 联系电话采用统一格式：区号-电话号码。

e. 个人简历中除了应输入个人学习经历外，还应记录取得的成绩、发表的论文数量等。

f. 输入完一个学生的情况后，单击"确定"按钮，保存输入结果。

g. 单击"退出"按钮，返回主窗口。

（2）文件"help_subjectinput.txt"的内容如下。

课程安排录入说明

a. 课程开始日期在窗口中的日历上选择，可以改变年、月和日。

b. 课程名称在课程下拉列表框中选择，如果为新设课程，则必须通过课程设置管理程序进行输入。

c. 在课时数中输入课程需要的课时数。

d. 在任课老师栏中输入任课老师姓名，允许为一人或多人。为多人时，老师姓名之间要使用标点符号隔开。

e. 输入完一门课程的安排后，单击"确定"按钮，保存输入结果。

f. 单击"退出"按钮，返回主窗口。

---

6. 运行程序

单击"Run"图标按钮，进入主窗口；按【F1】键，弹出"帮助"窗口，其中的内容为文件"help_system.txt"的内容；关闭"帮助"窗口，单击"输入课程安排"按钮，打开"课程安排录入"窗口，这时按【F1】键，弹出"帮助"窗口，但内容为文件"help_subjectinput.txt"的内容；观察"课程安排录入"窗口中使用【F1】键得到的帮助内容。

思考与练习

（1）为什么要使用用户事件？怎样创建和使用用户事件？

（2）使用全局变量有什么优点和缺点？

（3）设计一个窗口，上面有"A 键""B 键""C 键"和"D 键"四个命令按钮，每个按钮的"Clicked"事件都是弹出一个消息框，报告该按键被按动；设计一个用户自定义事件，捕捉键盘上的【A】【B】【C】【D】，捕捉到这些键后，使用"control.Trigger- Event("Clicked")"语句触发按钮控件的"Clicked"事件。在这里，"control"为上述四个字母键之一的名称。

T.12　选单的使用

本次实验将在主窗口中创建系统选单及工具栏，并对窗口进行修饰，得到如图 T12.1 所示的系统主窗口外观。

0. 实验准备

（1）准备一幅精美的图片，可以是 BMP 格式、GIF 格式、JPG 格式、RLE 格式或 WMF 格式的，作为系统背景图片，将编辑好的图片保存在当前工作空间目录下。这里，假定图片名称为"beij.JPG"。

（2）选择实验 9 已经创建的应用"mypbex.pbl"。

1. 创建一个版本信息窗口对象

创建一个新的窗口对象，作为版本信息窗口，窗口的外观如图 T12.2 所示。该窗口的标题"Title"为"版本信息"，类型"WindowType"为"Popup! "，拖曳窗口边框，调整窗口大小。保存窗口名称为"w_right"。

图 T12.1　系统主窗口外观　　　　　　　　图 T12.2　版本信息窗口

2. 向窗口中添加控件

在新建的窗口"w_right"中布置七个静态文本控件，具体属性和字体类型参见表 T12.1。

表 T12.1　版本信息窗口中静态文本控件的主要属性

Name	Text	字　体	文字尺寸	Bold
st_1	版本信息	隶书	26	选中
st_2	作者：郑阿奇	宋体	12	选中
st_3	软件使用中如有问题请与作者联系	宋体	11	不选
st_4	版本 3.0	宋体	12	选中
st_5	版权所有 2012 年～2016 年	宋体	12	不选
st_6、7	注册、返回	宋体	12	不选

布置两个图片按钮控件，名称为"pb_1"与"pb_2"，图片根据需要自行选择。

"pb_1"图片按钮的"Clicked"事件脚本如下：

```
MessageBox("注册信息","注册成功！")
```

"pb_2"图片按钮的"Clicked"事件脚本如下：

```
Close(PARENT)
```

保存新建窗口，名称为"w_right"。

3. 创建选单对象

创建选单对象的步骤如下。

（1）单击工具栏中的"New"图标按钮，弹出"New"对话框。

（2）选择"PB Object"选项页，双击该页中的"Menu"图标，进入选单画板。

（3）在选单画板的"Tree Menu View"子窗口中，只有"untitled 0"一项，在"untitled 0"上单击鼠标右键，选择弹出式选单中的"Insert Submenu Item"选单项，在其下方创建出一个空的选单标题。

（4）在属性子窗口的"General"页中，选择"Lock Name"复选框，由系统自动为选单项命名。在"Text"属性栏中输入"学生基本情况"，在"Microhelp"栏中输入"关于学生情况浏览、数据输入以及查询"。

（5）在"Tree Menu View"子窗口中新建的"学生基本情况"选单标题上单击鼠标右键，选择弹出式选单中的"Insert Menu Item At End"选单项，在"学生基本情况"选单标题的下方，出现同一级的空选单标题，在属性子窗口的"General"页的"Text"属性栏中输入"学科专业管理"，在"Microhelp"栏中输入"关于课程设置以及安排等"。

（6）与上面类似，在"Tree Menu View"子窗口中新建的选单标题上单击鼠标右键，选择弹出式选单中的"Insert Menu Item At End"选单项，再创建两个新的选单标题"学生情况查询"和"帮助"，它们的"Microhelp"栏中输入的内容分别为"学生信息的浏览"和"关于系统以及相关内容的帮助，以及版本信息"。至此，已经创建了四个选单标题。

（7）在"Tree Menu View"子窗口中新建的"学生基本情况"选单标题上单击鼠标右键，选择弹出式选单中的"Insert Submenu Item"选单项，在"学生基本情况"选单标题的下方，出现次一级的空子选单项。

（8）在属性子窗口"General"页中的"Text"属性栏中输入"学生情况浏览"，在"Microhelp"栏中输入"查看学生基本情况"。在"Shortcut Key"下拉列表框中，选择字母键【A】，选中下面的"Shortcut Alt"复选框，指定了【Alt+A】作为"学生情况浏览"子选单的快捷键。选择属性子窗口中的"Toolbar"页，在"Toolbar Item Text"栏中输入"浏览"，单击"Toolbar Item Name"下拉列表框右边的▼按钮，选择系统提供的图标"custom081！"。

（9）在"Tree Menu View"子窗口中新建的"学生情况浏览"选单项上单击鼠标右键，选择弹出式选单中的"Insert Menu Item At End"选单项，在"学生情况浏览"选单项的下方，出现同一级的空选单项，该项也是位于"学生基本情况"选单标题下，"学生情况浏览"选单项后面。设置该项为"学生数据输入"，具体设置方法与步骤（8）类似，只是输入的内容有所不同。所有选单项需要输入的内容见表 T12.2。

表 T12.2　选单项属性的设置

Text	Microhelp	Shortcut Key	Toolbar Item Text	Toolbar Item Name
学生情况浏览	查看学生基本情况	【Alt+A】	浏览	custom081!
学生数据输入	输入学生基础数据	【Alt+B】	学生数据输入	picture!

续表

Text	Microhelp	Shortcut Key	Toolbar Item Text	Toolbar Item Name
学生数据查询	多种方式的学生数据查询	【Alt+C】	学生数据查询	query!
退出【Esc】	退出应用系统	none	退出	exit!
学科专业信息	学科专业信息的录入与浏览	【Alt+E】	学科信息录入	library!
输入课程安排	输入课程安排计划	【Alt+F】	输入课程安排	arrangetables!
使用帮助【F1】键	关于系统以及相关内容的帮助	none	帮助	help!
版本	本系统的版本信息	none	注册	picturehyperlink!

保存新建的选单对象，名称为"m_main"。

4. 编写选单项的脚本

在"Tree Menu View"子窗口中的"学生情况浏览"选单项上单击鼠标右键，选择弹出式选单中的"Script"选单项，进入"Script"子窗口，该窗口中的事件下拉列表框中显示"Clicked"事件，如果不是，应选择"Clicked"事件。在脚本编辑区中输入如下代码：

```
Open(w_3)
```

对其他选单项也照此方法输入脚本，脚本的具体内容有所不同，参见表 T12.3。

表 T12.3　各选单项"Clicked"事件的脚本

选单项名称	"Clicked"事件的脚本
学生情况浏览	Open(w_3)
学生数据输入	Open(w_3)
学生数据查询	Open(w_3)
退出【Esc】	Halt
版本	Open(w_right)

5. 建立窗口对象与选单对象的关联

打开已经建立的主窗口"w_main"，选中主窗口（在窗口的任意空白处单击），单击窗口属性"General"页"Menu Name"栏右边的"…"按钮，弹出"Select Object"对话框，选择新创建的选单对象"m_main"后单击"OK"按钮，返回主窗口对象画板，保存所做工作，就完成了窗口对象与选单对象的关联。

6. 美化主窗口

至此，应用程序已经基本完成了，现在可以进行一些适当的美化工作。美化是应用程序设计过程中一个十分重要的环节，通过美化工作，使应用程序更加美观大方，带给用户一个赏心悦目的感受。美化窗口的方法很多，这里，只使用一幅背景图片来衬托主窗口。

打开主窗口"w_main"，在窗口中放置一个图片控件，不选中"Original Size"复选框，拖曳图片控件边框，调整图片大小，使其布满整个窗口（上面可以留一个工具栏高度的间隙）。单击"Picture Name"属性栏右边的"…"按钮，弹出"Select Image"对话框，选择当前工作目录下已经预留好的图片文件，单击"OK"按钮返回。在图片控件上单击鼠标右键，选择弹出式选单中的"Send to Back"选单项。这样，图片控件被放置到窗口的底层，所有按钮控件都可以看见了。将所有按钮控件在窗口中排列整齐。

7. 运行程序

运行应用程序，使用选单项和工具栏，当光标停留在工具栏图标按钮上时，观察自动弹出的按钮提示。

思考与练习

（1）怎样创建选单对象？

（2）什么类型的窗口对象才能使用选单？什么类型的窗口对象才可以使用工具栏？

（3）怎样将选单对象与窗口对象关联？一个选单对象是否只能关联到一个窗口对象上？

（4）练习设计一个选单对象，选单标题为"学生情况录入"和"学生数据查询"，其中"学生数据查询"选单标题下有四个子选单项，分别为"按姓名查询""按家庭地址查询""按出生日期查询"和"按党团员查询"，它们的脚本都是打开"w_querystudent"窗口。"学生情况录入"选单标题的脚本是打开"w_studentinput"窗口。将此选单对象关联到窗口"w_lookstudent"。

T.13　游标的使用

本次实验将创建一个"成绩录入"窗口，将输入的学生考试情况记录到数据库中的成绩表（表名为"grade"）中。"成绩录入"窗口如图 T13.1 所示。

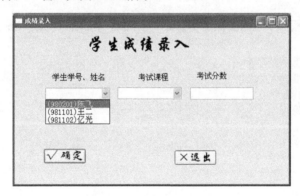

图 T13.1　"成绩录入"窗口

本实验中，"学生学号、姓名"下拉列表框中所有被选择的选项都是来自于学生基本情况表（表名为"student"）的有关字段的内容，是经常变化的动态数据。在本实验中，通过使用游标，将学生基本情况表中有关字段的内容取出后组合并加入下拉列表框。创建"成绩录入"窗口的步骤如下。

0. 实验准备

选择 T.12 已经创建的工作空间及应用"mypbex.pbl"。

1. 创建窗口对象

创建一个新的窗口对象，作为"成绩录入"窗口。该窗口的标题"Title"为"成绩录入"，类型"Window Type"为默认，拖曳窗口边框，调整窗口大小。保存窗口名称为"w_gradeinput"。

2. 向窗口中添加控件

在新建的窗口"w_gradeinput"中布置四个静态文本控件，具体属性和字体类型参见表 T13.1。

表 T13.1　"成绩录入"窗口中静态文本控件的主要属性

Name	Text	字　体	文 字 尺 寸	Bold
st_1	学生成绩录入	华文行楷	26	选中
st_2	学生学号、姓名	宋体	12	不选
st_3	考试课程	宋体	12	不选
st_4	考试分数	宋体	12	不选

　　布置两个命令按钮控件，一个名称为"cb_ok"，"Text"属性为"√ 确定"，字体类型为"华文行楷"，文字尺寸为18号，选中"Default"复选框；另一个名称为"cb_exit"，"Text"属性为"×退出"，字体和文字尺寸与"cb_ok"相同，选中"Cancel"复选框。

　　在窗口中布置一个单行编辑框控件，其"Name"为"sle_grade"，"Text"为""。再布置用于"学生学号、姓名"和"考试课程"的两个下拉列表框控件，名称分别为"ddlb_student"和"ddlb_subject"，不选中"Sorted"复选框。调整控件尺寸和位置，保存所做的工作。

3. 编写脚本

编写脚本有以下步骤。

（1）"×退出"命令按钮（"Name"为"cb_exit"）的"Clicked"事件脚本如下：

```
Close(Parent)
```

（2）用于"考试课程"下拉列表框（"Name"为"ddlb_subject"）的"Constructor"事件的脚本如下：

```
THIS.AddItem("马克思主义哲学")
THIS.AddItem("辩证唯物主义思想")
THIS.AddItem("线性代数")
THIS.AddItem("概率论")
THIS.AddItem("相对论")
THIS.AddItem("电子学")
THIS.AddItem("机械学")
THIS.AddItem("工程热力学")
THIS.AddItem("气象学")
THIS.AddItem("生物工程")
```

（3）用于"学生学号、姓名"下拉列表框（"Name"为"ddlb_student"）的"Constructor"事件的脚本如下：

```
long ll_id
String ls_name,ls_student
reset(ddlb_student)
//定义游标
DECLARE StudentCursor CURSOR FOR
SELECT "student"."stud_id", "student"."name"
    FROM "student"   ;
//打开游标
Open StudentCursor;
//使用游标
IF sqlca.sqlcode=-1 THEN
    MessageBox("sql 错误",String(sqlca.sqldbcode)+":"+sqlca.sqlErrText)
ELSE
```

```
        ls_name=""
        do
            IF ls_name<>"" THEN
                ls_student="("+String(ll_id)+")"+ls_name
                ddlb_student.AddItem(ls_student)
            END IF
            FETCH StudentCursor INTO :ll_id,:ls_name;
        loop While SQLCA.SQLCode=0
        IF SQLCA.SQLCode=-1 THEN
            MessageBox("sql 错误",String(sqlca.sqldbcode)+":"+sqlca.sqlErrText)
        END IF
END IF
//关闭游标
CLOSE StudentCursor;
```

（4）"√确定"命令按钮（"Name"为"cb_ok"）的"Clicked"事件脚本如下：

```
int li_grade
long ll_id
String ls_subject,ls_student
//数据格式检验
IF ddlb_student.text="none" THEN
    MessageBox("缺少数据","请选择学生姓名。")
    RETURN
ELSE
    ll_id=long(mid(ddlb_student.text,2,6))
END IF
IF ddlb_subject.text="none" THEN
    MessageBox("缺少数据","请选择考试课程名称。")
    RETURN
ELSE
    ls_subject=trim(ddlb_subject.text)
END IF
li_grade=integer(sle_grade.text)
IF li_grade<0 or li_grade>999 THEN
    MessageBox("数据错误","请输入考试分数。")
    sle_grade.SetFocus()
    RETURN
END IF
//写入数据
INSERT INTO "grade"
        ("stud_id",
         "subject",
         "grade" )
        VALUES
        (:ll_id,
         :ls_subject,
         :li_grade );
//置空
sle_grade.text=""
```

4. 在主窗口中增加打开"w_gradeinput"的选单项和命令按钮

打开主窗口"w_main"，在底部增加一个命令按钮，其"Name"为"cb_gradeinput"，"Text"为

"学生成绩录入"，其"Clicked"事件脚本如下：

```
Open(w_gradeinput)
```

5. 运行程序

运行程序，观察"学生学号、姓名"下拉列表框中的内容随学生情况表"student"的变化而变化。

思考与练习

（1）为什么要使用游标？

（2）描述使用游标的基本过程。

（3）设计和编程的要求如下。

① 设计一个课程名称数据表。

② 将"w_gradeinput"窗口中"考试课程"下拉列表框中的被选择项也使用游标的方法来添加。

③ 制作一个对课程名称维护（输入、修改、删除、增加）的窗口。

④ 将课程名称维护窗口添加到主选单"课程管理"选单标题下，并在主窗口中添加一个打开该窗口的命令按钮。

第 4 部分　综合应用实习

PowerBuilder 的最主要特色之一是方便有效地操作数据库。本书通过设计一个完整的学生成绩管理系统，对使用 PowerBuilder Classic 12.5 开发数据库应用程序有一个比较完整的、系统的了解。系统使用第 5 章中定义的学生成绩管理（XSCJ）数据库，实现对"XSCJ"数据库中学生信息的增加、删除、修改、查询和学生成绩的录入功能。此部分主要介绍建立在两层结构 C/S 模式上的管理信息系统。

P.1　系统分析和设计

1. 系统结构设计

学生成绩数据库管理系统是面向教务管理部门而设计的，通过该系统可以很方便地对存储在后台数据库中的数据进行各种管理工作。为了学生实验时方便，采用 Sybase 公司提供的 ASA12.0 数据库作为后台数据库。如果使用其他数据库，则仅需要修改连接数据库的方式。

"XSCJ"数据库中包含三个表，学生（XS）表用来存放学生基本情况信息，课程（KC）表用来存放课程基本信息，学生成绩（XS_CJ）表用来存放学生课程成绩信息。根据学校教务管理的实际需要，可以设计以下主要的交互窗口。

（1）登录窗口"w_load"。

（2）控制台窗口"w_main"。

（3）查询子系统窗口"w_query"。

（4）数据管理子系统窗口"w_data"。

（5）帮助子系统窗口"w_help"。

其中，查询子系统功能包括学生信息查询、学生选课查询、学生成绩查询和自定义查询。而数据管理子系统功能包括数据的添加、更新、删除、插入、显示等。

2. 系统开发计划

（1）检查系统硬件和软件环境是否符合要求。

（2）检查"XSCJ"数据库的三个样本数据表，观察是否满足系统的需要。

（3）为项目创建磁盘存储区域，并创建新的工作空间。

（4）逐一创建组成系统的各个模块。

（5）采用面向对象的方式，实现模块的可重用性。

（6）完成各个模块的代码，并进行单个模块的测试。

（7）进行整个系统的测试。

（8）生成可执行文件。

（9）软件发布。

整个系统的体系结构如图 P1.1 所示。

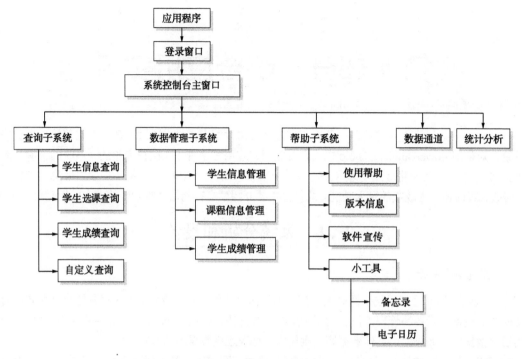

图 P1.1 应用系统体系结构

P.2 创建窗口及代码实现

1. 建立工作空间及应用程序对象

（1）在本地硬盘的某个分区上创建一个文件夹，用来存放新建的工作空间。本书为了方便起见，仍然使用前面几章中使用的"F:\workspace"文件夹存放本项目的工作空间。

（2）启动 PowerBuilder Classic 12.5 开发环境，创建一个新的工作空间"Project1"，存放在"F:\workspace"中。

（3）在工作空间"Project1"中新建一个应用程序对象"project1"并保存，如图 P2.1 所示。

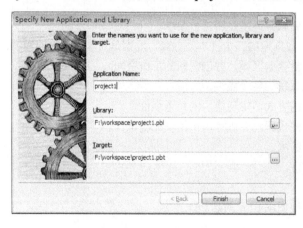

图 P2.1 应用程序对象

（4）在应用程序对象"project1"的"Open"事件中，输入如下脚本：

```
Open(w_load)
```

2. 创建登录窗口"w_load"和控制台窗口"w_main"

（1）单击"New"图标按钮，打开"New"对话框；选择"PB Object"页，双击"Window"图标，创建一个新窗口对象并进入窗口画板。

（2）在窗口的属性"Properties"卡的"General"页中，在"Title"栏中输入窗口标题"欢迎进入学生成绩管理系统"，窗口类型为响应式窗口"response!"，用鼠标拖动窗口区域至合适的大小。其他窗口属性使用系统默认值。最后，保存窗口对象，命名为"w_load"。

（3）在窗口"w_load"中添加相应的控件。

在窗口上放置三个静态文本，分别为"标题"（st_1）、"用户名"（st_2）和"口令"（st_3）。

其中，"标题"（st_1）中，Text=登录系统版本 V1.0；FaceName=宋体；TextSize=12；"Bold"和"Italic"前面的选框打钩；BackColor = Inactive Title Bar；其他属性保持默认属性。

"用户名"（st_2）中，Text=用户名；FaceName=宋体；TextSize=12；"Bold"前面的选框打钩；其他属性保持默认属性。

"口令"（st_3）中，Text=密码；FaceName=宋体；TextSize=12；"Bold"前面的选框打钩；其他属性保持默认属性。

调整窗口三个静态文本控件的位置与大小，使之美观、大方。设置完成后保存上述设置。在窗口中放置背景图片，控件名为"p_1"，作为窗体的背景。将其大小改变为与窗口一致，并在图片上单击鼠标右键，选择弹出式选单中的"Send to Back"，将其置于底层。

此外，在窗口中还有两个用于输入用户名和口令的单行文本编辑框"sle_userid"和"sle_password"。

"sle_userid"中，Text=请输入用户名！；FaceName=宋体；TextSize=10；"Bold"前面的选框打钩；其他属性保持默认属性。

"sle_password"中，Text=请输入密码！；FaceName=宋体；TextSize=10；"Bold"前面的选框打钩；选中"sle_password"属性中的"Password"复选框，使在其中的输入以星号出现；其他属性保持默认属性。

再布置两个命令按钮"cb_ok"和"cb_cancel"。

"cb_ok"中，Text=登录；FaceName=宋体；TextSize=10；"Bold"前面的选框打钩；选中"cb_ok"的"Default"复选框；其他属性保持默认属性。

（4）在"w_load"窗口中新建一个用于连接数据库的窗口函数"load_connect"，函数脚本如下：

```
String ls_userid,ls_password,ls_database              //定义形参
//将实参的值赋给形参
ls_userid=trim(userid)
ls_password=trim(password)
IF ls_password="   " THEN                             //输入密码非空
    RETURN -1
END IF
SQLCA.DBMS="ODBC"
SQLCA.AutoCommit=FALSE
ls_database="ConnectString='DSN=Xscj;"
SQLCA.dbparm=ls_database+"UID="+ls_userid+";PWD="+ls_password+"'"
CONNECT USING SQLCA;                                  //与数据库连接
RETURN sqlca.SQLCode
IF SQLCA.SQLCode<0   THEN                             //检查连接是否成功
```

```
MessageBox("连接失败",SQLCA.SQLErrText, Exclamation!)
END IF
```

（5）创建控制台窗口"w_main"。创建窗口的方式同上，设置窗口对象"General"属性页中的"Title"为"学生成绩管理系统控制窗口"，选择窗口类型为"main!"，再放置一个按钮"退出"，其"Click"事件的脚本如下：

```
Close(PARENT)
```

保存窗口名称为"w_main"。

（6）编写窗口"w_load"中按钮事件脚本。

定义"cb_ok"的"Click"事件脚本如下：

```
SetPointer(hourglass!)
IF PARENT. load_connect (sle_userid.text,sle_password.text)=-1 THEN
    MessageBox("连接数据库错误!","连接失败"+sqlca.sqlerrtext)
    HALT
ELSE
    Close(PARENT)
    Open(w_main)
END IF
```

"cb_cancel"中，Text=退出；FaceName=宋体；TextSize=10；"Bold"前面的选框打钩；选中"cb_cancel"的"Cancel"复选框；其他属性保持默认属性。其"Click"事件的脚本如下：

```
Close (PARENT)
```

（7）将工作空间所有资源保存，并测试"w_load"窗口，如图 P2.2 所示。

图 P2.2　测试"w_load"窗口

（8）在控制台窗口"w_main"中添加相应的控件。

编辑"w_main"窗口对象，具体步骤如下。

打开窗口"w_main"，在窗口"w_main"中放置一个静态文本控件"st_1"，将其"Text"属性设置为"学生成绩数据库系统"，TextSize=22；"Bold"前面的选框打钩。

在窗口"w_main"中放置五个命令按钮，分别为"cb_2""cb_3""cb_4""cb_5"和"cb_6"。

其中，命令按钮"cb_2"中，Text=查询子系统；FaceName=宋体；TextSize=12；"Bold"前面的选框打钩；其他属性保持默认属性。

命令按钮"cb_3"中，Text=数据管理子系统；FaceName=宋体；TextSize=12；"Bold"前面的选框打钩；其他属性保持默认属性。

命令按钮"cb_4"中，Text=帮助子系统；FaceName=宋体；TextSize=12；"Bold"前面的选框打钩；其他属性保持默认属性。

命令按钮 "cb_5" 中，Text=数据通道；FaceName=宋体；TextSize=12；"Bold" 前面的选框打钩；其他属性保持默认属性。

命令按钮 "cb_6" 中 Text=统计分析；FaceName=宋体；TextSize=12；"Bold" 前面的选框打钩；其他属性保持默认属性。

接下来在窗口中放置背景图片，控件名为 "p_1"，作为窗体的背景。将其大小改变为与窗口一致，并在图片上单击鼠标右键，选择弹出式选单中的 "Send to Back"，将其置于底层。

调整窗口及各个命令按钮的位置与大小，使之美观、大方。设置完成后保存上述设置。编辑完后的控制台窗口 "w_main" 如图 P2.3 所示。

图 P2.3　控制台窗口 "w_main"

3. 创建一个新菜单，该菜单的树形结构如图 P2.4 所示

新建菜单的步骤如下。

（1）单击工具栏中的 "New" 图标按钮，弹出 "New" 对话框，选择 "PB Object" 页中的 "Menu" 图标并双击，即产生了新的菜单对象。

（2）新产生的菜单对象没有内容，需要为其添加菜单项。这项任务可以在菜单树子窗口内进行。在菜单根项 "Untitled0" 上单击鼠标右键，出现弹出式菜单，单击 "Insert SubMenu Item" 菜单项，在 "Untitled0" 下出现一个可编辑的空白框，这就是菜单栏上的第一个菜单标题，在此框或在属性卡的 "Text" 栏中输入需要的菜单标题，这时，在所见即所得子窗口中可以看到新加入的菜单标题。

（3）在该菜单标题上单击鼠标右键，出现与前面相同的弹出式菜单，不过此时菜单的所有功能都可以使用。如果要在其上方生成一个同级的菜单，则单击 "Insert Menu Item" 菜单项；如果要在其下方生成一个同级的菜单，则单击 "Insert Menu Item At End" 菜单项；如果要添加一个子菜单项，则单击 "Insert SubMenu Item" 菜单项；如果要复制一个菜单项，则单击 "Duplicate" 菜单项；如果要删除一个菜单项，则单击 "Delete" 菜单项。需

图 P2.4　菜单的树形结构

要分栏效果时，在菜单的文本框中输入 "–"。按照这种方法反复使用，最后得到一个完整的树形菜单。

（4）设置菜单项的 "ToolBar" 图标如图 P2.5 所示。

（5）保存菜单对象。为新菜单对象命名为 "manue"，并可以在 "Comment" 编辑框中加入注释。为了保险起见，保存工作可以在前面进行，并且可以进行多次。

4. 创建基本窗口并利用继承关系派生出各子系统的窗口

（1）创建基本窗口 "w_base"，设置窗口的 "Window Type" 类型为 "midhelp! "、MenuName=manue；

其他属性保持默认属性。

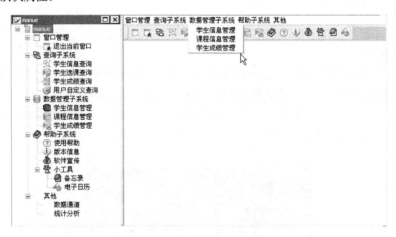

图 P2.5　"ToolBar" 图标

（2）在基本窗口 "w_base" 的基础上，通过继承的方式创建查询子系统窗口 "w_query"，数据管理子系统窗口 "w_data"，帮助子系统窗口 "w_help"，数据通道窗口 "w_pipe"，统计分析窗口 "w_statistic"。窗口 "w_query" 的 Title=查询子系统控制台；窗口 "w_data" 的 Title=数据管理子系统控制台；窗口 "w_help" 的 Title=帮助子系统控制台；窗口 "w_pipe" 的 Title=数据通道；窗口 "w_statistic" 的 Title=统计分析。

（3）在新建窗口 "w_query" 中添加控件。在查询子系统窗口 "w_query" 中放置背景图片，控件名为 "p_1"，作为窗体的背景。将其大小改变为与窗口一致，并在图片上单击鼠标右键，选择弹出式选单中的 "Send to Back" 选单项，将其置于底层。

添加四个命令按钮控件，分别为 "cb_1" "cb_2" "cb_3" 和 "cb_4"。

其中，"cb_1" 中，Text=学生基本信息查询；FaceName=宋体；TextSize=12；其他属性保持默认属性。

"cb_2" 中，Text=学生选课查询；FaceName=宋体；TextSize=12；其他属性保持默认属性。

"cb_3" 中，Text=学生成绩查询；FaceName=宋体；TextSize=12；其他属性保持默认属性。

"cb_4" 中，Text=自定义查询；FaceName=宋体；TextSize=12；其他属性保持默认属性。

调整窗口及四个命令按钮的位置与大小，使之美观、大方。设置完成后保存上述设置。编辑完后的窗口 "w_query" 如图 P2.6 所示。

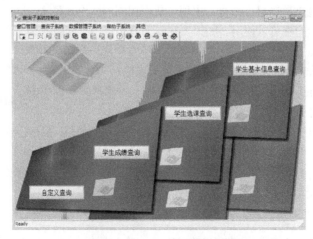

图 P2.6　窗口 "w_query"

（4）在新建窗口"w_data"中添加控件。在数据管理子系统窗口"w_data"中放置背景图片，控件名为"p_1"，作为窗体的背景。将其大小改变为与窗口一致，并在图片上单击鼠标右键，选择弹出式选单中的"Send to Back"选单项，将其置于底层。

添加三个命令按钮控件，分别为"cb_1""cb_2"和"cb_3"。

其中，"cb_1"中，Text=学生信息管理；FaceName=宋体；TextSize=12；其他属性保持默认属性。

"cb_2"中，Text=课程信息管理；FaceName=宋体；TextSize=12；其他属性保持默认属性。

"cb_3"中，Text=学生成绩信息管理；FaceName=宋体；TextSize=12；其他属性保持默认属性。

调整窗口及三个命令按钮的位置与大小，使之美观、大方。设置完成后保存上述设置。编辑完后的窗口"w_data"如图 P2.7 所示。

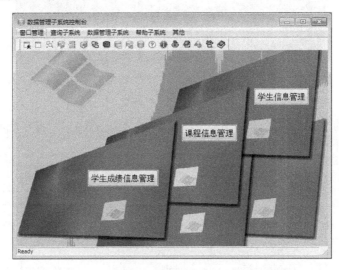

图 P2.7　窗口"w_data"

（5）在新建窗口"w_help"中添加控件。在帮助子系统窗口"w_help"中放置背景图片，控件名为"p_1"，作为窗体的背景。将其大小改变为与窗口一致，并在图片上单击鼠标右键，选择弹出式选单中的"Send to Back"选单项，将其置于底层。

添加四个命令按钮控件，分别为"cb_1""cb_2""cb_3"和"cb_4"。

其中，"cb_1"中 Text=使用帮助；FaceName=宋体；TextSize=12；其他属性保持默认属性。

"cb_2"中，Text=版本信息；FaceName=宋体；TextSize=12；其他属性保持默认属性。

"cb_3"中，Text=软件宣传；FaceName=宋体；TextSize=12；其他属性保持默认属性。

"cb_4"中，Text=小工具；FaceName=宋体；TextSize=12；其他属性保持默认属性。

调整窗口及四个命令按钮的位置与大小，使之美观、大方。设置完成后保存上述设置。编辑完后的窗口"w_help"如图 P2.8 所示。

（6）在新建窗口"w_pipe"中添加控件。打开窗口"w_pipe"，在窗口"w_pipe"中添加一个分组框"gb_1"；两个单选按钮"rb_down"（表示从服务器数据库下载数据到本地数据库）和"rb_up"（表示将本地数据库数据上传到服务器数据库以更新数据）；开始命令按钮"cb_ok"（表示开始执行数据管道操作）；取消命令按钮"cb_cancel"（表示取消正在进行的管道操作）；返回命令按钮"cb_return"（表示返回）；三个单行编辑框；静态文本框"st_written"（显示管道操作已写的行数）；静态文本框"st_read"（显示管道操作已读的行数）；静态文本框"st_error"（显示管道操作出错的行数）；数据窗口控件"dw_1"（显示管道操作的运行状况）。

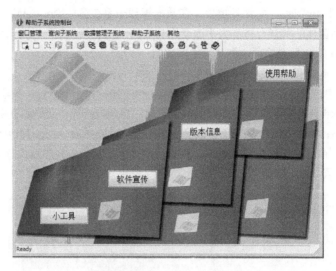

图 P2.8　窗口"w_help"

调整窗口控件的位置、背景色和大小，使之美观、大方。设置完成后保存上述设置。编辑完后的窗口"w_pipe"如图 P2.9 所示。

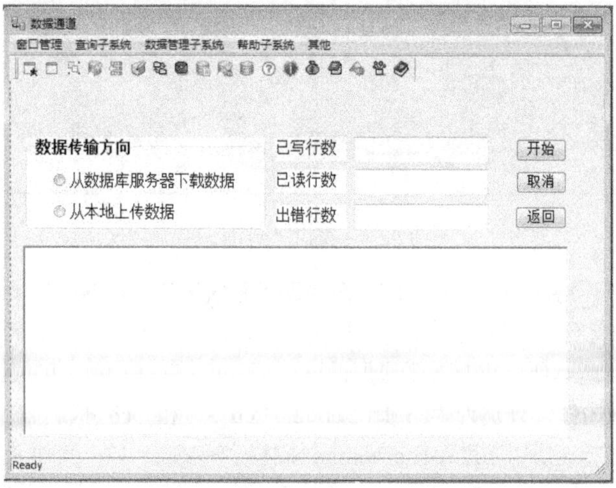

图 P2.9　窗口"w_pipe"

（7）在新建窗口"w_statistic"中添加控件。在窗口"w_statistic"中布置一个图形控件"gr_1"，标题"Title"为"计算机专业课程体系分析"，拖曳图形控件边框，使其美观、大方，便于观看。

在"GraphType"下拉列表框中选择"col3dgraph!"。转到"Axis"属性页，在轴"Axis"下拉列表框中选择分类轴"Category"，在标签"Label"编辑栏中输入"开课学期"；在轴"Axis"下拉列表框中选择系列轴"Series"，在标签"Label"编辑栏中输入"课程名"；在轴"Axis"下拉列表框中选择数值轴"Value"，在标签"Label"编辑栏中输入"学时"。

（8）编写代码，并测试窗口"w_statistic"的功能。

在窗口的"Open"事件中输入如下脚本：

```
gr_1.Elevation=33                    //将三维图形的视角旋转到 33°
gr_1.Spacing=150                     //设置条形图的数据条之间的距离为条本身宽度的 150%
```

```
gr_1.AddCategory("第一学期")          //设置分类轴
gr_1.AddCategory("第二学期")
gr_1.AddCategory("第三学期")
gr_1.AddCategory("第四学期")
gr_1.AddCategory("第五学期")
gr_1.AddCategory("第六学期")
gr_1.AddCategory("第七学期")

gr_1.AddSeries("计算机基础")          //设置系列轴
gr_1.AddSeries("程序设计与语言")
gr_1.AddSeries("数据结构")
gr_1.AddSeries("操作系统")
gr_1.AddSeries("计算机原理")
gr_1.AddSeries("数据库原理")
gr_1.AddSeries("软件工程")

gr_1.AddData(1,80,1)                 //添加数据
gr_1.AddData(2,68,2)
gr_1.AddData(4,68,5)
gr_1.AddData(5,68,6)
gr_1.AddData(6,85,5)
gr_1.AddData(7,68,7)
gr_1.AddData(9,51,7)
```

在窗口"w_main"中"统计分析"命令按钮的"Clicked"事件中编写如下代码：

```
Open(w_statistic)
```

保存所做工作，运行应用程序进行测试。

5. 创建查询子系统的子窗口

（1）在基本窗口"w_base"的基础上，通过继承的方式创建"学生基本信息查询窗口"（w_stu）、"学生选课查询窗口"（w_select）、"学生成绩查询窗口"（w_achievement）、"自定义查询窗口"（w_custom）。

在所有窗口的"Title"栏中输入窗口标题"查询记录"，用鼠标拖曳窗口区域至合适的大小，设置Icon= Query5!；其他窗口属性使用系统默认值。

（2）在新建窗口"w_stu"中添加控件。

打开窗口"w_stu"，向窗口中添加两个命令按钮控件，分别为"cb_1"和"cb_2"。

其中，"cb_1"中，Text=查询；FaceName=宋体；TextSize=10；其他属性保持默认属性。"cb_2"中，Text=清除；FaceName=宋体；TextSize=10；其他属性保持默认属性。

添加两个静态文本控件"st_1""st_2"和一个单行编辑框控件"sle_1"。

其中，"st_1"中，Text=学生基本信息查询；FaceName=宋体；TextSize=20，选中"Border"和"Bold"复选框，设置Alignment=Center!；其他属性保持默认属性。

"st_2"中，Text=输入查询学号；FaceName=宋体；TextSize=12；选中"Bold"复选框；其他属性保持默认属性。

在"w_stu"中添加一个数据窗口控件"dw_1"。

调整窗口及各个控件的位置与大小，使之美观、大方。设置完成后保存上述设置。编辑完后的窗口如图 P2.10 所示。

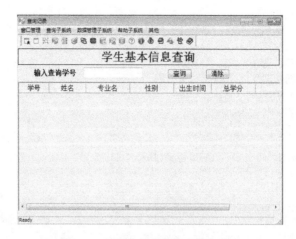

图 P2.10 "学生基本信息查询"窗口

创建"dw_1"的数据窗口对象"d_1"。新建一个数据窗口对象，方法见第 6 章相关内容，选择数据窗口的显示风格为列表方式"Grid"，数据窗口对象的数据源为"SQL 选择数据源"（SQL Select），选择"XSCJ"数据库中的"XS"表。选择"XS"表中的所有字段。

单击选单"Design | Retrieval Arguments…"，弹出新的对话框，在对话框中插入一个检索变量"stno"，类型是"String"，单击"OK"按钮。

在下面的 SQL 语句画板中，选择"Where"页，单击"Column"下空白字段的右端，出现▼符号，单击小三角，下拉列表框显示所有字段名，选择"XS.学号"；在"Operator"中选择"="；在"Value"字段空白处单击鼠标右键，选择弹出式选单中的"Arguments…"选单项，弹出已设置的检索参数的对话框，选择":stno"；保存查询为"query_0"。

选择选单"Edit | Select | Select Columns"，将所有字段全部选中，在"Properties"属性卡中选择"Edit"页，选中"Display Only"复选框，不选中"Auto Selection"复选框。保存数据窗口对象名称为"d_1"。在"Properties"属性卡中选择"Background"页，设置"Color"属性为"Button Face"。

打开窗口"w_stu"的窗口控件"dw_1"，在其"General"属性的"DataObject"栏右侧有一个"…"小按钮，单击时弹出选择对象对话框，选择前面创建的数据窗口对象"d_1"。这时，数据窗口对象就通过数据窗口控件在窗口中显示出来。添加数据窗口控件的水平与垂直滚动条，调整数据窗口控件的大小，如图 P2.11 所示，使其显示完整。

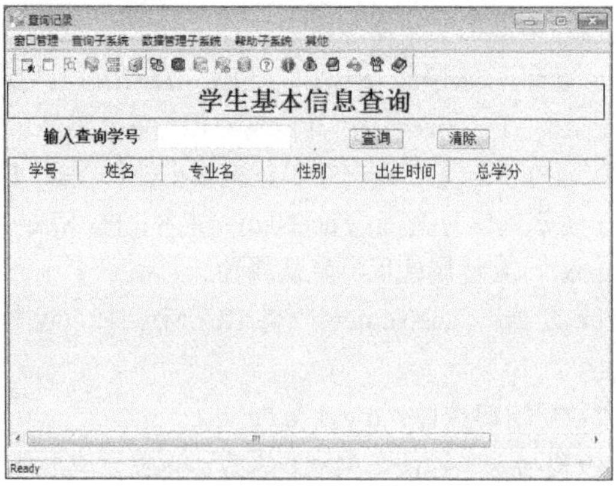

图 P2.11 窗口"w_stu"

（3）在新建窗口"w_select"中添加控件。打开窗口"w_select"，向窗口中添加两个命令按钮控件，分别为"cb_1""cb_2"。

其中，"cb_1"中，Text=查询；FaceName=宋体；TextSize=10；其他属性保持默认属性。

"cb_2"中，Text=清除；FaceName=宋体；TextSize=10；其他属性保持默认属性。

添加两个静态文本控件"st_1""st_2"和一个单行编辑框控件"sle_1"。

其中，"st_1"中，Text=学生选课查询；FaceName=宋体；TextSize=20；选中"Border"和"Bold"复选框，设置 Alignment=Center!；其他属性保持默认属性。

"st_2"中，Text=输入查询的课程号；FaceName=宋体；TextSize=12；选中"Bold"复选框；其他属性保持默认属性。

在"w_select"中添加一个数据窗口控件"dw_1"。

调整窗口及各个控件的位置与大小，使之美观、大方。设置完成后保存上述设置。

创建"dw_1"的数据窗口对象"d_2"。首先创建一个"Query"对象，单击工具栏中的"New"图标按钮，打开"New"对话框，选择"Database"页。双击"Query"图标，进入"Query"画板，并弹出"Select Tables"对话框，选择"KC"表后单击"Open"按钮，进入"Query"画板工作区，选择所有的列属性。

单击选单"Design | Retrieval Arguments…"，弹出新的对话框，在对话框中插入一个检索变量"kechno"，类型是"String"，单击"OK"按钮。

在下面的 SQL 语句画板中，选择"Where"页，单击"Column"下空白字段的右端，出现▼符号，单击小三角，下拉列表框显示所有字段名，选择"KC.课程号"；在"Operator"中选择"="；在"Value"字段空白处单击鼠标右键，选择弹出式选单的"Arguments…"项，弹出已设置的检索参数的对话框，选择":kechno"。

单击工具栏中的"保存"图标按钮，弹出询问是否需要保存的对话框，保存"Query"对象为"query_1"，最后关闭"Query"画板。

有了"Query"对象后，定义"Query"数据源。首先，单击工具栏中的"New"图标按钮，选择"DataWindow"页，选择数据窗口风格为"Tabular"后，单击"OK"按钮进入选择数据源对话框。在选择数据源对话框中，选择"Query"数据源后，单击"Next"按钮，系统显示"Select Query"对话框。单击"Specify Query"栏右边的"…"按钮，选择所需的"Query"对象。

最后单击"Next"按钮进入边框设置对话框及属性小结对话框，确定后进入数据窗口画板工作区，保存该数据窗口对象为"d_2"。

下面关联"dw_1"与"d_2"。打开窗口"w_select"的窗口控件"dw_1"，在其"General"属性的"DataObject"栏右侧有一个"…"小按钮，单击时弹出选择对象对话框，选择前面创建的数据窗口对象"d_2"，这时，数据窗口对象就通过数据窗口控件在窗口中显示出来。添加数据窗口控件的水平与垂直滚动条，调整数据窗口控件的大小，如图 P2.12 所示，使其显示完整。

（4）在新建窗口"w_achievement"中添加控件。

在窗口"w_achievement"上放置两个静态文本和两个单行编辑框，分别为"st_1""st_2"与"sle_1""sle_2"。

其中，"st_1"中 Text=学号；FaceName=宋体；TextSize=12；BackColor=Scroll Bar；"Bold"前面的选框打钩；其他属性保持默认属性。

"st_2"中，Text=课程号；FaceName=宋体；TextSize=12；BackColor=Scroll Bar；"Bold"前面的选框打钩；其他属性保持默认属性。

"sle_1"中，Text=" "；FaceName=宋体；TextSize=12；其他属性保持默认属性。

"sle_2"中，Text=""；FaceName=宋体；TextSize=12；其他属性保持默认属性。

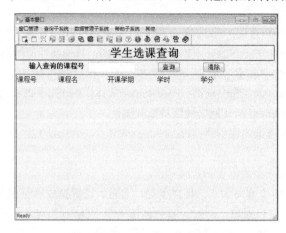

图 P2.12 窗口 "w_select"

再布置两个命令按钮 "cb_1"和 "cb_2"。

其中，在 "cb_1"中，Text=查询；FaceName=宋体；TextSize=12；pointer=HyperLink!；"Bold"前面的选框打钩；其他属性保持默认属性。

在 "cb_2"中，Text=清除；FaceName=宋体；TextSize=12；pointer=HyperLink!；"Bold"前面的选框打钩；其他属性保持默认属性。

新建一个数据窗口对象 "d_3"，主要用于从 "XS_CJ"表、"KC"表及 "XS"表中按学号和课程号检索学生的课程与成绩信息。选择数据窗口的显示风格为列表方式 "Grid"，数据窗口对象的数据源为 "SQL 选择数据源"（SQL Select），选择数据库中 "XS"表、"XS_CJ"表、"KC"表的列属性，如图 P2.13 所示。

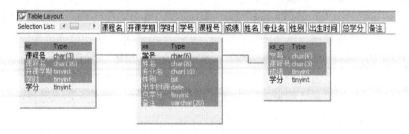

图 P2.13 选择的列属性

单击选单 "Design | Retrieval Arguments…"，弹出新的对话框，在对话框中插入两个检索变量 "sno"和 "kechno"，类型都是 "String"，单击 "OK"按钮。

在下面的 SQL 语句画板中，选择 "Where"页，单击 "Column"下空白字段的右端，出现▼符号，单击小三角，下拉列表框显示所有字段名，选择 "XS.学号"；在 "Operator"中选择 "="；在 "Value"字段空白处单击鼠标右键，选择弹出式选单中的 "Arguments…"选单项，弹出已设置的两个检索参数的对话框，选择 ":sno"；在 "Logical"字段选择 "And"，即 "与"关系。然后，在下一行按同样的方法输入 "XS_CJ.课程号=:kechno"的语句。

保存 "Where"子句查询（命名为 "query_2"）后，单击 "Return"图标按钮，弹出 "Select Color and Border Settings"对话框。单击 "Next"按钮，弹出 "Ready to Create Grid DataWindow"对话框，该对话框对数据窗口对象的主要属性进行了小结，单击 "Finish"按钮，弹出 "Specify Retrieval Arguments"

对话框，可以单击"Cancel"按钮不进行检索。进入数据窗口对象画板。

在数据窗口对象画板中，将字段名称改为中文，调整字段的位置和大小，设置文字颜色、背景颜色和字段边框。选择选单"Edit | Select | Select Columns"，将所有字段选中，在"Properties"属性卡中选择"Edit"页，选中"Display Only"复选框，不选中"Auto Selection"复选框。保存数据窗口对象名称为"d_3"。

在窗口"w_achievement"中添加数据窗口控件"dw_1"，在其"General"属性的"DataObject"栏右侧有一个"…"小按钮，单击时弹出选择对象对话框，选择前面创建的数据窗口对象"d_3"，这时，数据窗口对象就通过数据窗口控件在窗口中显示出来。添加数据窗口控件的水平与垂直滚动条，调整数据窗口控件的大小，使其显示完整，如图 P2.14 所示。

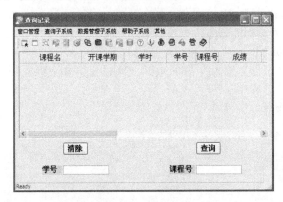

图 P2.14　窗口"w_achievement"

（5）在新建窗口"w_custom"中添加控件。打开窗口"w_custom"，在窗口中添加一个多行编辑框"mle_1"供用户输入查询语句，查询的结果显示在列表框"lb_1"中。设置一个命令按钮控件"cb_1"用来触发查询。

在窗口"w_custom"中放置背景图片，控件名为"p_1"，作为窗体的背景。将其大小改变为与窗口一致，并在图片上单击鼠标右键，选择弹出式选单中的"Send to Back"选单项，将其置于底层，如图 P2.15 所示。

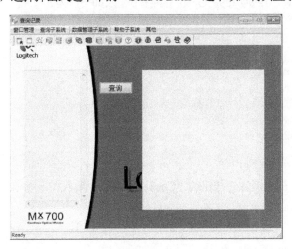

图 P2.15　窗口"w_custom"

6. 建立查询子系统各窗口之间的连接，并编写脚本

（1）建立各窗口之间的连接。

在窗口"w_query"的"学生基本信息查询"命令按钮的"Clicked"事件中编写如下代码：

```
Open(w_stu)
```

在窗口"w_query"的"学生选课查询"命令按钮的"Clicked"事件中编写如下代码：

```
Open(w_select)
```

在窗口"w_query"的"学生成绩查询"命令按钮的"Clicked"事件中编写如下代码：

```
Open(w_achievement)
```

在窗口"w_query"的"自定义查询"命令按钮的"Clicked"事件中编写如下代码：

```
Open(w_custom)
```

在窗口"w_main"的"查询子系统"命令按钮的"Clicked"事件中编写如下代码：

```
Open(w_query)
```

（2）编写窗口"w_stu"的脚本。

打开窗口"w_stu"，在窗口的"Open"事件中输入如下脚本：

```
dw_1.SetTransObject(SQLCA)
```

在窗口"w_stu"的"查询"按钮的"Clicked"事件中输入如下脚本：

```
String  xuehao
xuehao =Trim (sle_1.text)
IF   xuehao ="" THEN
    MessageBox("没有输入学号","请输入正确的查询条件!")
ELSE
    dw_1.Retrieve(xuehao )
END  IF
sle_1.SetFocus( )
```

在窗口"w_stu"的"清除"按钮的"Clicked"事件中输入如下脚本：

```
dw_1.ReSet()
sle_1.text="   "
sle_1.SetFocus( )
```

测试窗口"w_stu"的功能。

（3）编写窗口"w_select"的脚本。

打开窗口"w_select"，在窗口的"Open"事件中输入如下脚本：

```
dw_1.SetTransObject(SQLCA)
```

在窗口"w_select"的"查询"按钮的"Clicked"事件中输入如下脚本：

```
String  kechen
kechen =Trim (sle_1.text)
IF   kechen ="" THEN
    MessageBox("没有输入课程号","请输入正确的查询条件!")
ELSE
    dw_1.Retrieve(kechen )
END  IF
sle_1.SetFocus( )
```

在窗口"w_select"的"清除"按钮的"Clicked"事件中输入如下脚本：

```
dw_1.ReSet()
sle_1.text=""
sle_1.SetFocus()
```

测试窗口"w_select"的功能。

（4）编写窗口"w_achievement"的脚本。

打开窗口"w_achievement"，在窗口的"Open"事件中输入如下脚本：

```
dw_1.SetTransObject(SQLCA)
```

在窗口"w_achievement"的"查询"按钮的"Clicked"事件中输入如下脚本：

```
String   xh, kc
xh= Trim (sle_1.text)
kc = Trim (sle_2.text)
IF xh =""   AND   kc ="""   THEN
    MessageBox("非法的条件输入","请输入正确的查询条件!")
ELSE
    dw_1.Retrieve(xh , kc)
END   IF
sle_1.SetFocus()
```

在窗口"w_achievement"的"清除"按钮的"Clicked"事件中输入如下脚本：

```
dw_1.ReSet()
sle_1.text=""
sle_2.text=""
sle_1.SetFocus( )
```

测试窗口"w_achievement"的功能。

（5）编写自定义查询窗口"w_custom"的脚本。

在"查询"命令按钮控件的"Clicked"事件中输入如下脚本：

```
Int m,n
String mysql, str
mysql=mle_1.text                                //读取查询语句
lb_1.reset()                                    //重置 lb_1
DECLARE   mycur  DYNAMIC  CURSOR  FOR  sqlsa;
PREPARE   sqlsa   FROM :mysql USING sqlca;
DESCRIBE   sqlsa   INTO   sqlda;
OPEN  DYNAMIC mycur   USING   DESCRIPTOR   sqlda;
FETCH  mycur  USING  DESCRIPTOR   sqlda;
m=sqlda.numoutputs                             //获取输出参数的个数，即 Select 中列的个数
DO WHILE sqlca.sqlcode=0                        //测试查询是否成功
    str=""                                     //将查询结果变为一个串
    FOR n=1 TO m                               //处理所有的输出参数
        CHOOSE CASE sqlda.outparmtype[n]       //判断每个输出参数的类型
            CASE typeinteger!,typedecimal! , TypeDouble!
                //输出参数为 Integer、decimal、Double 型
                str=str+string(sqlda.getdynamicnumber(n))+" "
            CASE typestring!                   //输出参数为 String 型
                str=str+trim(sqlda.getdynamicstring(n))+" "
            CASE typedate!                     //输出参数为 Date 型
                str=str+string(sqlda.getdynamicdate(n))+ " "
        END CHOOSE
    NEXT
    lb_1.additem(str)                          //显示查询结果
    FETCH  mycur  USING   DESCRIPTOR  sqlda;
    //处理下一条记录
LOOP
CLOSE mycur;                                    //关闭游标
```

测试窗口"w_custom"的功能。

7. 创建数据管理子系统的子窗口

（1）在基本窗口"w_base"的基础上，通过继承的方式创建学生信息管理窗口"w_stuupdata"，在窗口的"Title"栏中输入窗口标题"数据管理"，用鼠标拖曳窗口区域至合适的大小，设置 Icon= Database!；

其他窗口属性使用系统默认值。

（2）在新建窗口"w_stuupdata"中添加控件。

打开窗口"w_stuupdata"，向窗口中添加八个命令按钮控件，分别为"cb_1"～"cb_8"。

其中，"cb_1"中，Text=返回；FaceName=宋体；TextSize=10；其他属性保持默认属性。

"cb_2"中，Text=添加；FaceName=宋体；TextSize=10；其他属性保持默认属性。

"cb_3"中，Text=更新；FaceName=宋体；TextSize=10；其他属性保持默认属性。

"cb_4"中，Text=删除；FaceName=宋体；TextSize=10；其他属性保持默认属性。

"cb_5"中，Text=插入；FaceName=宋体；TextSize=10；其他属性保持默认属性。

"cb_6"中，Text=显示；FaceName=宋体；TextSize=10；其他属性保持默认属性。

"cb_7"中，Text=下一记录；FaceName=宋体；TextSize=10；其他属性保持默认属性。

"cb_8"中，Text=上一记录；FaceName=宋体；TextSize=10；其他属性保持默认属性。

添加一个静态文本控件"st_1"和一个分组框控件"gb_1"。

其中，"st_1"中，Text=学生信息管理；FaceName=宋体；TextSize=22，选中"Border"和"Bold"复选框，设置 Alignment=Center!；其他属性保持默认属性。

"gb_1"中，Text=管理工具；FaceName=宋体；TextSize=10；其他属性保持默认属性。

新建一个数据窗口对象"d_4"，主要用于管理"XS"表中的数据信息。选择数据窗口的显示风格为列表方式"Grid"，数据窗口对象的数据源为"快速选择数据源"（Quick Select），选择数据库中"XS"表的所有列属性。

在窗口"w_stuupdata"中添加数据窗口控件"dw_1"，在其"General"属性的"DataObject"栏右侧有一个"…"小按钮，单击时弹出选择对象对话框，选择前面创建的数据窗口对象"d_4"，这时，数据窗口对象就通过数据窗口控件在窗口中显示出来。添加数据窗口控件的水平与垂直滚动条，调整数据窗口控件的大小，使其显示完整。设置完成后保存上述设置。编辑完后的窗口如图 P2.16 所示。

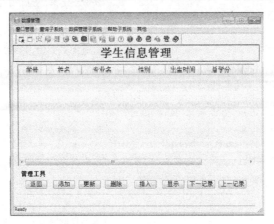

图 P2.16　窗口"w_stuupdata"

（3）创建窗口"w_course"。

通过继承窗口"w_stuupdata"的方式创建窗口"w_course"。

修改静态文本控件"w_stuupdata::st_1"。

其中，"w_stuupdata::st_1"中，Text=课程信息管理；其他属性保持默认属性。

新建一个数据窗口对象"d_5"，主要用于管理"KC"表中数据信息。选择数据窗口的显示风格为列表方式"Grid"，数据窗口对象的数据源为"快速选择数据源"（Quick Select），选择数据库中"KC"

表的所有列属性。

打开窗口"w_course"中的数据窗口控件"w_stuupdata::dw_1",在其"General"属性的"DataObject"栏右侧有一个"…"小按钮,单击时弹出选择对象对话框,选择前面创建的数据窗口对象"d_5",这时,数据窗口对象就通过数据窗口控件在窗口中显示出来。添加数据窗口控件的水平与垂直滚动条,调整数据窗口控件的大小,使其显示完整。设置完成后保存上述设置。

(4)创建窗口"w_achieveupdata"。

在基本窗口"w_base"的基础上,通过继承的方式创建窗口"w_achieveupdata",在窗口的"Title"栏中输入窗口标题"数据管理",用鼠标拖曳窗口区域至合适的大小,设置"Icon= Database!";其他窗口属性使用系统默认值。

(5)在新建窗口"w_achieveupdata"中添加控件。

打开窗口"w_achieveupdata",向窗口中添加五个命令按钮控件,分别为"cb_1"~"cb_5"。

其中,"cb_1"中,Text=确定;FaceName=宋体;TextSize=10;其他属性保持默认属性。

"cb_2"中,Text=清除;FaceName=宋体;TextSize=10;其他属性保持默认属性。

"cb_3"中,Text=返回;FaceName=宋体;TextSize=10;其他属性保持默认属性。

"cb_4"中,Text=显示记录;FaceName=宋体;TextSize=10;其他属性保持默认属性。

"cb_5"中,Text=删除记录;FaceName=宋体;TextSize=10;其他属性保持默认属性。

添加五个静态文本控件"st_1"~"st_5",两个分组框控件"gb_1""gb_2"和四个单行编辑框"sle_1"~"sle_4"。

其中,"st_1"中,Text=学生成绩信息管理;FaceName=宋体;TextSize=22,选中"Border"和"Bold"复选框,设置 Alignment=Center!;其他属性保持默认属性。

"st_2"中,Text=学号;FaceName=宋体;TextSize=10;其他属性保持默认属性。

"st_3"中,Text=课程号;FaceName=宋体;TextSize=10;其他属性保持默认属性。

"st_4"中,Text=成绩;FaceName=宋体;TextSize=10;其他属性保持默认属性。

"st_5"中,Text=学分;FaceName=宋体;TextSize=10;其他属性保持默认属性。

"gb_1"中,Text=学生成绩插入;FaceName=宋体;TextSize=10;其他属性保持默认属性。

"gb_2"中,Text=管理工具;FaceName=宋体;TextSize=10;其他属性保持默认属性。

单行编辑框"sle_1"~"sle_4"的文本均设置为空。

在"w_achieveupdata"中添加一个数据窗口控件"dw_1"。

调整窗口及各个控件的位置与大小,使之美观、大方。设置完成后保存上述设置。编辑完后的窗口如图 P2.17 所示。

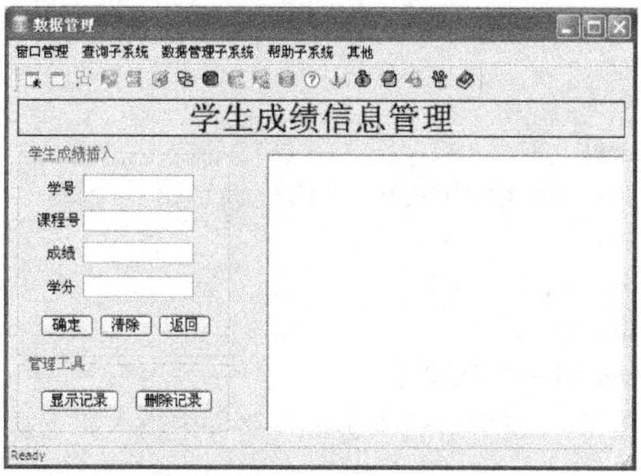

图 P2.17 窗口"w_achieveupdata"

8. 建立数据管理子系统各窗口之间的连接，并编写脚本

（1）建立各窗口之间的连接。

在窗口"w_main"中的"数据管理子系统"命令按钮的"Clicked"事件中编写如下代码：

```
Open(w_data)
```

在窗口"w_data"中的"学生信息管理"命令按钮的"Clicked"事件中编写如下代码：

```
Open(w_stuupdata)
```

在窗口"w_data"中的"课程信息管理"命令按钮的"Clicked"事件中编写如下代码：

```
Open(w_course)
```

在窗口"w_data"中的"学生成绩信息管理"命令按钮的"Clicked"事件中编写如下代码：

```
Open(w_achieveupdata)
```

（2）编写窗口"w_stuupdata"的脚本。

打开窗口"w_stuupdata"，在窗口的"Open"事件中输入如下脚本：

```
dw_1.SetTransObject(SQLCA)
```

为增加记录的命令按钮"cb_2"的"Clicked"事件编写如下代码：

```
Long row
Row=dw_1.InsertRow(0)
dw_1.SetRow(row)
dw_1.ScrollToRow(row)
dw_1.SetFocus()
```

为插入记录的命令按钮"cb_5"的"Clicked"事件编写如下代码：

```
Long row
row=dw_1.InsertRow(dw_1.GetRow())
dw_1.SetRow(row)
dw_1.ScrollToRow(row)
dw_1.SetFocus()
```

为删除记录的命令按钮"cb_4"的"Clicked"事件编写如下代码：

```
dw_1.DeleteRow(dw_1.GetRow())
```

为显示记录的命令按钮"cb_6"的"Clicked"事件编写如下代码：

```
dw_1.Rctricvc()
```

为更新的命令按钮"cb_3"的"Clicked"事件编写如下代码：

```
dw_1.UpDate ()
dw_1.ReSet()
```

为返回的命令按钮"cb_1"的"Clicked"事件编写如下代码：

```
Close(PARENT)
```

为下一记录的命令按钮"cb_7"的"Clicked"事件编写如下代码：

```
dw_1.ScrollNextRow( )
dw_1.SelectRow(dw_1.GetRow()-1,FALSE )
dw_1.SelectRow(dw_1.GetRow(),TRUE )
```

为上一记录的命令按钮"cb_8"的"Clicked"事件编写如下代码：

```
dw_1.ScrollPriorRow( )
dw_1.SelectRow(dw_1.GetRow()+1,FALSE )
dw_1.SelectRow(dw_1.GetRow(),TRUE )
```

（3）编写窗口"w_achieveupdata"的脚本。

打开窗口"w_achieveupdata"，在窗口的"Open"事件中输入如下脚本：

```
dw_1.SetTransObject(SQLCA)
```

在 ASA 数据库中创建用户存储过程"stu_grade"，具体操作步骤是，单击工具栏中的 ▨ 图标，

打开"XSCJ"数据库,选中"XS_CJ"表,选择主选单"View→Interactive SQL",打开 SQL 语句编辑窗口,输入创建存储过程的代码:

```
create procedure DBA.stu_grade /* @参数名称 参数类型 [= 默认值] [OUTPUT], ... */
as
begin
    select XS_CJ.学号,XS_CJ.课程号,XS_CJ.成绩,XS_CJ.学分
        from XS_CJ
end
```

新建一个数据窗口对象"d_6",主要用于管理"XS_CJ"表中的数据信息。选择数据窗口的显示风格为列表方式"Grid",数据窗口对象的数据源为"存储过程数据源"(Stored Procedure),选择前面已经定义的用户存储过程"stu_grade",如图 P2.18 所示。依次单击"Next"按钮,直到进入数据窗口画板工作区。

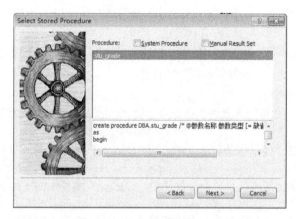

图 P2.18 存储过程"stu_grade"

在窗口"w_achieveupdata"中添加数据窗口控件"dw_1",在其"General"属性的"DataObject"栏右侧有一个"…"小按钮,单击时弹出选择对象对话框,选择前面创建的数据窗口对象"d_6",这时,数据窗口对象就通过数据窗口控件在窗口中显示出来。添加数据窗口控件的水平与垂直滚动条,调整数据窗口控件的大小,使其显示完整。设置完成后保存上述设置。

在"确定"按钮的"Click"事件中调用该存储过程"stu_grade"。

"确定"按钮"cb_1"的"Click"事件代码如下:

```
String str1 ,str2
Integer chenj
Integer xuef
str1=sle_1.text
str2=sle_2.text
chenj=Integer(sle_3.text)
xuef=Integer(sle_4.text)
INSERT INTO    XS_CJ   VALUES(:str1 ,:str2,:chenj ,:xuef)   USING   SQLCA;
```

"清除"按钮"cb_2"的"Click"事件代码如下:

```
sle_1.text=""
sle_2.text=""
sle_3.text=""
sle_4.text=""
dw_1.ReSet()
```

"返回"按钮"cb_3"的"Click"事件代码如下：

```
Open(w_data)
Close(w_stuupdata)
```

为显示记录的命令按钮"cb_4"的"Clicked"事件编写如下代码：

```
dw_1.Retrieve()
```

"删除"按钮"cb_5"的"Click"事件代码如下：

```
dw_1.DeleteRow(dw_1.GetRow())
```

（4）测试数据管理子系统的各子窗口的功能。

9. 创建帮助子系统的子窗口，并建立各窗口之间的连接及编写相应脚本

（1）建立帮助子系统的子窗口。

在基本窗口"w_base"的基础上，通过继承的方式创建使用"帮助窗口"（w_h），"版本信息窗口"（w_version），"软件宣传窗口"（w_publicize），"小工具窗口"（w_tools），"备忘录窗口"（w_note），"日历窗口"（w_day）。

在所有窗口的"Title"栏中输入窗口标题"帮助子系统"，用鼠标拖曳窗口区域至合适的大小，设置 Icon= Information!；其他窗口属性使用系统默认值。

（2）建立各窗口之间的连接。

在窗口"w_main"的"帮助子系统"命令按钮的"Clicked"事件中编写如下代码：

```
Open(w_help)
```

在窗口"w_help"的"使用帮助"命令按钮的"Clicked"事件中编写如下代码：

```
Open(w_h)
```

在窗口"w_help"的"版本信息"命令按钮的"Clicked"事件中编写如下代码：

```
Open(w_version)
```

在窗口"w_help"的"软件宣传"命令按钮的"Clicked"事件中编写如下代码：

```
Open(w_publicize )
```

在窗口"w_help"的"小工具"命令按钮的"Clicked"事件中编写如下代码：

```
Open(w_tools)
```

在窗口"w_tools"的"备忘录"命令按钮的"Clicked"事件中编写如下代码：

```
Open(w_note)
```

在窗口"w_tools"的"日历"命令按钮的"Clicked"事件中编写如下代码：

```
Open(w_day)
```

（3）添加使用帮助窗口"w_h"的控件，并编写窗口"w_h"的脚本。

打开窗口"w_h"，在窗口中布置 OLE 控件。选择 Word 格式的 OLE 控件。

添加一个静态文本控件"st_1"。

在"st_1"中，Text=帮助文档；FaceName=宋体；TextSize=12；选中"Border"和"Bold"复选框，设置 Alignment=Center!；其他属性保持默认属性。

编辑 Word 文本文件，文件内容如下。

学生数据录入说明

　　a. 学号的编制规则：学号为六位数字，前两位为入学年，中间两位为所在系，后两位为序号。

　　b. 学号必须唯一，不能重复。

　　c. 日期的输入格式：年年/月月/日日，或者年年-月月-日日。

　　d. 备注中除了输入个人学习经历外，还应记录取得的成绩、发表的论文数量等。

　　e. 输入完一个学生的情况后，单击"确定"按钮，保存输入结果。

---

f. 单击"退出"按钮，返回主窗口。

学生数据管理系统使用说明

a. 登录系统使用的用户名为"DBA"，口令为"SQL"。

b. 系统提供的功能："学生数据录入""课程安排录入""学生情况的浏览"及"学生数据的查询"等。

c. 学生数据的查询方式：按学生姓名查询、按学生家庭地址查询、按学生出生日期查询及按学生政治面貌查询等。

d. 按学生家庭地址查询为模糊查询方式，只要输入地址中的部分信息，就可以将满足要求的所有记录检索出来。

e. 在窗口中，按【F1】键，可以得到关于当前窗口的有关内容的帮助信息。在文件 help_subjinput.txt 的后面，粘贴前两个文件的内容。

注意，在运行这个功能时可能会弹出"Word 无法启动转换器 mswrd632.wpc"的故障，解决方法是，打开系统盘 C 盘，依次找到路径\Program Files\Common Files\Microsoft Shared\TextConv，即找到"TextConv"这个文件夹，然后将其删除。

（4）添加窗口"w_publicize"的控件，并编写窗口"w_publicize"的脚本。

本窗口主要用于软件的宣传，读者可以自行设计。这里主要采用静态文本控件和图片控件的方式完成该窗口的功能。设计好的窗口如图 P2.19 所示。

图 P2.19　窗口"w_publicize"

（5）添加窗口"w_day"的控件，并编写窗口"w_day"的脚本。

在控件工具栏中选择 OLE 控件，弹出选择 OLE 控件对话框，切换到"Insert Control"属性页，选中"日历控件 11.0"，单击"OK"按钮。

在窗口中单击，"日历"就出现了。在 OLE 控件的"General"属性页中，定义 OLE 控件的名称为"ole_1"。在属性页的底部，有两个按钮，"OLE Control Properties"和"OLE Control Help"，单击"OLE Control Properties"按钮，弹出日历 OLE 控件的属性设置对话框，可以根据需要修改"日历"的外观和属性。单击"OLE Control Help"按钮，弹出关于"日历"控件的帮助对话框，这对于在编程中使用 OLE 控件是非常有用的。

在窗口中添加一个命令按钮"cb_1"。

"cb_1"中，Text=返回；FaceName=宋体；TextSize=10；其他属性保持默认属性。

编写窗口"w_day"的脚本如下。

在窗口"w_day"的"Open"事件中输入如下脚本：

```
OLEObject   ole
Ole = ole_1.object
ole.today                          //设置日历指到"今天"
```

"返回"按钮"cb_1"的"Click"事件代码如下：

```
Close(w_day)
```

保存所做工作，测试该窗口的功能。

还有两个窗口，"版本信息窗口"（w_version）和"备忘录窗口"（w_note），有兴趣的读者可自行设计完成，本书不再赘述。

10. 编写窗口"w_pipe"的脚本

（1）在窗口"w_main"中的"数据通道"命令按钮的"Clicked"事件中编写如下代码：

```
Open(w_pipe)
```

（2）参考第 5 章创建数据库和数据源的办法，创建服务器数据库"cour_pro"，并配置其数据源。参考第 15 章创建数据管道的方法，创建两个数据管道，"pipe_0"和"pipe_1"。

"pipe_0"：将"XSCJ"数据库中的"XS"表中的部分数据上传到服务器数据库"cour_pro"中的"stu"表以更新数据。

"pipe_1"：将服务器数据库"cour_pro"中的"stu"表中的部分数据下载到"XSCJ"数据库中的"XS"表中。

（3）定义函数。

在窗口"w_pipe"中，声明如下"InstanceVariables"对象实例：

```
//定义事务处理对象 serverdb
//serverdb 用来连接服务器数据库
Transaction serverdb ,sqlca
//定义数据管道对象 u_pipe
Pipeline u_pipe
```

在窗口"w_pipe"中定义函数 connectserver()表示连接服务器数据库；connectlocal()表示连接本地数据库；error(integer ret)表示错误处理；startpipe(Transaction sourcetrans，Transaction desttrans，string p_object)表示开始管道操作。

在连接服务器数据库的函数 connectserver()中编写如下代码：

```
//该函数无参数，返回值为 sqlcode
//连接服务器数据库
//这里为方便实验，选用了另一个本地数据库 cour_pro
serverdb.autocommit=true
serverdb.DBMS = "odbc"
serverdb.database "cour_pro"
serverdb.userid = "dba"
serverdb.dbpass = "sql"
serverdb.servername = ""
serverdb.logid=""
serverdb.logpass=""
serverdb.dbparm = "CONNECTstring='dsn=cour_pro;uid=dba;pwd=sql'"
CONNECT USING serverdb;
```

```
RETURN serverdb.sqlcode
```

在连接本地数据库的函数 connectlocal()中编写如下代码：

```
sqlca.autocommit=true
sqlca.DBMS = "odbc"
sqlca.database = "xscj"
sqlca.userid = "dba"
sqlca.dbpass = "sql"
sqlca.servername = ""
sqlca.logid=""
sqlca.logpass=""
sqlca.dbparm = "CONNECTstring='dsn=xscj;uid=dba;pwd=sql'"
CONNECT USING sqlca;
RETURN sqlca.sqlcode
```

在错误处理函数 error(integer ret)中编写如下代码：

```
//该函数的入口参数 ret，表示执行数据管道操作返回的错误代码
//该函数无返回值
String msg
CHOOSE CASE ret
    CASE -1
        msg = "打不开数据管道"
    CASE -2
        msg = "列数太多"
    CASE -3
        msg = "要创建的表已经存在"
    CASE -4
        msg = "要增加数据的表不存在"
    CASE -5
        msg = "未建立与数据库的连接"
    CASE -6
        msg = "参数错误"
    CASE -7
        msg = "列不匹配"
    CASE -8
        msg = "访问源数据库的 SQL 语句有致命错误"
    CASE -9
        msg = "访问目标数据库的 SQL 语句有致命错误"
    CASE -10
        msg = "已经达到指定的最大错误数"
    CASE -12
        msg = "不正确的表语法"
    CASE -13
        msg = "需要关键字，但未指定关键字"
    CASE -15
        msg = "数据管道已经在运行"
    CASE -16
        msg = "源数据库出错"
    CASE -17
        msg = "目标数据库出错"
    CASE -18
        msg = "目标数据库处于只读状态，不能写入数据"
```

```
END CHOOSE
MessageBox("数据管道运行出错", msg, StopSign!,ok!)
```

在执行管道操作的函数 startpipe(Transaction sourcetrans, Transaction desttrans, string p_object)中编写如下代码：

```
//该函数有三个入口参数 sourcetrans、desttrans、p_object
//该函数无返回值
//参数 sourcetrans 表示源事务处理对象
//参数 desttrans 表示目标事务处理对象
//参数 p_object 表示在数据库画板中创建的数据管道对象
Integer ret
//定义数据管道对象实例变量
u_pipe.DataObject = p_object                        //设置数据管道对象
ret=u_pipe.Start(sourcetrans, desttrans, w_pipe.dw_1)
IF ret<> 1 THEN
    error(ret)                                      //转错误处理程序
ELSE
    MessageBox("数据管道运行成功", "操作成功")
END IF
sle_2.text= String(u_pipe.RowsRead)                 //显示已读数据行数
sle_1.text= String(u_pipe.RowsWritten)              //显示已写数据行数
sle_3.text= String(u_pipe.RowsInError)              //显示出错数据行数
```

（4）编写窗口事件代码。

在窗口"w_pipe"的"Open"事件中编写如下代码：

```
//定义事务处理对象实例变量 serverdb、sqlca
serverdb=Create Transaction
sqlca=Create Transaction
//定义数据管道对象实例变量
u_pipe=Create pipeline
```

在窗口"w_pipe"的"Close"事件中编写如下代码：

```
//释放数据管道对象
DESTROY   u_pipe;
//释放事务处理对象
DISCONNECT USING   sqlca;
DESTROY   sqlca;
DISCONNECT USING   serverdb;
DESTROY   serverdb;
```

在"取消"命令按钮的"Clicked"事件中编写如下代码：

```
Int ret
ret=u_pipe.Cancel()                                 //终止管道运行
IF ret=1   THEN
    MessageBox("取消操作成功","终止管道运行")
ELSE
    MessageBox("取消操作失败","未能终止管道运行")
END IF
```

在"返回"命令按钮"cb_return"的"Clicked"事件中编写如下代码：

```
Close(PARENT)                                       //关闭当前窗口
```

在"开始"命令按钮"cb_ok"的"Clicked"事件中编写如下代码：

```
Integer ret
ret=connectserver()                                 //连接服务器数据库
```

```
IF ret<>0 THEN
        MessageBox("====错误信息提示====","不能连接服务器数据库!~r~n 请询问系统管理员",stopsign!)
        RETURN
END IF
ret=connectlocal()                                          //连接本地数据库
IF ret<>0 THEN
        MessageBox("====错误信息提示====","不能连接本地数据库!~r~n 请询问系统管理员", stopsign!)
        RETURN
END IF
IF rb_down.checked THEN
        //选择从服务器数据库卜载数据到本地数据库
        startpipe(serverdb,sqlca,"pipe_1")
ELSE
        //选择将本地数据库数据上传到服务器数据库以更新数据
        startpipe(sqlca,serverdb,"pipe_0")
END IF
```

（5）测试该窗口功能。

11．编写菜单的脚本

（1）窗口管理菜单。

选中窗口管理菜单中的"退出当前窗口"菜单项，单击鼠标右键，打开脚本编辑画板，输入如下脚本：

```
Close(ParentWindow)
```

（2）查询子系统菜单。

选中查询子系统菜单中的"学生信息查询"菜单项，单击鼠标右键，打开脚本编辑画板，输入如下脚本：

```
Open(w_stu)
```

选中查询子系统菜单中的"学生选课查询"菜单项，单击鼠标右键，打开脚本编辑画板，输入如下脚本：

```
Open(w_select)
```

选中查询子系统菜单中的"学生成绩查询"菜单项，单击鼠标右键，打开脚本编辑画板，输入如下脚本：

```
Open(w_achievement)
```

选中查询子系统菜单中的"自定义查询"菜单项，单击鼠标右键，打开脚本编辑画板，输入如下脚本：

```
Open(w_custom)
```

（3）数据管理子系统菜单。

选中数据管理子系统菜单中的"学生信息管理"菜单项，单击鼠标右键，打开脚本编辑画板，输入如下脚本：

```
Open(w_stuupdata)
```

选中数据管理子系统菜单中的"课程信息管理"菜单项，单击鼠标右键，打开脚本编辑画板，输入如下脚本：

```
Open(w_course)
```

选中数据管理子系统菜单中的"学生成绩管理"菜单项，单击鼠标右键，打开脚本编辑画板，输入如下脚本：

```
Open(w_achieveupdata)
```

（4）帮助子系统菜单。

选中帮助子系统菜单中的"使用帮助"菜单项，单击鼠标右键，打开脚本编辑画板，输入如下脚本：

```
Open(w_h)
```

选中帮助子系统菜单中的"版本信息"菜单项，单击鼠标右键，打开脚本编辑画板，输入如下脚本：

```
Open(w_version)
```

选中帮助子系统菜单中的"软件宣传"菜单项，单击鼠标右键，打开脚本编辑画板，输入如下脚本：

```
Open(w_publicize)
```

选中帮助子系统菜单中的"小工具"下属的"备忘录"菜单项，单击鼠标右键，打开脚本编辑画板，输入如下脚本：

```
Open(w_note)
```

选中帮助子系统菜单中的"小工具"下属的"日历"菜单项，单击鼠标右键，打开脚本编辑画板，输入如下脚本：

```
Open(w_day)
```

（5）其他菜单。

选中其他菜单中的"数据通道"菜单项，单击鼠标右键，打开脚本编辑画板，输入如下脚本：

```
Open(w_pipe)
```

选中其他菜单中的"统计分析"菜单项，单击鼠标右键，打开脚本编辑画板，输入如下脚本：

```
Open(w_statistic)
```

P.3　系统测试

完成所有窗口子系统的测试之后，整个学生成绩管理系统已经基本成型，之后要对整个系统进行综合测试。

P.4　软件部署

应用程序开发完成后，需要将其制作成安装盘发放给用户。一般采用第三方的软件制作安装盘，通常使用 InstallShield。

InstallShield 是一个比较成熟且流行的安装工具，通用性极强，功能极为强大，但由于介绍这方面的中文资料较少，所以初学者常常望而却步。限于篇幅，本书仅介绍基本部分，但足以制作安装程序。若要制作富有特色的安装程序，请参阅有关的 InstallShield 书籍。

首先将需要发放给用户的所有文件夹及文件复制到一个总文件夹下，便于维护和安装盘的制作。例如，可以将应用程序文件*.exe 和*.dll 复制到一个文件夹下；将系统文件复制到一个文件夹下；将帮助文件复制到一个文件夹下等。

对于 PowerBuilder 程序而言，制作安装盘除了需要由 PBL 文件编译的 EXE 文件和 DLL 文件外，还需要 PowerBuilder 的一些系统 DLL 文件，这些一般文件位于"sybase\shared\"路径的子文件夹中，大多数 DLL 其实都是不需要的，但不容易取舍，只有通过测试。

这里采用 PowerBuilder 12.5 自带的应用程序发布工具进行系统的发布工作。操作过程如下。

1. 创建 PowerBuilder 资源文件

（1）单击 PowerBuilder 窗口工具栏中的 图标，开启文本编辑器，输入如下文本：

Images\rp1.jpg
Images\rp2.jpg
Images\rp4.jpg
Images\rp7.jpg
Images\rp9.jpg

（2）输入完成后，保存资源文件到工作空间所在文件目录。这里保存文件为"project1.pbr"。

2. 创建应用向导

（1）在工作空间目录中打开"project1"。

（2）新建应用向导，如图 P4.1 所示。

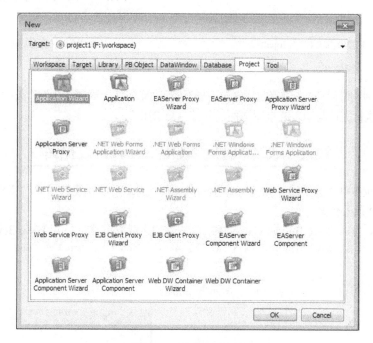

图 P4.1　创建应用向导

（3）单击"Next"按钮至"Specify Executable and Resource Files"窗口，如图 P4.2 所示，添加资源文件"project1.pbr"。

（4）继续单击"Next"按钮至"Generate Machine Code"窗口，选择"Yes,generate machine code EXE and DLLS"选项。

（5）在"Spccify Dynamic Library Options"窗口中选择"Build Dynamic Libraries"，然后单击"Next"按钮。

（6）在"Specify Version Information"窗口中，编辑软件的版本等信息，单击"Next"按钮进入下一个窗口。以下均采用系统默认的属性。直至最后出现如图 P4.3 所示的最终界面。

3. 生成可执行的文件

完成应用向导的创建之后，单击工具栏中的 图标，系统将自动对应用程序进行编译并生成可执行文件。

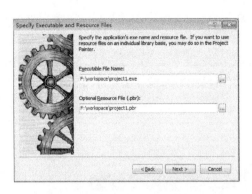

图 P4.2　添加资源文件 "project1.pbr"

图 P4.3　最终界面

4. 添加运行时库文件

编译完成之后，最后还需要将 PowerBuilder 的运行时库文件、数据库文件、数据库日志文件及前面编译生成的可执行文件与动态链接库文件一并打包交给用户。

P.5　如何访问 SQL Server 数据库

建立学生成绩数据库系统的 SQL Server 后台数据库 "XSCJ"，新建数据表，"XS" 表、"KC" 表和 "XS_CJ" 表并录入数据。

定义数据源，打开 PowerBuilder Classic 12.5，在管理集成 IDE 中，打开 PowerBuilder 数据库画板，然后在其中的 "Objects" 子窗口中找到 "ADO Microsoft ADO.NET" 项，如图 P5.1 所示，在其上单击鼠标右键新建一个配置。

在弹出的配置窗口中，进行如图 P5.2 所示的配置。

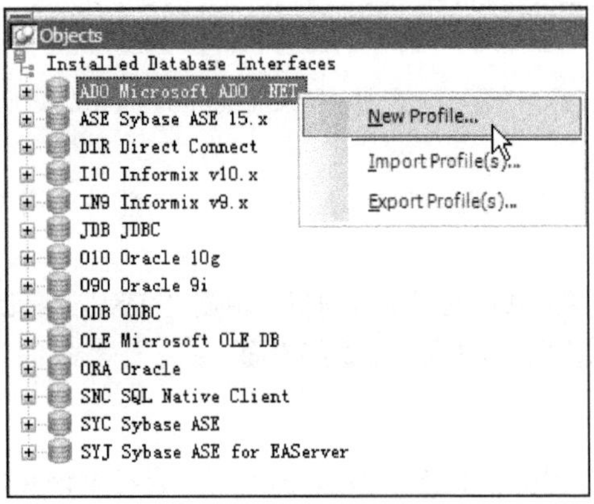

图 P5.1　新建一个配置

图 P5.2　配置参数

Profile Name：xscjsql（任意即可）。

Namespace：System.Data.OleDb。

Provider：选择数据库管理系统类型，这里选择"SQLOLEDB"项。

Data Source：服务器名（和之前的版本不太一样）。可以在下拉列表中选择，也可以填入服务器名或 IP 地址（如 127.0.0.1 等）。

User ID：用户名。此处选择默认的 sa。

Password：123456（读者填写自己设置的密码）。

Database：XSCJ。

单击"OK"按钮，在"Objects"子窗口中可以发现刚才新建的数据源"xscjsql"已经被创建成功，如图 P5.3 所示。

图 P5.3　数据源"xscjsql"

至此，就可以顺利地连接到 SQL Server 数据库了。最后的配置文件内容如下：

```
//Profile xscjsql
SQLCA.DBMS = "ADO.Net"
SQLCA.LogPass = <******>
SQLCA.LogId = "sa"
SQLCA.AutoCommit = False
SQLCA.DBParm=   "Namespace='System.Data.OleDb',Provider='SQLOLEDB',DataSource='127.0.0.1', Database=
'XSCJ'"
```

这段描述的脚本需要在程序连接数据库的时候嵌入相应的代码之中。例如，对于本实习的"学生成绩数据库管理系统"，将其"w_load"窗口函数"load_connect"的脚本修改如下：

```
String ls_userid,ls_password,ls_database          //定义形参
//将实参的值赋给形参
ls_userid=trim(userid)
ls_password=trim(password)
IF ls_password="   " THEN                          //输入密码非空
      RETURN -1
END IF
//Profile xscjsql
SQLCA.DBMS = "ADO.Net"
SQLCA.LogPass = "123456"
SQLCA.LogId = "sa"
SQLCA.AutoCommit = False
SQLCA.DBParm = "Namespace='System.Data.OleDb',Provider='SQLOLEDB',DataSource='127.0.0.1', Database=
'XSCJ'"
CONNECT USING SQLCA;                               //与数据库连接
RETURN sqlca.SQLCode
IF   SQLCA.SQLCode<0   THEN                         //检查连接是否成功
MessageBox("连接失败",SQLCA.SQLErrText, Exclamation!)
END IF
```

这样一来，就可以像访问 PowerBuilder 的 ASA 数据库一样访问 SQL Server 了，而系统其他部分的代码一般不需要改动。

附 录

附录 A PowerBuilder 应用程序的调试

PowerBuilder 提供了调试画板和"PBDebug"两种实用的调试工具，可以帮助编程人员发现程序设计中的问题，提高调试的效率。下面分别加以介绍。

A.1 使用调试画板

A.1.1 进入调试画板

调试画板是 PowerBuilder 内置的调试工具，是一个功能强大的集成调试环境，而且具有远程调试功能。

单击工具栏中的"Debug"图标（），进入如图 A.1 所示的调试画板。

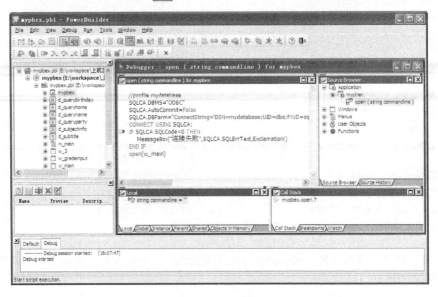

图 A.1 调试画板

调试画板有九个子窗口，可以选择打开或关闭，各子窗口的大小和位置也可以调整。需要打开某个子窗口时，可以在选单"View"中选择要打开的子窗口。各子窗口的作用见表 A.1。

表 A.1　调试画板的子窗口

子 窗 口	用 途
Breakpoints	显示在应用程序中设置的所有断点的列表
Call Stack	显示程序执行时事件或函数调用顺序的列表
Instances	远程调试组件时显示有关信息
Object in Memory	程序执行期间在内存中加载的对象列表
Source	显示指定对象的事件或函数的脚本
Source Browser	以树图形式显示应用程序中的 Application、Window、Menu、Function、User Object 等对象列表
Source History	在 Source 子窗口中显示打开过的脚本列表
Variables	显示应用程序在断点处的本地、全局、实例、共享、父变量等各种变量列表
Watch	显示用户指定的需要查看的变量

进入了调试画板后，就可以开始进行跟踪调试了。

A.1.2　调试步骤

1. 选择对象或事件的脚本

首先在"Source Browser"子窗口中选择要设置断点的事件或函数，然后双击，这时在"Source"子窗口中就会出现该事件或函数的脚本。

2. 设置断点

在需要设置断点的程序行上双击，在程序行左边出现一个表示断点的红点。以"mypbex"应用程序为例，图 A.2 表示了在应用的"Open"事件的脚本中设置断点的过程。

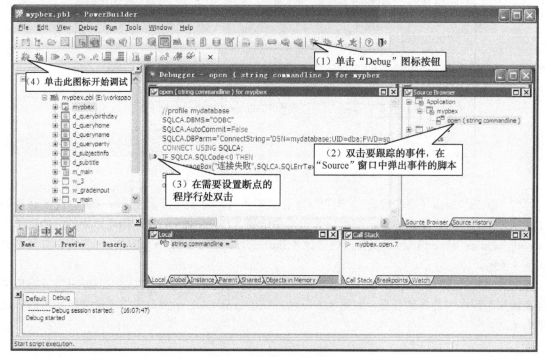

图 A.2　设置断点的过程

3. 调试运行

设置完断点之后，就可以调试运行了。

调试画板中有一排调试工具栏，外观及作用如图 A.3 所示。

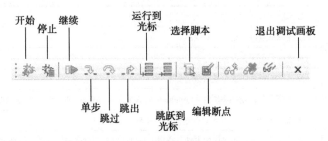

图 A.3　调试工具栏图标按钮

调试工具栏中的"跳跃到光标"功能比较独特，它不仅可以向后跳跃执行程序代码，还可以向前跳跃，使某一段程序反复执行。

可以设置多个断点，使程序快速运行到所关心的地方。在怀疑有问题或需要观察数据和程序流程的地方，可以使用"单步"方式运行。

4. 观察变量

调试过程中，需要对各种数据进行观察分析，才能发现问题、解决问题。PowerBuilder 提供了"Variables""Object in Memory""Watch""Call Stack"等子窗口，用于观察不同类型的变量。

（1）TipWatch（提示查看）。当程序运行到断点时，移动鼠标，将光标停留在原程序窗口中所需观察的变量上，就会弹出提示框，显示变量当前的内容，如图 A.4 所示。

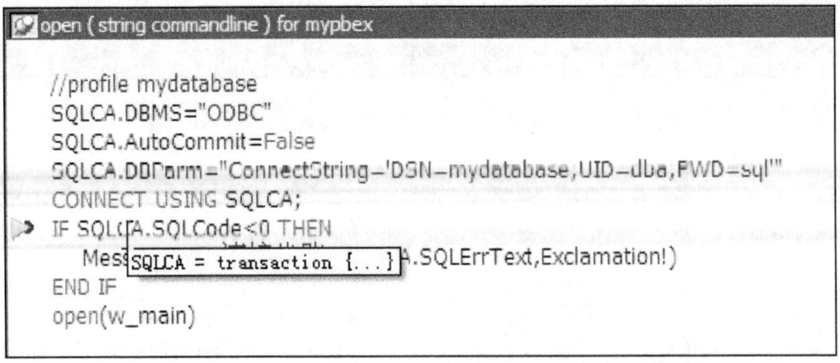

```
open ( string commandline ) for mypbex

    //profile mydatabase
    SQLCA.DBMS="ODBC"
    SQLCA.AutoCommit=False
    SQLCA.DBParm="ConnectString='DSN=mydatabase,UID=dba,PWD=sql'"
    CONNECT USING SQLCA;
    IF SQLCA.SQLCode<0 THEN
        Mess  SQLCA = transaction {...}  A.SQLErrText,Exclamation!)
    END IF
    open(w_main)
```

图 A.4　"TipWatch 提示查看"窗口

（2）QuickWatch（快速观察）。当程序运行到断点时，将光标停留在原程序窗口中要观察的变量或对象上，单击鼠标右键，在弹出式选单中选择"QuickWatch…"，或选择窗口中的选单项"Debug | Quick Watch"，也可以使用快捷键【Shift+F9】，都可以将"QuickWatch"窗口打开，如图 A.5 所示。

（3）"All Variables"子窗口。当程序在调试画板中运行到断点时，"All Variables"子窗口中会显示应用程序中的各种变量，如图 A.6 所示。"All Variables"子窗口中的变量类型使用的标记见表 A.2。

图 A.5　"QuickWatch"窗口

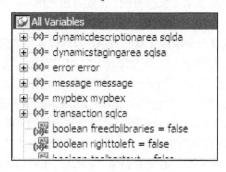

图 A.6　"All Variables"子窗口

表 A.2　"Variables"子窗口中的变量类型使用的标记

标　记	Lv	Gv	Sv	Iv	Pv
变量类型	本地变量	全局变量	共享变量	实例变量	父变量

如果需要手工修改某个变量的值，则可以双击该变量，弹出"Modify Variable"对话框，如图 A.7 所示。在"New Value"栏中输入新的要修改的数值后单击"OK"按钮即可。

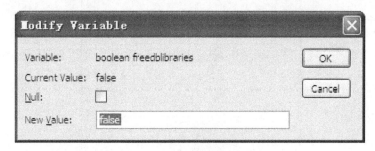

图 A.7　修改变量对话框

（4）"Objects in Memory"子窗口。该子窗口以树状结构显示所有已经加载到内存中的对象，用户可以通过该子窗口查看对象的属性，如图 A.8 所示。

（5）"Watch"子窗口。该子窗口用于存放用户特别关心的变量，从而避免在大量的对象和变量中去寻找。在"Watch"子窗口中添加观察变量的方法是，在"All Variables"子窗口中将要观察的变量拖曳（按下鼠标左键后移动）到"Watch"子窗口中即可，如图 A.9 所示。

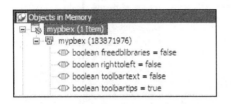

图 A.8 "Objects in Memory"子窗口

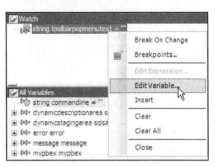

图 A.9 "Watch"子窗口

在"Watch"子窗口中的变量上单击鼠标右键，出现弹出式选单，选择"Edit Variable…"选单项，弹出如图 A.7 所示的"Modify Variable"对话框，可以对变量进行修改。若选择弹出式选单中的"Break on Changes"选单项，则可以设置一个依赖变量的断点。若选择弹出式选单中的"Breakpoints…"选单项，则弹出"Edit Breakpoints"对话框，如图 A.10 所示。可以对所有断点进行管理。若选择弹出式选单中的"Insert"选单项，则弹出"New Expression"对话框，如图 A.11 所示。在"Expression"栏中，可以输入任何符合 PowerBuilder 语法的表达式，单击"Times New R"后，在"Watch"子窗口中就会增加一个表达式项。由此可见，PowerBuilder 不仅可以观察变量的变化，还可以观察表达式的变化，如输入一个计算表达式，就可以直接观察计算结果。如果需要对表达式进行修改，则可以选择弹出式选单中的"Edit Expression…"选单项。若需要去掉"Watch"子窗口中的变量，则可以选择弹出式选单中的"Clear"选单项。若需要去掉"Watch"子窗口中的所有变量，则可以选择弹出式选单中的"Clear All"选单项。选择弹出式选单中的"Close"选单项，将关闭"Watch"子窗口。

图 A.10 "Edit Breakpoints"对话框

图 A.11 "New Expression" 对话框

（6）"Call Stack" 子窗口。该子窗口反映了程序执行时事件或函数的调用顺序。便于用户了解程序的执行过程和函数间的调用关系。如果要查看该子窗口中某个事件或函数的脚本，则可以选中该事件或函数后单击鼠标右键，选择弹出式选单中的"Set Context"选单项，即可在"Source"子窗口中显示出相应的脚本。

A.2 使用 "PBDebug"

使用"PBDebug"可以跟踪应用程序中对象的创建和删除，进行脚本、系统函数、全局函数、对象层函数和外部函数的执行。"PBDebug"采用的是在应用程序运行时，自动将程序运行的有关信息输出到指定的记录文件中的方法，程序运行结束后，通过对记录文件的分析，查找问题。虽然这种方法不如使用调试画板方便，但是在一些特殊的情况下，还是非常有用的。例如，在非 PowerBuilder 环境下运行或对时间要求比较严格的应用程序的调试等情况下，使用"PBDebug"方法还是比较有效的。记录运行状况的文件有两种类型，".dbg"文件和".pbp"文件，下面分别介绍这两种文件的使用方法。

A.2.1 生成不包含计时器值的文本跟踪文件 ".dbg"

要使用"PBDebug"生成".dbg"文本跟踪文件，首先必须进行一些系统参数的设置。方法是选择选单"Tools | System Options"，将弹出"System Options"对话框，在其"General"页中，选中"Enable PBDebug Tracing"，单击"PBDebug Output Path"栏右侧的"…"按钮，选择".dbg"文件的输出路径，如图 A.12 所示。

图 A.12 "System Options" 对话框的 "General" 页

A.2.2 生成包含计时器值的跟踪文件".pbp"

使用 "PBDebug" 的 ".pbp" 文件，可以分析应用程序的运行速度，以便对症下药，找出影响程序运行速度的关键，通过程序优化设计，提高应用程序的运行效率。

要得到 ".pbp" 文件，首先必须进行一些系统参数的设置。选择选单 "Window | System Options"，弹出 "System Options" 对话框，在其 "Profiling" 页中，选中 "Enable Tracing" 复选框，如图 A.13 所示。进行时钟类型的选择，时钟计时器 "Clock" 是以计算机启动的时间为绝对时间的起点，单位为微秒。过程 Process 和线程 Thread 计时器以过程 Process 或线程 Thread 的开始为计时起始点，单位也是微秒。在 UNIX 系统中，只能选择线程 Thread 计时器。在 "Trace Activities" 分组框中，选择需要记录的项目。

允许跟踪运行

图 A.13 "System Options" 对话框的 "Profiling" 页

设置完毕后，就可以运行应用程序了。PowerBuilder 自动在工程目录下生成 ".pbp" 文件。若再次运行应用程序，会弹出消息框，询问是否要覆盖上一次运行得到的 ".pbp" 文件。

分析 ".pbp" 文件要使用 PowerBuilder 提供的一些专门的工具。具体使用方法为，单击工具栏中的 "New" 图标按钮，弹出 "New" 对话框，选择 "Tool" 页，该页有 "Profiling Class View" "Profiling Routine View" 和 "Profiling Trace View" 三个 ".pbp" 文件分析工具，如图 A.14 所示。可以根据需要，选择某个工具打开 ".pbp" 文件。如图 A.15 所示为使用 "Profiling Trace View" 工具打开的计算器应用的 "calculator.pbp" 文件，文件中给出了以秒为单位的事件或对象的耗时。如图 A.16 所示为使用 "Profiling Routine View" 工具打开的计算器应用的 "calculator.pbp" 文件，文件中记录了各种事件的调用次数和一些统计结果。

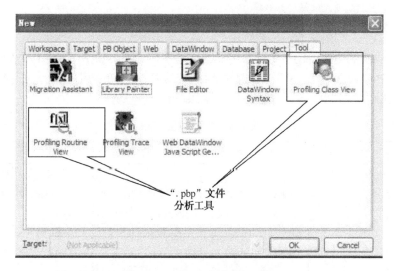

图 A.14　".pbp"文件分析工具

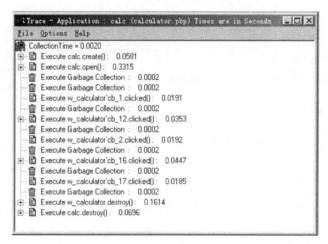

图 A.15　用"Profiling Trace View"打开的".pbp"文件

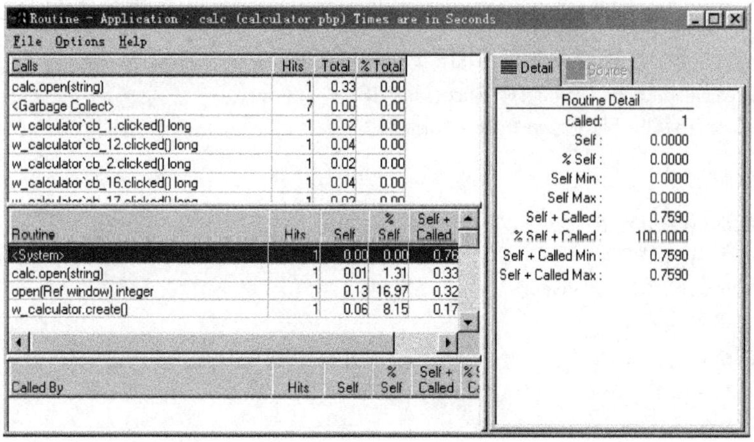

图 A.16　用"Profiling Routine View"打开的".pbp"文件

A.2.3 使用跟踪函数

"PBDebug"自动生成的".pbp"文件记录了从应用程序开始到结束的所有信息，文件比较长，分析起来也费力。PowerBuilder 提供了一些用于跟踪的函数，将这类函数放在应用程序中，可以控制跟踪过程，将特定的信息写入跟踪文件中。表 A.3 为一些常用的跟踪函数。

表 A.3 常用的跟踪函数

函 数	用 途	参 数	返 回 值	例 子
TraceOpen (filename，timer)	打开跟踪文件，记录应用程序信息	Filename: 跟踪文件名称；timer: 计时器类型（Clock!、Process!、Thread!、TimeNone!）	如果文件名为空，则返回 Null，否则返回一个 ErrorReturn 枚举量，见表 A.4	打开 sle_1 输入框中给出的跟踪文件，以 Clock 计时器方式记录应用程序信息： TimerKindltk_kind ltk_kind = Clock! TraceOpen(sle_1.text，ltk_kind)
TraceEnableActivity (activity)	设置在跟踪文件中记录应用程序活动的类型	Activity：记录的类型，见表 A.5	返回一个 ErrorReturn 枚举量，见表 A.4	在例程的入口和出口以及嵌入式 SQL 语句的入口和出口进行记录： TraceEnableActivity(ActRoutine!) TraceEnableActivity(ActESQL!)
TraceBegin (identifier)	在跟踪文件中插入一个记录开始标记	identifier: 本记录块的标识字符串	返回一个 ErrorReturn 枚举量，见表 A.4	进行一段程序的跟踪，跟踪记录放在"跟踪记录块_1"中： TraceBegin("跟踪记录块_1") …//应用程序代码 TraceEnd()
TraceEnd()	结束跟踪	无		
TraceClose()	关闭跟踪文件	无	返回 个 ErrorReturn 枚举量，见表 A.4	关闭跟踪文件： TraceOpen(sle_1.text，Clock!) … TraceClose ( )

使用跟踪函数的完整过程可以参见下面一段程序代码：

```
If TraceOpen("calculator.pbp"，Clock!)<>Success! THEN
    MessageBox("出错"，"打开.pbp 跟踪文件错误。")
RETURN  -1
END IF
TraceEnableActivity(ActError!)
TraceEnableActivity(ActESQL!)
TraceEnableActivity(ActObjectCreate!)
TraceBegin("记录块 1")
…//应用程序代码
TraceEnd()
TraceClose ( )
```

表 A.4　ErrorReturn 枚举量

ErrorReturn 枚举量	描　　述
Success!	调用成功
FileAlreadyOpenError!	跟踪文件已经打开，还没有关闭
FileOpenError!	无法打开指定的文件
EnterpriseOnlyFeature!	只支持 PowerBuilder 企业版
FileNotOpenError!	还没有调用 TraceOpen()函数打开跟踪文件
TraceStartedError!	在 TraceBegin()函数和 TraceEnd()函数之间调用了 TraceEnableActivity ()函数
TraceNotStartedError!	还没有调用 TraceBegin()函数

表 A.5　Activity 枚举量

Activity 枚举量	描　　述
Actuser!	记录用户指定的活动
ActError!	记录系统错误和警告
ActESQL!	记录嵌入式 SQL 语句的入口和出口
ActGarbageCollect!	记录垃圾收集的开始和结束
ActLine!	记录指定例程行
ActObjectCreate!	记录对象创建的入口和出口
ActObjectDestroy!	记录对象删除的入口和出口
ActProfile!	无标记，用于打开 ActESQL!、ActGarbageCollect!、ActObjectCreate!、ActObjectDestroy!、ActRoutine!
ActRoutine!	记录例程的入口和出口
ActTrace!	无标记，用于打开除 ActLine!外的所有活动

附录 B PowerBuilder 常用函数

1．数值函数（见表 B.1）

表 B.1　数值函数

函数语法格式	参 数 说 明	返 回 值	功 能
Abs(x)	x 为数值型	数值型	返回 x 的绝对值
Ceiling(x)	x 为数值型	整型	返回大于 x 的最小整数
Cos(x)	x 为数值型（弧度）	Double	计算余弦
Exp(x)	x 为数值型	Double	计算 e 的 x 次方
Fact(n)	Integer n	Double	计算 n 的阶乘
Int(x)	x 为数值型	整型	得到小于等于 x 的最大整数
Log(x)	x 为数值型且 x>0	Double	计算 x 的自然对数
LogTen(x)	x 为数值型且 x>0	Double	计算 x 的常用对数（以 10 为底）
Mod(x, y)	数值型	以 x、y 中数据类型更精确的数据类型作为该函数的返回值数据类型	求 x 除以 y 所得的余数
Rand(n)	数值型	Double	返回 1 与 n 之间的一个伪随机数，包括 1 和 n 在内
Randomize(n)	数值型	Integer（一般不用）	初始化伪随机数发生器，这样使应用程序每次使用不同的伪随机数序列。当 n 的值为 0 时，该函数将系统时钟作为伪随机数生成器的起始值，从而可以生成不可重复的伪随机数序列
Round(x,n)	n 为 Integer，x 为数值型	Decimal	返回将 x 四舍五入到小数点后第 n 位的数值
Sign(n)	数值型	Integer	当 n 大于 0 时返回 1；当 n 小于 0 时返回-1；当 n 等于 0 时返回 0
Sin(n)	数值型（弧度）	Double	计算正弦
Sqrt(n)	数值型且 n>=0	Double	返回 n 的平方根
Tan(n)	数值型（弧度）	Double	计算正切
Truncate(x, n)	x 为数值型，n 为 Integer	Decimal	返回将 x 截断到小数点后第 n 位的数值

2. 字符串操作函数（见表 B.2）

表 B.2　字符串操作函数

函数语法格式	参 数 说 明	返 回 值	功　　能
Asc(str)	String str	Integer	返回 str 参数第一个字符的 ASCII 值
Char(n)	n 为整数或字符串、Blob 变量	Char	返回参数 n 的第一个字符（若参数 n 为整型，则返回 ASCII 为 n 的字符）
Fill(str, n)	str 为 String，n 为 Long	String	返回长度为 n 的字符串，该字符串以参数 str 中的字符串重复填充而成
Left(str, n)	str 为 String，n 为 Long	String	返回 str 字符串左边 n 个字符
LeftTrim(str)	str 为 String	String	返回删除了 str 字符串左部空格的字符串
Len(str)	str 为 String	Long	返回字符串的长度
Lower(str)	str 为 String	String	返回将大写字母转换为小写字母后的字符串
Match(str, textpattern)	str 为 String，textpattern 为 String。更详细说明见注①	Boolean	如果字符串 str 与模式 textpattern 相匹配，则函数返回 True，否则返回 False。如果指定的匹配模式无效或上述两个参数中的任何一个未曾赋值，那么 Match() 函数返回 False
Mid(str, start [, length])	str 为 String，start 为 Long，length 为 Long	String	返回 str 字符串中从 start 位置开始、长度为 length 的子串。如果 start 参数的值大于 str 中字符的个数，那么 Mid() 函数返回空字符串。如果省略了 length 参数或 length 参数的值大于从 start 开始、str 字符串中余下字符的长度，那么 Mid() 函数返回所有余下的字符
Pos(str1, str2 [, start])	str1 为 String，str2 为 String，start 为 Long	Long	返回在 start 位置后 str2 在 str1 中第一次出现的起始位置。如果在 str1 中按指定要求找不到 str2，或 start 的值超过了 str1 的长度，那么 Pos() 函数返回 0。更详细说明见注②
Replace(str1, start, n, str2)	str1 为 String，str2 为 String，start 为 Long，n 为 Long	String	返回将 str1 字符串中从 start 位置开始的 n 个字符用 str2 字符串替换后的字符串。更详细说明见注③
Right(str, n)	str 为 String，n 为 Long	String	返回 str 字符串右边 n 个字符
RightTrim(str)	str 为 String	String	返回删除了 str 字符串右部空格的字符串
Space(n)	n 为 Long	String	返回由 n 个空格组成的字符串
Trim(str)	str 为 String	String	返回删除了 str 字符串首部和尾部空格的字符串
Upper(str)	str 为 String	String	返回将小写字母转换为大写字母后的字符串

注①：

textpattern 参数的写法与正则表达式十分相似，它由元字符和普通字符组成。每个元字符都有不同的匹配含义，普通字符则与其自身相匹配。下面是匹配模式中使用的元字符及其意义。

^指示字符串的开始，如^asd 表示以 asd 开头的字符串，字符串 asdfgh 与模式^asd 匹配，而字符串 basdfg 与模式^asd 不匹配。

$指示字符串的结束，如 red$表示所有以 red 结束的字符串均与该模式匹配，而 redo 与模式 red$不匹配。

.匹配任意单个字符，如...匹配任意三个字符组成的字符串。

[ ]匹配括号中列出的字符，如^[ABC]$匹配由一个字符组成的字符串，其值只能是 A 或 B 或 C。

-与方括号一起，指定匹配字符的范围，如^[A-Z]$只匹配那些由一个大写字母组成的字符串。方括号里还可以使用^字符，表示匹配不在指定范围内的任意字符，如[^0-9]匹配数字外的任何字符。

，+，?这些符号跟在一个字符后面表示该字符可以出现的次数。星号（）表示可以出现 0 次或任意次；加号（+）表示可以出现多次，但至少出现一次；问号（?）表示出现 0 次或一次。如 A*匹配 0 个或多个 A（没有 A、A、AA、AAA、AAAA、**）；A+匹配 1 个或多个 A（A、AA、AAA、AAAA、**）；A?匹配空串或 1 个 A。

\是转义字符，它去掉特殊字符的特殊含义，如模式\$匹配字符$，模式\\匹配字符\。

注②：

Pos()函数在字符串查找时区分大小写，因此，"aa"不匹配"AA"。

注③：

如果 start 参数指定的位置超过了 str1 的长度，那么 Replace()函数将 str2 拼接到 str1 的后面形成字符串返回。如果 n 的值为 0，那么 Replace()函数将 str2 插入 str1 指定位置后形成字符串返回。

3. 日期、时间函数（见表 B.3）

表 B.3 日期、时间函数

函数语法格式	参数说明	返回值	功能
Day(d)	d 为 Date	Integer	得到日期型数据 d 中的号数（1~31 的整数值）
DayName(d)	d 为 Date	String	返回指定日期的星期表示（如 Sunday，Monday……）
DayNumber(d)	d 为 Date	Integer	返回指定日期是星期中的第几天（用 1~7 表示，星期天为 1，星期一为 2……）
DaysAfter(d1, d2)	d1 为 Date，d2 为 Date	Long	得到两个日期之间的天数。如果 d2 的日期在 d1 的前面，那么 DaysAfter()函数返回负值
Hour(t)	t 为 Time	Integer	得到 t 参数中的小时（00~23）
Minute(t)	t 为 Time	Integer	得到 t 参数中的分钟（00~59）
Month(d)	d 为 Date	Integer	得到 d 参数中的月份（1~12）
Now( )	无	Time	返回客户机的当前系统时间
RelativeDate(d, n)	d 为 Date	Date	当 n 的值大于 0 时返回参数 d 指定日期后第 n 天的日期；当 n 的值小于 0 时返回参数 d 指定日期前第 n 天的日期
RelativeTime(t, n)	t 为 Time，n 为 Long	Time	当 n 的值大于 0 时返回参数 t 指定时间后第 n 秒的时间；当 n 的值小于 0 时返回参数 t 指定时间前第 n 秒的时间
Second(t)	t 为 Time	Integer	得到 t 参数中的秒（00~59）
SecondsAfter(t1, t2)	t1、t2 均为 Time	Long	得到两个时间之间的秒数。如果 t2 的时间在 t1 的前面，则 SecondsAfter() 函数返回负值
Today( )	无	Date	返回当前系统日期
Year(d)	d 为 Date	Integer	得到 d 参数中的年份（采用四位数字）

4. 数据类型转换函数（见表 B.4）

表 B.4　数据类型转换函数

函数语法格式	参数说明	返回值	功能
Dec(str)	str 为 String 或 Blob	Decimal	将字符串或 Blob 值转换为 Decimal 类型的值
Double(str)	str 为 String 或 Blob	Double	将字符串或 Blob 值转换为 Double 类型的值
Integer(str)	str 为 String 或 Blob	Integer	将字符串或 Blob 值转换为 Integer 类型的值
Long(str)	str 为 String 或 Blob	Long	将字符串或 Blob 值转换为 Long 类型的值
Real(str)	str 为 String 或 Blob	Real	将字符串或 Blob 值转换为 Real 类型的值
Date(str)	str 为 String	Date	将其值为有效日期的字符串转换为 Date 类型的值。参数 str 值包括一个有效的以字符串形式表示的日期（如 January 1, 1998 或 12-31-99）
Date(y, m, d)	y、m、d 均为 Integer	Date	返回由 y 代表年、m 代表月、d 代表日期的三个参数确定的日期。如果这三个参数中任何一个参数使用了无效值（如月份指定为 14），则 Date()函数返回 1900-01-01。如果任何参数的值为 NULL，则 Date()函数返回 NULL
DateTime(d[, t])	d 为 Date，t 为 Time	DateTime	将日期和时间值组合为 DateTime 类型的值
DateTime(str)	str 为 String 或 Blob	DateTime	将字符串或 Blob 值转换为 DateTime 类型的值
String (data, [format])	data 可以是 Date、DateTime、数值型、Time、String，format 为 String。更详细说明见注	String	返回以字符串方式表示的指定数据。如果 data 参数的数据类型与 format 参数指定的格式不匹配，format 参数指定的格式无效，或 data 参数不是前面提到的适宜数据类型时，String()函数返回空字符串（""）
Time(d)	d 为 Datetime	Time	返回相应的 Time 类型的值
Time(str)	str 为 String。str 是一个有效时间的字符串	Time	返回相应的 Time 类型的值。如果 str 参数中的值不是有效的 PowerScript 时间或数据类型不兼容，则 Time()函数返回 00:00:00.000000

注：

format 是一个用掩码表示的字符串。

对 data 参数为数值型的情况来说，格式如下：

正数格式; 负数格式;零的显示格式;空的显示格式

除第一部分必须提供外，其他部分可以省略。

数值型显示格式中使用两个掩码字符: #和 0，其中，使用#代表 0~9 的任意数字，0 代表每个 0 都要显示。另外，货币符号（$或￥）、百分号（%）、小数点（.）、逗号（,）等字符也可以出现在格式字符串中，但是，除小数点（.）、逗号（,）能够出现在格式字符#和 0 之间外，其他字符只能放置在格式串的前面或后面。例如，###, ###$###是错误的格式串，￥###, ###, ###是正确的格式串。

省略 format 参数时，String()函数使用 PowerBuilder 默认格式。注意，如果显示格式有多个部分，各部分之间的分号（; ）不能省略。

其他字符也可以出现在显示格式字符串中（只能放在格式字符串的开头和末尾），但它们没有特殊意义，系统只是照原样显示。例如，使用显示格式字符串"收入##"格式化数值 12 时，显示结果为"收入 12"。

对 data 参数为字符串（String）类型的情况来说，format 参数的语法格式如下：

正常字符串格式; 空值时格式

在正常字符串格式中，@代表字符串中的任意字符，除此之外的任何字符按照原样显示。例如，如果定义了下面的格式（@@）@@@@-@@@@，则字符串 0166767593 显示为（01）6676-7593。

对 data 参数为日期（Date）类型的情况来说，format 参数的语法格式如下：

正常日期格式; 日期为空值时的格式

日期格式中格式字符意义如下：

d 开头不带 0 的日数（如 8），dd 开头带 0 的日数（如 08），ddd 星期的英文缩写（如 Mon、Tue），dddd 星期的英文全称（如 Monday、Tuesday）。

m 开头不带 0 的月份（如 8），mm 开头带 0 的月份（如 08），mmm 月份的英文缩写（如 Jan、Feb），mmmm 月份的英文全称（如 January、February）。

yy 两位数字表示的年份（如 97），yyyy 四位数字表示的年份（如 1997）。

另外，还可以使用下面的关键字作为日期的显示格式：[General] 、[ShortDate]Windows 系统中定义的短日期格式、[LongDate] Windows 系统中定义的长日期格式。

对 data 参数为时间（Time）类型的情况来说，语法格式如下：

正常时间格式; 时间为空值时的格式

时间格式中格式字符意义如下：

h 开头不带 0 的小时（如 6），hh 开头带 0 的小时（如 06）。

m 开头不带 0 的分钟（如 6），mm 开头带 0 的分钟（如 06）。

s 开头不带 0 的秒（如 6），ss 开头带 0 的秒（如 06）。

f 开头不带 0 的微秒，可以指定 1~6 个 f，每个 f 代表一部分微秒。

使用 AM/PM、am/pm、a/p 显示 12 小时制上、下午时间。

另外，显示格式中还可以使用关键字[Time]，它表示按当前 Windows 系统定义的格式显示时间。

对 data 参数为日期时间（DateTime）类型的情况来说，语法格式如下：

正常日期时间格式; 日期时间为空值时的格式

日期时间类型使用的掩码就是将日期掩码和时间掩码结合起来。

5. 类型检查函数（见表 B.5）

表 B.5　类型检查函数

函数语法格式	参数说明	返回值	功　能
IsDate(str)	str 为 String	Boolean	如果 str 包含了有效的日期，则 IsDate()函数返回 True，否则返回 False
IsNull(any)	any 为要测试的变量或表达式	Boolean	测试变量或表达式的值是否为 NULL。如果 any 的值为 NULL，函数返回 True，否则返回 False
IsNumber(str)	str 为 String	Boolean	测试字符串是否为有效的数值。如果 str 的值为有效的 PowerScript 数字，则函数返回 True，否则返回 False
IsTime(str)	str 为 String	Boolean	测试字符串的值是否为有效的时间。如果 str 的值为有效的时间，函数返回 True，否则返回 False

6. 文件操作函数（见表 B.6）

表 B.6　文件操作函数

函数语法格式	参 数 说 明	返 回 值	功　　能
FileClose(fileno)	fileno 为 Integer	Integer	关闭 fileno 表示的文件。成功时返回 1，发生错误时返回-1
FileDelete (filename)	filename 为 String，可以包含路径	Boolean	删除指定的文件。成功时返回 True，发生错误时返回 False
FileExists (filename)	filename 为 String，可以含路径	Boolean	检查指定的文件是否存在。如果指定文件存在时返回 True，不存在时返回 False
FileLength (filename)	filename 为 String，可以含路径	Long	得到指定文件的长度（以字节为单位）。如果指定的文件不存在时返回-1
FileOpen (filename[, filemode [, fileaccess [, filelock [, writemode]]]])	filename 为 String，可以包含路径。Filemode、fileaccess、filelock、writemode 均为枚举类型。更说细说明见注①	Integer	执行成功时返回打开文件的句柄，随后的文件操作函数利用该句柄完成对文件的操作；发生错误时返回 -1。如果任何参数的值为 NULL，则 FileOpen()函数返回 NULL
FileRead(fileno , var)	fileno 为 Integer，var 为 String	Integer	执行成功时返回读取的字符数或字节数。更详细说明见注②
FileSeek(fileno, position, origin)	fileno 为 Integer, position 为 Long, origin 为枚举类型。更详细说明见注③	Long	将文件指针移动到指定位置。执行成功时返回，指针移动后的位置
FileWrite(fileno, var)	fileno 为 Integer，var 为 String	Integer	向指定文件中写数据。执行成功时返回，写入文件的字符或字节数，发生错误时返回-1，见注④
GetFileOpenName (title,pathname, filename[,extension [,filter]])	title、pathname、filename、extension、filter 均为 String。更详细说明见注⑤	Integer	显示打开文件对话框，使用户选择要打开的文件。执行成功时返回 1；当用户单击了对话框中的"Cancel"按钮时函数返回 0；发生错误时返回 -1。如果任何参数的值为 NULL，则 GetFileOpenName()函数返回 NULL
GetFileSaveName (title,pathname, filename[,extension [,filter]])	title、pathname、filename、extension、filter 均为 String。更详细说明见注⑤	Integer	显示保存文件对话框，使用户选择要保存到的文件。函数执行成功时返回 1；当用户单击了对话框中的"Cancel"按钮时函数返回 0；发生错误时返回-1。如果任何参数的值为 NULL，则 GetFileSaveName()函数返回 NULL

注①：

Filemode——枚举类型，指定文件打开方式。有效取值如下：

LineMode!——默认值，行模式；

StreamMode!——流模式。

FileAccess——枚举类型，指定文件访问方式。有效取值如下：

Read!——默认值，只读方式，这样打开的文件只能进行读操作；

Write!——只写方式，这样打开的文件只能进行写操作。

FileLock——枚举类型，指定文件加锁方式。有效取值如下：

LockReadWrite!——默认值，只有打开该文件的用户能够访问该文件，其他用户对该文件的访问均被拒绝；

LockRead!——只有打开该文件的用户能够读该文件，但其他任何用户均可写该文件；

LockWrite!——只有打开该文件的用户能够写该文件，但其他任何用户均可读该文件；

Shared!——所有用户均可读写该文件。

WriteMode：枚举类型，当 fileaccess 参数指定为"Write!"时，该参数指定在指定文件已经存在时数据的添加方式。有效取值如下：

Append!——默认值，将数据添加到原文件尾部；

Replace!——覆盖原有数据。

FileOpen()函数执行成功时返回打开文件的句柄，随后的文件操作函数利用该句柄完成对文件的操作。发生错误时函数返回-1。如果任何参数的值为 NULL，则 FileOpen()函数返回 NULL。

当文件以行模式打开时，每执行一次 FileRead()函数读取一行数据；每执行一次 FileWrite()函数，该函数自动在写出的字符串末尾增加一个回车（CR）换行（LF）符（这是应用程序在 Windows 系统中运行时的情况，在 UNIX 系统中只加一个换行符）。当文件以流模式打开时，执行一次 FileRead()函数读取 32 765 字节的数据，如果余下数据没有这么多，则 FileRead()函数就读取所有余下的数据；执行一次 FileWrite()函数时，最多可写入 32 765 字节的数据，并且不添加回车换行符。当文件以写方式使用 FileOpen()函数打开时，如果指定的文件不存在，则 FileOpen()函数创建该文件。

注②：

如果在读取任何字符前读到了文件结束符（EOF），则 FileRead()函数返回-100；当指定文件以行模式打开时，如果在读取任何字符之前遇到了回车（CR）换行（LF）符，则 FileRead()函数返回 0。如果发生其他错误，则 FileRead()函数返回-1。如果任何参数的值为 NULL，则 FileRead()函数返回 NULL。当指定文件以行模式打开时，FileRead()函数一次读取一行数据，并将它保存到参数 var 中，然后跳过行结束符（回车换行符，操作系统不同，使用的字符也不同），将文件指针移动到下一行的起始位置。当文件以流模式打开时，FileRead()函数或一直读取到文件结尾，或读取 32 765 字节的数据，决定于两者哪个数据长度更短些。

注③：

origin 为 SeekType 枚举类型，指定从哪里开始移动文件指针，即指针移动的基准。有效取值如下：

FromBeginning!——默认值，从文件开头移动指针；

FromCurrent!——从当前位置移动文件指针；

FromEnd!——从文件结尾处移动文件指针。

注④：

FileWrite()函数从当前文件指针开始写入指定数据，写入之后，将文件指针调整到新写入数据的下一个字节位置。当文件以 writemode 参数设置为 Replace!方式打开时，文件指针最初位于文件的开头位置；当文件以 writemode 参数设置为 Append!方式打开时，文件指针最初位于文件的结尾位置。当文件以行模式打开，执行 FileWrite()函数时，该函数自动在每次写入数据的后面加上回车换行符，并将文件指针移动到回车换行符后面。当文件以流模式打开时，FileWrite()函数一次最多写入 32 765 字节。如果 variable 参数中数据的长度超过了 32 765 字节，那么 FileWrite()函数只向文件中写入前 32 765 字节的字符并返回 32 765。

注⑤：

extension 为 String 类型，使用 1~3 个字符指定默认的扩展文件名。

filter 为 String 类型，其值为文件名掩码，指定显示在该对话框的列表框中供用户选择的文件名满足的条件（如*.*，*.TXT，*.EXE 等）。

filter 参数的格式为 description, *. Ext。

默认值为"All Files（*.*），*.*"。

其中，description 说明扩展名的意义，如"所有文件""文本文件"等。可以根据需要指定在打开文件对话框中显示的文件名类型。当需要指定多种文件类型时，各类型之间使用逗号分隔，如"PIF 文件，*.PIF, 批处理文件,*.BAT"。

需要注意的是，该函数只是得到一个文件名，而并没有打开文件。需要打开文件时，则依然需要使用 FileOpen()函数。

7．系统函数（见表 B.7）

表 B.7　系统函数

函数语法格式	参数说明	返回值	功　能
ProfileInt(filename,section, key,default)	filename、section、key 为 String，default 为 Integer	Integer	从初始化文件（.ini）中读取整型设置值。执行成功时，在指定的文件、节名、项目名不存在任何错误的情况下，函数返回相应项的值；如果指定的文件、节名、项目名不存在时，则函数返回 default 参数指定的默认值。如果发生错误，则函数返回-1
ProfileString(filename, section,key,default)	filename、section、key、default 为 String	String	从初始化文件（.ini）中读取字符串型设置值。执行成功时，在指定的文件、节名、项目名不存在任何错误的情况下，函数返回相应项的值；如果指定的文件、节名、项目名不存在，则函数返回 default 参数指定的默认值。如果发生错误，则函数返回空字符串
SetProfileString(filename, section,key,value)	filename、section、key、value 为 String	Integer	设置初始化文件中指定项的值。执行成功时返回 1，指定的文件未找到或指定的文件不能访问时返回-1
Run(str[,windowstate])	str 为 String，windowstate 为枚举类型，取值有三个：Maximized!：最大化窗口；Minimized!：最小化窗口；Normal!：默认值，正常窗口	Integer	运行指定的应用程序。执行成功时返回 1，发生错误时返回-1
ShowHelp(helpfile, helpcommand)	helpfile 为 String，指定 help 文件名。helpCommand 为枚举类型，指定显示帮助的格式。取值有三个：Index!：显示目录主题；Keyword!：转移到由指定关键字确定的主题；Topic!：显示指定主题的帮助	Integer	显示应用程序帮助，该帮助使用 Microsoft Windows 帮助系统进行操作
KeyDown(keycode)	keycode 为枚举类型。更详细说明见注①	Boolean	检查用户是否按了键盘上的指定按键。如果用户按了 keycode 参数指定的按键，则函数返回 True，否则返回 False
RGB(red,green,blue)	red、green、blue 为 Integer，有效值为 0～255	Long	将代表红、绿、蓝三原色的三个整数组合成一个表示颜色的长整数
SetNull(anyvariable)	anyvariable 为任何类型变量	Integer	将指定变量的值设置为 NULL。这里的变量可以是除数组、结构、自动实例化对象之外的任何数据类型。执行成功时返回 1，发生错误时返回-1
SetPointer(type)	type 为 Pointer 枚举类型。更详细说明见注②	枚举类型	设置鼠标指针的形状

注①：

Keycode 的取值如下：

KeyA!～KeyZ!

KeyTab!、KeyEnter!、KeySpaceBar!

KeyF1!～KeyF12!

Key0!～Key9!

KeyNumpad0!～KeyNumpad9!

KeyLeftButton!、KeyMiddleButton!、KeyRightButton!

KeyShift!、KeyControl!、KeyAlt!、KeyPause!、KeyCapsLock!、KeyEscape!、KeyPrintScreen!

KeyInsert!、KeyDelete!、KeyPageUp!、KeyPageDown!、KeyEnd!、KeyHome!、KeyLeftArrow!、KeyUpArrow KeyRightArrow!!、KeyDownArrow!

KeyQuote!、KeyEqual!、KeyComma!、KeyDash!、KeyPeriod!、KeySlash!、KeyBackQuote!、KeyLeftBracket!、KeyBackSlash!、KeyRightBracket!、KeySemiColon!

注②：

type 参数的可能取值如下：

Arrow!、Cross!、Beam!、HourGlass!、SizeNS!、SizeNESW!、SizeWE!、SizeNWSE!、UpArrow!。